基于 Revit 的 BIM 设计实务及管理
——机电专业

天津市建筑设计院 BIM 设计中心　编著

中国建筑工业出版社

图书在版编目(CIP)数据

基于 Revit 的 BIM 设计实务及管理：机电专业/天津市建筑设计院 BIM 设计中心编著. —北京：中国建筑工业出版社，2017.12

ISBN 978-7-112-21297-2

Ⅰ.①基… Ⅱ.①天… Ⅲ.①建筑设计-计算机辅助设计-应用软件 Ⅳ.①TU201.4

中国版本图书馆 CIP 数据核字(2017)第 243185 号

本书从 BIM 设计工作需求出发，结合 Revit 实际应用及管理经验，系统介绍了 BIM 的设计模式，以及在概念及方案设计、扩初设计、施工图设计等阶段如何有效利用 BIM 开展设计工作，并最终利用 Revit 模型生成二维图纸，以满足各阶段设计成果要求。此外，本书针对设计单位如何组建 BIM 团队、如何开展 BIM 设计工作给予了合理建议。

不同于其他 BIM 相关的基础培训教材单一讲软件操作或是 BIM 理念，本书的特色在于，将两者有机结合，并融入管理经验，力图在不借助任何插件的情况下，帮助读者建立适合的 BIM 设计生产线。

本书由天津市建筑设计院一线的工程师编写，以天津院众多 BIM 设计项目的实践积累为基础，将诸多设计经验毫无保留地凝结于本书，以期为读者提供借鉴和参考。

责任编辑：刘婷婷 刘文昕
责任设计：李志立
责任校对：李美娜 刘梦然

基于 Revit 的 BIM 设计实务及管理
——机电专业
天津市建筑设计院 BIM 设计中心 编著

*

中国建筑工业出版社出版、发行(北京海淀三里河路 9 号)
各地新华书店、建筑书店经销
北京红光制版公司制版
大厂回族自治县正兴印务有限公司印刷

*

开本：787×1092 毫米 1/16 印张：17 字数：420 千字
2018 年 1 月第一版 2018 年 1 月第一次印刷
定价：**56.00** 元
ISBN 978-7-112-21297-2
(30888)

版权所有 翻印必究
如有印装质量问题，可寄本社退换
(邮政编码 100037)

本书编委会

主　　编： 张津奕

执行主编： 卢琬玫

副 主 编： 刘　欣　张　骋

主要成员： 唐小云　孙晓翔　童　茜　冯　佳　马　辰　杨　佳
常　菁　王敬怡　行　敏　冯蕴霞　周国民　刘水江
白学晖　于万新　崔　彦　吕婷婷　纪晓磊　张　乾
阎子鑫　黄　谦　杨　珣　聂智勇　严　涵　李隆健

编　　辑： 张丽丽　张　曦

前　　言

近年来，信息技术在我国快速发展。建筑业作为国民经济的支柱产业之一，也面临着升级转型。建筑产业信息化不但与“中国制造 2025”理念吻合，也是我国利用信息技术整合产业链资源、实现产业链协同作业的关键所在。在“市场有需求，政府提要求”的背景下，我国围绕住房和城乡建设部关于《推进建筑信息模型应用指导意见》，在政策层面对以 BIM 技术为代表的信息技术进行强力推动。

当前，包括 EPC、建筑师负责制在内的创新建设管理模式不断涌现。建筑设计作为建筑全生命期的信息源头，设计成果承载信息的质量优劣与数量多少是后续建设行为能够顺利实施的关键。BIM 技术因其在信息采集、分类、存储、分析、传输等方面的优势，越来越成为各种建设管理模式得以成功的基石和保证。然而，经过多年“BIM 热”的沉淀，尽管业内普遍认为 BIM 技术具备实现建筑信息化、数据化的能力，但因其信息整合模式与我国传统建筑运作流程的巨大差异以及信息流转过程不畅等原因，无法发挥其功能和优势。科学、合理地应用 BIM 技术进行建筑设计，不仅能够提升设计质量，也是数据信息能否被施工、运维各方有效利用的保证。

天津市建筑设计院是国内最早开展 BIM 技术研究的团体之一。近年来，利用 BIM 技术完成的项目获得了 AEC Excellence Awards“全球 BIM 大奖赛”慈善大奖等国际奖项、“创新杯”“龙图杯”等全国性奖项以及“海河杯”等天津市级奖项，合计二十余项；完成天津市建委课题《建筑信息模型（BIM）在设计中应用研究》并获得了天津市科技进步二等奖等科研奖项；主编了天津市建委《天津市民用建筑信息模型（BIM）设计技术导则》并于 2016 年 9 月 1 日正式实施。2015 年我们启动了对此书的编写工作，本书是我们通过几十个项目实践总结，梳理形成的一套利用 BIM 技术进行建筑设计的方法与模式，其中包含了在当前软硬件条件下我们利用 BIM 技术参与建筑设计全过程的经验总结，穿插了一些在科研、培训过程中发现的问题及应对方法，也包含了与国内外专家学习交流的心得体会，最主要的是提出了 BIM 技术应用于设计全过程的流程、模式、协同方法等实际操作内容。我们希望本书能为国内的设计企业在项目操作层面上提供借鉴和参考，也期望本书能得到更多业内同仁指正，共同推动 BIM 技术在设计企业率先落地，进而作为提高施工、运维的 BIM 应用水平的基础条件。

在本书的撰写过程中，我们还得到了很多行业专家的鼎力支持和直接帮助。天津市勘察设计协会王修武秘书长、AUTODESK 公司葛芬女士、天津大学张金月博士均对本书的完成给予了大力的帮助，对本书内容提出很多宝贵的意见，在此对他们致以诚挚的感谢！

张津奕

2017 年 6 月

目　　录

第1章 BIM设计的模式及流程

1.1 BIM设计相关概念

1.1.1 什么是BIM

BIM技术是一种应用于工程设计建造管理的数据化工具，通过参数模型整合各种项目的相关信息，在项目策划、运行和维护的全生命周期过程中进行共享和传递，使工程技术人员对各种建筑信息作出正确理解和高效应对，为设计团队以及包括建筑运营单位在内的各方建设主体提供协同工作的基础，在提高生产效率、节约成本和缩短工期方面发挥重要作用。

对于使用BIM技术从事设计工作的人员来说，BIM的含义可以从以下三个方面来认知：

1. BIM是一种数字化产品

BIM技术是以三维数字技术为基础，将实体建筑物变成了结构化的数据集合，集成了建筑工程项目各种相关信息的工程数据模型，将建筑物的物理特性和功能特性的进行数字化的表达，由于其巨大的信息容纳量，从项目的生命周期伊始，它就是能够进行可靠的决策基础信息的共享知识存储平台。BIM模型的形成是各种软件作用下的结果，而不是各种软件的集合。

这样BIM可以写作Building Information Model。

2. BIM是一种过程

BIM技术是一个分享项目的有关信息的过程，在这个过程中，相关各方通过在BIM模型中插入、提取、更新和修改信息的方法，以支持和反映其各自职责的协同作业，使得模型中包含的信息自规划、勘察、设计、施工直至运维阶段逐步丰富。完整的信息为该项目从建设到拆除的全生命周期中的所有决策提供可靠依据。

同时，这也是一个从无到有建立项目模型的协作过程，是在项目设计、建造、使用过程中以数字化方式对其关键物理特性和功能特性进行探索的综合过程，可以帮助提高项目交付速度、减少成本，并降低环境影响。借助BIM，设计人员可在整个过程中使用协调一致的信息调整项目，可以更准确地查看并模拟项目在现实世界中的外观、性能和成本，还可以创建出更准确的施工图纸。

这样BIM可以写作Building Information Modeling。

3. BIM是一种管理系统

BIM模型虽然集成了大量的信息，但这不意味着仅是简单地将数字信息进行集成存储，而是一种支持对数字信息进行有效、有目地的组织管理技术；是一种可以用来支持于设计、建造、管理行业的数据管理方法；针对可视化、工程分析、冲突分析、规范标准检查、工程造价、竣工的产品、预算编制等其他用途提供数据分析、整理、对比等支持。这种系统极大地强化了建筑工程的集成管理程度，可以使建设过程显著提高效率、大量减少风险。

这样 BIM 可以写作 Building Information Management。

全方面对 BIM 技术的了解与思考，是可应用 BIM 技术的前提，从理论上来讲，BIM 技术在设计阶段可以应用在如下领域：

（1）提高项目工程量估算精度；

（2）提高设计图纸质量；

（3）照实际情况模拟承包商提供的施工方案，校核施工方案的合理性；

（4）快速甚至实时得到变更对成本的影响；

（5）动态记录、跟踪所有变更，得到一个和竣工建筑物实际情况一致的建筑信息模型，便于用于未来的运营维护；

（6）在不同阶段随时对投资方和客户进行项目的可视化介绍和分析；

（7）用真实的、未经修饰的效果图、动画、虚拟现实技术等，真实反映建设项目。

对于 BIM 设计完成后需要交付的成果，可以从《美国国家 BIM 标准》中的“最小 BIM（minimum BIM）”的定义，来判定成果是否符合 BIM 应用项目。

该定义包括了 11 个特性：

- 数据丰富度（data richness）；
- 生命周期的视野（lifecycle views）；
- 角色或专业（roles or disciplines）；
- 变更管理（change management）；
- 业务流程（business process）；
- 及时/相应（timeliness/response）；
- 提交方式（delivery method）；
- 图形信息（graphical information）；
- 空间能力（spatial capability）；
- 信息准确性（information accuracy）；
- 互操作性/工业基础类支持（interoprability）。

从这 11 方面不仅可以综合评价项目应用 BIM 程度的高低，还可以较为直观地看到 BIM 技术在项目中的具体应用与操作过程。

1.1.2　什么是 BIM 设计

BIM 的含义可以从不同的方面对其进行诠释，对于设计阶段而言，主要就是信息化建模过程。在 BIM 设计过程中，首先强调的是可以共享的数字化表达；其次，强调了在数字化模型建立过程中，各参与方可以根据各自职责对模型进行提取、建立、修改、更新，实现了信息的不断丰富与完善，有力增强了协同和统一性；最后，强调了这种信息应用的可持续性，将设计、建造与管理运营连接起来。BIM 设计营造了一个平台，跨越时间与空间，将不同角色的人群汇集起来，同说一种语言并随时沟通，很大程度上提高了工作效率与准确性。BIM 设计使建筑在全生命期以数据的形式与各类团队形成了有效的沟通。

BIM在现阶段的应用效果可以表现在以下方面：

1. 辅助建筑设计人员更高效地控制设计

在总图概念设计阶段，利用BIM软件建立真实地形，进行竖向设计，计算土方平衡，推导设计标高。根据项目任务书，划分总图功能体量与楼层，提取楼层面积、用地面积等指标，列出经济技术指标表格，伴随设计的不断深化更改，指标时时可见。

在单体设计阶段，利用各种软件（SU、CAD、RHINO、GRASSHOPPER、REVIT、FORMIT、DYNAMO等）进行造型推敲与平面设计，最终在Revit建立土建模型，利用模型深入推敲空间组合、空间形式、空间序列、空间光影、表皮与室内空间的相互关系、视线关系等等，并利用Revit渲染或结合3D等工具做效果图、分析图、视频，丰富表达设计理念与效果。

从方案阶段到扩初阶段和施工图阶段，可以以模型的方式更好对接，有利于提前确定扩初施工设计难点和重点、与其他专业结合的重难点、深化设计的难点等，帮助工程主持人更好地把控项目进度。

2. 更好地与参数设计对接

Rhino、Grasshopper等参数设计可以有效帮助方案优化比选，这些数据信息可以更加完整准确地传递到BIM模型中，使设计不断深化。

3. 与设计真实贴切的建筑物理环境模拟分析

绿色建筑概念与节能减碳议题的兴起，使设计师与使用者越来越重视建筑设计的合理性与经济性。在方案阶段建立的BIM模型，可以转换传递到不同分析软件中，用于设计体量的分析评估，或是验证设计体量的合理性。BIM可以与CFD模拟、日照模拟、能耗模拟、采光模拟等软件对接，辅助分析建筑的物理性能，使建筑设计更为舒适、节能，同时协助在方案设计时确认效能结果，减少后期调整时间，降低工程风险，缩短建造工期与成本。

BIM技术可进行的建筑物理环境的模拟分析包括：

（1）日照模拟分析；

（2）室内舒适度模拟分析；

（3）二氧化碳排放计算模拟分析；

（4）室内外自然通风系统仿真分析；

（5）通风设备及控制系统仿真分析；

（6）采光模拟分析；

（7）室内声学模拟分析；

（8）建筑能耗模拟分析。

4. 动线虚拟现实系统

模拟建筑物的三维空间；以漫游、动画的形式提供身临其境的室内视觉和空间感受。基于准确数据的建筑模型，结合相关的人车数据，可以各种角度观察建筑物与周围环境的关系，以及人车行动线与空间关系规划的检查校核。

（1）建筑物外部及环境：分为建筑物与环境的可视化关系呈现、建筑基地周边之人车行动线平面模拟、可视化模拟。

（2）建筑物内部：配合建筑物的各种系统，以可视化的方式模拟呈现人车在建筑物内行走的状况，并可搭配管线碰撞检查校核、室内净高度检查校核，以及车道净高及宽度模拟等。

5. 防灾与逃生模拟及分析防灾逃生

对于建筑设计，其后续使用的安全性是相当重要的，面对建筑设计越来越宏大的规模和复杂功能空间的组合，防火设计需要更加重视。BIM 模型内含许多空间及建材的信息，将此信息加以整合应用即可对防逃生做模拟与分析，估算疏散时间，检验防火性能设计。具体包括：

（1）排烟流动模拟；

（2）热辐射及温度仿真；

（3）避难及逃生动线、时间模拟；

（4）CO 浓度模拟。

6. 三维空间设计的核查

在 BIM 这个三维平台，设计师能够直观、量化地推敲方案：建筑、结构、机电都存在于一个空间中，错漏碰缺的问题可以得到有效避免。

进行三维管线综合设计，实施碰撞检查，完成各种管线的布设，同时对空间层高进行合理性优化，并给出可行的最大净空高度。

7. 更便捷的图纸生成及管理

使用 BIM 软件绘制的 3D 建筑模型是直接设计的，系统将能够直接从任何视角、高度剖切出其 2D 视图，辅以二维绘图修正，辅助设计师快速实现平、立、剖等二维绘图，满足规范的各种图纸表达。快捷的图纸生成，可以帮助设计人员将精力更多地投入到细部的修改，而不是系统地去拼凑 2D 图面。

如果修改了模型，这些视图也将随之变更。在设计的过程当中修改某项数据，软件将能够自动改变与其数据有相关性的其他数据，且自动去做协调及检查。例如综合管线图、综合结构留洞图、预埋套管图。由于准确性的提高将提升这类图纸的实用价值。

在此基础上，对于复杂节点还可以辅以三维轴侧图，以有效表达设计内容。

8. 工程算量与成本控制

BIM 技术把建筑物的二维构件，以三维的立体实物图形展示，能够有效地计算出构件的数量、空间面积及材料数量等数据，使得在设计阶段就能够以较高的精度、较快的速度获知建设成本，并依照这些数据资料做出更明智、更节省成本的设计。

9. 建筑生命期的数据协同与利用

在建筑模型建立完成之后，可将模型传输至各个不同的承包商进行深化设计，使得各个设计领域的设计者能够了解自己的工作内容对整个项目的影响，尽早提出自己的配合要求，并协同其他承包商作业。此部分将能够有效地提高二次深化设计部分的效率。

施工过程中通过提取三维模型和构件信息等，可组织施工现场、消除对图纸的误解、控制材料成本、模拟工期排布、减少施工中的浪费。

运维阶段，可利用模型记录建筑能耗并进行智能控制，检查维护管道，不断利用并丰富数据。

1.1.3　BIM 为设计带来了什么

BIM 技术的应用，带来了设计过程与模式的改变，设计工作进化为信息化建筑设计，模拟了建造过程。信息成了设计过程中最核心的部分，对其的开发利用不断创造新的价值。信息化所产生的大量数据，使得设计过程趋于精细化、深度化；设计过程中的交流更加便捷、直观；而各种模拟提升了校验查错的精度。

BIM设计的成果，所见即所得的模型，其直观的特性，降低了不同专业水平的工程参与者的准入门槛，使得各参与者对该建筑的认识趋同，减少了因理解不同造成的误差，也提高了沟通的质量及效率；除减少了工程失误造成的经济损失外，也节约了大量的社会资源与工期成本，具有积极的社会效应。

在传统的工作流程中，各专业间工作空间相对独立，使得专业间沟通、信息间的交流比较孤立，信息交流频率靠制度，信息交流质量靠人员素养，导致专业间配合、协调不好。因为这些问题存在，反倒形成了速度快的特征。而BIM设计，由于各专业紧密结合在中心文件这个平台上高度协同，尤其是机电专业，不得不捆绑在同一个文件内，导致了信息流的紧凑，且由于模型的直观性，减少了解释的时间、强化了沟通的效果、减少了沟通交流的环节、确保了信息的稳定准确，但是由于沟通的频率频繁，信息交换量增大，导致了设计时间的增加，但是提升了设计品质。

BIM没有改变我们的核心业务内容、程序（比如围绕项目建造的开发报建、设计、施工、运维等)、员工岗位的基本归属和职责划分（预算、技术、设计、开发、营销、财务、人资等)，但是BIM技术改变了：

（1）员工的知识和技能构成（掌握BIM的专业技能)；

（2）使用的工作平台和软件工具；

（3）工作的方法和流程（比如原来是EXCEL，现在是模型；原来是纸质沟通现在是协同平台；原来是串联沟通，现在是各方协同合作)；

（4）交付的成果形式、内容、质量（基于模型的材料表，三维交底方案，碰撞检测报告等)。

总而言之，BIM的优势可总结如下：

（1）BIM提供全信息模型，使我们完整全面地进行设计和设计交付，真正提高设计质量，使设计可以三维检验与应用。还可以清晰地体现各专业的工作量，为各单位细化工作量考核提供依据，提高管理水平。

（2）从传统业务来看，70%的工作量是重复的。通过BIM模型的使用，可以减少不必要的重复劳动，更多聚焦设计问题本身，提升企业工程水平，合理控制成本投入，提升企业利润率。

（3）工程进度管理。利用BIM对建设项目的施工过程进行仿真模拟，建立包含时间与造价的5D模型，进行施工冲突分析，完善管理系统，实时管控施工人员、材料、机械等各项资源，避免出现返工、拖延进度现象。

通过建筑模型，直观展现建设项目的进度计划并与实际完成情况对比分析，了解实际施工与进度计划的偏差，合理纠偏并调整进度计划。BIM模型使管理者对变更方案带来的工程量及进度影响一目了然，是进度调整的有力工具。

（4）成本管理。传统的工程造价管理是造价员基于二维图纸手工计算工程量，过程存在很多问题，例如：无法与其他岗位进行协同办公；工程量计算复杂费时；设计变更、签证索赔、材料价格波动等造价数据时刻变化难以控制；多次性计价很难做到；造价控制环节脱节；设计专业之间冲突，项目各方之间缺乏行之有效的沟通协调。BIM 模型很大程度上提升了算量精度、缩短算量时间，帮助协调各参与方，帮助合理安排资金、人员、材料和机械台班等各项资源使用计划，做好实施过程成本控制，并可有效控制设计变更，将变更导致的造价变化结果直接呈现在设计师面前，有利于设计师确定最佳设计方案。

（5）变更和索赔管理。工程变更对合同价格和合同工期具有很大破坏性，成功的工程变更管理有助于项目工期和投资目标的实现。BIM 技术通过模型碰撞检查工具尽可能完善设计施工，从源头上减少变更的产生。

将设计变更内容导入建筑信息模型中，模型支持构建几何运算和空间拓扑关系，快速汇总工程变更所引起的相关的工程量变化、造价变化及进度影响。项目管理人员以这些信息为依据及时调整人员、材料、机械设备的分配，有效控制变更所导致的进度、成本变化。最后，BIM 技术可以完善索赔管理，相应的费用补偿或者工期拖延可以一目了然。

（6）安全管理。许多安全问题在项目的早期设计阶段就已经存在，最有效的处理方法是通过从设计源头预防和消除。基于该理念，Kamardeen 提出一个通过设计防止安全事件的方法——PtD（Prevention through Design），该方法通过 BIM 模型构件元素的危害分析，给出安全设计的建议，对于那些不能通过设计修改的危险源进行施工现场的安全控制。

应用 BIM 技术对施工现场布局和安全规划进行可视化模拟，可以有效地规避运动中的机具设备与人员的工作空间冲突。

应用 BIM 技术还可以对施工过程进行自动安全检查，评估各施工区域坠落的风险，在开工前就可以制订安全施工计划，何时、何地、采取何种方式来防止建筑安全事故，还可以对建筑物的消防安全疏散进行模拟。

（7）运营维护管理。BIM 技术在建筑物使用寿命期间可以有效地进行运营维护管理。BIM 技术具有空间定位和记录数据的能力，将其应用于运营维护管理系统，可以快速准确定位建筑设备组件。对材料进行可接入性分析，选择可持续性材料，进行预防性维护，制定行之有效的维护计划。

BIM 营造了巨大的数据信息，对于数据的分析应用可以衍生出许多其他价值，比如对于建造供应链的管理等。

此外，对于设计、施工企业，在 BIM 的应用过程中，可以积累企业整体知识库，建立可多次利用的数据库和工作流程，提高企业运营效率，这对于企业的未来发展是一个很重要的基础。

1.1.4　BIM 设计目前的问题

当前欲推进 BIM 存在几大问题：第一是观念问题，传统设计采用二维，而 BIM 用三维的平台，由于操作不适应，所以带来阻力；第二是现阶段 BIM 软件还需不断完善，不断简化操作，逐渐适应设计人员的使用习惯，不断本土化，并在三维模型转二维图纸过程中，完善相关功能，使出图更加便捷；第三设计相关软件接口不完善，影响了工作效率；第四是标准体系尚未健全，要建立一个统一的 BIM 标准来规范市场；第五是人才培养的匮乏；第六是相应政策未能及时跟进，导致 BIM 设计在法律、管理、市场方面都受到不同程度的限制。

BIM 技术的出现，不仅仅是设计技术的改良，更是全行业的一次变革，对行业的生态环境、企业的管理方法、项目的运行规则都形成了挑战，加之BIM技术还很新，还处在一个不断完善、扩张、深化的过程，在不同方面、不同行业角色面前，受到质疑及抵触这都是正常的。

科技是发展的、时代是进步的，正如我们之前不能预料到手机从可防身的通话设备，演变成了现在的个人数据处理移动终端一样，BIM技术会慢慢进化、会逐步颠覆传统设计的行业地位。我们各位仍在传统设计链中的工程设计人员应保持对BIM技术足够的敏感，逐步接受变革，避免因不能适应技术而被淘汰。

在BIM推广应用过程中，各个企业都应当转变观念，提高认识。

1.2　BIM的设计内涵

1.2.1　BIM设计的特点

现今尽管协同的理念已经被广大设计人员接受，但在传统设计方式的实际工作中，协同仅以定期更新CAD图形的参照使用、远程、视频会议、互相提资、会审的方式存在。某些CAD协同平台，也仅仅是记录数据的流向，没有数据分析、协调的功能（图1.2-1）。在传统的工作流程中，各专业间工作空间相对独立，使得专业间沟通、信息间的交流比较孤立，信息交流频率靠制度，信息交流质量靠人员素养，导致专业间配合、协调不好。

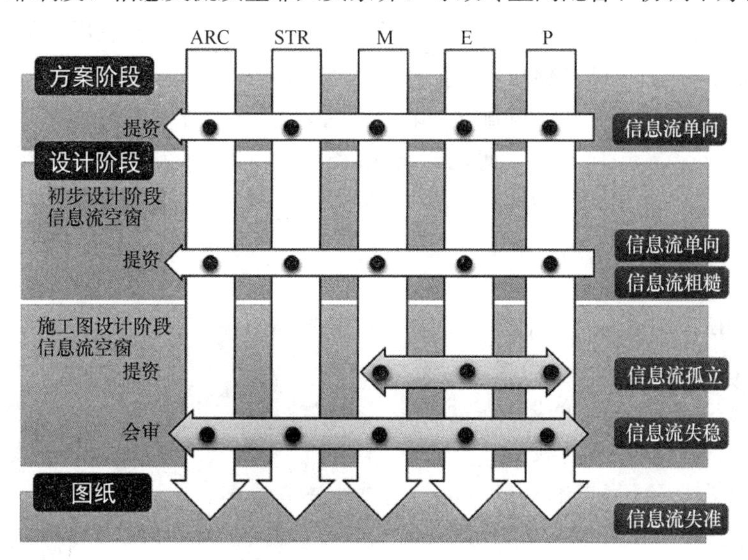

图1.2-1　传统设计模式简图

以数据传递的角度，观察传统设计模式中常见的问题如下：

（1）信息流单向：是指数据仅向建筑一个专业汇聚，各专业间没有数据交换。

（2）信息流粗糙：是指各专业所提供的资料不够精确，提资深度不确定，提出的要求落实情况不透明。

（3）信息流孤立：是指信息只在特定的专业间流动，其他联系稍弱的专业得不到该信息。

（4）信息流失稳：是指信息流流向不确定，是否接收到不确定，是否验证不确定，是否需要反馈不确定。

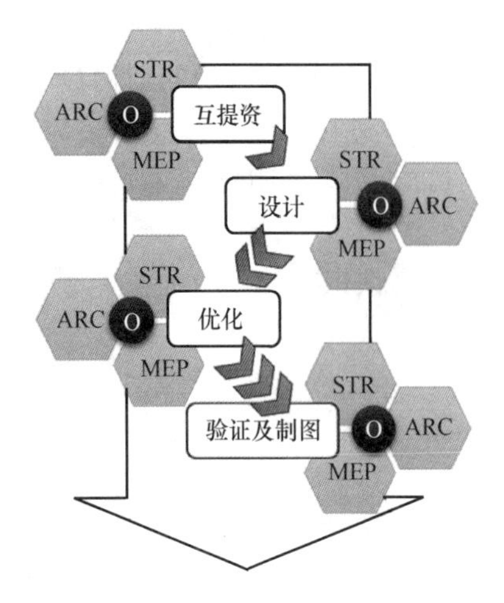

图 1.2-2　BIM 设计模式简图

（5）信息流失准：是指信息流里包含大量的错误数据。

而 BIM 设计，由于各专业紧密结合在中心文件这个平台上，尤其是机电专业，不得不捆绑在同一个文件内，导致了信息流的紧凑（图 1.2-2），且由于模型的直观性，减少了解释的时间、强化了沟通的效果、减少了交流的环节、确保了信息的稳定准确，提升了设计品质，但是由于沟通的频率频繁，信息交换的容量增大，也导致了设计时间的增加。BIM 的三维模拟工作模式将建筑建造的情况真实反映，记录相关详实的数据信息，并将设计问题完全暴露出来，将很多问题透明化，这使得很多施工问题可以被提前发现解决，从根本上提高了建筑设计的合理性与质量，这与后期的变更比起来，具有巨大的经济效益与价值。

因为 BIM 技术与传统的方案设计工作本质上的不同，也影响到了设计人员的工作流程。BIM 设计过程是基于同一个平台进行实时互动的信息协同行为，整个过程会产生大量的信息，如何组织信息、何时组织什么样的信息提供给谁、如何利用获得的信息等，实际上是 BIM 设计工作的管理核心。不同于 CAD 设计，由于多了信息交换管理这一环节，导致在流程中必须关注多专业间的配合，协同发生在设计过程中的时时刻刻，这就使得协同不是一个简单的技术操作制度，而是切实地改变了设计的方方面面，协同实际已经延伸到了管理层面。

1.2.2　BIM 设计的几种形式

现阶段，BIM 介入设计的时间点可以分为三种：

（1）全程使用 BIM 技术进行设计；

（2）从开始绘制施工图阶段介入，伴随二维设计；

（3）施工图完成后介入，校验二维设计。

第一种情况是 BIM 发展的趋势，也是本书所述之根本。

第二种情况是一种过渡状态，伴随二维设计下，存在 BIM 与 CAD 的协同问题。可分为两个小组：BIM 组和 CAD 组，两组相互配合工作。先由 CAD 设计人给出设计方案，同时进行平面图的绘制工作，BIM 建模深化并同时校验，随时告知 CAD 设计人员需要修改的地方；同时按约定的重点部位进行细化，形成 CAD 设计中所需要的剖面、大样或是门窗表等，以后作为补充图纸添加进 CAD 图纸中。这种方法是缺乏 BIM 平台人员的团队进行队伍锻炼、人才培养的一种方法。最终应成为全程 BIM 设计的状态。

第三种情况是一种特殊情况，严格意义上已经脱离 BIM 设计的范畴。这种方式普遍应用于各类建模公司、咨询公司和建设单位。由于这种方式并没有在设计阶段对设计师进行辅助设计，而是“事后补救”的方式影响整个项目，且因建模质量参差不齐、所建模型不能准确体现设计师想法，建模时间较长，对于业主而言还会产生额外的费用等因素，这样的方法性价比并不高。这种情况的存在可以视作BIM技术在充分融合进建筑设计行业期间的一种暂时形态，会随BIM技术的深度融合而消失。

1.2.3 BIM设计过程的组织

BIM模型基于统一的数据源，为达到信息数据的高度共享，实现对信息的充分利用，需要保持数据良好的关联性和一致性。因此，BIM工作模式中对数据的存储与管理的要求比传统方式更高，依靠传统的人工管理、简单的设计流程无法达到效果。BIM设计过程组织有别于传统的设计过程组织。

BIM设计过程中，核心组织管理涉及两部分六个子项，其内部关系如图1.2-3所示。

协同机制为协同平台；设计流程为运行机制；岗位职责为设计内容、校验机制；模型标准及项目样板为标准化作业机制。图1.2-3中运行内容部分将在第2、3章中详细介绍，本章主要介绍模式内容。

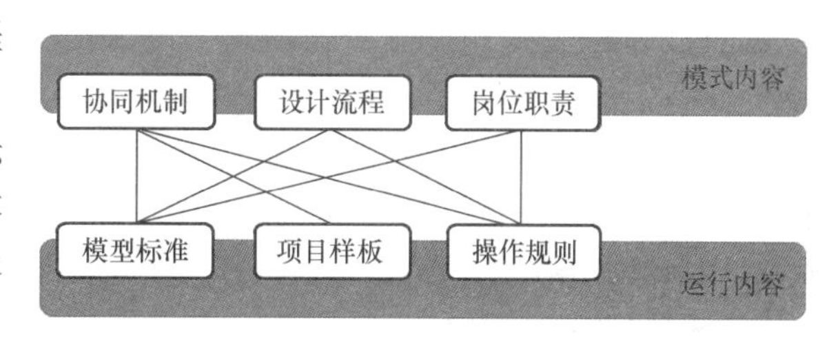

图1.2-3 核心组织管理分项内部组织关系图

在工作开始时，先建立协同平台，各专业选择适合项目特点的项目样板，为各专业提供统一的工作环境，通过内置各种设计标准与流程，提高各专业的配合效率。在整个过程中以协同机制为纲，按协同机制规定的时间点及内容与其他专业进行信息交流。设计人员在规定的阶段，按操作规则完成满足模型标准的模型。其余各岗位人员按岗位职责完成设计内容的校审、按模型深度要求校验模型完成度。在设计流程中，制订BIM设计目标和内容；要明确设计过程中协同策略、协作沟通行为；BIM工作内容分解和BIM过程记录等；在设计交付阶段，要协作交付管理，落实交付设计内容审核、模型构件文件审核等行为。

在设计环节中，BIM的协同机制是重要组成部分，是整个设计流程中的“润滑剂”，其本质为对各种数据实施有效控制管理及协调，协同机制应依据企业内部的设计管理特点来制订。需要注意的是，BIM的协同设计虽然是基于同一BIM数据模型，但是也需要根据项目的实际情况、设计需求；分阶段、分专业选取相应的协同策略。而且BIM协同机制不但要考虑到各专业之间的相对独立性，还要考虑到相关专业间便于交换模型信息，使各专业间保持既独立又统一的状态。

1.3 BIM设计协同机制

1.3.1 协同文件的组织构架

1.3.1.1 综述

BIM协同工作在设计过程中，所有专业都可以通过同一BIM模型，随时了解整体的空间布置情况，及时发现并解决与专业内其他成员或与其他专业之间的冲突。对于空间、结构体系复杂的建筑，更容易发现各专业间的碰撞问题。从而减少发生设计冲突等问题的可能性，提升设计质量。

BIM 设计协同主要针对 BIM 团队在工作中的专业内与专业间协同，需要搭建统一平台以保证模型的无缝衔接和及时沟通、实现各专业设计的实时或适时互动，设定工作标准、模板、文件命名规则等以保证数据的互通性，选择文件的组织构件以方便专业内与专业间的同步协调。同时，文件的同步时间应当合理设置，既要不干扰各专业人的建模设计工作，又要保证信息的及时互通。

BIM 设计协同主要体现在各设计人需要通过与中心文件的同步和更新链接文件来更新自己的数据信息并知晓同伴的数据变化。但是针对项目的规模大小、复杂程度以及难点，可以选择相应的中心文件组织方式。规模大复杂程度高的项目，需要较长的设计周期和更多的参与人员，模型数据较大，为了操作方便，便于各专业的设计需要分立不同的中心文件。

1.3.1.2　协同文件组织的几个概念

1. 协同文件组织的两种信息交流方式

（1）文件链接方式

文件链接方式类似于 AutoCAD 中通过 CAD 文件之间的外部参照，使得专业间的数据得到可视化共享，在此模式中，相互链接的模型只有读取信息的权限，不能修改链接模型中的构件，但是可以通过 Revit 中“复制”功能转化链接文件中的构件为本地构件，通过“监视”“协调查阅”功能来实现识别链接模型信息的变化。所有数据流均为单向。

（2）工作集方式

工作集是项目中的构件按设计人员制定的规则而形成集合。实质上是利用工作集的形式对中心文件进行工作范围的划分，工作组成员在属于自己的工作集中进行设计工作，设计的内容可以按时在本地文件与中心文件间进行同步，成员间可以相互借用属于对方构件图元的权限进行交叉设计，实现信息的实时沟通。

2. 中心模型和本地模型

（1）中心模型

项目的主模型。中心模型将存储项目中所有图元及其所有权信息，进行各副本文件同步时的协调、数据比较、权限划拨等工作。所有用户将保存各自的中心模型成为本地副本，在本地进行工作，然后与中心模型进行同步，以便其他用户可以看到他们的工作成果。

（2）本地模型

项目模型的副本，保存在该模型的团队成员的本地计算机上。团队成员定期将各自的修改同步到中心模型中，以便其他人可以看到这些修改，并使用最新的项目信息更新各自的本地模型。

（3）同步

同步将来自本地模型的更改载入中心文件，然后将其他人的本地模型保存到中心模型的更改更新到自己的本地模型上。

在软件内部同步过程如下：

1）查询更改：确定自本地文件上次更新以来，中心文件是否已更改。

2）更新本地文件：更新项目文件的本地副本，以匹配最新版本的中心文件。

3）使用“与中心文件同步”操作保存更改：将对项目文件的本地副本所做的更改保存到中心文件。

4）保存本地文件（可选）：如果该选项在启动“与中心文件同步”操作时被用户选中，则会将更改保存到文件的本地副本。

如果多个用户同时启动“与中心文件同步”操作，Revit 软件将会尽可能地交错执行每个用户的“与中心文件同步”步骤。但是，不能保证“先到先得”的完成顺序。例如，在某些情况下，第一个启动“与中心文件同步”操作的用户可能会最后完成。此外，一个用户的“与中心文件同步”操作完成后，必须重新启动其他并发的“与中心文件同步”操作。Revit 软件将自动管理该进程。

1.3.1.3 协同文件的组织

中心模型＋工作集的构架和链接模型构架的比较　　表 1.3-1

比较项目	中心模型＋工作集	链接模型
项目文件	一个中心文件，多个本地文件	多个文件相互链接
同步	双向，自动更新	单向同步，手动更新
数据流	双向	单向
共享构件	通过借用后编辑	不可以
模板	同一模板	可采用不同模板
性能	大模型时速度慢，对硬件要求高	大模型时速度相对较快
稳定性	目前版本在多专业共存时有不稳定现象，概率较小	稳定
权限管理	较为复杂，需制定管理制度	简单

“中心模型＋工作集”和“链接模型”两种构架方式各有优点和缺点，其比较见表 1.3-1。这两种方式的区别是：“工作共享”允许多人同时编辑、共享一个项目模型，而“模型链接”是独享模型，在链接模型的状态下我们只能对链接到主项目的模型进行复制/监视、协调/查阅的功能而不能对模型进行更改，要实现编辑功能需要对链接模型进行绑定、解组操作，与此同时，绑定进来的构件失去了与原文件间的数据关联，变成了本地自有构件。同时源文件依旧留存于链接文件中，没有进行任何修改。

理论上讲“工作共享”是最理想的协同工作方式，既解决了一个大型模型多人同时分区域建模的问题，又解决了同一模型可被多人同时编辑的问题。但由于“工作共享”方式在软件实现上比较复杂，Revit 软件目前在工作共享的协同方式下大型模型的性能稳定性和速度上都存在一些问题。

而“链接模型”无法实现多人同时编辑同一模型，但是性能稳定，尤其是对于大型模型在协同工作时，性能表现优异，占用的硬件资源相对于“共享工作”模式小很多。

在了解 Revit 平台下提供的两种协同方式的特点和区别后，我们可以根据项目的复杂程度、项目团队的人员结构、硬件平台的优劣等实际情况，灵活制定合适的协同设计工作机制。在实际项目设计中，上述两种协同方式在往往需要结合使用。一般需要根据项目的不同类型、不同规模、不同难度、不同人员团队等情况进行综合评估后选择合理的协同设计方式。

依据项目的特点，有以下三种构架形式：

（1）五个专业共用一个中心文件，每次更新都可以看到其他专业的设计进程与变更。这种形式适合于规模小，较为简单的项目。

（2）以包含轴网标高信息的文件分别分离建立建筑、结构、机电中心文件，各专业间通过轴网进行定位，实现专业间的“无缝对接”。不同专业人员分别与自己的中心文件同步更新，按照项目进度需求，在约定的时间节点链接或更新链接其他专业的中心文件。这种形式适合规模大复杂的项目，方便专业内与专业间的操作与协调，是较为推荐的一种形式。

（3）以包含轴网标高信息的文件分别分离建立建筑、结构、水、暖、电中心文件。这种形式与前一种相比，机电专业可以独立处理各自的设计问题，但是不利于管线综合的操作。适用于管综难度小的大型项目。

经实践，目前以第二种构架最为适宜，详述如下：

采用的协同方式是利用企业局域网络在中心服务器上采用统一标准创建中心文件，各专业设计人员分别在个人终端进行设计建模。由于终端计算机的运算性能局限了数据模型的承载力，在初期中心文件划分了建筑专业、结构专业和设备专业三个中心文件，三个中心文件可通过“复制监视”的方式达到实时协同。如图1.3-1所示。复制监视是BIM软件提供的一种软件功能，可以及时发现被复制监视的文件中的各种改动变化，达到信息共享，以及数据传递的关联性、及时性和一致性。一个中心文件按照不同的规则进行工作集的划分，从而确保项目中的内容被分配到合适的工作集中。工作集保证项目组员同步工作的同时，通过权限管理，保证每个组员仅处理自己权限内的工作。

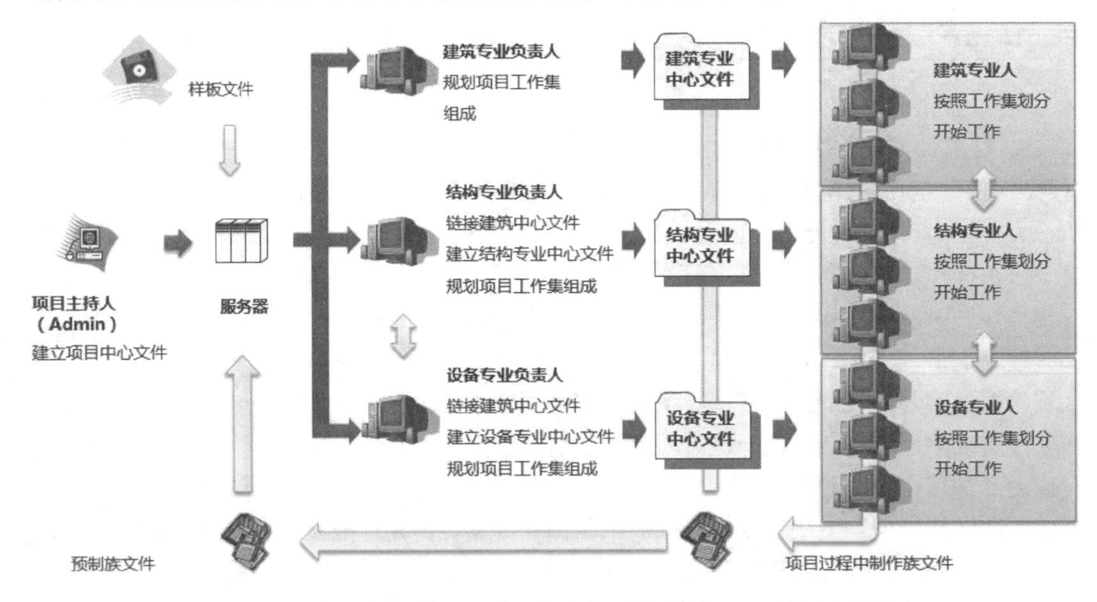

图1.3-1 利用局域网络通过建立多个中心模型进行BIM协同工作模式

1.3.2 协同工作标准及项目样板

（1）BIM设计协同应遵循一定的工作标准，标准应至少包括建模标准、模型深度、构件类型、命名规则等。

（2）BIM设计协同并采用统一的样板，项目样板应定义图形基本构成元素，以及配置原则、视图样板、项目信息、标注标记注释式样、图框图签信息、明细表样式等。

（3）模型中的构件应进行统一命名管理，应根据不同模型深度的规定深度绘制构件。

（4）模型中构件的应用应规范化管理，应通过企业或第三方构件库系统充分发挥既有资源的有效利用。

必须要使用项目样板来建立新的项目。项目样板为新项目制定了统一的格式，包括视图样板、已载入的族、已定义的设置（如单位、填充样式、线样式、线宽、视图比例等）和几何图形。这样可以达到良好的协同效果，可以建立统一的表达方式来规范模型信息。

以上四点所包括的详细内容及设置原则将在第2章详细介绍。

1.3.3 协同的适时性

由于在推荐的协同模式中使用了“模型链接”部分，这就使得各专业间存在不同步的可能，因此需要建立相应的制度，规定同步的时间、次数，来保证所链接的模型的时效性。需要注意的是，链接模型的重新载入（链接模型间的同步）次数不是越多越好，这样会使载入者频繁复查变更的部分而降低设计效率，建议依据项目的进程安排适时进行。

1.3.4 协同中的相对独立性

在建筑的全生命周期内，BIM模型作为一个数据和信息的共享平台，需要为工程项目的业主、设计单位、施工单位、顾问公司、供应商等提供协同工作环境，实现相关数据存储的完整性和信息传递的准确性、安全性。因此要考虑各方权限的划分，通过各自明确的权限满足本方数据需求的同时，又不干扰其他各方的数据使用，以保证相关方数据和信息的准确、统一。

在BIM设计中，并不是只强调协同、共享，由于各专业间的既有交叉覆盖，也有自己独立的工作内涵，所以适当的、相对的独立性是有必要坚持的。在交叉覆盖区域，有必要用制度的形式确认各专业的负责范围；以占用构件方式进行的协同工作，对构件所属的各类规程及命名要加以严格控制，便于协同结束后构件回归确认。在专业内部建议根据不同的系统划分不同的工作内容，必须减少交叉的部分，不同系统需用同类构件，需按系统需求复制后另行建立，不得共用。各系统应有自己的颜色标识，便于区别。

以上仅是举例说明相对独立性的重要性，提醒不要过于追求共享和配合而使得模型的权属方面发生问题，使得模型内部关系混乱。

1.4 BIM设计流程

BIM技术是通过建立模型来表达设计思路，为了查看而生成指定的图纸，其表现的根基是模型。直观的模型，所见即所得的成果使得建设项目的各方理解趋同。信息直接注入模型内的构件而不是材料表设备表，使得设计信息统一，各专业设计进程可随时查看。

而传统的设计是通过图纸来表达，其表现的根基是设计人员的绘图手法。对绘图技巧的掌握和理解，造就了建设项目的各方的各种认识深度，甚至有时会背道而驰。由于图纸上不体现机电其他专业的设计，只要自己专业不出问题就不会显示问题，导致专业间的交流可多可少，自己专业内部数据沟通少、信息交流差，相互配合不默契，导致错漏碰缺多。

这是 BIM 技术与传统的方案设计工作本质上的不同。这种不同也间接影响了设计人员的工作流程。

1.4.1　流程特点

1. 前置

BIM 是一种新的工作方法及组织形式，相比较传统的工作方式，专业间的交流更为频繁，专业间协作更为密切。为了下一步工作顺利，往往需要前置一部分工作，使其他专业了解到本专业下一步动向。

2. 协作与协调

在 BIM 技术支持下，传统的水暖电被整合在一个文件内工作，机电、建筑、结构专业通过同一个平台进行实时互动的信息协同，使得沟通更为高效。因此在工作过程中，协作与协调的意识应贯穿全过程。

3. 容错能力小

BIM 技术使得数据传递直观、高效、准确，各专业间矛盾无法被掩盖及忽略，应提前规划，及时解决，不要拖延。

4. 信息量大

BIM 技术支持大数据，更要注重避免带入过多的冗余数据。

BIM 设计是集中在一个文件内完成，所以整个过程视作为土建与机电专业间的工作流程。其间的关系可以用图 1.4-1 来表述。详细的操作流程将会在第 3 章结合实例详细说明。

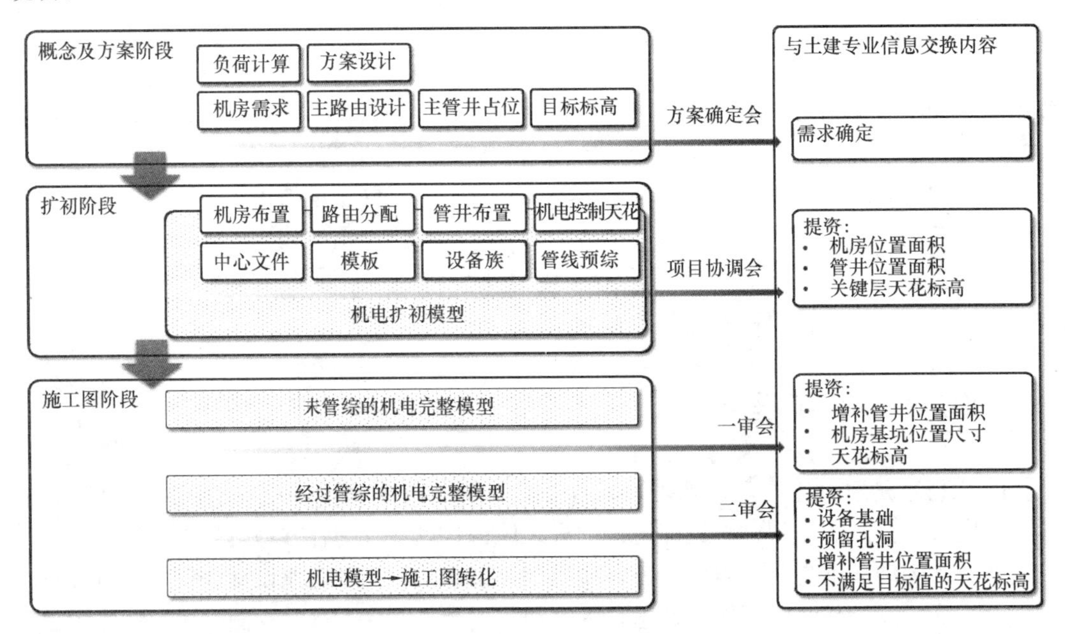

图 1.4-1　土建—机电间协作流程

1.4.2 工作内容

1. 概念及方案阶段

（1）概念设计阶段

设计人员要对拟建项目的诸多问题作出正确的决策，例如选址、外形、结构形式、节能以及可持续发展与运营概算等，因此我们可以在设计初期就应用BIM技术，对用地周围环境的影响和与周边其他建筑的关系进行场地规划设计分析，利用分析软件对不同模型进行采光、日照、风环境、声环境等进行初步模拟，根据分析结果，及时对设计方案进行合理调整，选择合适的朝向、布局形式、建筑形体等，使建筑能耗最小化，自然采光和通风潜力最大化等，以获得最佳方案。

在概念设计阶段，利用BIM技术进行设计，始终应用BIM模型进行信息和数据的传递，在概念设计阶段提早将建筑的信息提交给结构、机电专业，更多信息的汇入前置，使设计效率和设计质量明显提高；同时，利用BIM的模型交互和传递支持场地的相关分析，对设计提出建议并作为后续优化的指导性意见。

采用BIM的方式进行设计的同时，也需要满足传统的各阶段的成果交付形式，通过深化模型，使其满足二维传统输出标准。

（2）方案设计阶段

采用BIM技术的设计方式与传统的方案设计工作不同，可以有效地提升方案设计的效率。设计师可以将更多的精力投入到设计创意中，平立剖等二维视图通过BIM模型自动生成。同时面对复杂的建筑形体设计，采用BIM技术，结合各相关设计软件特色，可使建筑师更加自由、充分地表达其设计意图，通过三维模型的可视化，能够更理想地表达建筑师的意愿及方案本身的特性，这也提高了与政府、业主等相关方的沟通效率，使设计师创意表达方式更多样。

另外，基于参数化的BIM模型，可使设计师快速创建多个方案设计模型，通过初步的建筑性能和环境分析对设计方案进行调整、优化，并可通过对于多个方案的比选，获得最优的设计方案，将可持续发展的理念与低能耗的理念通过运用能耗分析软件加入到设计中，并利用专业软件实现与BIM模型的互动性。传统的二维技术只能在设计完成之后利用单一的节能分析软件进行处理，这就使通过修改设计来满足节能要求变得不可能，无法支持越来越精细的低能耗与可持续发展设计。应用BIM技术创建的建筑信息模型，包含了必要的几何和参数等属性信息，这些信息可以被用于各类分析软件中，为方案设计阶段的比选和优化提供了数据基础和量化依据。

在方案设计阶段应用BIM技术作为手段，实现对传统设计流程的优化，将结构和机电专业初步设计阶段部分工作前置，有机组织各专业方案设计成果，从而提高设计质量。例如建筑图纸中所表现的梁柱墙等结构相关的信息内容，可以直接从结构的BIM信息数据中调取，并实现实时同步，避免了重复工作量和错漏碰缺。

利用BIM技术进行设计，可以将概念设计阶段的数据进行有效传递。由于BIM数据信息的流通性，可以便捷地将BIM模型信息输出为支持建筑性能相关分析的数据，使其成为对建筑功能组织、立面方案等客观分析的依据，延续了概念设计阶段“设计、分析、优化”的循环工作模式。

借助三维模型的可视化，使机电设计人员迅速理解空间特点，掌握建筑消极空间、无用空间分布，提前介入建筑方案，及早提出管井占位要求、机房分布及面积要求，提供给建筑专业予以考虑，不仅为后来管综打下良好基础，也使建筑方案更加切合实际。实际加强了机电与建筑专业间沟通的效率与效果。

此阶段并不是要求管井面积一步到位，而是主要管井、重要管井的占位。合理的管井分布对系统大有裨益，同时避免下阶段深化时因增加管井带来的建筑空间损失。

利用 BIM 模型可以进行信息和数据的传递的特性，可以直接将模型导入能耗模拟软件中进行建筑全年能耗分析，预估出建筑负荷需求，为能源站房面积提出数据支撑。

方案阶段是机电专业机房管井布置合理的关键时期。

2. 扩初阶段

设计师对方案设计的进一步深化，其目的是论证拟建工程项目的技术可行性和经济合理性。此时需要拟定设计原则、标准和重大技术问题等，详细考虑和研究结构和机电专业的设计方案，协调各专业方案的技术矛盾，并合理确定总投资和经济技术指标等。

相比于传统二维工作模式的图纸数据不一致、各专业无法进行有效的数据关联、二维图纸不能直接用于建筑分析等问题，采用 BIM 技术的建筑设计方式将基于 BIM 模型进行，出图过程依据 BIM 模型直接生成各类视图，并能够保证其与模型的关联性、一致性。此方式能够直观、全面地表达建筑构件空间关系，真正实现专业内及专业间的综合协调，在初步设计过程中可以避免或解决大量的设计冲突问题，大幅提升设计质量。

此外，基于 BIM 技术的设计模式下，施工图设计阶段的大量工作前移到了初步设计阶段。这在设备专业方面尤为明显，原来在施工图设计阶段的深化内容也增加到此时完成，工作量明显增加，但由于 BIM 可以将各阶段的模型信息进行有效传递，扩初阶段建立的 BIM 模型和二维图纸将作为阶段交付物，传递到施工图设计阶段使用，避免了重复工作，在整个设计过程中并未增加工作量。

与此同时，再加入一些能和 BIM 模型联系起来的分析软件，就可以跟着设计的进度，对建设项目的结构是否合理、空气是否流通、光照是否达标、温度是否可控、材料是否隔音隔热、给水排水是否正常等诸多方面进行判断，并依据分析的结果反作用于 BIM 模型，将其不断完善。

在初步设计阶段，从 BIM 的构架中直接提取方案阶段我们所关注的信息进行数据传递，节省了二次建模时间。在初步设计阶段时建立协同工作平台，实现各专业设计的实时互动。并且，建筑专业也可以直接将在初步设计阶段细化的内容通过文件互导方式交付分析，由于数据来源于同一模型，亦保障了分析结果的精确程度。

扩初阶段是机电模型的雏形阶段，下阶段管综的品质取决于本阶段的工作深度。在本阶段内，暖通专业人员要配合管综设计人员并与其他机电专业协调，合理规划系统管线、划定路由、分配走廊内空间；要尽可能地发现管综节点、难点位置。解决不是目的，避免出现才是重点。遇不可避免的节点时，需提请建筑注意此处标高。

扩初阶段是模型的雏形阶段，模型在此阶段初步搭建起来，初始设置要尽可能地周全，避免下一阶段有较大调整。

3. 施工图模型阶段

施工图设计是建筑设计的最后阶段。该阶段要解决施工中的技术措施、工艺做法、用料等，要为施工安装、工程预算、设备及配件的安放和制作等提供完整的图纸依据，有一整套对于图纸内容和深度的要求。

在应用BIM技术后，许多原来需要在传统模式下的施工图阶段完整的工作都前置到了初步设计阶段，因此在基于BIM技术的施工图设计阶段，实际的工作量大幅降低。但是因为要适应传统的制图规范，而外国BIM软件的本土化无法满足需要，所以现阶段需要对BIM模型生成的二维视图进行大量的细节修改和深化设计，并进行节点详图的设计等补充工作。相信随着软件技术的发展，政府审批流程及交付方式的更新，施工图设计阶段与初步设计阶段将进一步融合。

在运用传统的二维设计模式时，不同专业之间经常会出现极难解决的矛盾，建筑、结构、水、暖、电等专业之间冲突不断，应用BIM技术，通过建立统一的协同标准，可以有效协调各专业的设计方案。在此过程中，所有专业都可以通过统一的或链接的BIM模型，随时了解整体的空间布置情况，从而大大减少发生设计冲突等问题的可能性，同时随时发现并及时解决与专业内其他成员或与其他专业之间的冲突。通过三维模型直接生成二维图纸的成果输出方式，也大大提高了设计效率，减少了设计中的错漏碰缺。BIM模型运用其自身特有的自动更新法则可以灵活应对不同变化，在设计中任何一个小变动，BIM模型软件都可以自动在立面图、剖面图、3D图、图纸目录表、工期及预算等相关地方做出迅速的修改，提高了设计的效率和质量。

机电设计中，由于传统二维图纸采用示意符号、局部夸张等手法进行表达，且后期进入施工阶段会有施工设计人员对该部分进行实际细化，在工地现场进行实际安装测试，并进行修正，故机电CAD图纸深度和正确性不高，设计人员和现场施工人员经常在此类问题上发生分歧。但在BIM设计中，没有足够深度的细节，模型就不能够完成，部分施工中的部分细部做法被要求在设计阶段就得到精确的表达，这部分工作内容被提前至设计阶段。对于设计人员而言，对现场施工工艺应有一定的了解，所设计的管线路由等，应有一定的可实施性和操作空间，由于近些年建筑设计市场的大跃进式发展，很多设计师、工程师能完成设计任务就不错，无暇关注这些细节问题，很多问题都是留待现场去发现、去处理。这不是、也不应该是一种正常的状态。

在BIM设计中模型的完整搭建，细节处理的到位，验证了未来施工中的技术措施、工艺做法的可行性，为设备及配件的安放和制作等提供了完整的图纸依据，为工程量的统计，预算的精度提供了数据基础。总而言之，提高了机电工作的深度和精度，本阶段是整个BIM设计中最为精确的一环节，各专业间的配合程度、各设计人员、专业负责人的责任心，决定了设计的品质。本阶段也是管综专业最关键的阶段。

4. 施工图出图阶段

在施工图阶段，BIM可以直接继承初步设计阶段成果。需要通过对现有BIM信息模型的默认图纸样板进行调整，并将三维成果通过简单的修正转化为可以提供传统二维图纸的文件。由于传统二维图纸中采用示意符号、局部夸张等手法进行细部表达，且后期进入施工阶段会有施工设计人员对该部分进行实际细化，但在三维设计中，施工中的细部做法被精确地表达，导致传统二维图纸和模型导出图纸产生差异，并且因软件自身的不足及本土化程度不够，更加深了这种差异。此步骤需要将模型的样板根据施工图出图标准调整线型、线宽、补充图例、填充符号等以满足出图需求。

Revit 作为 BIM 的基础工具之一，功能最为强大的是数据管理和三维模型工具，但是国内目前没有相应管理、认可三维模型的法规，使得 Revit 模型不得不避长扬短地进行二维图纸的处理。三维图元转换成二维图元，这就导致机电的二维图纸图面不如 CAD 图面美观，处理起来也稍显笨拙，再加之 CAD 平台上的机电图纸是用符号来示意设计师的思路，并不是真正意义上的施工图纸，图元可以没有比例的夸张，不用思考过多的施工细节，所以绘制速度比较快，而由于 BIM 模型的写实性，这些“优点”统统被抹杀，这也是目前大部分机电工程师对 BIM 设计没有兴趣的主因。

就机电专业制图而言，如果客观地来看，CAD 和 Revit 是互补的，CAD 强于复杂管线的平面简化表达，而 Revit 强于剖面和各种三维大样及管线间的空间相对关系的直观表达。两者不可以取其短而弃其所长，而且有一点观念是不可取的，即：必须用 Revit 达到 CAD 出图的效果，否则没有使用 Revit 的意义。这样的观点使讨论实际又回到原点：使用 BIM、使用 Revit 的初衷是什么？是补全设计文件的信息量，提高设计文件的便携性、可传递性，减少错漏碰缺提高设计质量，强化设计文件的可视性减少因图纸理解带来的偏差。如果将 Revit 视作一种新型的绘图软件的话，那确实是没有推广的必要。

对于 Revit 出图中的不足，建议采取灵活的处理方式，如系统流程图、主要设备的表格、说明等，仍由擅长处理此类图纸的 CAD 平台绘制，与 Revit 模型采取链接关系，修改时在 CAD 中进行，在模型中更新即可。在平面中，应多设置剖面、大样来对平面进行详细的补充。即使在大样图上，机电专业也是用符号示意，而在 Revit 中可以直接生成直观真实的三维大样，各阀件、部件可用汉字直接注释，管综复杂节点可按各专业进行拆解展示其内部之间的配合。所做的所有工作，均基于“将图纸解释清楚”这一原则进行。不必拘泥于完整地依赖于某个平台完成，这样的行为与 BIM 自身的主旨也不符合。

1.4.3　工作流程

BIM 设计过程是基于同一个平台进行实时互动的信息协同行为，整个过程会产生大量的信息，如何组织信息，何时组织什么样的信息提供给谁，如何利用获得的信息等实际上是 BIM 设计工作的管理核心。不同于 CAD 设计，由于多了信息交换管理这一环节，导致在流程中必须关注多专业间的配合，其主要特点是部分设计工作前置。

结合我院多个项目的运行管理经验，归纳出一般项目设计工作流程，即：将整个设计工作分为四个阶段，每个阶段由不同的时间节点控制，建议在规定的时间内，各专业各岗位的人员完成规定的工作内容，以此作为五个专业间的协同基础。工作流程全过程如图 1.4-2 所示。

在 BIM 设计中，BIM 模型也在跟随设计阶段进行流转，如图 1.4-3 所示。

下面结合流程图（图 1.4-2），简述每个阶段各专业的工作内容。按照此流程进行实例项目的全过程设计工作将在第 3 章详细讲述。

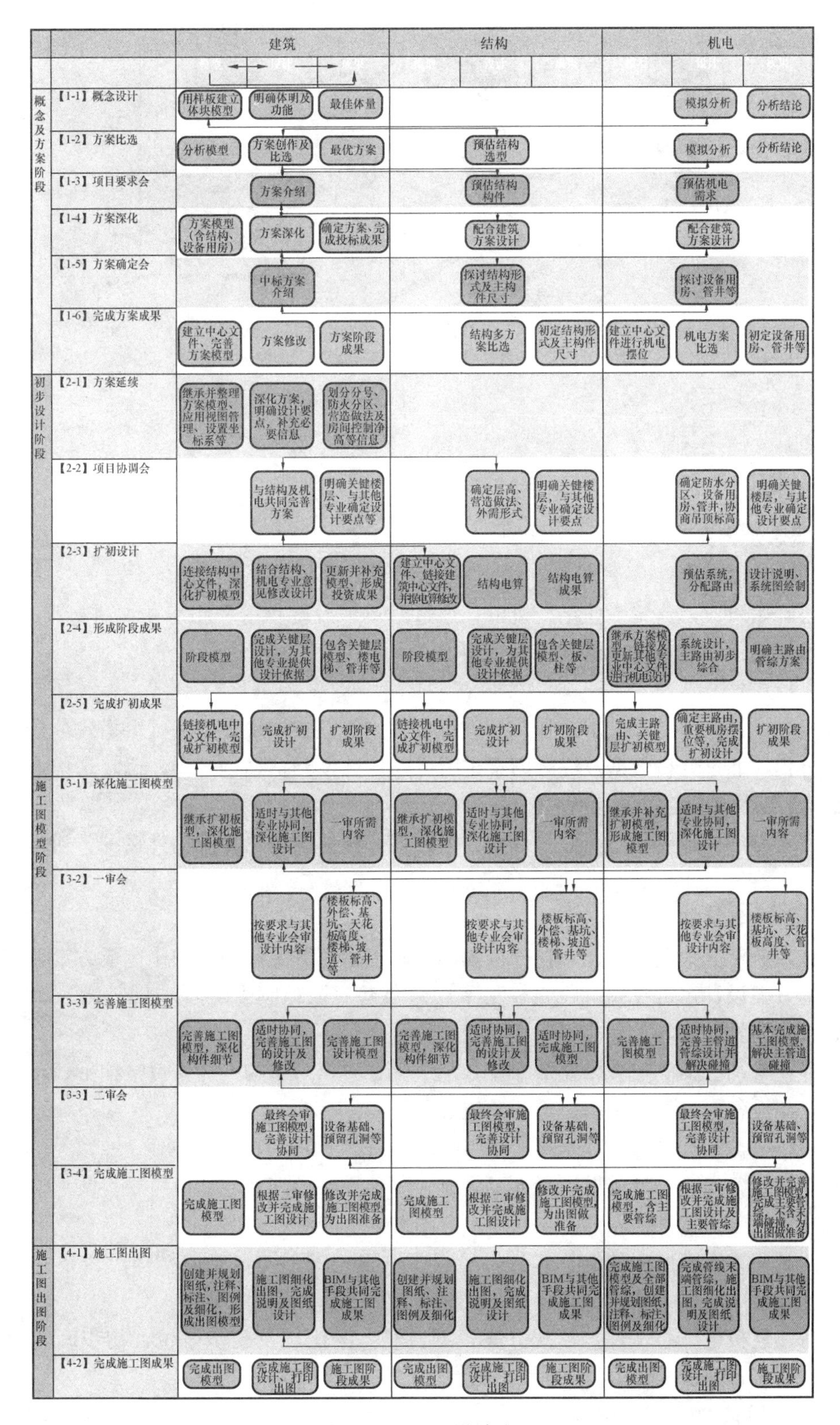

图 1.4-2　BIM设计流程

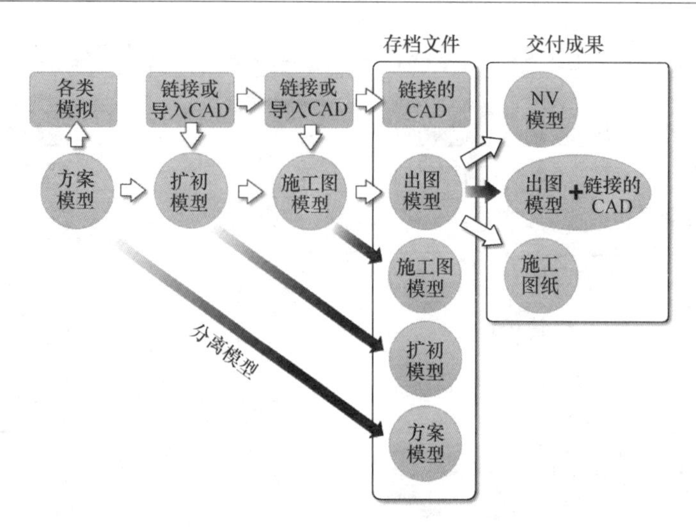

图 1.4-3　模型流转程序

1. 概念及方案阶段

【1-1】概念设计

项目开始阶段，建筑专业结合机电，通过对场地及环境等模拟分析，进行概念设计，确定方案体量及功能分区，搭建体量模型。

【1-2】方案比选

在概念设计基础上，继承最佳体量进行方案创作，在体块模型基础上搭建分析模型进行模拟分析，通过分析数据及综合因素进行方案比选，预估结构选型，确定最优方案。

【1-3】项目要求会

全专业参加项目要求会，建筑专业介绍方案，预估结构选型及构件情况，初步预估机电需求。

【1-4】方案深化

设计人员对方案进行深化，在分析模型基础上建立方案模型，初步完成方案设计。投标阶段的方案设计，可在此阶段充分发挥 BIM 优势完成相应成果。

【1-5】方案确定会

全专业参加方案确定会，建筑专业介绍中标方案，与结构专业探讨结构形式及主要构件尺寸，与设备探讨设备用房、管井的位置及面积。

【1-6】完成方案成果

建筑结合各专业设计成果进行方案修改，完善方案模型并建立建筑中心文件，形成方案阶段成果。

结构利用方案模型中的结构构件，经过多方案比选，初步确认结构形式及主要构件尺寸。

设备建立机电中心文件，形成方案模型，经方案比选及初步摆位，初步确定设备用房、管井的位置及面积等。

2. 扩初阶段

【2-1】方案延续

建筑专业继承方案阶段成果，创建扩初模型，补充必要信息，为项目协调会做准备。

(1) 继承方案模型，根据项目规模及分期建设等因素进行分号、模型范围等划分，应用视图管理，划分工作集等，形成扩初模型。

(2) 根据地形建立场地模型，对建筑物进行初步定位。链接原始地形图，根据测量坐标将地形场地正确定位，设置坐标系，明确正北及项目北。

(3) 明确设计参数及要求。对方案的层高、房间功能、防火分区、基本营造做法、屋面做法、房间控制净高等进行确认，统一墙体、面层等材料选型。

【2-2】项目协调会

全专业参加项目协调会。为满足协同设计，提前机电专业介入时间，会议需明确关键楼层位置，各专业优先进行关键层设计。

建筑与结构明确建筑营造做法、初步确定外檐形式、地下室顶板标高和覆土情况以及房间等。

建筑与机电明确设备用房及管井位置及要求等；各专业协商吊顶标高，排水沟、集水坑位置等。

【2-3】扩初设计

结合项目协同会意见，结构建立中心文件，结合结构电算进行模型修改。

建筑链接结构中心文件，进行扩初模型深化，设计人员根据设计要点替换方案模型的墙体、面层及屋面等构件的族，也可根据情况进行重新搭建。

机电专业预估系统并分配路由，同时进行系统图的绘制及说明的初步编写。

【2-4】形成阶段成果

建筑、结构完成关键层及必要节点设计，形成阶段模型，提供给机电专业作为机电模型设计依据。

机电专业继承方案阶段成果，链接其他专业中心文件，进行机电扩初设计。完善系统设计，进行管线路由初步综合。

【2-5】完成扩初成果

建筑、结构链接机电中心文件，进行协同设计，完善扩初模型，完成扩初成果。

机电与其他专业进行协同设计，确定主路由走向及重要机房摆位等，完成主路由及关键层扩初模型，完成扩初成果。

3. 施工图模型阶段

【3-1】深化施工图模型

继承扩初模型，适时载入其他专业中心文件模型，进行协同设计，完善设计节点及构件细节等施工图设计，对施工图模型进行深化。按照一审内容完成本专业工作。

【3-2】一审会

全专业参加一审会，各专业会审并对以下内容进行确认核对：楼板标高变化、悬挑部位和主要外檐做法、基坑位置、天花板高度、楼梯、坡道，各专业管井位置。

【3-3】完善施工图模型

各专业结合一审意见，深化施工图设计，适时载入其他专业中心文件模型进行协同设计。对施工图模型进行完善，满足施工图出图需求。

机电基本完成施工图模型，完成主管道管综设计并解决碰撞问题。

【3-4】二审会

全专业参加二审会，通过会审与各专业对以下内容进行确认核对：设备基础的位置、尺寸、标高。各专业剪力墙、承重墙预留孔、洞位置及尺寸，如：新风、排风、排烟口、消火栓等。

【3-5】完成施工图模型

此阶段各专业协同设计基本完成，建筑、结构完成施工图模型修改，机电完成施工图模型建立，并完成主要管综（不含末端），为模型出图做准备。

4. 施工图出图阶段

【4-1】施工图出图

建筑、结构深化施工图图纸设计，利用施工图模型直接生成图纸，并进行注释，标注等图纸细化工作，形成出图模型。同时进行图纸规划，利用多种手段完成全部施工图说明、计算及图纸成果。

机电专业完成管线末端管综，完成施工图模型修改并深化施工图图纸设计，利用施工图模型直接生成图纸，并进行注释，标注等图纸细化工作，形成出图模型。同时进行图纸规划，利用多种手段完成全部施工图说明、计算及图纸成果。

【4-2】完成施工图成果

各个专业将模型与图纸进行最终的整理，出图打印，完成施工图阶段成果。

1.5 BIM 设计岗位职责

参照天津市建筑设计院岗位划分，分为工程主持人，机电综合负责人，专业负责人，设计人，制图人，校正人，审核人共 7 类。根据 BIM 协同工作的需求，不同岗位应该承担不同的责任，具体如下：

1. 工程主持人

按照《TADI-BIM 操作手册》、《TADI-BIM 设计手册》组织各专业按贯标管理程序要求制订工程设计各阶段进度控制计划并协调实施。协调统筹本项目与外部主管部门、职能部门的沟通与交流。协调统筹本项目内部各专业之间沟通、配合等工作。控制各专业设计过程的策划、方案评审、提资、验证、会审会签等关键设计环节。组织召开各阶段的全专业会议控制各阶段进度计划并协调实施。组织设计过程中各专业的技术协调及管线综合设计。

2. 机电综合负责人

按照《TADI-BIM 操作手册》、《TADI-BIM 设计手册》协助工程主持人控制机电专业设计进度，协调统筹机电三个专业的设计工作，并负责与土建专业的沟通和整合。协助工程主持人做好与外部主管部门、职能部门的沟通与交流。负责与工程主持人沟通整合，并协调统筹机电三个专业设计工作及管线综合工作。确定项目样板文件建立中心文件，建立视图目录树，链接其他专业中心文件。控制各阶段进度计划、控制关键层并协调管线综合设计并指导实施。每阶段结束后及会审会议前应从中心文件分离文件备份以保证数据安全。会审后重新载入其他专业中心文件，适时更新其他专业中心文件。

3. 专业负责人

（1）按照《TADI-BIM操作手册》、《TADI-BIM设计手册》，协助工程主持人控制各专业设计进度。

（2）建筑、结构专业负责人确定项目样板文件建立中心文件，建立视图目录树，链接其他专业中心文件。每阶段结束后及会审会议前应从中心文件分离文件备份以保证数据安全。会审后重新载入其他专业中心文件，适时更新其他专业中心文件。

（3）各专业负责人选用视图样板，建好视图、图纸目录，并在管理选项卡中录入项目信息。组织完成各阶段前期的工作，划分工作集、划分工作区域，负责本专业模型深度及质量，选择标准层调整模型显示样式及视图深度，与其他专业沟通，在每阶段会议前核对本专业提资内容，保证提资模型准确性。负责族的应用及收集。

4. 设计人

按照《TADI-BIM操作手册》、《TADI-BIM设计手册》正确建立BIM设计文件。按本专业国家和地方有关规范、标准、规程，应用Revit做好工程设计，把握设计原则，设计无违反强制性条文问题，做到设计、计算文件依据正确，参数合理。负责本专业各阶段模型搭建，同时做好与专业负责人沟通。根据不同分工建立工作集，根据阶段选择视图样板形成目录树。按院相关规定完成族的使用及统计。按院相关规定建立图纸编号并满足图纸命名规则。对制图人交底清楚并负责核查所绘模型、图纸，确保模型内容明确表达设计意图，图纸符合制图标准，并进行模型构件的统计。

5. 制图人

按照《TADI-BIM操作手册》正确建立BIM设计文件。完善各阶段图纸，保证成果输出。做到图幅大小适当、图面清晰、布局合理。图纸、说明、计算中的注释、文字、标注、索引、选用标准图及绘制图例等设计内容表达正确、完整，符合制图规定。

6. 校正人

（1）二审阶段后校正模型构件深度、查看模型中命名规则、颜色规则、目录树、工作集等应符合《TADI-BIM操作手册》、《TADI-BIM设计手册》。复查其他专业提资内容反应情况。消除模型中的错、漏、碰、缺等问题。

（2）出图阶段确保设计图纸质量、校正图幅适当、图面清晰、布局合理，模型、图纸内容详尽完善，图标签署齐全。校正图纸、说明、计算中的画法、写法、标注、索引、选用标准图及绘制图例等表达正确、完整、交待清楚，无错漏，符合统一制图标准。校正图纸与计算、说明等一致性。

（3）校正提出问题以条款形式填写《校审（验证）记录单》。

7. 审核人

（1）二审阶段确保设计模型的深度和质量，避免出现原则性问题及违反强制性条文问题。审核各项命名规则的落实，保证方案的合理性、参数合理准确、经济指标符合有关规定，负责综合后审核各专业模型的合理性。

（2）出图后审核图纸的深度和质量，图纸、说明、计算书内容齐全，计算公式及参数选用正确合理。

（3）审核提出问题以条款形式填写《校审（验证）记录单》。

1.6　BIM 设计软硬件平台要求

1.6.1　软件平台

BIM 常用的软件分为平台软件、建模软件及专业分析软件等，企业应根据自身特点合理选择一种建模软件体系和多种专业软件（表 1.6-1）。建模软件与专业软件应具有完善的数据接口，并注重与平台软件的对接，保证信息传递的一致性与完善性。专业软件宜具备剥离冗余信息的功能，保证信息利用的效率。

BIM 常用软件一览表　　　　表 1.6-1

软件分类		软件功能	软件名称
平台软件			MicroStation、Naviswork、达索 SIMULIA SLM 等
建模软件	BIM 建模软件	用于建立信息模型	Revit、ArchiCAD、CATIA、PBIMS 等
	几何造型软件	用于形体表达	Rhino、Sketchup、FormZ 等
专业分析软件	可持续设计软件	参与可持续设计中的分析、比对	Ecotect、EcoDesigner Star、IES、Green Building Studio、starccm+、simulation、Xflow 等
	机电分析软件	参与机电设计中的分析	Trane Trace、Design Master、IES Virtual Environment、博超、鸿业等
	结构分析软件	参与结构设计中的分析	PKPM、盈建科、ETABS、Tekla Structure、SAP2000、MIDAS 等
	造价软件	用于工程算量，设计产品概预算分析	广联达、鲁班、清华斯维尔等
	可视化软件	用于浏览、渲染等一系列可视化操作	3DS MAX、Lightscape、Artlantis、Lumion、Accurender 等
	模型检查软件	用于模型比对、检查及纠错	Navisworks、Projectwise Navigator、Solibri、fuzor 等

1.6.2　硬件平台

硬件配置应随同软件发展一同提升。从事 BIM 设计的团队应最少配置一台服务器，每位设计人应配置一台客户端。宜配置一台渲染和可视化工作站。

BIM 技术是基于三维的工作方式，对硬件的浮点运算能力和图形、图像处理能力都有较高的要求，相比较传统二维 CAD 软件，在运行的计算机配置方面，需要较高的 CPU、内存和显卡的配置。CPU 应该配置较高的主频及高速缓存；内存容量应尽可能选用上限，并最好采取多通道配置；显卡应选取较大缓存的独立专业显卡，宜使用高速硬盘，以满足三维模型较大数据的处理速度。

如果操作系统占用过多的内存资源，程序响应速度会急剧下降，导致降低项目操作效率，而且如果软件达到寻址空间的可用内存上限，程序和能够寻址的最大内存操作系统就会冻结或者崩溃。为了减少这类问题，应使用 64 位系统，在符合性价比的条件下，使计算机内存容量最大化。

Revit 的多核多线程支持做得不好，目前使用的 2016 版，仅仅是对单核双线程进行优化，在此之前，大部分操作都是单核单线程运行。所以配置 Revit 客户端时，要重视 CPU 的主频、缓存而不是计算核心的数量。

从建模过程的显卡的使用来看，更为关注的是构件间的空间关系、曲线的平滑显示，材质多用于区分各类系统，而且直接将 Revit 用于大场景的渲染情况较少，多是导出模型进入其他专业渲染软件进行后期处理，再者由于 Revit 使用 Direct3D 来进行硬件加速，使得在建模方面，游戏卡优于专业显卡，NVIDIA 显卡和 AMD 显卡性能相近。显卡选择的关键参数是 GPU 频率和显存。

Revit 模型数据交换量比较大，大内存和数据传输快的硬盘，将直接提升模型的读取、缩放、旋转、存储的速度。具体如下：

（1）固态硬盘（SSD）比机械硬盘性能有明显的提升。

（2）SATA3 接口 SSD 速度低于 NVMe 协议下的 PCIE-SSD。

（3）使用两块不同品牌性能的 SSD 构建 RAID0，较相等容量的单块 SSD 连续读写速度会提升，但是随机读写受制于 RAID0 中最慢的那块，性能提升有限。建议采用性能更好的单块 SSD 进行提升。

（4）如果两块同品牌同型号的 SSD，性能优异，建议组成 RAID0 使用。

（5）优秀的 SSD 能适当补偿内存不足的短板。

（6）电源供电稳定。

就建模工作而言，CPU 可以采用风冷散热，但是至少采用 4 热管和 12cm 散热风扇。水冷组件散热性能优于风冷，但是需要考虑维修保养的时间、费用成本。

机箱建议至少选用中塔机箱，在机箱顶部、后部加设机箱风扇，便于空气流通及时带走热量。空间条件能满足的，建议使用静音全塔式机箱。

1. 服务器最低配置

服务器最低配置应符合的要求为：应作为中央数据库专机专用，可多项目共用一台；服务器应注重数据交换、存储的速度以及安全性。

建议配置为：

（1）双通路主板；

（2）4 核 CPU，CPU 主频不应小于 2.0GHz；

（3）四通道内存 64Gb，服务器操作系统；

（4）千兆内网连接，终端能够实时访问服务器；

（5）存储硬盘为机械硬盘，容量不应少于 1T，转速不应低于 7200 转，极其重要的项目，建议选用企业级数据硬盘构建 RAID1 存储数据；

（6）系统盘宜选用 SSD 固态硬盘；

（7）显卡无特殊要求。

2. 客户端最低配置

客户端最低配置应符合的要求为：应与 BIM 软件要求相适应，并应保证数据输入的方便性、快捷性；应便于 BIM 模型可视化信息的实时比对、检查。

建议配置为：

（1）客户端配置应不低于 4 核 CPU，CPU 主频应大于 3.0GHz；

（2）内存不低于 16Gb；

(3) 建议使用性能不低于 SATA3 的固态硬盘；

(4) 机械硬盘容量不应少于 500Gb，若软件系统安装在机械磁盘上，则剩余空间不应少于 100Gb，转速不应低于 7200 转；

(5) 宜采用双显示器，显示器分辨率不应低于 1280×1024；分辨率宜选用 1920×1024；

(6) 显卡显存不应低于 2Gb。

3. 渲染和可视化工作站

渲染和可视化工作站最低配置应符合的要求为：渲染和可视化工作站配置应与相应的渲染及后期编辑软件要求相适应；应便于针对 BIM 模型进行快速渲染与视频编辑。

建议配置为：

(1) 渲染和可视化工作站 CPU 至少为 4 核 8 线程主频 3.0GHz 以上处理器；

(2) 宜使用双 CPU 通路构架主板；

(3) 四通道内存不应低于 32Gb；

(4) 硬盘容量不应少于 1T，转速不应低于 7200 转；

(5) 显示屏幕分辨率不应低于 1280×1024；

(6) 显卡不低于 2Gb 显存。

1.6.3 Revit 的优化

1. 综述

未经任何优化过的 Revit 在打开模型后，会有锯齿、颜色亮度过高、线条过细、旋转卡顿等症状。将 Revit 加载进显卡驱动程序中，可以有效改善这些症状。因为 Revit 是单核程序，正好适合睿频技术要求，可在系统电源选项里将“自定义电源计划”改为“高性能”，再点击“更改计划设置”→“更改高级电源计划”→“处理器电源管理”→最小、最大处理器均改为 100%。如图 1.6-1 所示。

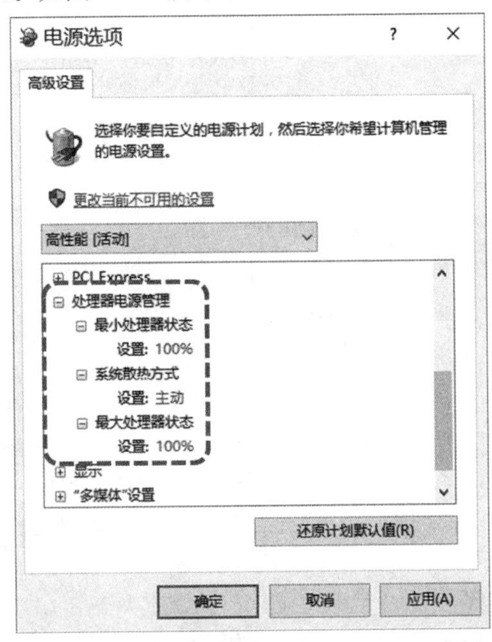

图 1.6-1

此方法也适用于 Navisworks 的优化。

2. AMD 专业显卡优化

在桌面点击右键，选择 AMD FirePro Contral Center，如图 1.6-2 所示。

图 1.6-2

在弹出的界面下点击“AMD FirePro”，在展开菜单中选择 3D 应用程序设置，右侧界面内选择“＋添加”，选择 Revit 安装目录下的 Revit 运行图标，打开，添加后对 Revit 程序进行优化修改，如图 1.6-3 所示。

Revit 的设置需要根据显卡自身的性能来调节，注意：“形态过滤”选项不要打开，打开会使菜单栏的文字模糊。如图 1.6-4 所示。

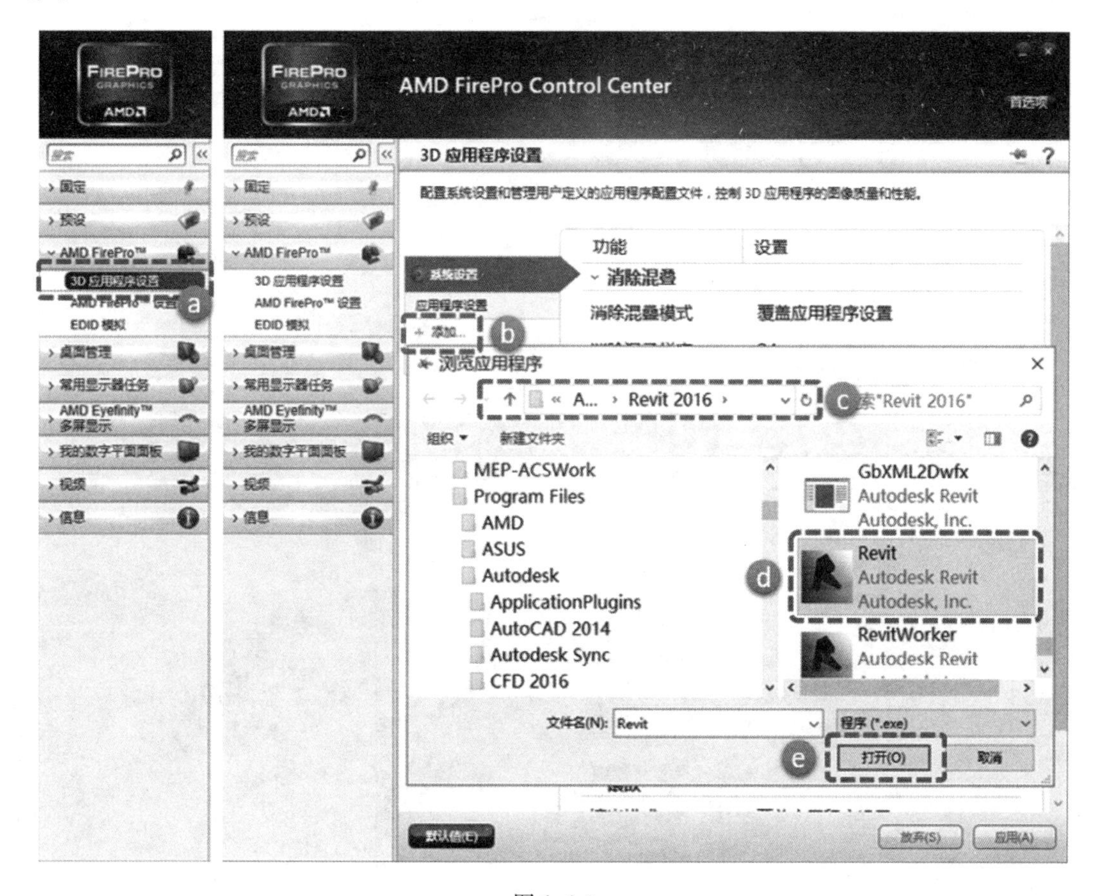

图 1.6-3

3. NVIDIA 显卡优化

NVIDIA 优化操作同 AMD 优化一样，先在驱动程序中点击“管理 3D 设置”加入 Revit，再对软件针对显卡自身情况进行设置。如图 1.6-5～图 1.6-7 所示。NVIDIA 专业显卡和游戏显卡界面类似，不再赘述。

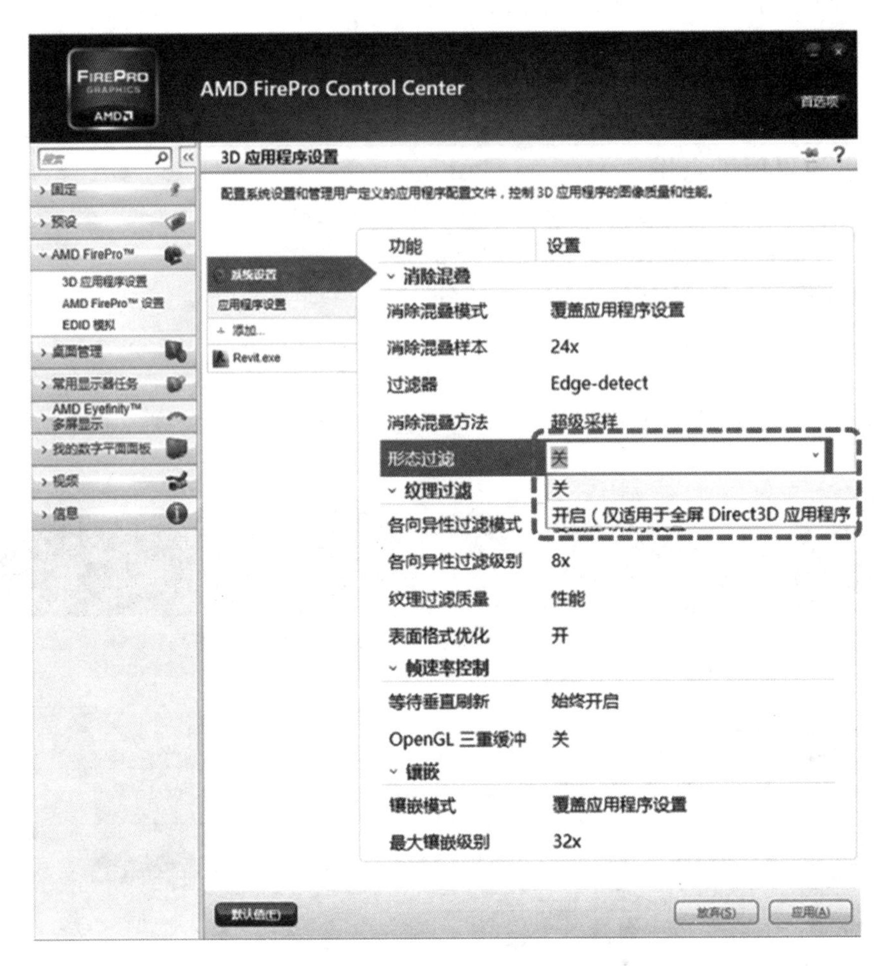

AMD FirePro Control Center
3D 应用程序设置
固定
预设
AMD FirePro™
3D 应用程序设置
AMD FirePro™ 设置
EDID 模拟
桌面管理
常用显示器任务
AMD Eyefinity™ 多屏显示
我的数字平面面板
视频
信息
应用程序设置
Revit.exe
功能
设置
消除混叠
消除混叠模式
覆盖应用程序设置
消除混叠样本
24x
过滤器
Edge-detect
消除混叠方法
超级采样
形态过滤
关
关
开启（仅适用于全屏 Direct3D 应用程序
纹理过滤
各向异性过滤模式
各向异性过滤级别
8x
纹理过滤质量
性能
表面格式优化
开
帧速率控制
等待垂直刷新
始终开启
OpenGL 三重缓冲
关
镶嵌
镶嵌模式
覆盖应用程序设置
最大镶嵌级别
32x

图 1.6-4

查看(V)
排序方式(O)
刷新(E)
粘贴(P)
粘贴快捷方式(S)
撤消 新建(U)
Ctrl+Z
NVIDIA 控制面板
新建(W)
nView Desktop Manager
显示设置(D)
个性化(R)

图 1.6-5

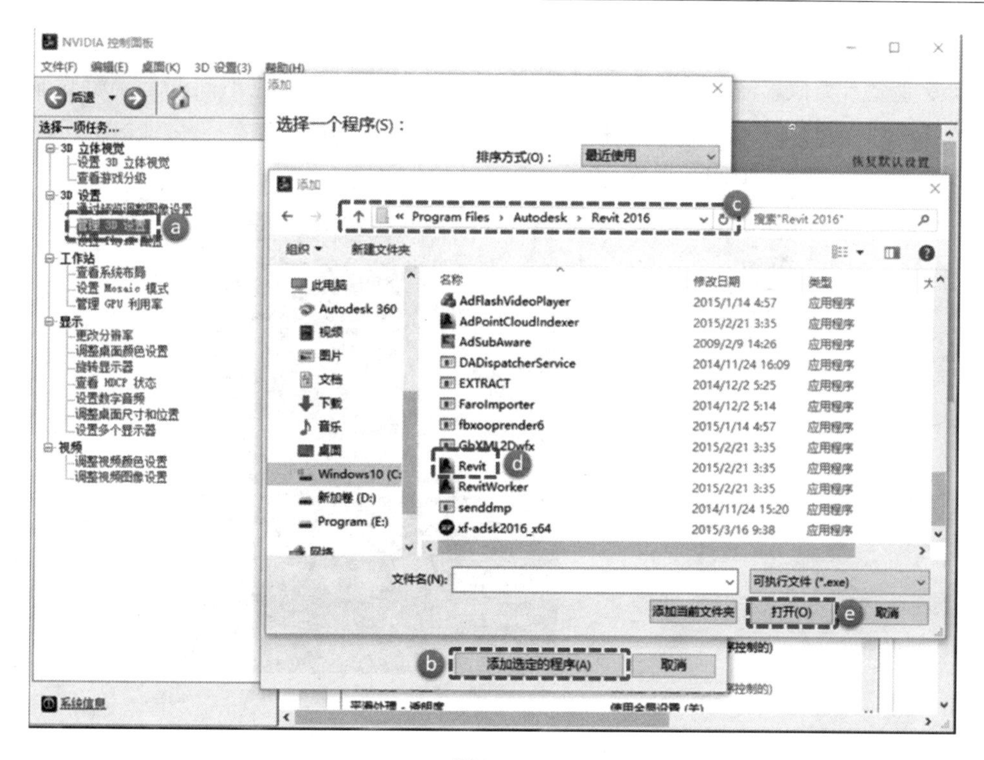
NVIDIA 控制面板
文件(F) 编辑(E) 桌面(K) 3D 设置(3) 帮助(H)
后退
选择一项任务...
3D 立体视觉
设置 3D 立体视觉
查看游戏分级
3D 设置
管理 3D 设置
a
工作站
查看系统布局
设置 Mosaic 模式
管理 GPU 利用率
显示
更改分辨率
调整桌面颜色设置
旋转显示器
查看 HDCP 状态
设置数字音频
调整桌面尺寸和位置
设置多个显示器
视频
调整视频颜色设置
调整视频图像设置
系统信息
添加
选择一个程序(S)：
排序方式(O)：
最近使用
恢复默认设置
« Program Files › Autodesk › Revit 2016
c
搜索"Revit 2016"
组织
新建文件夹
此电脑
Autodesk 360
视频
图片
文档
下载
音乐
桌面
Windows10 (C:
新加卷 (D:)
Program (E:)
名称
修改日期
类型
AdFlashVideoPlayer
2015/1/14 4:57
应用程序
AdPointCloudIndexer
2015/2/21 3:35
AdSubAware
2009/2/9 14:26
DADispatcherService
2014/11/24 16:09
EXTRACT
2014/12/2 5:25
FaroImporter
2014/12/2 5:14
fbxooprender6
2015/1/14 4:57
GbXML2Dwfx
2015/2/21 3:35
Revit
d
2015/2/21 3:35
RevitWorker
2015/2/21 3:35
sendmp
2014/11/24 15:20
xf-adsk2016_x64
2015/3/16 9:38
文件名(N)：
可执行文件 (*.exe)
添加当前文件夹
打开(O)
e
取消
b
添加选定的程序(A)
取消

图 1.6-6

NVIDIA 控制面板
文件(F) 编辑(E) 桌面(K) 3D 设置(3) 帮助(H)
后退
选择一项任务...
恢复默认设置
您可以更改全局 3D 设置，并建立特定程序的置换值。每次这些特定程序启动时，都会自动使用置换值。
我希望使用以下 3D 设置：
全局设置
程序设置
1. 选择要自定义的程序(S)：
Autodesk Revit (Autodesk Revit)
添加(D)
只显示本计算机上找到的程序(M)
2. 指定该程序的设置值(C)：
功能
设置
CUDA - GPUs
使用全局设置 (全部)
OpenGL 渲染 GPU
使用全局设置 (自动选择)
三重缓冲
使用全局设置 (关)
各向异性过滤
使用全局设置 (应用程序控制的)
应用覆盖功能
使用全局设置 (关)
垂直同步
使用全局设置 (使用 3D 应用程序设置)
多显示器/混合 GPU 加速
使用全局设置 (多显示器性能模式)
导出的像素类型
使用全局设置 (颜色索引覆盖 (8 bpp))
平滑处理 - FXAA
使用全局设置 (关)
平滑处理 - 模式
使用全局设置 (应用程序控制的)
平滑处理 - 灰度纠正
使用全局设置 (开)
平滑处理 - 设置
使用全局设置 (应用程序控制的)
平滑处理 - 透明度
使用全局设置 (关)
说明：
各向异性纹理过滤影响纹理的清晰度。
系统信息

图 1.6-7

4. AMD 游戏显卡优化

同专业显卡类似，需要将 Revit 程序添加进驱动程序设置里，不同的是，游戏显卡要添加到“游戏”选项中，先添加、再设置。如图 1.6-8 所示。设置内容同专业先显卡一样，对于“形态过滤”不能开启。

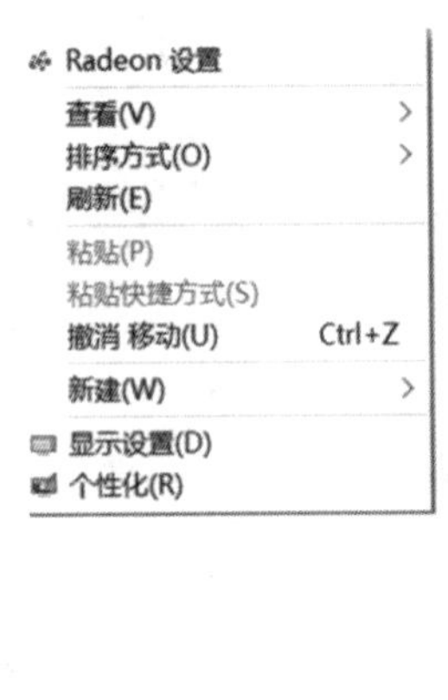

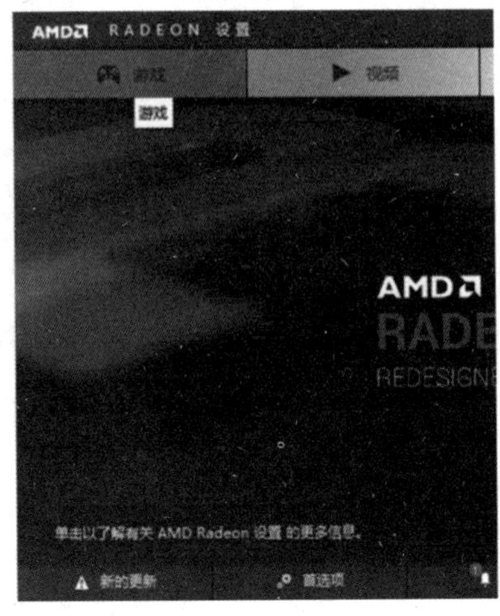

图 1.6-8

5. Revit 软件的优化

如果硬件条件较好，但在 Revit 软件使用中经常发生卡顿现象，可以检查一下项目，在 Revit 启动界面下点击 图标，点击“选项”按钮，再点击“图形”按钮，弹出如图 1.6-9 所示界面。

（1）图 1.6-9 中，a 框表示 Revit 对显卡的识别。如果识别出型号如图中的 V5900，或者是显卡芯片系列如 AMD7000 系列等，都表明当前显卡是对优化起作用的。图中显示的驱动程序未经过认证的情况，不影响显卡的性能，仅表明显卡的驱动程序版本未在 Revit 认证的库里。

（2）图 1.6-9 中，b 框内“使用硬件加速”：简单的解释是开启显卡和 CPU 一起工作的开关，此开关的打开可有效改善卡顿情况。

“重绘时允许导航”：可以在二维或三维视图中导航模型（平移、缩放和动态观察视图），而无需在每一步等待软件完成图元绘制。软件会中断视图中模型图元的绘制，从而可以更快和更平滑地导航。该选项禁用时：要在软件完成重画过程后才允许执行进一步操作。为优化视图导航，软件会暂停在相机操作（平移、动态观察和缩放）期间影响模型显示的某些图形效果（例如填充样式和环境阴影）。当相机未处于操纵状态时，视图将正常显示图形效果。更改此设置后，必须关闭并重新打开模型以查看结果。

“使用反走样平滑线条”：减轻线条的锯齿情况，开启后不用重启模型。其下有两个选项，一个是“允许在图形显示选项对话框中控制每个视图”此选项是允许用户对每一个视图的平滑曲线开启单独控制，另一个“用于所有视图（禁用控制每个视图）”则是在模型内所有视图都开启平滑曲线（图 1.6-9 中 c 框）。勾选后，视图属性里的图形选项会变灰锁死（图 1.6-10）。

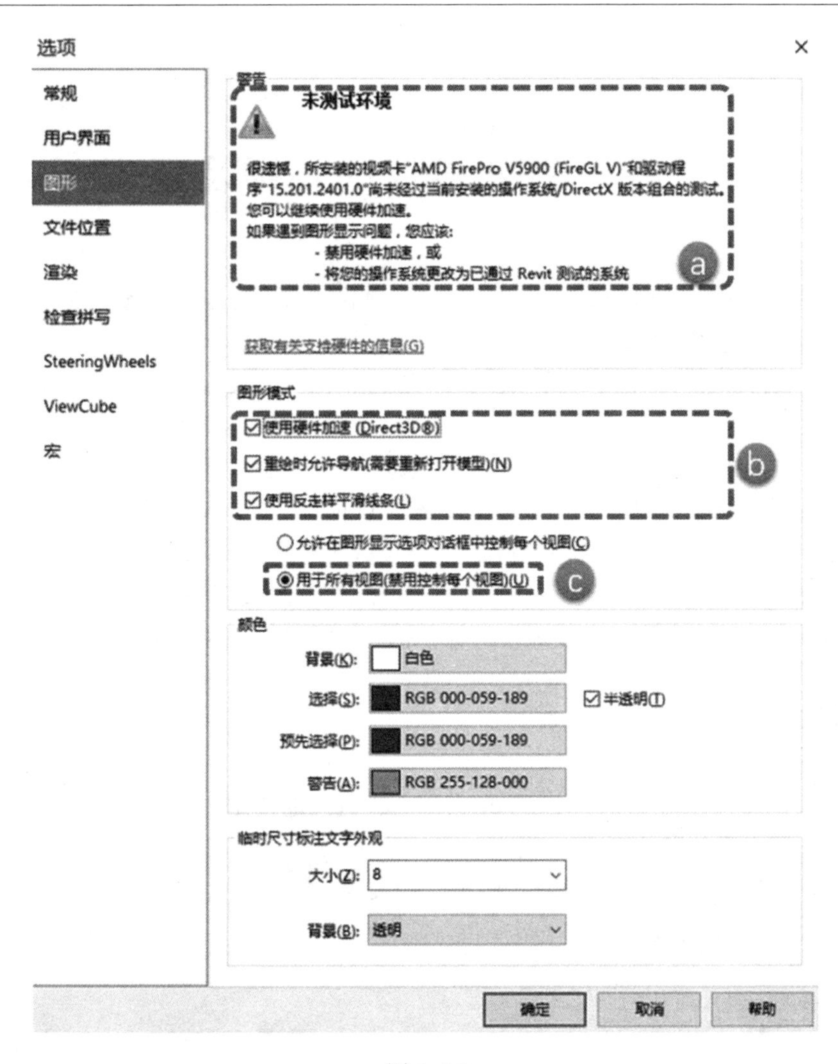
选项
常规
用户界面
图形
文件位置
渲染
检查拼写
SteeringWheels
ViewCube
宏
警告
未测试环境
很遗憾，所安装的视频卡"AMD FirePro V5900 (FireGL V)"和驱动程序"15.201.2401.0"尚未经过当前安装的操作系统/DirectX 版本组合的测试。
您可以继续使用硬件加速。
如果遇到图形显示问题，您应该：
- 禁用硬件加速，或
- 将您的操作系统更改为已通过 Revit 测试的系统
a
获取有关支持硬件的信息(G)
图形模式
使用硬件加速 (Direct3D®)
重绘时允许导航(需要重新打开模型)(N)
使用反走样平滑线条(L)
b
允许在图形显示选项对话框中控制每个视图(C)
用于所有视图(禁用控制每个视图)(U)
c
颜色
背景(K):
白色
选择(S):
RGB 000-059-189
半透明(T)
预先选择(P):
RGB 000-059-189
警告(A):
RGB 255-128-000
临时尺寸标注文字外观
大小(Z):
8
背景(B):
透明
确定
取消
帮助

图 1.6-9

图 1.6-10

第2章　BIM设计的规则及管理

在BIM设计过程中，为了有效统一协同工作模式，需要统一的工作标准及模版，即大家“同说一种话，共办一件事”。这就需要在设计工作之前，制定设计的规则，并进行严格有序的管理。项目负责人首先要明确软件操作的规则与禁令，避免由于软件误操作带来的严重后果。其次，要对项目中构件、视图的命名规则、图元的显示方式和明细表样式等方面进行统一要求，以保证整个设计团队在同一工作环境下进行工作。通过制作各专业的项目样板可有效实现项目负责人对建模与出图等工作的统一管理与组织，避免了在工作开始之前繁琐的参数设置工作，也使完成的项目完整有序，便于后期对视图和图纸的查找。

本章主要介绍在工作过程中，设计团队由建模到出图全设计周期内需要遵循的软件操作规则、禁令，以及本书机电专业项目案例中相关的设置方法与规则。

2.1　操作禁令

（1）禁止打开中心文件后不另存本地文件就进行其他操作。

（2）禁止删除不是自己创建的视图。

（3）禁止用高于创建文件的Revit版本打开文件。

（4）禁止长时间不同步。

2.2　命名规则

统一的命名规则是开展协同工作的基础，也是规范搭建模型的首要工作，规范命名有利于模型的搭建和修改分析，同时也为工程量统计工作奠定基础。构件、视图等元素命名要能反映元素的基本信息，可以通过命名进行细致的筛分和进行查找，为后续的模型应用提供资源与便利。

2.2.1　命名禁令

所有的命名均不应出现特殊字符（如＊＃@等），否则会影响文件后续导出及使用。

2.2.2　用户名

用户名：专业-人员代号或名称（如：C-01）。

专业代码：C—管综；M—暖通；E—电气；P—给水排水。

用户名是项目建立时关联的标识符，用户在建立项目之前，须根据本节介绍的命名规则修改用户名。用户名和本地文件存在校验机制，当使用用户名A将中心文件保存至本地时，用户仅在使用用户名A打开此本地文件时才可以进行编辑操作。否则对本地文件只能进行查看，不能同步和保存。若需要使用其他用户名对项目中的图元进行编辑操作时，只能打开中心文件重新另存为本地文件，才可以进行存盘同步操作。禁止两个（或两个以上）处于活动状态的本地模型（或者本地模型和中心模型）在同一用户名下进行编辑，否则将导致本地模型与中心模型不兼容。

在“选项”→“常规”栏修改用户名，视图默认选项选择“协调”。如图 2.2-1 所示。

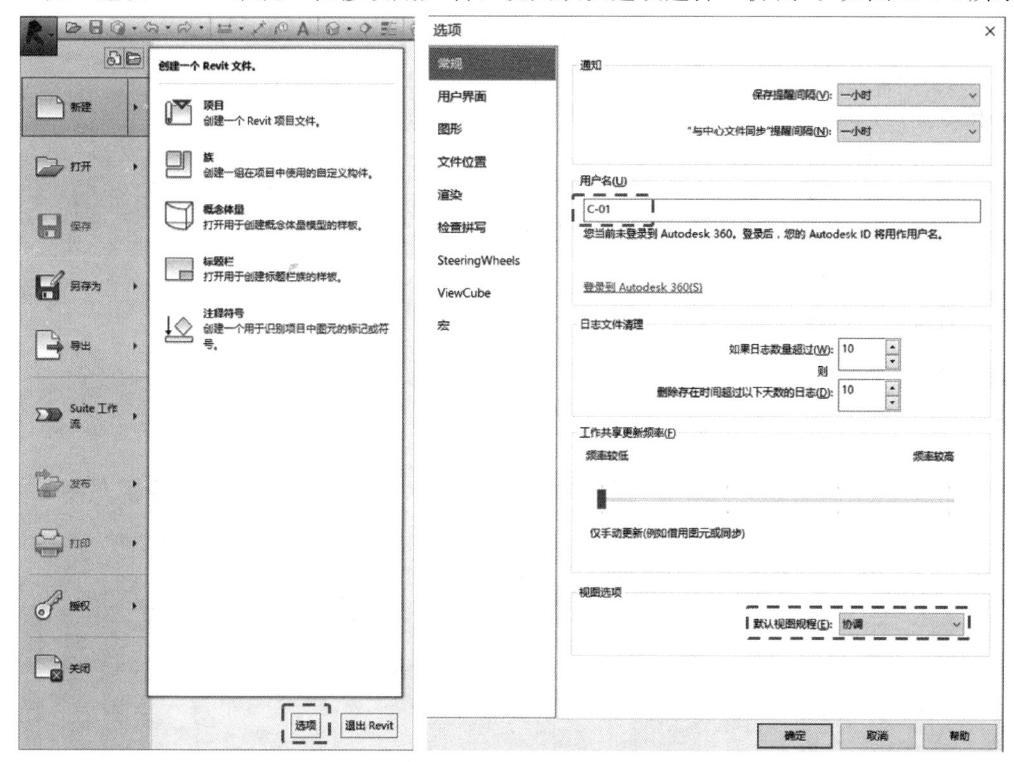

图 2.2-1

2.2.3 工作集的划分及命名

1. 工作集特点

Revit 模型是由各种不同的族组合成的，工作集是对某种 Revit 模型的元素的特定归集。CAD 的基本构成是各种线，图层可以看成是对特定线的归集，从便于分类和管理的角度上看，工作集和图层管理器是一致的。

2. 工作集的划分原则

（1）各专业工作集的划分由各专业负责人确定。

（2）由于工作集有独占性，在分配给设计人时尽量不要分配同一个工作集。

（3）工作集的划分建议按系统来分，对于较大的模型，可以先按区域划分再按系统划分。

（4）模型构件需按本专业各设计人的工作内容归属到各自工作集中。消防设备如风机、防火阀、报警阀等也可另建一工作集便于给电气专业提资。工作集宜少不宜多。

3. 暖通工作集的命名

按专业、区域、系统、所有者代号的顺序命名，如：

M-A 区-裙房风-M-01（两个设计人合作情况）；

M-A 区-裙房风-M-02（两个设计人合作情况）；

M-水（单独设计人工作情况）；

M-风（单独设计人工作情况，包含通风设备，如：排风机、通风器）；

M-空调设备（风水系统都涉及设备、如：风机盘管、组空）；

M-消防设备（需要给电提资的设备，不包括、不涉及消防系统的，如自垂百叶）；

M-设备基础（兼作为建筑提资工作集用）。

4. 给水排水工作集的命名

按专业、区域、系统、所有者代号的顺序命名，如：

P-A 区高区喷淋-P-01；

P-A 区高区喷淋-P-02；

P-雨水。

5. 电气工作集的命名

按系统、设备类型命名，如：

E-弱电桥架；

E-消防点位。

6. 操作

单击菜单栏中“协作”，点击工作集；或单击操作界面最下方状态栏中部与图 2.2-2 所示虚线红框内一样的图标。

在“工作集”→“新建”中添加新工作集名，如图 2.2-3 所示。

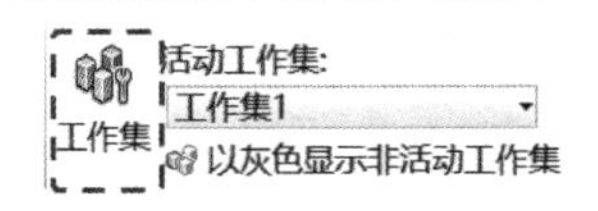

图 2.2-2

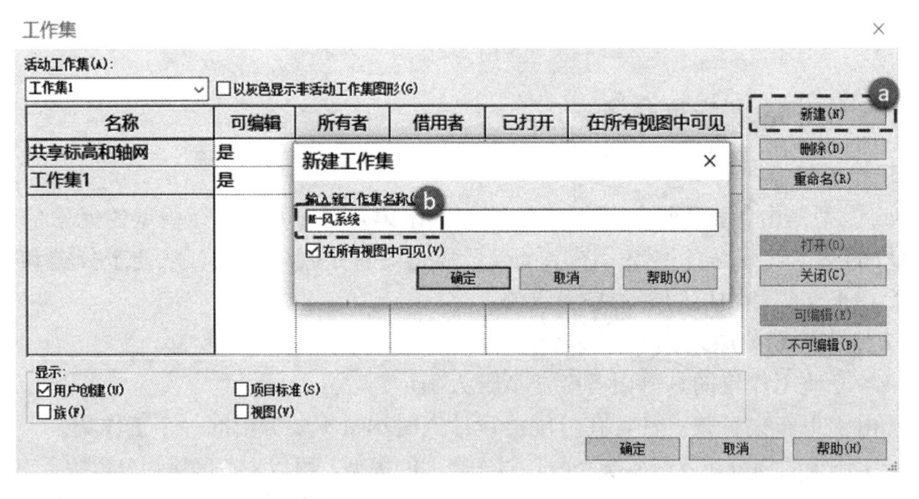

图 2.2-3

2.2.4　族命名

族是构成 Revit 模型的基本元素，族拥有所有权归属的特性。模型中所使用的族的数量、种类都很繁杂，尤其是暖通专业和给水排水专业又有共用的族，如水泵、管道、阀件等。族的命名实际上是订制一套规则将族分类管理，便于不同专业使用且不易混淆。一个严谨的族的命名规则能够将族管理有序，避免使用者误操作，保证可重复使用信息的安全，提高建模效率。

1. 暖通、给水排水族命名规则

（1）命名按“本企业的缩写-专业-系统-设备名称-参数-备注”执行；

（2）暖通专业与给水排水合用的族必须带有专业名称，如：TADI-M-蝶阀-DN50、TADI-M-冷冻水泵-300-25（后面的参数是流量、扬程）；

（3）暖通专业独有的族可以不带专业名称，如：TADI-新风-分流三通；

（4）本专业独有的族，且与系统无关的可以不带专业、系统，如：TADI-单层百叶-630×250、TADI-消火栓-暗装；

（5）暖通、给水排水专业的水管均按“TADI-专业-系统-备注”命名，如：TADI-M-LG-高区、TADI-P-XH-卡箍。

2. 电气族命名规则

电气专业中管线及电器装置等族，同样按安装专业名称加备注，电气桥架按“TADI-E-系统名称-（备注）”，如：TADI-E -ZM-（槽式）。

2.2.5 视图命名规则

1. 视图特点

Revit 中任何元素命名均具有唯一性，视图命名规则是模型管理中的一个重要方法，规范的命名原则可以避免混乱。该规则的使用，可通过视图的名称就直接判断视图所属模型阶段，如果视图在放置过程中操作失误，也可根据其命名特性重新放回原位。而且视图命名直接关系到视图浏览器的组织。

视图间有所有权、联动特性，出于减少工作时各专业间干扰的考虑，将视图分用途进行分类放置管理。此管理通过视图目录树来进行。

2. 视图命名

在随后章节中，详细阐述视图组织的方法，在本节中，仅对命名规则进行要求。

（1）“01. 查看模型”视图集中按“01＋楼层＋系统名称”构成，如：01-1F 消火栓；

（2）“02. 工作模型”视图集中按“02＋专业＋用户编号＋楼层＋注释”构成，如：02-M-02-1F-水系统（注：图名虽然为水系统，但仅表示工作内容为水系统，视图内应为全专业显示内容，而非仅显示水系统，那样无益于了解其他专业的管线布置）；

（3）“03. 出图模型”视图集中按“图名”，如：1F 弱电平面图；

（4）“04. 补充文件”视图集中按“专业名称或系统名称＋图名”构成，如：暖通设计施工说明、排水系统图。

2.2.6 视图样板命名

视图样板是一系列视图属性，例如，视图比例、规程、详细程度以及可见性设置。不同阶段应使用不同的样板，统一的、明确的视图命名规则，便于减少内容重复的样板，提高协同工作效率，便于模型的传递。

视图样板按“企业缩写-专业-阶段-内容及参数”命名，如：TADI-M-模型-楼层平面，

TADI-M-出图-平面 1∶100，TADI-C-出图-剖面 1∶50。

2.2.7 图纸命名规则

可按常规命名，命名中必须含有专业名称及图纸编号，如：水施-04-05-—层喷淋平面图。

2.3 族的使用规则

2.3.1 族的概念

（1）族是具有相同类型属性的构件的集合，Revit 模型由各种族组合而成，除常见的管道、管件阀件等，轴网、注释、文字、详图索引、标记等也都是族。族是 Revit 模型的基本元素，族的完善和质量决定所建立模型的品质，族也是企业标示的载体。

（2）族是信息的载体，外形尺寸、性能参数、电气参数、材质等都是必要的信息。

（3）族的好坏不应以是否精致来评判，对于设计阶段，族应该承载大量的设计信息，有典型特征的外形，普适性的外形尺寸，关键且灵活的参数驱动。BIM 模型是建造流程的信息集合平台，设计院做出的模型质量决定整个 BIM 流程中的信息流转的效率，而且具有良好的信息兼容性才具有向下传递的意义。因此有必要对族的信息定制进行适当的规则，规定必填参数，并删除设计过程中无用且易产生歧义的参数（如风口最大流量等），对其所含信息进行适当的筛分，这样做不仅提高了设计速度，强化了设计阶段所关注信息的注入，也使得平台更易于向下游传递。例如散流器、百叶的叶片、喷头的细节，法兰上的螺栓型号等，这些信息都可以忽略。

（4）适当减少、简化族的类型和外形，也可以降低模型的复杂程度，提高运行速度。例如丝接管道和焊接管道，在外形上相差不多，可以使用标准管件，通过修改名称来实现分类，同时减少了一半的管件载入；使用简化后的喷头，大量减少三维模型中顶点的个数。

（5）在网上能找到很多的外建族，在使用时要小心，不恰当的参数约束及关联，会导致整个模型的崩溃。

（6）造型比较奇特的族，Revit 中不能实现的，可以借助 MAX 建模，再导入 Revit 中设置连接件来实现，但是不能实现参数驱动。

注：上述第（3）点目前在行业内还存在争议，但 BIM 作为全行业的信息载体，有必要按行业内的分工，分阶段分别注入信息，设计阶段应将大部分精力集中在系统的合理、可实施性及设计参数的完整上；把在传统设计领域中习惯性缺失的信息补齐，提高设计的完成度，而不是制作管线效果图。BIM 不是一个环节的工作，而是整个建筑产业链共同的成果。

2.3.2 族的载入

族的载入提供三种方式：

（1）新建项目或打开项目，单击“插入”→“载入族”，在弹出的族文件对话框中单选或多选需要的族，点击“打开”，即载入相应的族。

（2）新建或打开项目后，再打开族文件（.rfa格式），在打开的族文件中，单击“常规”→“载入到项目中”，即被载入到项目中。

（3）新建或打开项目后，将族文件夹打开，直接将文件夹内的族拖拽至Revit项目绘图区，此族即被载入。

2.3.3 族的放置

（1）按照上述族的载入方式所载入的族会按照族的类型显示在“族”下拉菜单中。族的放置方式分为两种。

（2）在“项目浏览器”→“族”中，选择所需的族，直接拖至绘图区即可。

（3）在“系统”选项卡中点选相应族类别，在左侧“属性”中点选相应的族类型，放置在绘图区即可。

2.3.4 族的提取

（1）项目完成后可以通过两种方法对项目中族进行提取保存（内建族不可提取，且只属于本项目），以便族的二次利用。

（2）第一种方法是将新制作或修改过的族在Revit中打开，点击另存为新的族文件。

（3）第二种方法是打开项目，将项目中需要导出的族进行导出，点击→“另存为”→“库”→“族”，弹出“保存族”对话框，编辑“要保存的族”下拉菜单，可设置导出所有族或单个族。

2.3.5 族的管理

1. 族的使用管理

（1）在项目中最优先使用样板文件中提供的族，如需修改这些族，要先复制族，然后再根据系统族命名规则进行重命名，对新族进行修改。

（2）如样板中的族无法满足使用需求的情况下，可以选择族库中的族来进行调用，如有需求可以重命名后进行修改。

（3）如需另行制作族，族的命名应按照族命名规则的要求执行，族的制作需满足相应族的制作要求，携带相关信息，以满足后续项目应用期间信息的读取。

（4）使用内建族类型建立族时，命名规则参照系统族的命名规则。

2. 族库管理

族的管理关键在于系统的分类与存储，建议建立族库管理体系，对族信息进行梳理，规范族的调取及上传，通过对建设项目中族的使用，严格把控项目整体模型的深度及品质。

设置族库管理员岗位，负责族库的日常维护及上传整理新进族类型的工作，规范系统的族库管理有利于设计工作的推进及设计品质的提高。

注：对于普通族的管理，主要在于系统的存储，宜按照族的类别类型进行分类保存，方便日后的查找使用。

3. 族库结构

族库结构如图2.3-1所示。

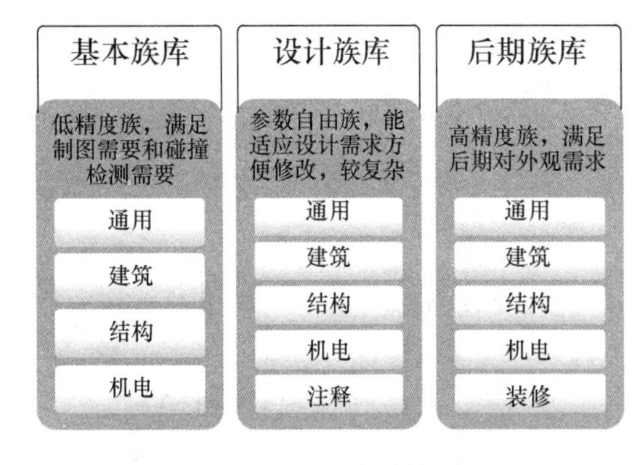

图 2.3-1　族库结构图

注意：Revit 系统族包含在项目样板文件中，Revit 内建族无法提取储存，故族库所收录族均为标准构件族。

4. 各层级族的基本要求

(1) Revit 基本族库

本层级族库的建立目的是满足项目最基本制图需要，可以进行碰撞检测等分析工作。适用于已有图纸的项目翻模，有确定的尺寸依据，且项目展示要求流畅，不会大量占用系统资源。

本层级族库所要达到的成果为：族库中的族要达到本层级族库的模型要求。族分类存储明确有序，文件完整，查找方便。

本层级族库族应满足以下要求：

① 族应为低精度族；

② 族外观要满足制图基本需要，尺寸符合实际，能够得到正确的碰撞检测结果；

③ 参数固定族与参数自由族分开存储，参数自由族参数数值正确，并且逻辑关系正确；

④ 机电专业族连接件设置正确，要求有明确连接件说明；

⑤ 族中不同位置模型材质要进行区分，但不要求达到展示的要求；

⑥ 族模型制作具体要求应符合企业内部相关标准。

(2) Revit 设计族库

本层级族库的建立目的是满足项目设计和施工图绘制的需要，可以根据设计的需要快速修改尺寸大小和参数，二维表现完善，方便在设计过程中快速将模型转化为图纸成果。本层级适用于设计并出图的项目。

本层级族库所要达到的成果为：族库中的族要达到本层级族库的模型要求。族分类存储明确有序，文件完整，查找方便。本层级包含注释族分类明确，满足施工图出图基本样式。

本层级族库族应满足以下要求：

① 族包含低精度和中等精度的族；

② 族外观要满足制图基本需要，尺寸符合实际，能够根据设计变化改变尺寸参数，二维表示符合出图要求；

③ 本层级均为参数自由族，参数数值正确，并且逻辑关系正确；

④ 机电专业族连接件设置正确，要求有明确连接件说明；

⑤ 注释族满足出图需要，格式样式正确，能够正确读取图纸信息，并正确显示。

⑥ 族中不同位置模型材质要进行区分，但不要求达到展示的要求；

⑦ 族模型制作具体要求应符合企业内部相关标准。

(3) Revit 后期族库

本层级族库的建立目的是满足项目后期展示的制作需要，模型力求贴近实物，材质正确美观，可以快速得到用于渲染的模型场景。适用于所有项目的后期制作。

本层级族库所要达到的成果为：模型能够满足后期渲染和浏览的需求，主要考虑表现效果；模型最复杂，最接近实物；材质需按要求进行设置，分类正确，调整好尺寸并设置好参数。

本层级族库族应满足以下要求：

① 本层级族均是高精度的族；

② 族外观要满足渲染展示需要，尺寸符合实际；

③ 满足尺度，有细节上的表现，有良好的观感；

④ 族的材质要正确区分，并且设置好材质参数；

⑤ 材质的命名要考虑到导入其他后期制作软件时，能够被正确识别；

⑥ 族模型制作具体要求应符合企业内部相关标准。

注意：各层级中相同族的族命名要求一致，方便需要出效果图或视频时批量替换。

5. 族库日常管理办法

（1）族库设专用地点存放，设专人管理，上传更新。

（2）族库管理人员职责：

① 族库管理人员要负责对需要入库的族进行校审和检查，是否满足该层级族库对族的要求，如有问题，需要进行修改后再进行上传；

② 族库管理人员要建立族库更新手册，负责记录族库的一切修改和更新，包括新族上传，族库中族的更新修改；

③ 族库管理人员要根据族库的实际变化，进行族库目录的更新与修改；

④ 建立详细的族库目录，族库目录要求分类明确，便于查找，每个族都要添加图片和说明。族库目录中的链接位置正确；

⑤ 族库的管理和更新都由族库管理员来进行，其他人不得修改和更新族库。

2.4　项目样板的创建及管理

不同国家、不同领域、不同设计院设计的标准以及内容都不一样，虽然 Revit 软件提供了若干样板用于不同的规程和建筑项目类型，但是仍然与国内各个设计院标准相差较大，所以每个设计院都应该在工作中定制适合自己的项目样板文件。

项目样板中统一标准的设定不仅可以满足设计标准而且还会为设计提供了便利，减少了重复劳动，大大提高设计师的效率。每当进入一个新项目，项目样板就为项目设计提供初始状态，项目整个设计过程也将在样板提供的平台上进行。

2.4.1　综述

在 Revit 中，项目样板的建立为后续模型的搭建提供了便利。用户可使用软件自带的项目样板，也可应用自定义样板创建项目。由于使用的族种类及注释类型较多，项目样板的内容要蕴含设计所需要的各个方面，标准的、规范的样板可以显著提高人员的工作效率，缩短模型搭建的时间。如图 2.4-1 所示。项目样板也使得各设计人以相同的标准进行模型的搭建、绘制施工图等工作，便于项目负责人与专业负责人的管理。项目开始之初，相关人员应根据项目的不同对项目样板进行制作和修改。在同一项目中，不同专业的样板也有所不同，需要根据各专业的需求进行项目样板的制作。在项目的搭建过程中，可能会根据项目的实际需求修改样板中预设的内容，项目负责人要及时根据修改内容更新样板。

本节将介绍模板中各项内容的设置方法。

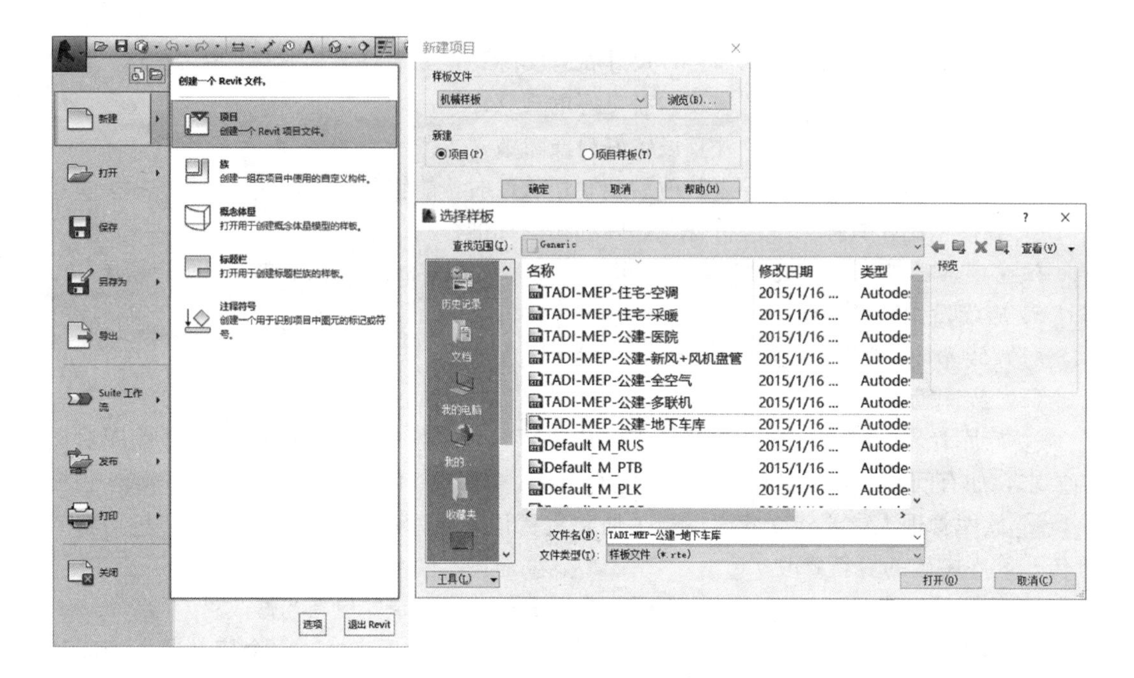

图 2.4-1

1. 项目样板的内容

项目样板基于 Revit 基本元素（如单位、填充样式、线样式、线宽、视图比例、几何图形等）构成，由视图样板、预置族、项目设置、浏览组织、基础设置五个功能集合组成。如图 2.4-2 所示。

（1）视图样板是显示样式及显示内容的控制。

（2）预置族是模型建立的最基本的族，便于快速开展工作及统一建模标准。

（3）项目设置是模型整体的、笼统的设置，其中共享参数和项目参数是用活 Revit 族的关键。

（4）浏览组织是对视图、图纸、图纸列表的管理。

（5）基础设置是对视图中各种线的显示样式、填充样式的默认状况进行设置。

在项目样板中，除了需载入本专业在建模过程中所使用的族，还需针对模型搭建工作与后期出图的需求进行图元样式的设定。在项目样板中，应设置线宽、线形、填充样式、线样式、对象样式等内容。在这些内容的分级关系上，线宽、线形与填充样式属于图形基本的构成元素。它们影响着图形元素的配置原则，即对象样式和线样式的呈现方式。由于对象样式和线样式是基于线型和线宽设置的，其中材质还可以在对象样式中进行设置，而填充样式影响材质在图元的表面、截面的显示样式，所以在配置项目样板文件时，需先设定好线宽、线型和填充样式，然后进行对象样式和线样式的设置。

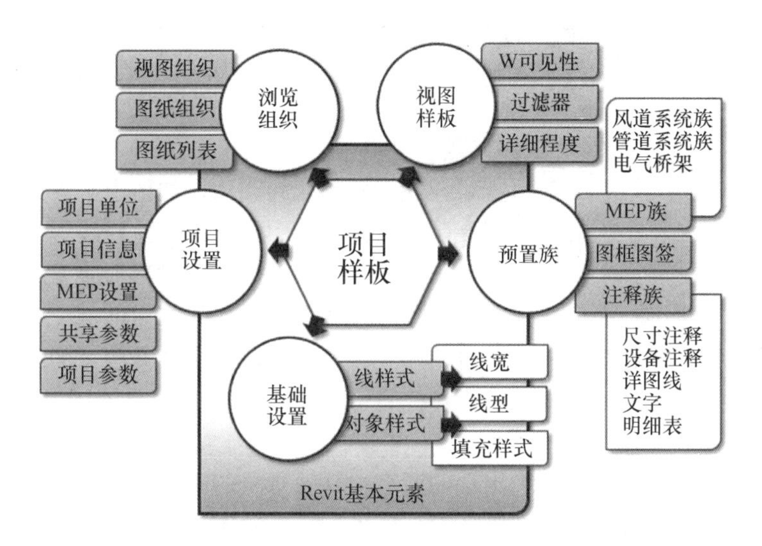

图 2.4-2 项目样板组成关系图

2. 机电项目样板的特点

对于机电专业而言，模板内容的长期积累是一个必要手段，模板内容的拆分是另一个必要手段，机电系统较多，生成一个大而全的万能模板，维护、运行、使用起来都有诸多不便，建议按建筑的类型功能预设几个稍小型的模板，即使在使用中发现缺失的系统，还可以在项目中再创建。

样板文件是一个系统性文件，其中的很多内容来源于设计中的日积月累，因此可用的样板文件也是在不断完善中。

3. 创建及完善样板文件的方法

(1) 新建一个样板文件或打开 Revit 软件提供的样板文件，在此文件内根据需要修改设置，导入本小节中所涉及所有设置，再保存为样板文件（rte）。

(2) 利用之前已完成的类似项目模型文件，删除文件中的所有模型对象，修改、删除、补足模型中的相关设置，然后将其保存为样板（rte）文件。

(3) 在项目之间进行项目标准的传递，详见本书第 2.4.15 节。

4. 项目样板的管理

项目样板的制作、管理及维护须有专人负责，项目样板负责人在项目样板的制作过程中须严格遵循本节介绍的命名规则对各元素进行统一的命名，对不同用途、不同版本的项目样板要严格管理并做好使用记录。各设计人严禁随意修改项目样板中设定完成的内容，如有特殊情况须与项目样板负责人沟通后方可操作。各专业设计人在建立项目文件时须使用本专业的项目样板，严禁各专业之间交叉使用。在不同的工作阶段，可能使用不同的项目样板，但在出图时须保证各项目样板中的视图样板保持一致。

2.4.2 图形基本构成元素

1. 综述

Revit 二维视图表示中，基本元素为线宽、线型、填充样式。图形元素的配置原则包

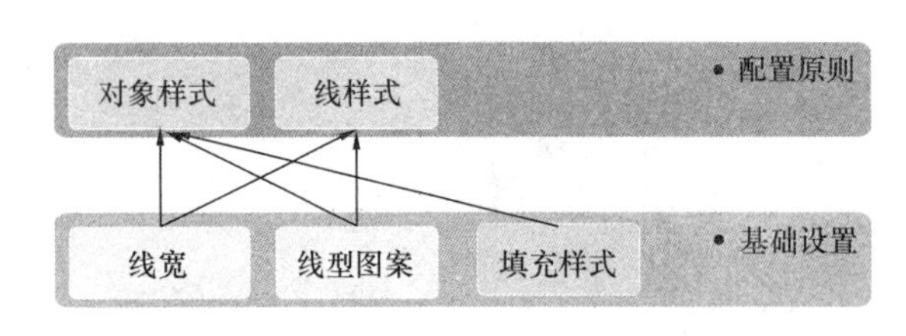

图 2.4-3　图形基本构成元素关系图

括线样式与对象样式，它们是在线宽、线型和填充样式的基础上确定的。线样式与对象样式成为项目样板中的基础设置（图 2.4-3），被各类使用到线元素的族调用，如风道水管的二维显示、图框中的线条、注释线等。在本节介绍的工作中，这三部分需要首先完成设置。设置完毕后，会直接影响之后线样式与对象样式的设置。如果在后面的工作中再次修改这些内容，相关的线样式和对象样式会自动修改，用户需注意自动修改后的线样式与对象样式是否符合要求。

2. 线宽

线宽表示在所有图纸及视图中出现的所有构件轮廓线的宽度，不同构件的轮廓在施工图同呈现的粗细程度也会根据出图需求而有所不同。设置图元的线宽时，需要选择线宽表中的线宽号进行设置，而非直接输入线宽尺寸，所以需先设置好线宽表。在 Revit 中可设置模型线宽、透视视图线宽和注释线宽三方面的线宽（图 2.4-4）。对于模型线宽，可以根据不同比例视图的需求单独设置对应的线宽，且可以对线宽表中包含的视图比例种类进行添加或删除（图 2.4-5）。线宽可以设定 16 种，不可添加或删除。

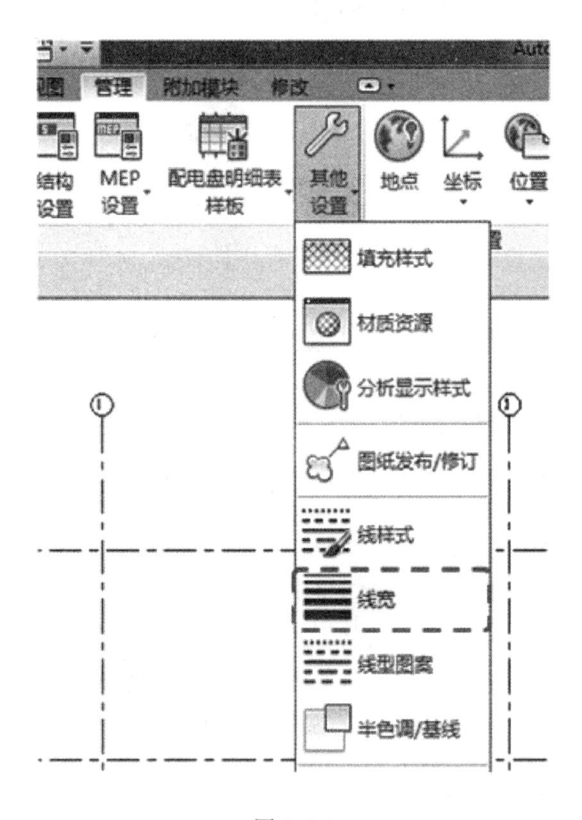

图 2.4-4

点击“管理”选项卡中“其他设置”按钮，在下拉菜单中选择“线宽”，弹出“线宽”

对话框。

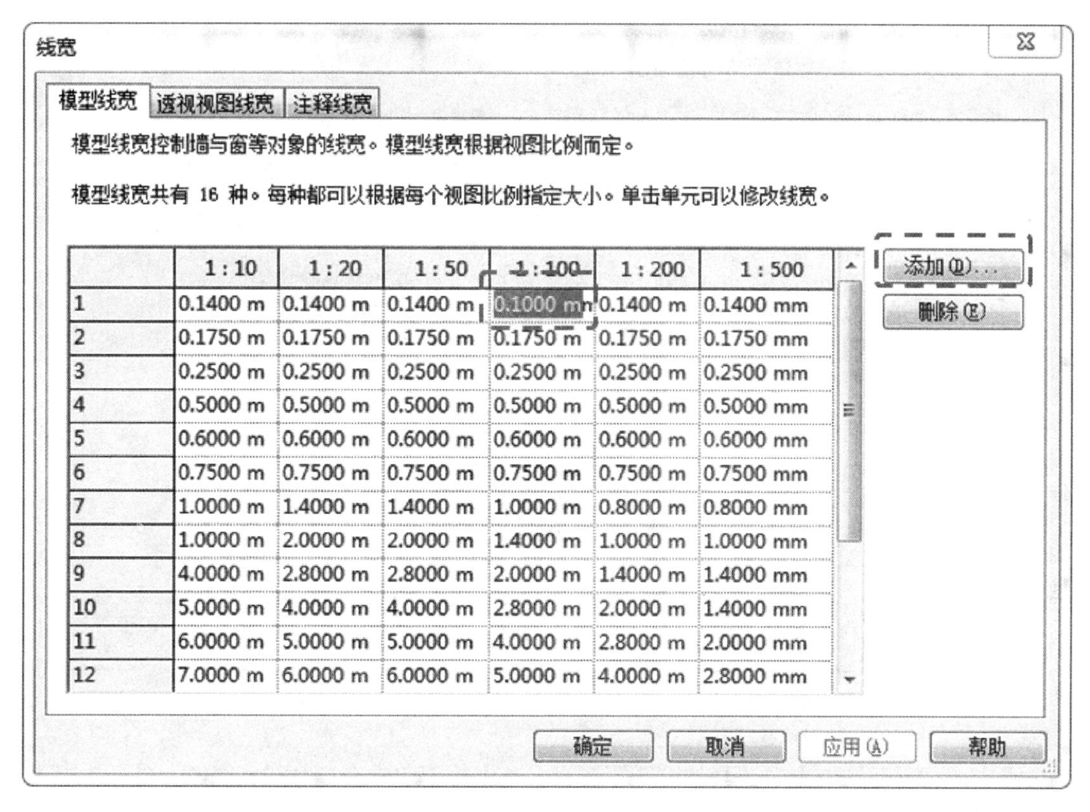

	1：10	1：20	1：50	1：100	1：200	1：500
1	0.1400 m	0.1400 m	0.1400 m	0.1000 m	0.1400 m	0.1400 mm
2	0.1750 m	0.1750 m	0.1750 m	0.1750 m	0.1750 m	0.1750 mm
3	0.2500 m	0.2500 m	0.2500 m	0.2500 m	0.2500 m	0.2500 mm
4	0.5000 m	0.5000 m	0.5000 m	0.5000 m	0.5000 m	0.5000 mm
5	0.6000 m	0.6000 m	0.6000 m	0.6000 m	0.6000 m	0.6000 mm
6	0.7500 m	0.7500 m	0.7500 m	0.7500 m	0.7500 m	0.7500 mm
7	1.0000 m	1.4000 m	1.4000 m	1.0000 m	0.8000 m	0.8000 mm
8	1.0000 m	2.0000 m	2.0000 m	1.4000 m	1.0000 m	1.0000 mm
9	4.0000 m	2.8000 m	2.8000 m	2.0000 m	1.4000 m	1.4000 mm
10	5.0000 m	4.0000 m	4.0000 m	2.8000 m	2.0000 m	1.4000 mm
11	6.0000 m	5.0000 m	5.0000 m	4.0000 m	2.8000 m	2.0000 mm
12	7.0000 m	6.0000 m	6.0000 m	5.0000 m	4.0000 m	2.8000 mm

图 2.4-5

在“线宽”对话框中，若需要修改某个线宽，可用鼠标点击相应位置文本框，修改其中的数值，点击回车，即可完成线宽的修改。

若需要添加其他比例视图的线宽设置，可点击线宽表右侧“添加”按钮，弹出“添加比例”对话框，选择需要添加的比例，如图 2.4-6 所示。

如果需要删除某个比例，可点击需要删除比例的标签，再点击“删除”按钮删除比例，如图 2.4-7 所示。

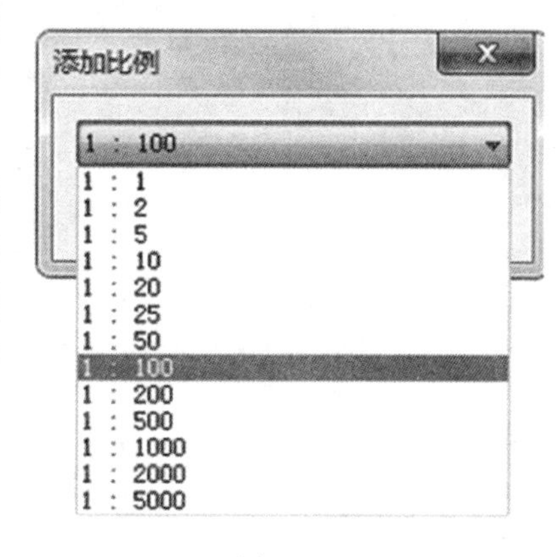

图 2.4-6

透视视图的线宽和注释线宽的设置方法与模型线宽相同。根据专业的不同需求，可以设置不同的线宽。机电专业由于是三个专业在一起工作，共同使用线宽文件，所以建议使用默认线宽，不进行修改。

3. 线型图案

线型图案表示在所有图纸及视图中线条的形式，如实线、虚线、点划线等。用户可新建线型，自行定义线型图案进行使用。

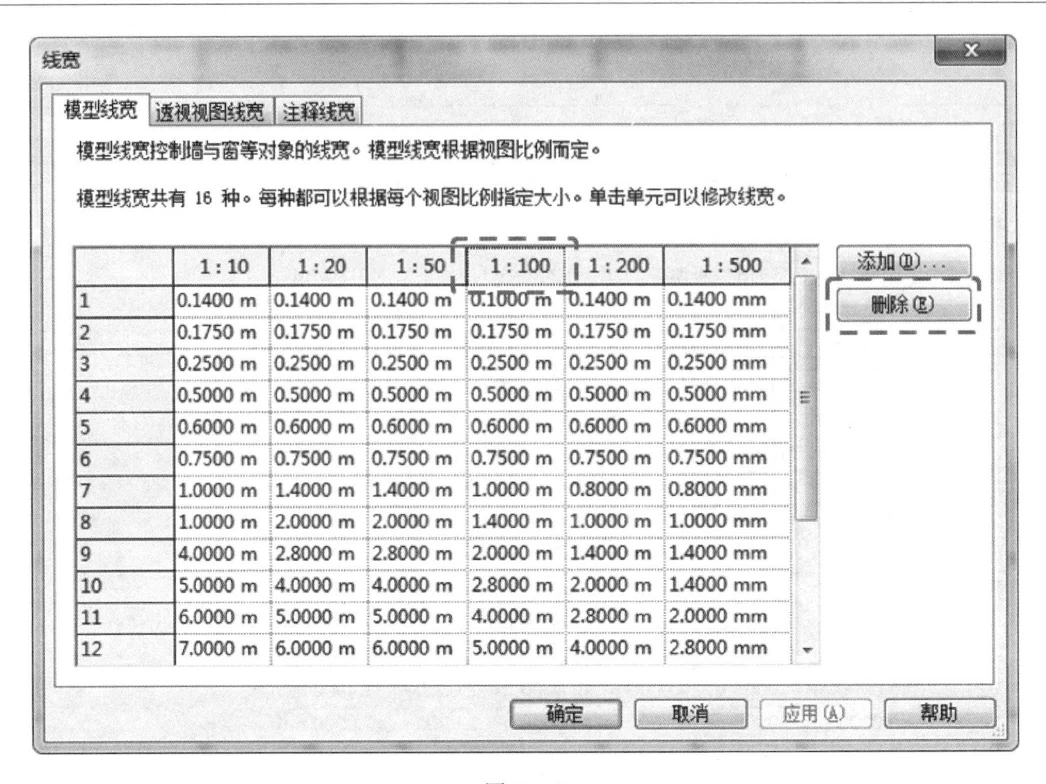

图 2.4-7

点击“管理”选项卡中“其他设置”按钮，在下拉菜单中选择“线型图案”（图 2.4-8），弹出“线型图案”对话框。

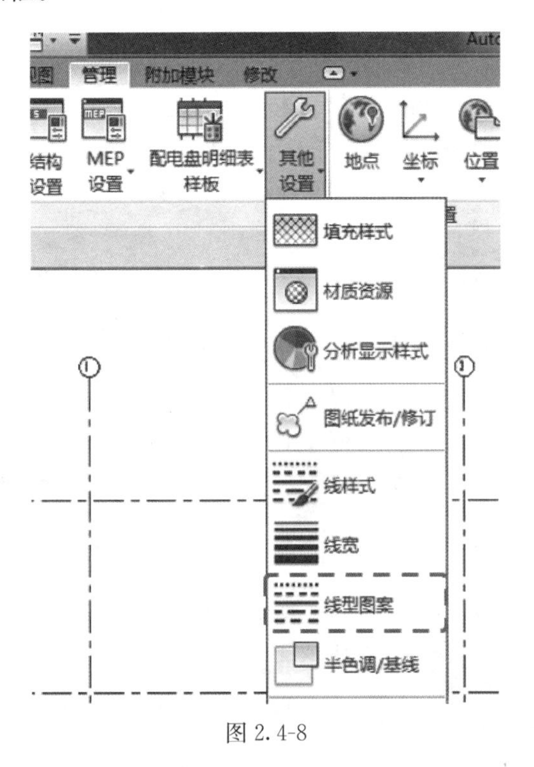

图 2.4-8

在“线型图案”对话框中，列举了样板中所有的线型图案。用户可根据需要新建线型图案，或对现有的线型图案进行编辑、删除和重命名操作。如图 2.4-9 所示。

若需新建线型图案，可点击“新建”按钮，弹出“线型图案属性”对话框，在“名称”文本框中输入新建线型图案的名称，如“注释线”。在名称文本框下方的表格中，可通过设置划线、点和空间的组合方式生成所需的线型图案。在表格的奇数行可设置划线或圆点，对于划线，可在“值”一栏中输入划线的长度。在偶数行可设置空间，即上一个与下一个点或划线的距离。如新建线型图案“注释线”以一条划线和一个点组成，划线长度为 12mm，划线末端与点的距离为 6mm，设置完毕后，生成新的线型图案“注释线”。如图 2.4-10 所示。

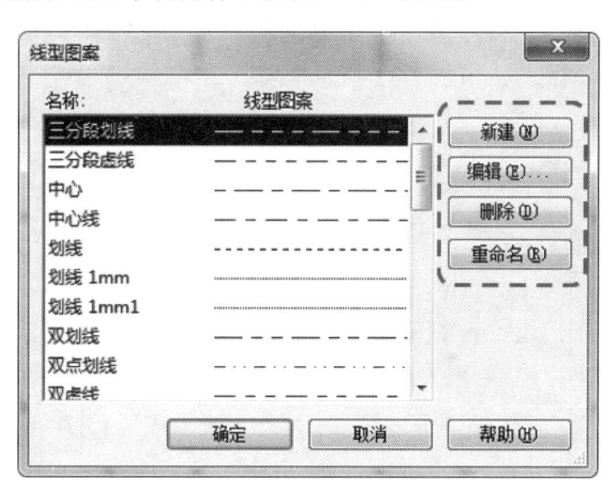

图 2.4-9

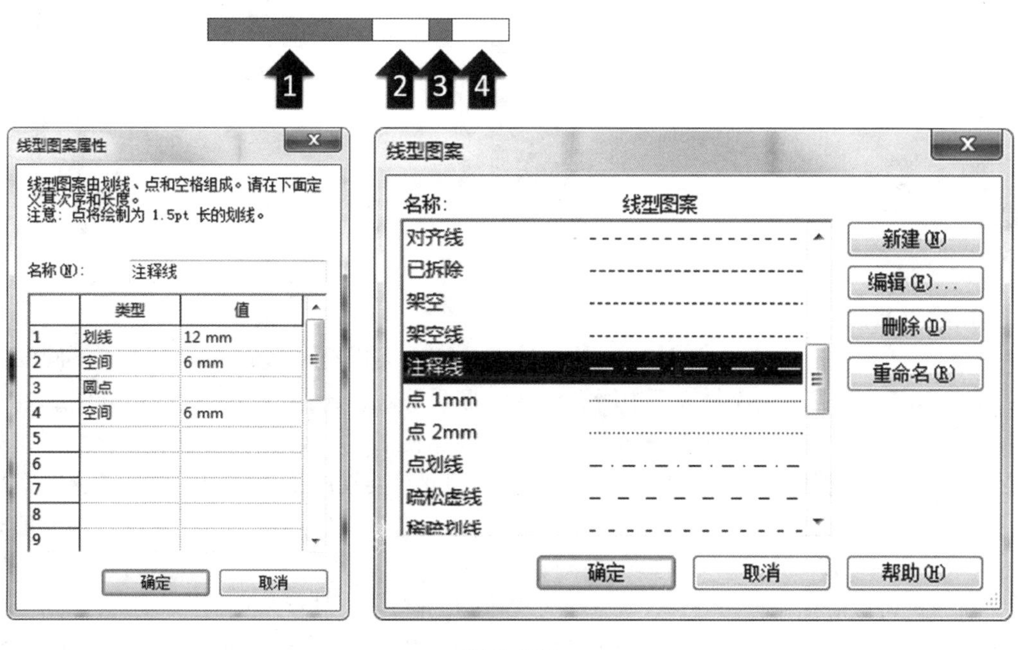

图 2.4-10

若要对线型图案进行编辑，可选中需要编辑的线型图案，点击“编辑”按钮，弹出“线型图案属性”对话框，在对话框中可对线型图案的组合方式进行设置，设置的方法与新建线型图案相同。

若要删除某个线型图案，可选中需要删除的线型图案，点击“删除”按钮，弹出对话框询问是否删除，点击是，即可完成删除操作。

若要重命名某个线型图案，可选择需要重命名的线型图案，点击“重命名”，弹出“重命名”对话框，在“新名称”文本框中输入新名称，点击确定，完成线型图案的重命名操作。如图 2.4-11 所示。

图 2.4-11

注意：在新建和编辑线型图案的设置中，点或划线之后必须设置“空间”并赋予大于 0.5292mm（圆点的长度）的值，否则会弹出报错对话框。如图 2.4-12 所示。

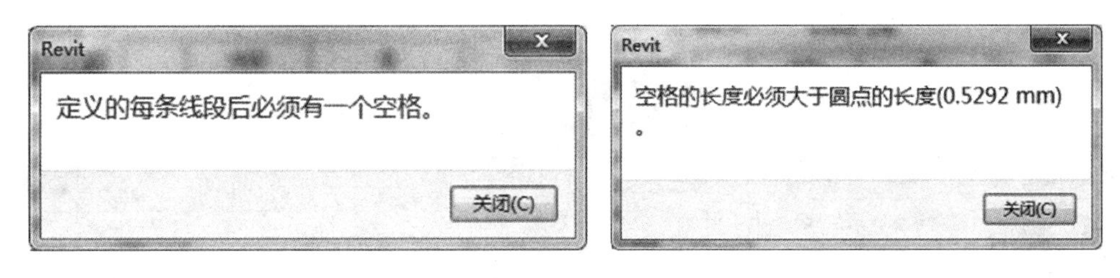

图 2.4-12

4. 填充样式

Revit 内的填充样式与 CAD 相同的是绘图填充图案以符号形式表示材质，不同的是 Revit 内的填充样式不仅控制模型中所有构件的显示外观，还控制构件被剖切处的二维表达，以及 Revit 中二维视图中起修饰作用的填充图案的表达。绘图填充图案的密度与相关图纸的关系是固定的，将随模型一同缩放比例，因此只要视图比例改变，模型填充图案的比例就会相应改变。点击“管理”选项卡中“其他设置”按钮，在下拉菜单中选择“填充样式”（图 2.4-13），弹出“填充样式”对话框。

对族也可以应用模型填充图案，但只能在族编辑器中对其进行修改。在项目视图中放置了族的实例之后，就不能再修改该填充图案。填充样式可以在项目标准中被传递，Revit 内的填充样式与线型相同，填充图案可以进行新建、编辑和删除等操作，还可将现有填充样式进行复制并进行自定义。如图 2.4-14 所示。

如需要新建填充图案，可点击“新建”按钮，弹出“新填充图案”对话框，在“主体层中的方向”下拉菜单中进行不同的设置可使图案的方向与视图或图元相关。选中“简单”单选框时，可创建平行线或交叉填充两种简单填充，且可设置填充线的角度和线间

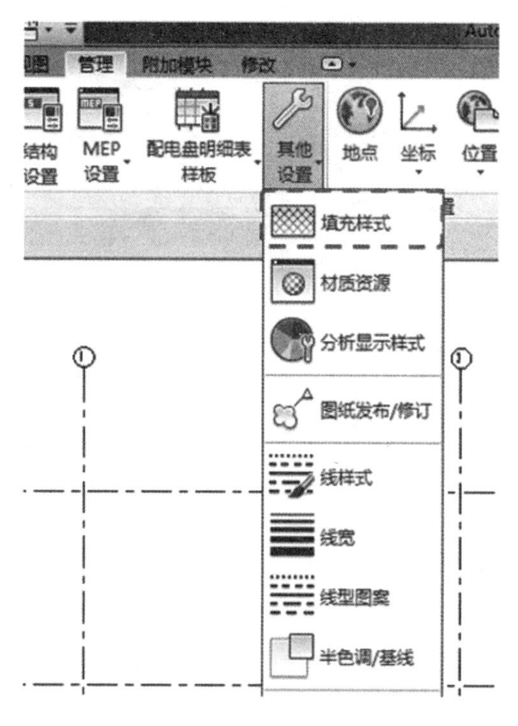

图 2.4-13

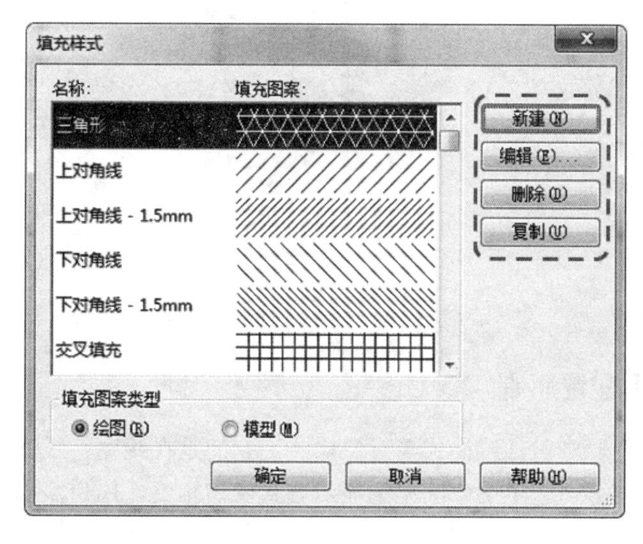

图 2.4-14

距；选中“自定义”单选框时，可通过导入“.pat”文件创建填充样式。在“名称”文本框中输入新填充图案的名称后，点击“确定”，完成填充样式的创建。如图 2.4-15 所示。

若需要编辑或复制现有现充样式，可点击需要编辑或复制的填充样式，点击“编辑”或“复制”，在弹出的对话框中可重设填充图案，操作方法与创建填充样式相同。

Revit 中提供了“绘图”与“模型”两种填充图案类型（图 2.4-16）。绘图类填充图案的密度与图纸比例相关；模型类填充图案与模型相关，可以进行移动、旋转等操作，图

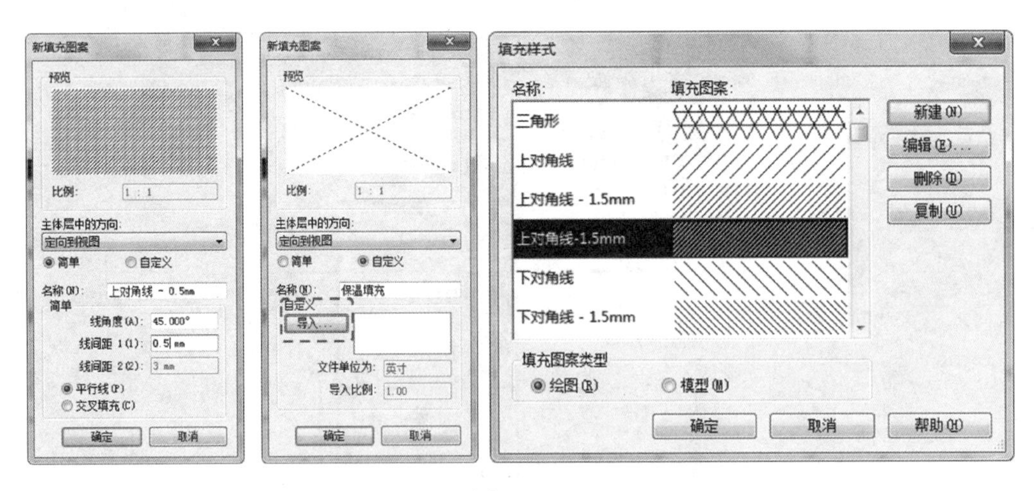

图 2.4-15

案中的线条还可作为参照进行尺寸标注。模型填充图案表示图元真实的纹理，如石材的错缝等。

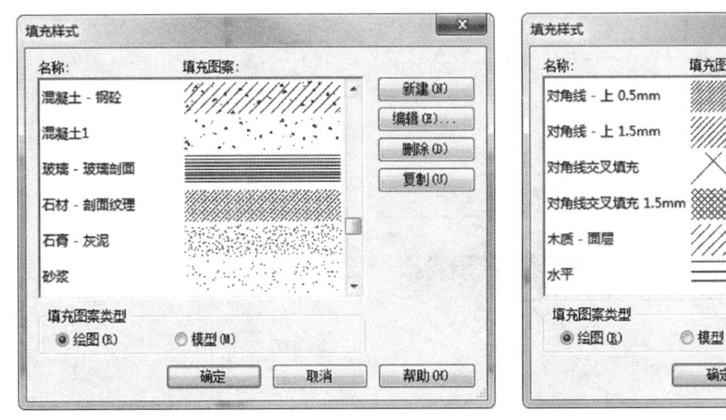

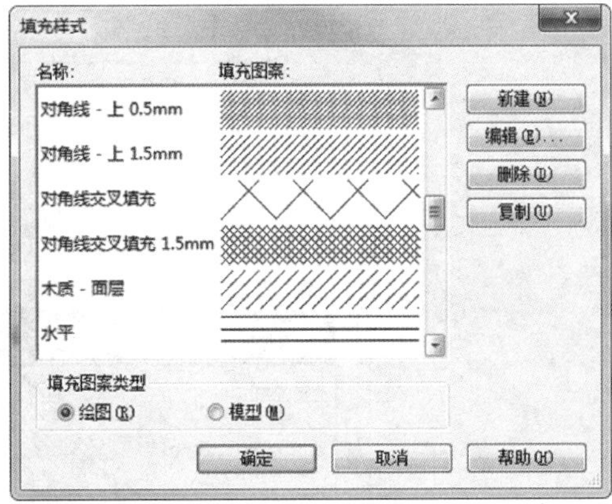

图 2.4-16

2.4.3　图形元素配置原则

图形元素的配置原则包括线样式与对象样式，它们是在线宽、线型和填充样式的基础上确定的。这两个部分与施工图中图元的显示方式密切相关，用户需根据出图规范进行设置，以保证绘制的施工图符合出图标准。

1. 线样式

线样式是模型中出现的所有二维修饰项的表达形式，规定了不同的二维线使用不同的线宽和线型。除了线宽和线型，还可以进行线颜色的设定。线样式可在视图中单独设置，未设置的线将使用本部分介绍的全局线样式。

点击“管理”选项卡中“其他设置”按钮，在下拉菜单中选择“线样式”（图 2.4-17），弹出“线样式”对话框。

在“线样式”对话框中，点击“线”旁边的“+”（图 2.4-18），可列出样板中所有

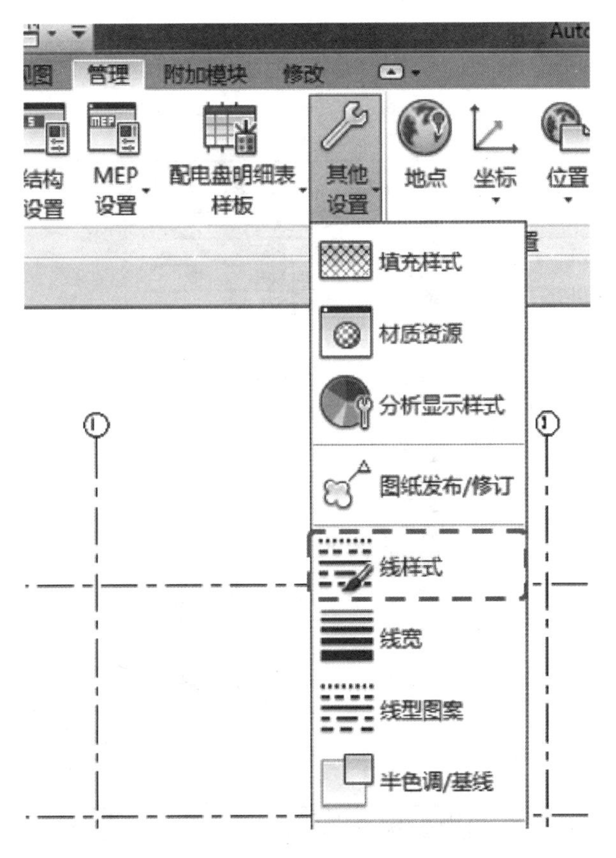

图 2.4-17

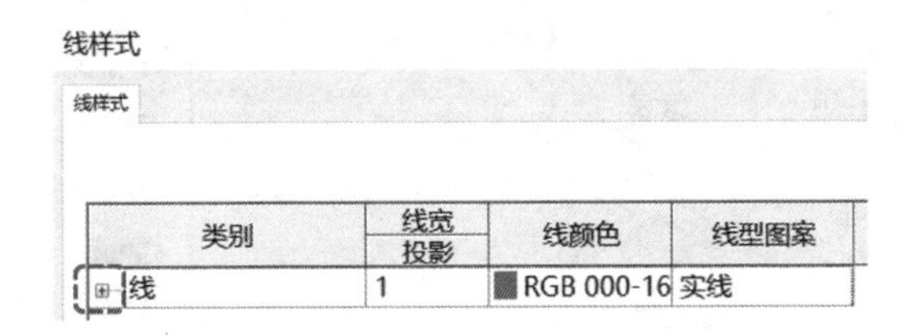

图 2.4-18

的线样式，用户可编辑每种线的线宽、颜色和线型设定；在“修改子类别”中用户可以进行线样式的新建、删除和重命名操作。如图 2.4-19 所示。

如图 2.4-20 所示，若要新建线样式类别，可点击“修改子类别”中“新建”按钮，弹出“新建子类别”对话框，输入新的线样式名称，点击确定，返回“线样式”对话框。用户可对新建的线样式类别进行线宽、颜色和线型的设置，完成新线样式类别的创建。如图 2.4-21 所示。

若需要删除线样式，可点击需要删除的线样式类别，点击“删除”，在弹出的对话框选择“是”，完成删除操作。视图样板模板中自带的线样式类别（如“中心线”）无法删除。若需对线样式进行重命名，可点击“重命名”按钮，在对话框中输入新名称完成重命名操作。

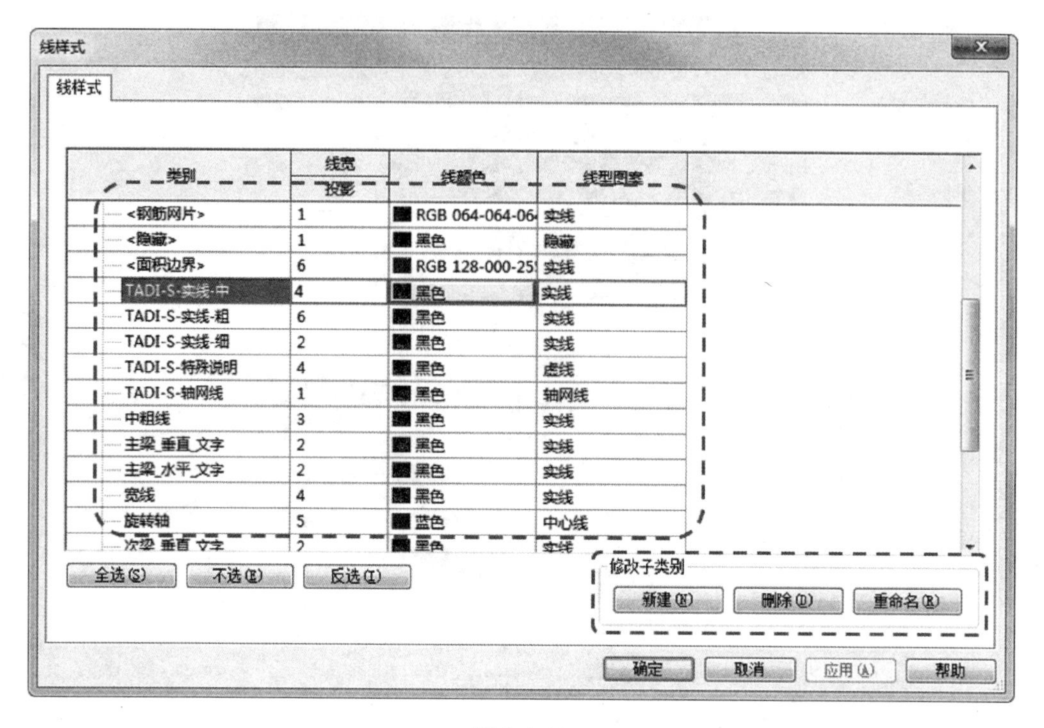
线样式
线样式
类别
线宽
投影
线颜色
线型图案
<钢筋网片> 1 RGB 064-064-064 实线
<隐藏> 1 黑色 隐藏
<面积边界> 6 RGB 128-000-255 实线
TADI-S-实线-中 4 黑色 实线
TADI-S-实线-粗 6 黑色 实线
TADI-S-实线-细 2 黑色 实线
TADI-S-特殊说明 4 黑色 虚线
TADI-S-轴网线 1 黑色 轴网线
中粗线 3 黑色 实线
主梁_垂直_文字 2 黑色 实线
主梁_水平_文字 2 黑色 实线
宽线 4 黑色 实线
旋转轴 5 蓝色 中心线
全选(S)
不选(E)
反选(I)
修改子类别
新建(N)
删除(D)
重命名(R)
确定
取消
应用(A)
帮助

图 2.4-19

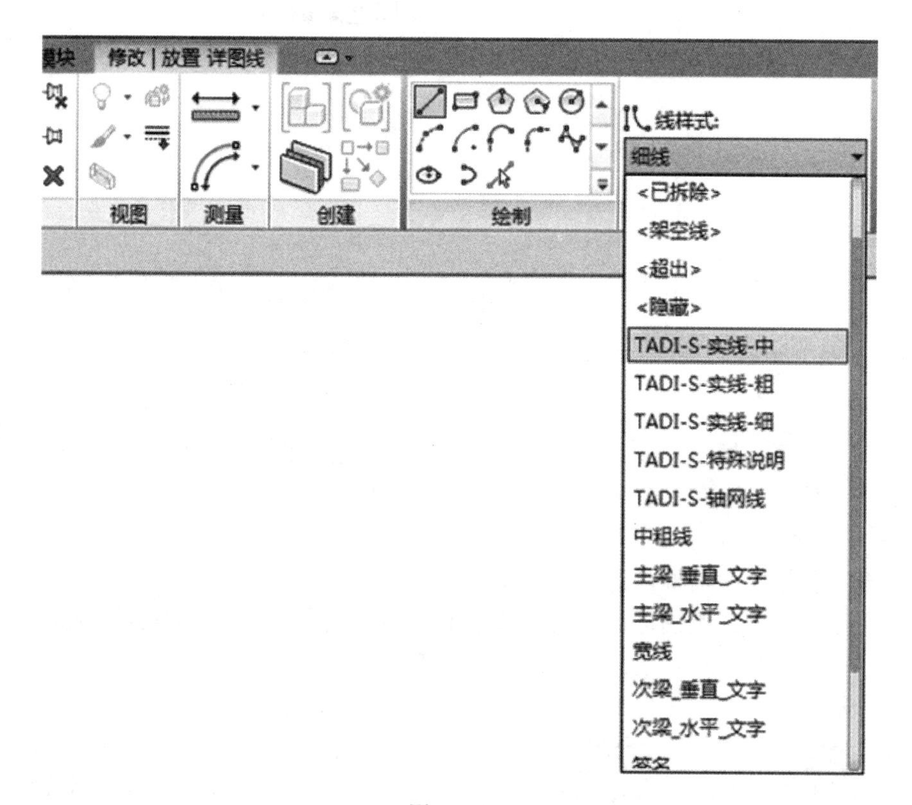
修改 | 放置 详图线
视图
测量
创建
绘制
线样式:
细线
<已拆除>
<架空线>
<超出>
<隐藏>
TADI-S-实线-中
TADI-S-实线-粗
TADI-S-实线-细
TADI-S-特殊说明
TADI-S-轴网线
中粗线
主梁_垂直_文字
主梁_水平_文字
宽线
次梁_垂直_文字
次梁_水平_文字

图 2.4-20

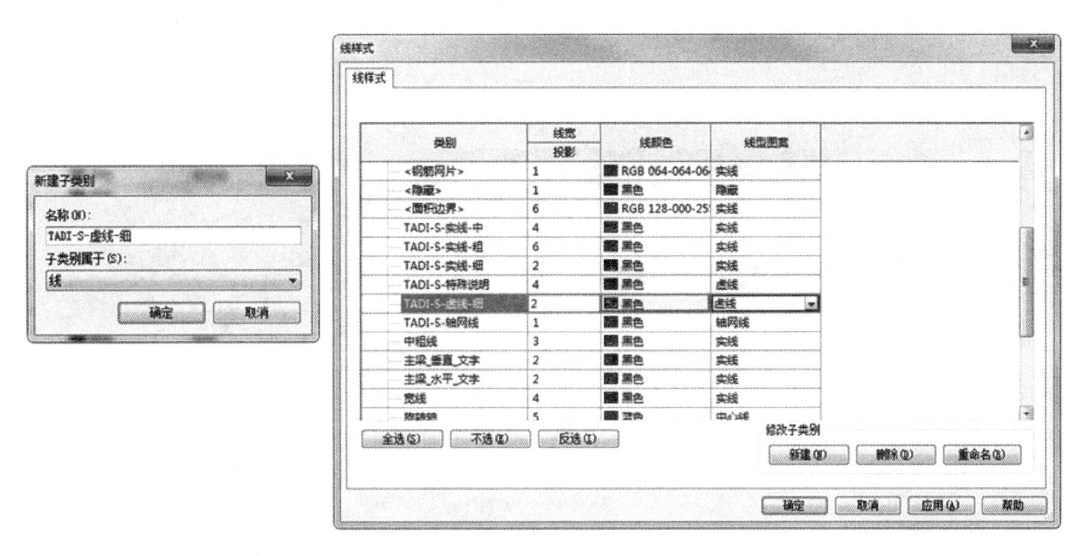

图 2.4-21

完成线样式的编辑后，可在绘制线的操作中选择需要的线样式。例如使用“详图线”时，可根据需要选择详图线的线样式。具体操作详见第 3 章绘制施工图部分。

根据专业的不同，线样式的类型也有所不同，设计过程中全专业通用的部分线型如图 2.4-22 所示。电气专业特有线型将在后文进行介绍。

线样式

线样式

类别	线宽 投影	线颜色	线型图案
TADI-中	4	黑色	实线
TADI-粗	6	黑色	实线
TADI-细	1	黑色	实线
TK_Info	1	黑色	实线
中粗线	3	黑色	实线
宽线	4	黑色	实线
旋转轴	6	蓝色	中心线
立面轮廓线-中	4	黑色	实线
线	2	黑色	实线
细线	1	黑色	实线
虚线	1	黑色	虚线
隐藏线	1	RGB 000-166-00	虚线
隔热层线	1	黑色	实线

全选(S)　不选(E)　反选(I)

修改子类别：新建(N)　删除(D)　重命名(R)

确定　取消　应用(A)　帮助

图 2.4-22

注：在创建线样式时，建议命名时加上前后缀，以便与默认线样式类型区分。

2. 机电各专业线样式配置

（1）电气专业添加线型

电气专业添加线型如图 2.4-23～图 2.4-25 所示。

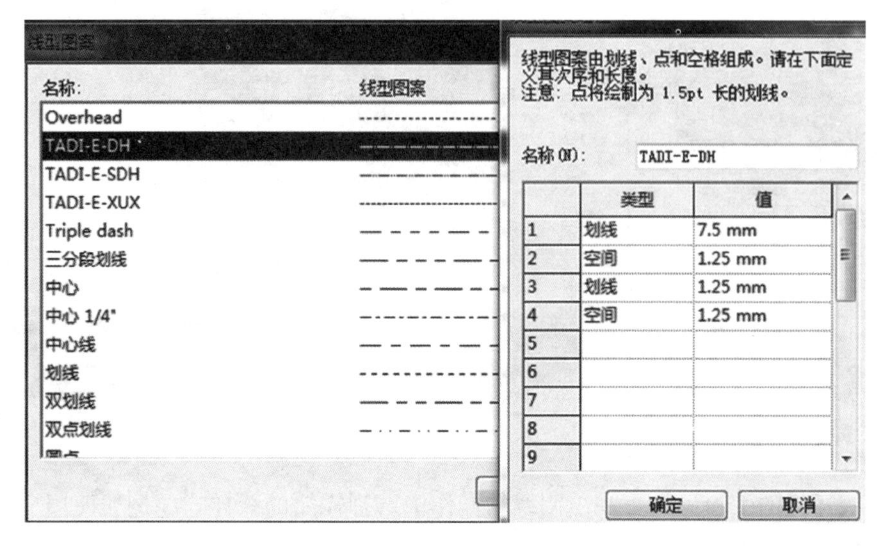

图 2.4-23　线型名称为 TADI-E-DH

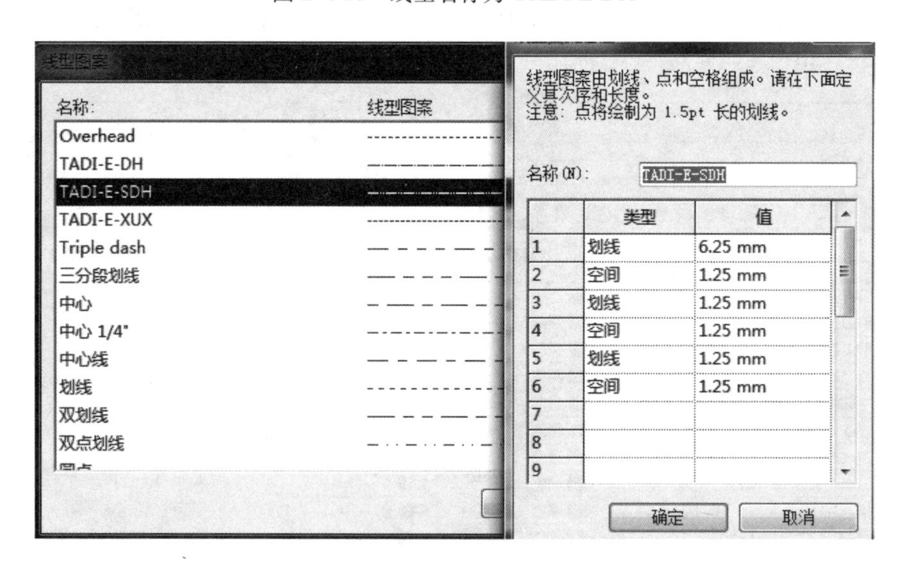

图 2.4-24　线型名称为 TADI-E-SDH

电气线样式要求为：

- 强电：实线（结合单项工程标注）；
- 普通照明：细线；
- 插座：点划线；
- 应急照明和疏散指示：虚线；
- 动力：细线；
- 弱电：实线（结合单项工程标注）；
- 通信：细线；

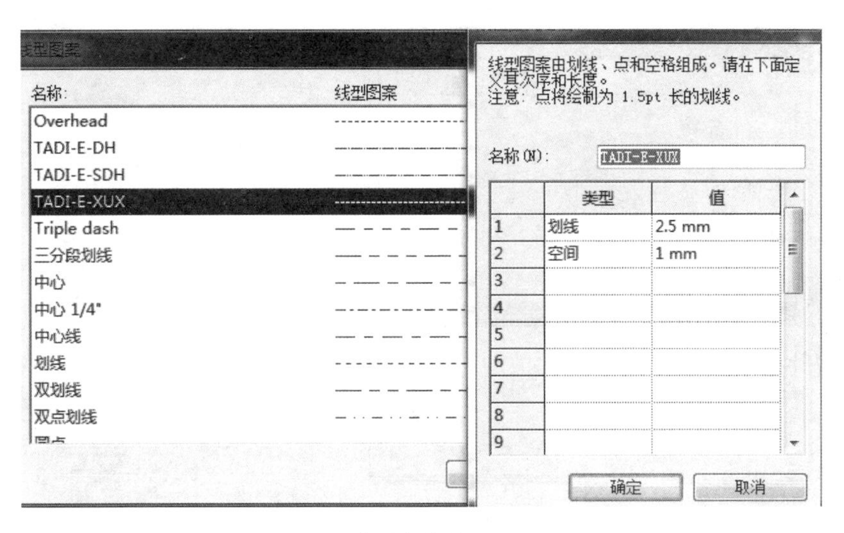

图 2.4-25　线型名称为 TADI-E-XUX

- 电视：细线；
- 信号：细线；
- 网络（信息）：细线；
- 安防：细线；
- 广播：细线；
- 电话：细线；
- 综合布线：细线；
- 普通消防：细线；
- 消防电话：细线；
- 消防广播：细线；
- 消防动力控制：双点划线。

（2）暖通专业添加线型

暖通专业添加线型如图 2.4-26～图 2.4-29 所示。

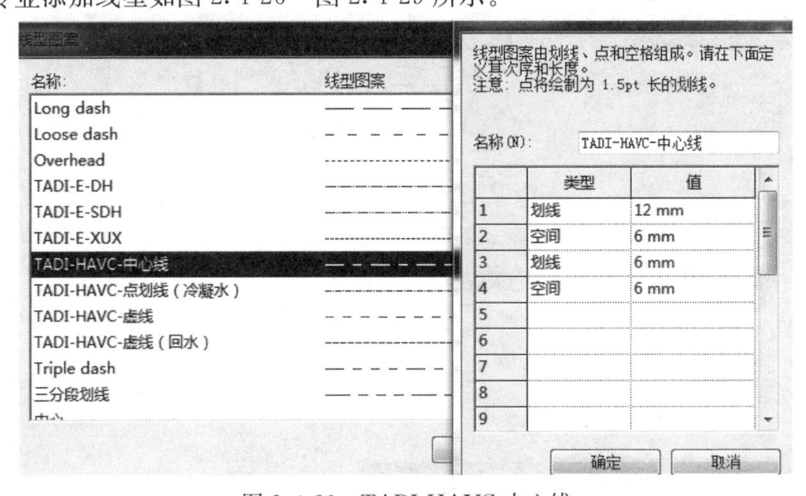

图 2.4-26　TADI-HAVC-中心线

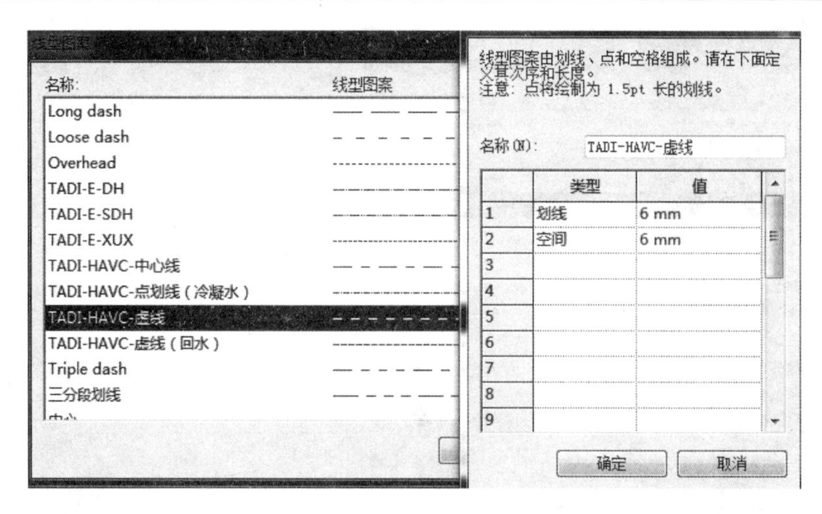

图 2.4-27　TADI-HAVC-虚线

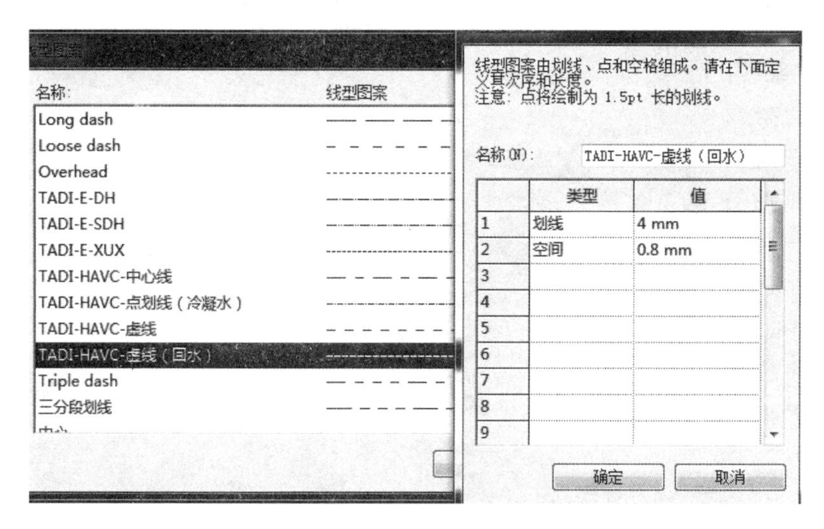

图 2.4-28　TADI-HAVC-虚线（回水）

名称:
线型图案
Long dash
Loose dash
Overhead
TADI-E-DH
TADI-E-SDH
TADI-E-XUX
TADI-HAVC-中心线
TADI-HAVC-点划线（冷凝水）
TADI-HAVC-虚线
TADI-HAVC-虚线（回水）
Triple dash
三分段划线
线型图案由划线、点和空格组成。请在下面定义其次序和长度。
注意：点将绘制为 1.5pt 长的划线。
名称(N)：TADI-HAVC-点划线（冷凝水）

	类型	值
1	划线	4 mm
2	空间	1.2 mm
3	圆点	
4	空间	1.2 mm
5		
6		
7		
8		
9		

确定　取消

图 2.4-29　TADI-HAVC-点划线

（3）给水排水专业添加线型

给水排水专业添加线型如图 2.4-30 所示。

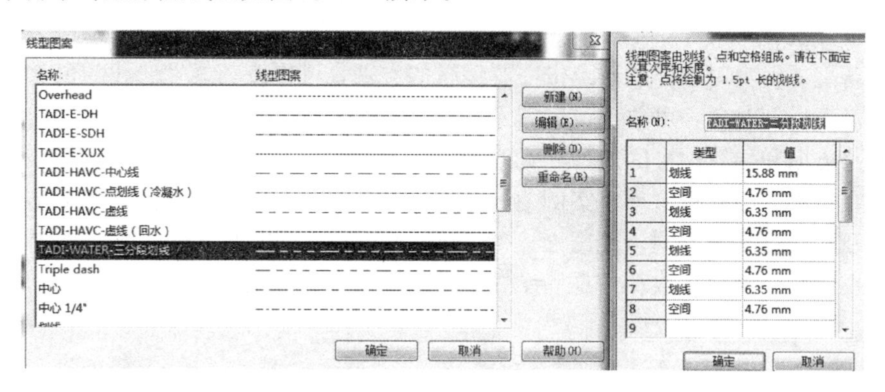

图 2.4-30　TADI-WATER-三分段划线

3. 对象样式

对象样式是在模型中所有构件对象的表达形式，规定了所有三维构件所对应的投影线宽、线型，剖切面的二维表达，以及二维修饰中填充图案的表达。对象样式可为项目中不同类别和子类别的模型对象、注释对象和导入对象指定线宽、线颜色、线型图案和材质。

对象样式是 Revit 中最底层的设置，对显示的控制权限最低，使用范围最广，在对象样式中设置好的线型、线宽可以应用到整个项目。

但是其他针对性的设置，比如视图设置、系统设置等都可以对已经在对象样式中设定好的线型线宽予以重新调整，并仅对当前视图，或特定系统起作用。

每个视图可通过“视图可见性设置”单独设置构件的显示样式。对于未替代的对象样式，将使用本部分中的全局对象样式。各专业负责人应根据出图标准确定各图元的样式并进行对象样式的配置。

点击“管理”选项卡中“对象样式”按钮，弹出“对象样式”对话框，如图 2.4-31 所示。

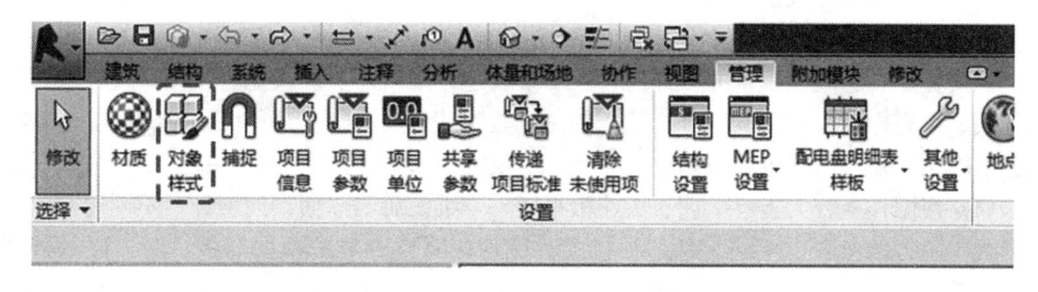

图 2.4-31

（1）在“对象样式”对话框中，包含“模型对象”“注释对象”“分析模型对象”“导入对象”四个选项卡。模型对象主要用于设置各种构件图元的样式，如墙、板；注释对象用于设置注释图元的样式，如剖面和各种图元标记；分析模型对象用于各专业中分析模型的样式，机电专业使用较少；导入对象用于设置导入文件的图元的样式，如导入的 CAD 文件等。

（2）在“修改子类别”中用户可以进行对象样式的新建、删除和重命名操作，操作方式与设置线样式相同。在创建新的对象样式时，除了需要输入新的对象样式的名称外，还需要设置子类别。

（3）若需要编辑对象样式，点击需要编辑的类别，可修改其线宽、线颜色、线型图案和材质。对于模型对象，可单独设置图元投影和截面的线宽。同时，展开导线的类别，可以设置回路方向和导线记号的线型线宽。

（4）在本书介绍的机电项目案例中，电专业导线在平面图中的绘制，体现出颜色、线型、线宽及注释符号的不同，如图 2.4-32 所示。其中应急照明导线采用红色实线，一般照明导线采用黄色虚线，双孔信息插座导线采用草绿色实线加注释来表达。

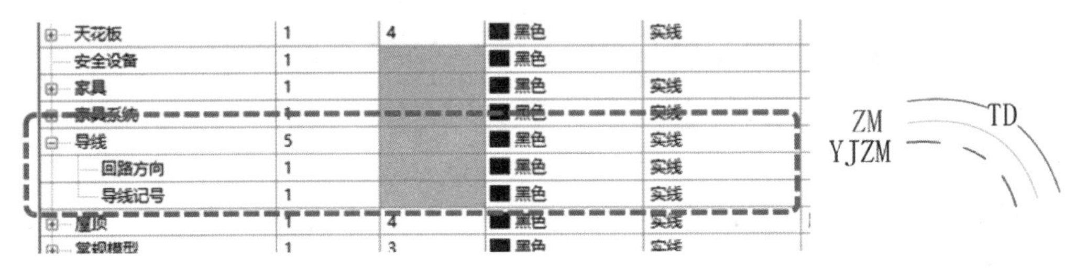

图 2.4-32

2.4.4　图形视图表现原则

1. 视图及视图样板

（1）视图是模型切割后的二维表达，模型中所有的构件在剖切处都予以显示。未处理过的视图，是全专业全部显示的，为了提高工作效率，设计人可以按需求选用视图样板，对显示内容进行过滤。

（2）为了便于显示，使用者需要对视图比例、规程、详细程度以及可见性等进行设置。这些显示规则可以作为模板存储起来，套用到其他显示要求一致的视图上，这样针对视图显示设定的模板就是视图样板。

（3）视图样板是将视图中元素显示方式标准化的模板。视图样板规定了在不同视图下，需要显示、隐藏或替换的构件内容及二维表达方式，需要在线宽、线型、线样式、对象样式、填充样式设置完成后进行确定的图形视图表现原则，这些内容根据建筑、结构、设备的不同专业制图规范进行修改。

（4）视图样板分为楼层平面、天花板平面、三维漫游与立面剖面四种，不同种类的视图样板中包含的参数也不同。某一种视图只能使用对应种类的视图样板，对于同一种视图，根据视图的不同比例也需创建多个视图样板。视图样板中，图元显示样式的优先级高于对象样式和线样式。在创建项目样板之前，专业负责人需根据出图标准进一步确定各类型图纸中图元的显示方式。创建项目样板的人员应严格按照标准进行样板中各显示参数的设定。使用了视图样板，样板与视图间就建立起了联动关系，修改样板将会影响所有使用此样板的视图显示效果；如果删除该视图样板，所有的视图将不再按此规则显示。

（5）使用样板后将增强各图纸间的一致性。

（6）视图样板可以通过“管理”→“传递项目标准”在项目间进行传递。

2. 视图样板的创建

视图样板有两种创建方式：

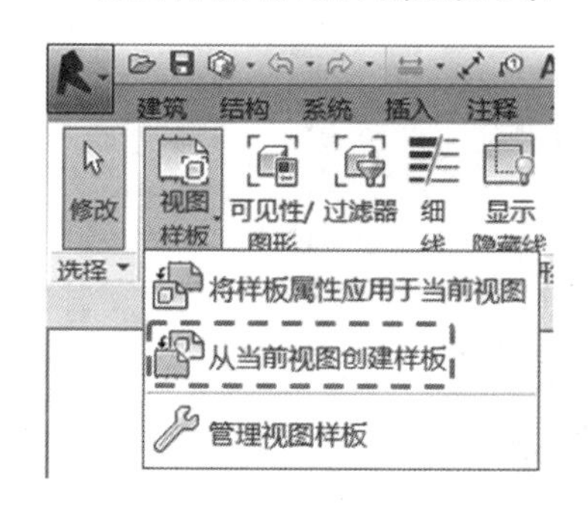

图 2.4-33

（1）第一种，适用于在项目初始状态，通过视图直接创建新的视图样板。可选择某一平面视图作为范本，将比例、视图可见性、规程和详细程度等参数设定完毕后，对当前视图进行调整，达到所需的显示要求后，点击“视图”选项卡→“视图样板”按钮→选择“从当前视图创建样板”→弹出“新视图样板”对话框→输入新视图样板的名称重命名→确定，完成新视图样板的创建。如图 2.4-33 所示。

（2）第二种，通过复制现有视图样板、微调样板相关内容的方式创建。例如，对比例的修改、显示样式的修改等。适用于已有样板不足、需要补充的情况。使用复制方法创建视图样板，可大大减少工作量，并使各视图显示统一。视图样板只能在相同种类中进行复制。

点击“视图”选项卡→“视图样板”按钮→在下拉菜单中选择“管理试图样板”→进入“视图样板”对话框，选定要复制的基础视图样板→点击“复制”按钮→在弹出的“新视图样板”对话框，输入新视图样板名称，重命名后创建完成。如图 2.4-34 所示。

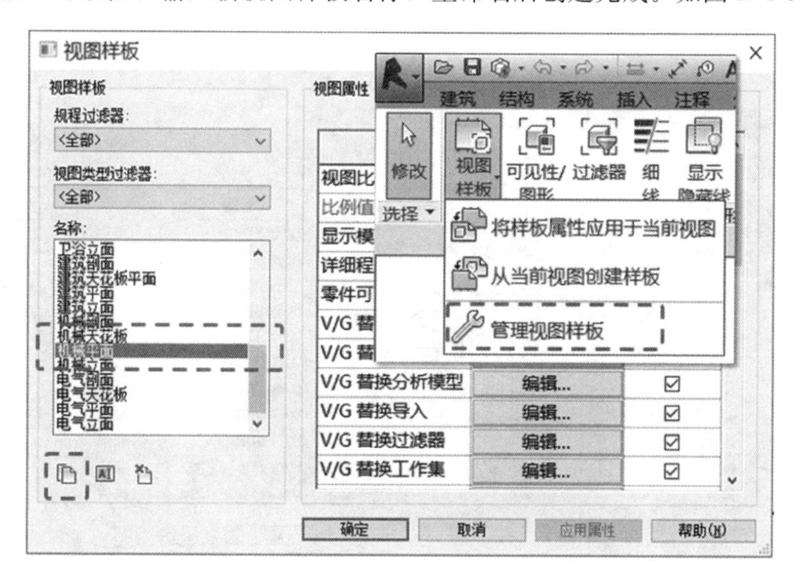

图 2.4-34

3. 视图样板目录树的过滤

Revit 内的基础视图样板，可以按照规程和类型进行视图样板过滤，规程是分专业，类型是分图纸内容，例如规程过滤器选机械，视图类型选楼层、结构、面积平面，筛选后显示就是机械平面，所以在复制基础视图样板时，要选取正确的基础样板。如图 2.4-35 所示。

4. 视图样板的设置

视图样板属性分为“参数”“值”“包含”三部分（图 2.4-36），“参数”分类显示控制

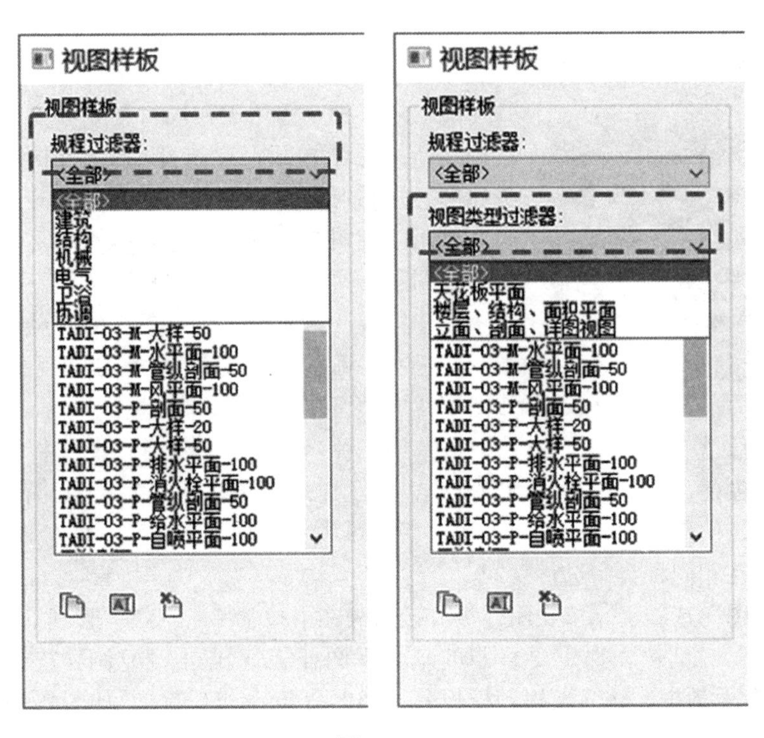
视图样板
视图样板
规程过滤器:
<全部>
<全部>
建筑
结构
机械
电气
卫浴
协调
TADI-03-M-大样-50
TADI-03-M-水平面-100
TADI-03-M-管纵剖面-50
TADI-03-M-风平面-100
TADI-03-P-剖面-50
TADI-03-P-大样-20
TADI-03-P-大样-50
TADI-03-P-排水平面-100
TADI-03-P-消火栓平面-100
TADI-03-P-管纵剖面-50
TADI-03-P-给水平面-100
TADI-03-P-自喷平面-100
视图样板
视图样板
规程过滤器:
<全部>
视图类型过滤器:
<全部>
<全部>
天花板平面
楼层、结构、面积平面
立面、剖面、详图视图
TADI-03-M-水平面-100
TADI-03-M-管纵剖面-50
TADI-03-M-风平面-100
TADI-03-P-剖面-50
TADI-03-P-大样-20
TADI-03-P-大样-50
TADI-03-P-排水平面-100
TADI-03-P-消火栓平面-100
TADI-03-P-管纵剖面-50
TADI-03-P-给水平面-100
TADI-03-P-自喷平面-100

图 2.4-35

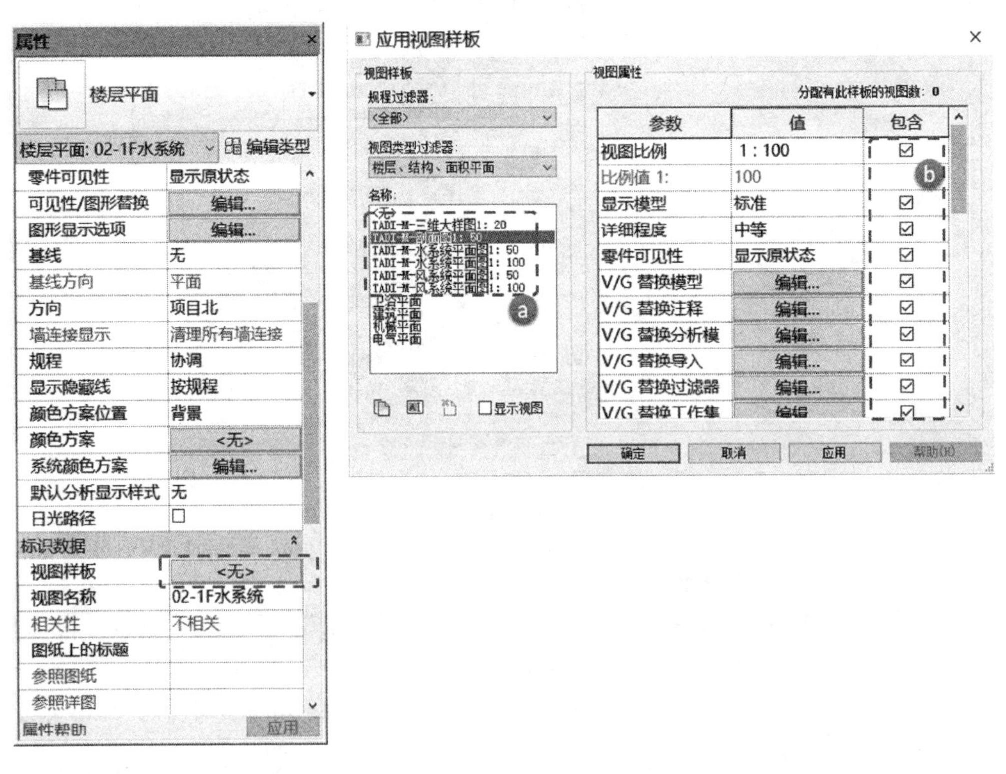
属性
楼层平面
楼层平面: 02-1F水系统
编辑类型
零件可见性
显示原状态
可见性/图形替换
编辑...
图形显示选项
编辑...
基线
无
基线方向
平面
方向
项目北
墙连接显示
清理所有墙连接
规程
协调
显示隐藏线
按规程
颜色方案位置
背景
颜色方案
<无>
系统颜色方案
编辑...
默认分析显示样式
无
日光路径
标识数据
视图样板
<无>
视图名称
02-1F水系统
相关性
不相关
图纸上的标题
参照图纸
参照详图
属性帮助
应用
应用视图样板
视图样板
规程过滤器:
<全部>
视图类型过滤器:
楼层、结构、面积平面
名称:
<无>
TADI-M-三维大样图1: 20
TADI-M-剖面图1: 50
TADI-M-水系统平面图1: 50
TADI-M-水系统平面图1: 100
TADI-M-风系统平面图1: 50
TADI-M-风系统平面图1: 100
卫浴平面
建筑平面
机械平面
电气平面
a
显示视图
视图属性
分配有此样板的视图数: 0
参数
值
包含
视图比例
1 : 100
比例值 1:
100
b
显示模型
标准
详细程度
中等
零件可见性
显示原状态
V/G 替换模型
编辑...
V/G 替换注释
编辑...
V/G 替换分析模
编辑...
V/G 替换导入
编辑...
V/G 替换过滤器
编辑...
确定
取消
应用
帮助(H)

图 2.4-36

视图的各项参数，“值”用来调整参数，“包含”是参数开关，勾选包含内对应的参数后，该参数值就能控制视图的显示。

在视图属性的最下端，是本项目中添加的视图属性的参数，本书将以图 2.4-37 中四个参数为例，在第 2.4.8 节中详细讲述参数的设置及使用。视图属性各参数名称释义详见表 2.4-1。

图 2.4-37

视图属性各参数名称释义 **表 2.4-1**

名称	视图模板名称
视图比例	指定视图的比例。如果选择“自定义”，则可以自定义“比例值”属性
比例值	选择“自定义”时可以编辑此值，如 1∶37
显示模型	在详图视图中隐藏模型。通常情况下，“标准”设置显示所有图元。该值适用于所有非详图视图
	“不显示”设置只显示详图视图专有图元。这些图元包括线、区域、尺寸标注、文字和符号。不显示模型中的图元
	“半色调”设置通常显示详图视图特定的所有图元，而模型图元以半色调显示。可以使用半色调模型图元作为线、尺寸标注和对齐的追踪参照
详细程度	模型显示粗略、中等、精细
零件可见性	指定在视图中是否显示从中创建的零件和图元
V/G 替换模型	定义模型中族类别的可见性
V/G 替换注释	定义模型中注释族的可见性
V/G 替换分析模型	定义分析模型类别的可见性
V/G 替换导入	定义导入图元类别的可见性
V/G 替换过滤器	定义过滤器的可见性
V/G 替换工作集	定义工作集的可见性
V/G 替换 RVT 链接	对链接 RVT 文件可见性进行设置
模型显示	定义视觉样式（如线框、隐藏线等）、透明度和轮廓的模型显示选项。
阴影	定义视图的阴影设置（机电专业不常用）
勾绘线	定义视图中勾绘线的设置（机电专业不常用）
照明	定义照明设置，包括照明方案、日光设置、人造灯光和日光量、环境光和阴影（机电专业不常用）

续表

名称	视图模板名称
摄影曝光	对于三维视图，定义曝光设置来渲染图像（机电专业不常用）
背景	对于三维视图，指定要显示的背景，其中包括天空、渐变色或图像（机电专业不常用）
远剪裁	对于立面和剖面，指定远剪裁平面设置
基线方向	设定基线是显示参考平面的楼层还是天花
视图范围	定义平面视图的视图范围
方向	将项目定向到项目北或正北
阶段过滤器	描述当前模型使用阶段的参数（机电专业不常用）
规程	Revit 根据各专业显示的不同要求，预置了不同的规程，用于限定非承重墙的可见性和规程特定的注释符号（机电专业通常选协调）
颜色方案位置	指定是否将颜色方案应用于背景或前景（机电专业不常用）
颜色方案	指定应用到视图中的房间、面积、空间或分区的颜色方案（机电专业不常用）
阶段分类 所有者 系统名称 归属专业	这四个参数是由设定的项目参数生成的，用于控制视图的组织使用的，在视图样板没有意义，因此必须将“包含”的选项“√”去掉

剪裁下有三个选项：不剪裁、无截面线、有截面线，实际效果如图 2.4-38 所示。

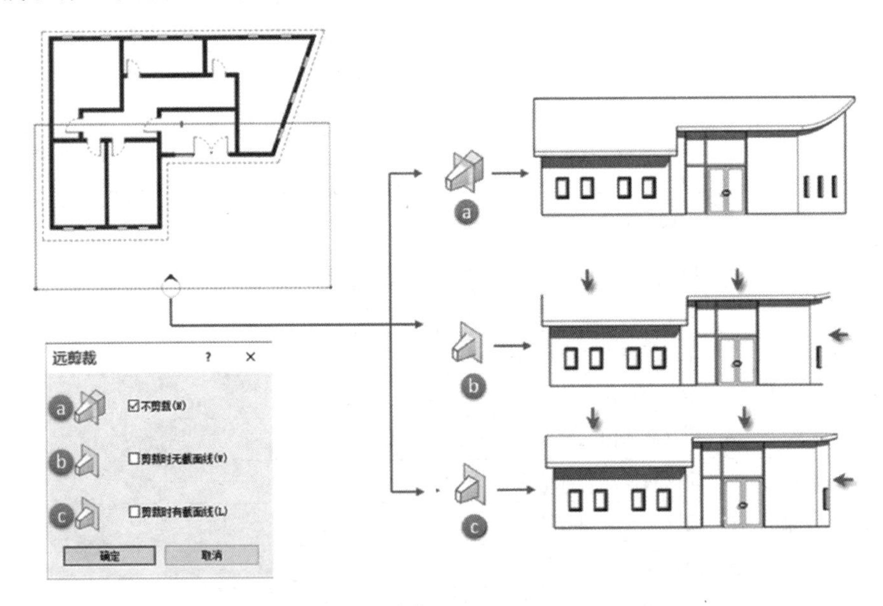

图 2.4-38

视图范围是控制视图的显示范围，各控制参数意义如图 2.4-39 所示。

暖通专业视图样板设置的具体要求见表 2.4-2～表 2.4.5，给水排水专业的具体要求见表 2.4-6～表 2.4-9，电气专业的具体要求见表 2.4-10～表 2.4-12。

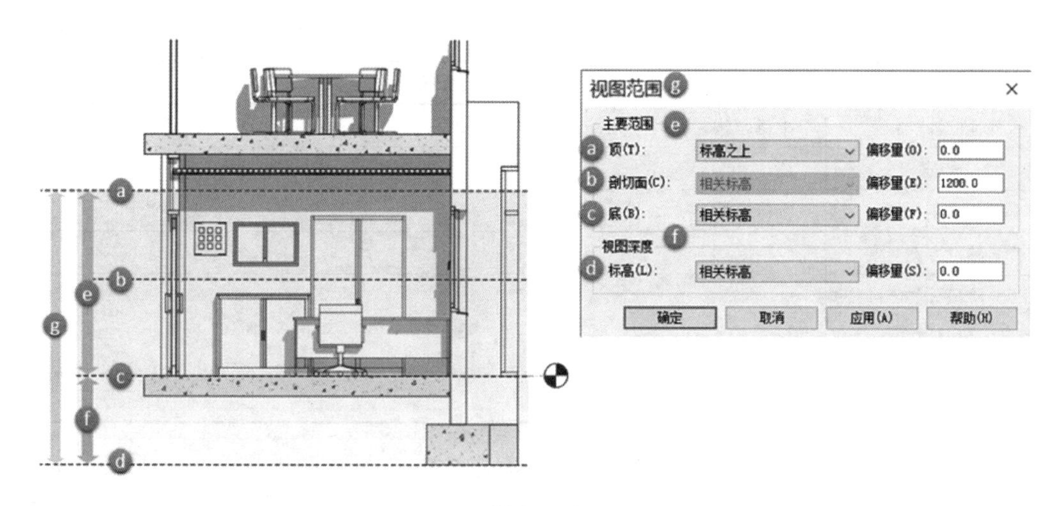

图 2.4-39

暖通专业风系统平面图 **表 2.4-2**

名称	暖通风系统平面 1：100
视图比例	1：100
比例值	数值锁定不可选
显示模型	标准
详细程度	中等
零件可见性	显示原状态
V/G 替换模型	关闭楼板、天花板、地形、橱柜、面积；风管透明度 75%；风管、风管管件 6 号实线；风管附件、风道末端 3 号实线；机械设备、项目详图 4 号实线；关闭风管隔热层
V/G 替换注释	维持原状
V/G 替换分析模型	全关
V/G 替换导入	勾选需要显示的导入图元
V/G 替换过滤器	维持原状
V/G 替换工作集	只显示“机械设备”“风系统”“共享标高和轴网”“工作集 1”“风系统”
V/G 替换 RVT 链接	建筑、结构链接显示为粗略；关闭建筑链接中楼板、天花板、地形、橱柜、面积；关闭结构链接中所有注释类别；修改建筑、结构墙体及柱子填充为灰度填充；在建筑链接文件中自定义墙体线宽为 3，在结构链接文件中自定义柱子线宽为 3
模型显示	隐藏线
阴影	维持原状
勾绘线	维持原状
光源	维持原状
摄影曝光	维持原状
基线方向	平面
视图范围	视平面情况调整
方向	视项目情况而定

续表

名称	暖通风系统平面 1∶100
阶段过滤器	维持原状
规程	协调
颜色方案位置	维持原状
颜色方案	维持原状
阶段分类 所有者 系统名称 归属专业	将这四个“包含”的选项“√”去掉

暖通专业水系统平面图　　表 2.4-3

名称	暖通水系统平面 1∶100
视图比例	1∶100
比例值	数值锁定不可选
显示模型	标准
详细程度	中等
零件可见性	显示原状态
V/G 替换模型	关闭楼板、天花板、地形、橱柜、面积；管件、管道 5 号线或 6 号实线，机械设备 4 号实线；视视图管线密集程度而定，关闭管道隔热层
V/G 替换注释	维持原状
V/G 替换分析模型	全关
V/G 替换导入	勾选需要显示的导入图元
V/G 替换过滤器	维持原状
V/G 替换工作集	只显示“风机盘管”“水系统”“共享标高和轴网”“工作集 1”“风系统”“链接文件”
V/G 替换 RVT 链接	建筑、结构链接显示为粗略；关闭建筑链接中楼板、天花板、地形、橱柜、面积；关闭结构链接中所有注释类别；修改建筑、结构墙体及柱子填充为灰度填充；在建筑链接文件中自定义墙体线宽为 3，在结构链接文件中自定义柱子线宽为 3
模型显示	隐藏线
阴影	维持原状
勾绘线	维持原状
光源	维持原状
摄影曝光	维持原状
基线方向	平面
视图范围	视平面情况调整
方向	视项目情况而定
阶段过滤器	维持原状
规程	协调
颜色方案位置	维持原状

续表

名称	暖通水系统平面 1∶100
颜色方案	维持原状
阶段分类 所有者 系统名称 归属专业	将这四个“包含”的选项“√”去掉

管综剖面平面图 **表 2.4-4**

名称	管综剖面平面 1∶50
视图比例	1∶50
比例值	数值锁定不可选
显示模型	标准
详细程度	精细
零件可见性	显示原状态
V/G 替换模型	风管及管件、水管及管件 5 号线或 6 号线；视视图管线密集程度而定，桥架 6 号线或设置截面填充样式；打开风管、管道隔热层 2 号线
V/G 替换注释	维持原状
V/G 替换分析模型	全关
V/G 替换导入	勾选需要显示的导入图元
V/G 替换过滤器	维持原状
V/G 替换工作集	关掉不用显示的工作集，其他全开
V/G 替换 RVT 链接	建筑、结构链接显示为粗略；关闭建筑链接中楼板、天花板、地形、橱柜、面积；关闭结构链接中所有注释类别；修改建筑、结构墙体及柱子填充为灰度填充；在建筑链接文件中自定义墙体线宽为 3，在结构链接文件中自定义柱子线宽为 3
模型显示	隐藏线
阴影	维持原状
勾绘线	维持原状
照明	维持原状
摄影曝光	维持原状
阶段过滤器	维持原状
规程	协调
颜色方案位置	维持原状
颜色方案	维持原状
阶段方案 所有者 系统名称 归属专业	将这四个“包含”的选项“√”去掉

三维大样（无比例）　　**表 2.4-5**

名称	三维大样
视图比例	自定义
比例值	根据视图需要大小调整，只能输入整数
详细程度	精细
零件可见性	显示原状态
V/G 替换模型	建议全部为细线，也可全部为 3 号线，不建议使用过多的线宽，视觉上比较乱
V/G 替换注释	维持原状
V/G 替换分析模型	全关
V/G 替换导入	全不选
V/G 替换过滤器	维持原状
V/G 替换工作集	关掉不用显示的工作集，其他全开
V/G 替换 RVT 链接	建筑、结构链接显示为粗略；关闭结构链接中所有注释类别；修改建筑、结构墙体填充
模型显示	隐藏线或着色
阴影	维持原状
勾绘线	维持原状
照明	维持原状
摄影曝光	维持原状
阶段过滤器	维持原状
规程	协调
显示隐藏线	按规程
阶段分类 所有者 系统名称 归属专业	将这四个“包含”的选项“√”去掉

给水排水专业平面图　　**表 2.4-6**

名称	TADI-P-出图-给水排水平面图
视图比例	1∶100（可根据出图比例制定）
比例值	数值锁定不可选
显示模型	标准
详细程度	中等
零件可见性	显示原状态
V/G 替换模型	关闭地形、场地、天花板、楼板、橱柜、面积；管件、管道投影/表面的线宽度设置为 5 号线或 6 号线，视视图管线密集程度而定
V/G 替换注释	关闭剖面、参照平面、参照点、参照线、立面
V/G 替换分析模型	不勾选“在此视图中显示分析模型类别”
V/G 替换导入	勾选需要显示的导入图元

续表

名称	TADI-P-出图-给水排水平面图
V/G替换过滤器	维持原状
V/G替换工作集	只显示“P-给水排水”“共享标高和轴网”“工作集1”“链接文件”
V/G替换RVT链接	建筑、结构链接显示为粗略；关闭建筑链接中楼板、天花板、地形、橱柜、面积，关闭结构链接中所有注释类别；修改建筑、结构墙体及柱子填充为灰度填充；在建筑链接文件中自定义墙体线宽为3，在结构链接文件中自定义柱子线宽为3
模型显示	隐藏线
阴影	维持原状
勾绘线	维持原状
照明	维持原状
摄影曝光	维持原状
基线方向	平面
视图范围	不勾选，视平面情况调整
方向	视项目情况而定
阶段过滤器	维持原状
规程	协调
显示隐藏线	按规程
颜色方案位置	维持原状
颜色方案	维持原状
阶段分类 所有者 系统名称 归属专业	将这四个“包含”的选项“√”去掉

喷淋平面图 **表2.4-7**

名称	TADI-P-出图-喷淋平面图
视图比例	1∶100（可根据出图比例制定）
比例值	数值锁定不可选
显示模型	标准
详细程度	中等
零件可见性	显示原状态
V/G替换模型	关闭地形、场地、天花板、楼板、橱柜、面积；管件、管道投影/表面的线宽度设置为5号线或6号线，视视图管线密集程度而定
V/G替换注释	关闭剖面、参照平面、参照点、参照线、立面
V/G替换分析模型	不勾选“在此视图中显示分析模型类别”
V/G替换导入	勾选需要显示的导入图元
V/G替换过滤器	维持原状
V/G替换工作集	只显示“P-喷淋”“共享标高和轴网”“工作集1”“链接文件”

续表

名称	TADI-P-出图-喷淋平面图
V/G 替换 RVT 链接	建筑、结构链接显示为粗略；关闭建筑链接中楼板、天花板、地形、橱柜、面积，关闭结构链接中所有注释类别；修改建筑、结构墙体及柱子填充为灰度填充；在建筑链接文件中自定义墙体线宽为 3，在结构链接文件中自定义柱子线宽为 3
模型显示	隐藏线
阴影	维持原状
勾绘线	维持原状
照明	维持原状
摄影曝光	维持原状
基线方向	平面
视图范围	不勾选，视平面情况调整
方向	视项目情况而定
阶段过滤器	维持原状
规程	协调
显示隐藏线	按规程
颜色方案位置	维持原状
颜色方案	维持原状
阶段分类 所有者 系统名称 归属专业	将这四个“包含”的选项“√”去掉

消火栓系统图　　**表 2.4-8**

名称	TADI-P-出图-消火栓系统图
视图比例	1∶100（可根据出图比例制定）
比例值	数值锁定不可选
显示模型	标准
详细程度	精细
零件可见性	显示原状态
V/G 替换模型	勾选专用设备、常规模型、机械设备、管件、管道、管道附件
V/G 替换注释	全部勾选
V/G 替换分析模型	不勾选“在此视图中显示分析模型类别”
V/G 替换导入	勾选需要显示的导入图元
V/G 替换过滤器	添加过滤器“TADI-P-XH”，不勾选
V/G 替换工作集	只显示“P-给水排水”
V/G 替换 RVT 链接	关闭链接的建筑、结构文件
模型显示	隐藏线
阴影	维持原状

续表

名称	TADI-P-出图-消火栓系统图
勾绘线	维持原状
照明	维持原状
摄影曝光	维持原状
基线方向	平面
视图范围	不勾选，视平面情况调整
方向	视项目情况而定
阶段过滤器	维持原状
规程	协调
显示隐藏线	按规程
颜色方案位置	维持原状
颜色方案	维持原状
阶段分类 所有者 系统名称 归属专业	将这四个“包含”的选项“√”去掉

消防泵房详图 **表 2.4-9**

名称	TADI-P-出图-消防泵房详图
视图比例	1∶50（可根据出图比例制定）
比例值	数值锁定不可选
显示模型	标准
详细程度	中等
零件可见性	显示原状态
V/G 替换模型	关闭地形、场地、天花板、楼板、橱柜、面积；管件、管道投影/表面的线宽度设置为5号线或6号线，视视图管线密集程度而定
V/G 替换注释	关闭剖面、参照平面、参照点、参照线、立面
V/G 替换分析模型	不勾选“在此视图中显示分析模型类别”
V/G 替换导入	勾选需要显示的导入图元
V/G 替换过滤器	维持原状
V/G 替换工作集	只显示“P-给水排水”“P-喷淋”“共享标高和轴网”“工作集 1”“链接文件”
V/G 替换 RVT 链接	建筑、结构链接显示为粗略；关闭建筑链接中楼板、天花板、地形、橱柜、面积；关闭结构链接中所有注释类别；修改建筑、结构墙体及柱子填充为灰度填充；在建筑链接文件中自定义墙体线宽为 3，在结构链接文件中自定义柱子线宽为 3
模型显示	隐藏线
阴影	维持原状
勾绘线	维持原状
照明	维持原状

续表

名称	TADI-P-出图-消防泵房详图
摄影曝光	维持原状
基线方向	平面
视图范围	不勾选，视平面情况调整
方向	视项目情况而定
阶段过滤器	维持原状
规程	协调
显示隐藏线	按规程
颜色方案位置	维持原状
颜色方案	维持原状
阶段分类 所有者 系统名称 归属专业	将这四个“包含”的选项“√”去掉

电气专业火灾自动报警系统（消防系统）　　**表 2.4-10**

名称	火灾自动报警系统（消防系统）
视图比例	1：100
比例值	数值锁定不可选
显示模型	标准
详细程度	中等
零件可见性	显示原状态
V/G 替换模型	确认关闭体量、光栅图像、常规模型、空间、线、管道、管件、管道占位符、管道附件、管道隔热层、组成部分、详图项目、软风管、软管、面积、风管、风管内衬、风管占位符、风管管件、风管附件、风管隔热层。 电气专业：确认显示电气消防系统相关设备，如烟感、温感、手动报警器、声光报警器、消防桥架、消防线管及消防类平面连接导线等； 土建专业：确认显示墙、柱、门窗、楼板
V/G 替换注释	维持原状
V/G 替换分析模型	全关
V/G 替换导入	勾选需要显示的导入图元
V/G 替换过滤器	显示与照明平面需要显示的过滤器方案，强电、照明、应急照明、消防强电等，其余均不显示
V/G 替换工作集	只显示“E-01-弱电”“共享标高和轴网”“工作集 1”“链接文件”，可以根据布图情况调整工作集的开关，与图纸组织有关
V/G 替换 RVT 链接	建筑、结构链接显示为粗略；关闭建筑链接中楼板、天花板、地形、橱柜、面积；关闭结构链接中所有注释类别；修改建筑、结构墙体及柱子填充为灰度填充；在建筑链接文件中自定义墙体线宽为 3，在结构链接文件中自定义柱子线宽为 3
模型显示	隐藏线

续表

名称	火灾自动报警系统（消防系统）
阴影	维持原状
勾绘线	维持原状
照明	维持原状
摄影曝光	维持原状
基线方向	平面
视图范围	视平面情况调整
方向	视项目情况而定
阶段过滤器	维持原状
规程	协调
颜色方案位置	阶段过滤器
颜色方案	阶段过滤器
阶段分类 所有者 系统名称 归属专业	将这四个“包含”的选项“√”去掉

电气专业防雷系统 **表 2.4-11**

名称	防雷
视图比例	1∶100
比例值	数值锁定不可选
显示模型	标准
详细程度	中等
零件可见性	显示原状态
V/G 替换模型	确认关闭体量、光栅图像、常规模型、空间、线、管道、管件、管道占位符、管道附件、管道隔热层、组成部分、详图项目、软风管、软管、面积、风管、风管内衬、风管占位符、风管管件、风管附件、风管隔热层。 电气专业：确认显示避雷针、避雷带等； 土建专业：确认显示墙、柱、门窗、楼板
V/G 替换注释	维持原状
V/G 替换分析模型	全关
V/G 替换导入	勾选需要显示的导入图元
V/G 替换过滤器	显示与照明平面需要显示的过滤器方案，强电、照明、应急照明、消防强电等，其余均不显示
V/G 替换工作集	只显示“E-01-弱电”“共享标高和轴网”、“工作集 1”、“链接文件”，可以根据布图情况调整工作集的开关，与图纸组织有关
V/G 替换 RVT 链接	建筑、结构链接显示为粗略；关闭建筑链接中楼板、天花板、地形、橱柜、面积；关闭结构链接中所有注释类别；修改建筑、结构墙体及柱子填充为灰度填充；在建筑链接文件中自定义墙体线宽为 3，在结构链接文件中自定义柱子线宽为 3

续表

名称	防雷
模型显示	隐藏线
阴影	维持原状
勾绘线	维持原状
照明	维持原状
摄影曝光	维持原状
基线方向	平面
视图范围	视平面情况调整
方向	视项目情况而定
阶段过滤器	维持原状
规程	协调
颜色方案位置	阶段过滤器
颜色方案	阶段过滤器
阶段分类 所有者 系统名称 归属专业	将这四个“包含”的选项“√”去掉

电 气 总 图　　**表 2.4-12**

名称	电气总图
视图比例	设定视图比例
比例值	按出图具体要求设定
显示模型	标准
详细程度	中等
零件可见性	显示原状态
V/G 替换模型	确认关闭体量、光栅图像、常规模型、空间、线、管道、管件、管道占位符、管道附件、管道隔热层、组成部分、详图项目、软风管、软管、面积、风管、风管内衬、风管占位符、风管管件、风管附件、风管隔热层。 电气专业：确认箱式变电站、路灯、监控摄像机等； 土建专业：确认显示墙、柱、门窗、楼板
V/G 替换注释	维持原状
V/G 替换分析模型	全关
V/G 替换导入	勾选需要显示的导入图元
V/G 替换过滤器	显示与照明平面需要显示的过滤器方案，强电、照明、应急照明、消防强电等，其余均不显示
V/G 替换工作集	只显示“E-01-强电”“共享标高和轴网”“工作集 1”“链接文件”，可以根据布图情况调整工作集的开关，与图纸组织有关
V/G 替换 RVT 链接	建筑、结构链接显示为粗略；关闭建筑链接中楼板、天花板、地形、橱柜、面积；关闭结构链接中所有注释类别；修改建筑、结构墙体及柱子填充为灰度填充；在建筑链接文件中自定义墙体线宽为 2，在结构链接文件中自定义柱子线宽为 2

续表

名称	电气总图
模型显示	隐藏线
阴影	维持原状
勾绘线	维持原状
照明	维持原状
摄影曝光	维持原状
基线方向	平面
视图范围	视平面情况调整
方向	视项目情况而定
阶段过滤器	维持原状
规程	协调
颜色方案位置	阶段过滤器
颜色方案	阶段过滤器
阶段分类 所有者 系统名称 归属专业	将这四个“包含”的选项“√”去掉

2.4.5 视图及视图组织管理

BIM将机电三个专业整合在一个模型中工作，会产生大量的视图，这些视图的用途、使用者、显示内容等各有不同，为了提高工作效率，强化协同效果，需要将视图进行分类管理。

(1) 视图：从特定的视点（例如模型的楼层平面或剖面）显示模型。所有视图来源均为同一个三维模型，故所有视图都是关联的。当视图中某个对象所作的修改同步到模型之后，其他用户同步时，这些修改会作用于其他视图，从而保持所有的视图同步修改。

(2) 在机电模型中，所有的二维视图、三维视图和图纸，以及明细表等都是同一个模型数据库信息不同的表现形式及其内在逻辑关系。

(3) 视图集是数张视图按限制条件分类后归纳在一起的视图合集。

(4) 视图有权属规则限制，每个视图只能有一个所有者，借用者会和所有者发生“抢权行为”，所以每个模型参与者对视图都应有权限意识。

(5) 在Revit中，图纸和视图都是族，视图是图纸下的嵌套族。视图不是图纸，而是组成图纸的内容。故一张图纸可容纳多个不同的视图。

1. 项目参数对视图组织的作用

控制视图目录树中的关键因素是项目参数。项目参数更类似过滤器，对视图添加项目参数，可以按项目参数中添加的内容对视图的分类进行过滤，重新排序，满足视图组织要求。项目参数的相关内容将在本书第2.4.8节中详细介绍。

图2.4-40所示为常见的Revit视图组织效果，而我们要达到的是图2.4-41所示的分类效果。

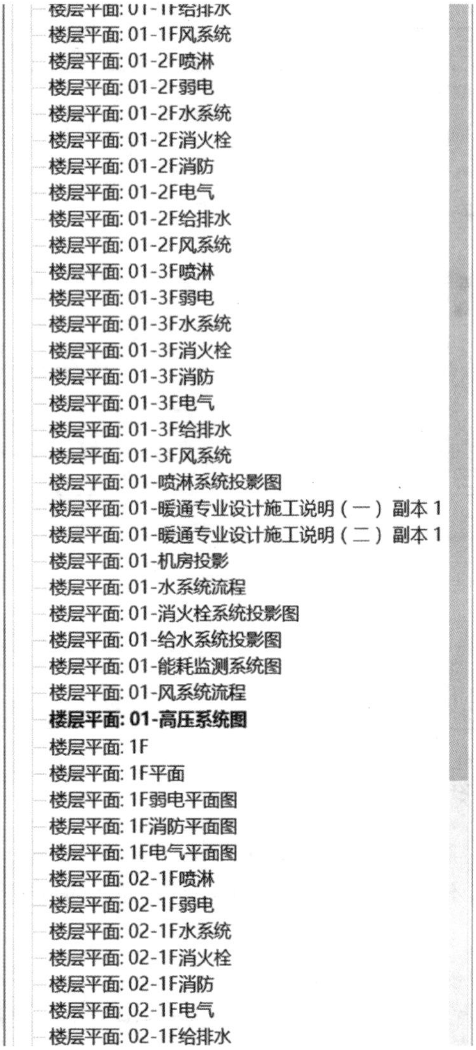

楼层平面: 01-1F给排水
楼层平面: 01-1F风系统
楼层平面: 01-2F喷淋
楼层平面: 01-2F弱电
楼层平面: 01-2F水系统
楼层平面: 01-2F消火栓
楼层平面: 01-2F消防
楼层平面: 01-2F电气
楼层平面: 01-2F给排水
楼层平面: 01-2F风系统
楼层平面: 01-3F喷淋
楼层平面: 01-3F弱电
楼层平面: 01-3F水系统
楼层平面: 01-3F消火栓
楼层平面: 01-3F消防
楼层平面: 01-3F电气
楼层平面: 01-3F给排水
楼层平面: 01-3F风系统
楼层平面: 01-喷淋系统投影图
楼层平面: 01-暖通专业设计施工说明（一）副本 1
楼层平面: 01-暖通专业设计施工说明（二）副本 1
楼层平面: 01-机房投影
楼层平面: 01-水系统流程
楼层平面: 01-消火栓系统投影图
楼层平面: 01-给水系统投影图
楼层平面: 01-能耗监测系统图
楼层平面: 01-风系统流程
楼层平面: 01-高压系统图
楼层平面: 1F
楼层平面: 1F平面
楼层平面: 1F弱电平面图
楼层平面: 1F消防平面图
楼层平面: 1F电气平面图
楼层平面: 02-1F喷淋
楼层平面: 02-1F弱电
楼层平面: 02-1F水系统
楼层平面: 02-1F消火栓
楼层平面: 02-1F消防
楼层平面: 02-1F电气
楼层平面: 02-1F给排水

图 2.4-40

2. 模型的阶段分类

三个专业合用一个模型，导致模型中视图数量很多，各视图存在用途不同、使用者不同、显示不同等诸多差异。为了提高工作效率，强化协同效果，有必要将视图按使用阶段进行分类。可分为五大类：

(1)“0. 基础模型”：用于存放建筑底图，及其他专业用资料。

(2)“1. 查看模型”：用于存放各专业校审人员及各专业间查看的图纸；存放机电负责人（管综负责人）的工作视图集。

(3)“2. 工作模型”：用于各专业设计人建立模型使用。由于软件的限制，为确保工作中不相互占用工作视图，此视图集禁止非本人访问。

(4)“3. 出图模型”：用于存放各专业已完成，等待模型整合的视图，进行标注、注释等工作。此视图集禁止非本人访问，避免误操作。

图 2.4-41

(5)“4. 补充文件”：用于存放链接文件、导入文件的视图，如 DWG 格式说明、流程，图片、PDF 等非 Revit 文件。该视图集内仍按专业、设计人划分视图工作集。

(6) 在“工作模型”及“出图模型”中，为避免因访问引起的占用而干扰其他设计人的视图，要求访问者在“查看模型”中查看其他专业的视图、从“查看模型”中复制需要的视图，修改视图的限制条件，归置于自己视图集中，禁止直接打开他人视图。

3. 建立视图目录树

(1) 在“视图（全部）”上单击右键，选择“浏览器组织”。

(2) 点击“新建”，输入新建浏览器组织规则名称（图 2.4-42）。

(3) 在弹出的浏览器组织属性界面中，先点击“成组和排序”，有六个过滤条件，有先后关系。如图 2.4-43 所示。可以理解为先按“阶段分类”的标签分类，再在此基础上按“所有者”标签分类，最后在前两步分类的基础上按“系统名称”，分类最后附加“分类”参数。添加分类后，图纸目录树各专业内部的图纸将按“三维视图”“建筑立面”“楼层平面”三大类形成可折叠的分级目录。同理，可以继续附加下拉菜单中其他选项，形成更细的分类规则。分类完成后的界面如图 2.4-44 所示。

(4) 以上视图目录树包括所有专业的各类图纸，如希望只看到本专业的图纸，需要在浏览器组织属性中的“过滤”选项卡下添加过滤条件，只添加“归属条件”即可，成组和排序不变，如图 2.4-45 所示。

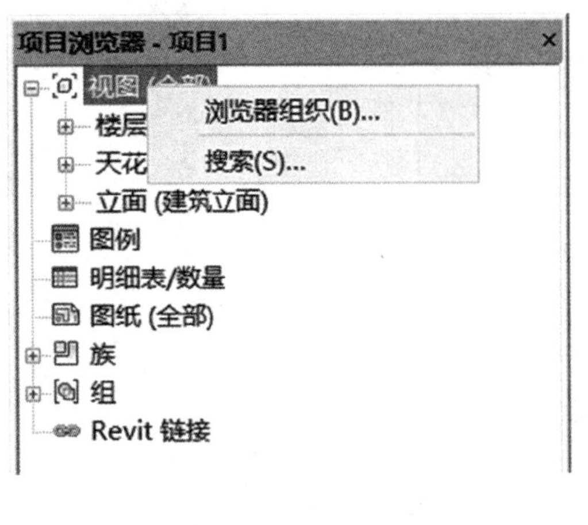

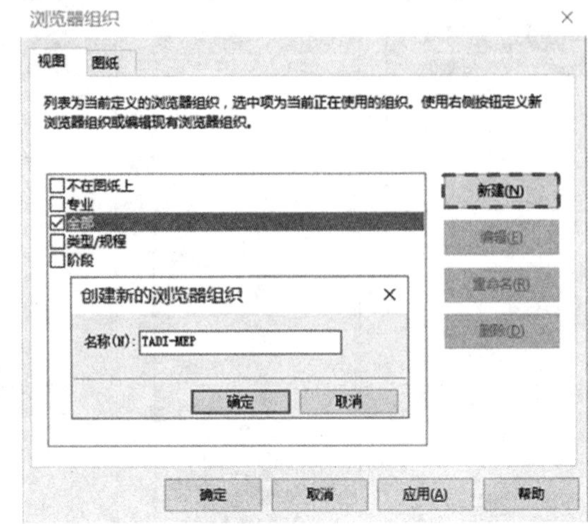

图 2.4-42

浏览器组织属性

过滤　成组和排序

浏览器组织: TADI-MEP
指定此浏览器组织的成组/排序规则。

成组条件(G): ■. 阶段分类

使用:

否则按(B):

使用:

否则按(Y):

使用:

否则按(T):

使用:

否则按(E):

使用:

否则按(V): <无>

使用: 全部字符(Z)　1　前导字符(N)

<无>
■. 阶段分类
□. 所有者
○. 所属专业
●. 系统名称
图纸上的标题
图纸名称
图纸编号
族
族与类型
相位
相关标高
类型
规程
视图名称
视图样板
视图比例
详细程度
阶段过滤器

排序方式(O): 视图名称

升序(C)　降序(D)

确定　取消　帮助

浏览器组织属性

过滤　成组和排序

浏览器组织: TADI-MEP
指定此浏览器组织的成组/排序规则。

成组条件(G): ■. 阶段分类

使用: 全部字符(H)　1　前导字符(S)

否则按(B): □. 所有者

使用: 全部字符(A)　1　前导字符(K)

否则按(Y): ●. 系统名称

使用: 全部字符(R)　1　前导字符(W)

否则按(T): 类型

使用: 全部字符(L)　1　前导字符(I)

否则按(E): <无>

使用: 全部字符(X)　1　前导字符(J)

否则按(V): <无>

使用: 全部字符(Z)　1　前导字符(N)

排序方式(O): 视图名称

升序(C)　降序(D)

确定　取消　帮助

图 2.4-43

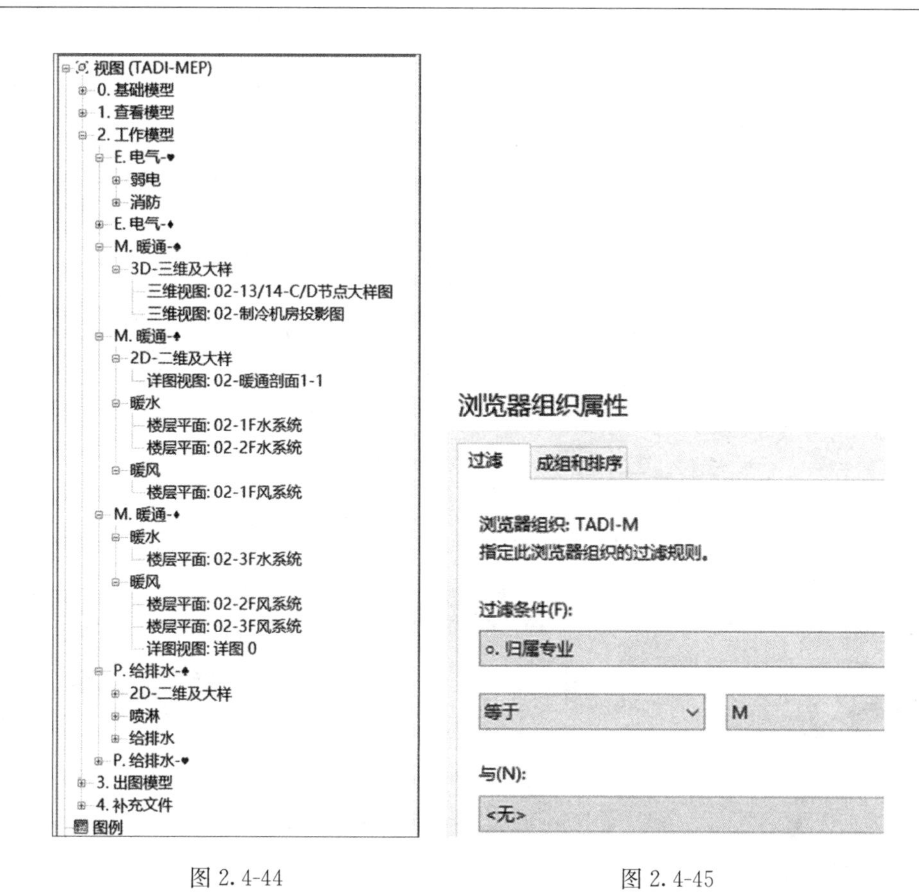

图 2.4-44　　　　　　　　　　　　　　图 2.4-45

（5）视图目录树的详细用法详见第 3 章相关章节。

2.4.6　项目单位

（1）规定了项目中使用的统一单位，如公制（米，厘米，毫米）、英制（英寸、英尺）等。可以指定项目中各种数量的显示格式，项目单位按规程“公共”“结构”“HVAC”“电气”“管道”“能量”分组。如图 2.4-46 所示。

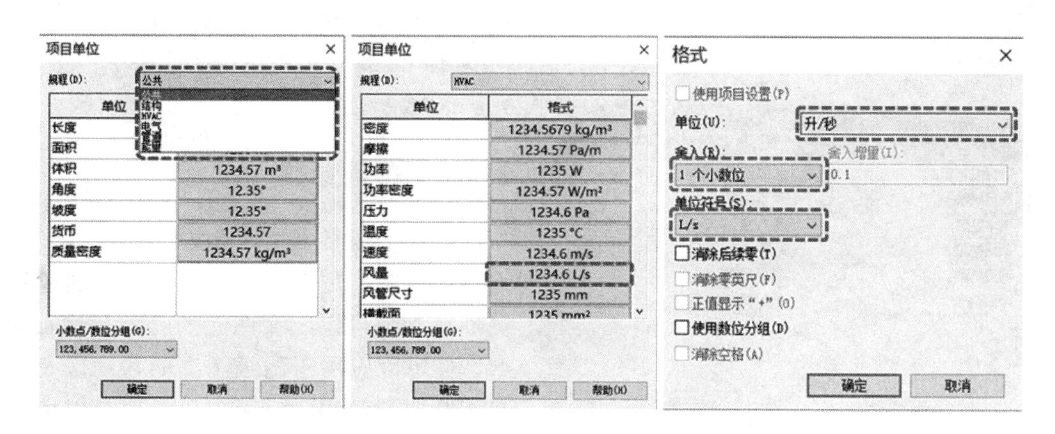

图 2.4-46

（2）在“项目单位”对话框中，可以预览每个单位类型的显示格式。如图 2.4-47 所示，“HVAC”下点击“风量”的“格式”按钮，可以在弹出的界面中修改单位和显示格式。需要注意的是，在对图纸的标注过程中，如果标注尺寸后出现了单位，例如：在标注风道尺寸时出现了 350mm×300mm 的样式，就需要到这里对风道尺寸的格式进行修改，水管也是同理。

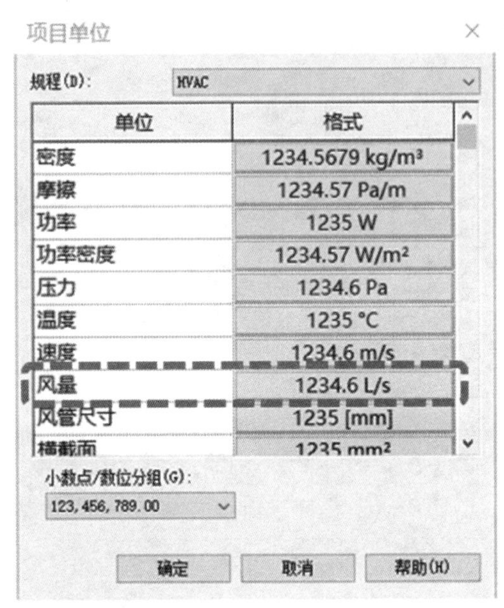

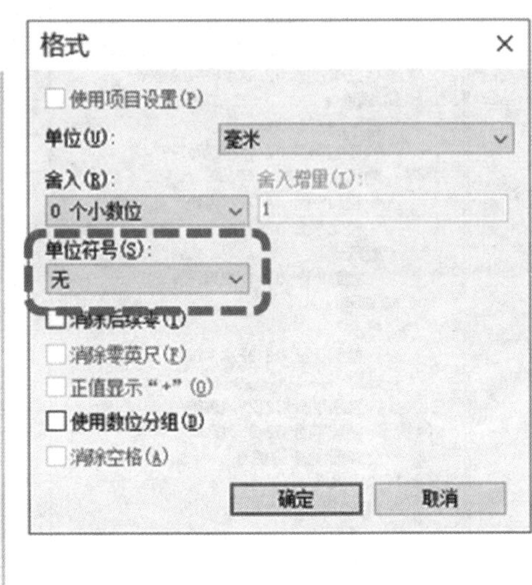

图 2.4-47

项目属性

族(F)：系统族：项目信息　载入(L)...

类型(T)：　编辑类型(E)...

实例参数 - 控制所选或要生成的实例

参数	值
标识数据	
组织名称	
组织描述	
建筑名称	
作者	
工作集	项目信息
编辑者	
设计选项	主模型
能量分析	
其他	
项目发布日期	出图日期
项目状态	项目状态
客户姓名	所有者
项目地址	## 街道
项目名称	项目名称
项目编号	项目编号

确定　取消

图 2.4-48

2.4.7　项目信息

项目信息是关于项目全局的信息参数，可与图纸中的参数相联动。通过修改项目信息，可以修改图纸的项目名称、项目地址等图纸参数，并直接反映到图纸图签上。用户可以使用默认的项目信息参数，也可以添加自定义的项目信息参数。如图 2.4-48所示。

2.4.8　项目参数

1. 项目参数及共享参数的意义

项目参数是图元的信息容器，通过定义项目参数可以定义图元的各种特性。这些特性可以应用于图纸图框的联动以及项目浏览器的组织。定义项目参数可以使用户按照自己的计划对视图、图纸等图元进行管理，增加了项目管理的灵活性。

项目参数只能应用于项目内部，若想将参数应用于多个项目，可将参数定义为共享参数。其他项目可将该共享参数导入并进行自定义，实现参数的共享。

2. 项目参数的创建和定义

在项目参数的定义过程中，需要设置参数的名称、类型和类别等条件，且可以为项目参数选择多个类别。本节以本书模板中视图的“所有者”项目参数为例，介绍创建项目参数的操作过程。

（1）若要创建项目参数，点击“管理”选项卡中“项目参数”按钮（图 2.4-49），弹出“项目参数”对话框。

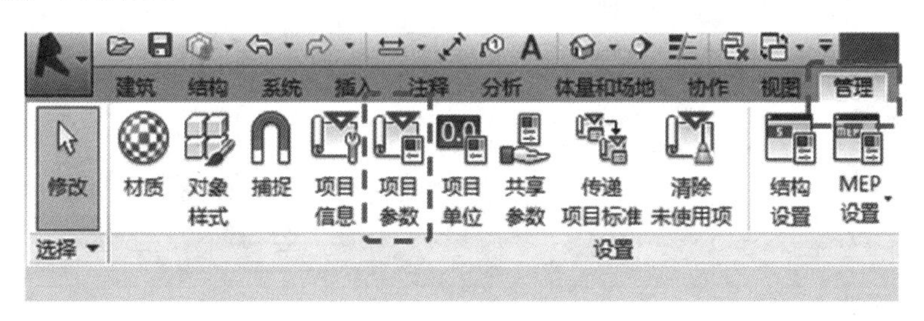

图 2.4-49

（2）在“项目参数”对话框中，可对项目参数进行添加、修改和删除等操作（图 2.4-50）。点击“添加”按钮，弹出“参数属性”对话框。

（3）在“参数属性”对话框中可以定义项目参数的各种条件。如图 2.4-51 所示，选择“项目参数”，“名称”栏目可输入参数的名称，如“■阶段分类”。由于此参数与专业无关，所以规程选择“公共”，参数类型选择“文字”，参数分组方式为参数所在组的标题，选择“限制条件”。“类别”为项目参数限制的图元的类别；“■阶段分类”是视图的项目参数，找到“视图”并勾选复选框。由于不同平面视图拥有不同的所有者，故选择“实例”前的单选框，选择“按组类别对齐值”单选框。点击确定，完成参数属性的定义，返回“项目参数”对话框。

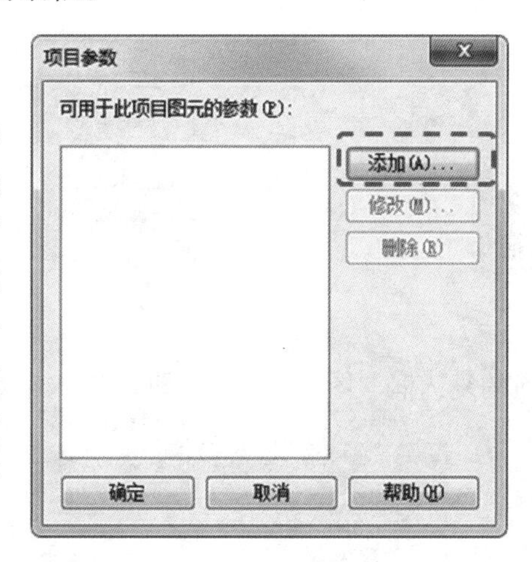

图 2.4-50

（4）此时，生成了“■阶段分类”项目参数，用户可对参数的名称进行修改。再点击确定按钮，视图的“属性”窗口中显示“阶段分类”项目参数，用户可在文本框中输入自行定义的所有者名称，如 C-01 等，再通过项目浏览器组织可实现视图的分类管理。为了实现分类管理，还需要增加其他参数。

（5）完成后如图 2.4-52 所示。

（6）对于与图纸相关的项目参数可使用相同的方法进行创建。如果需要将参数加入至“项目信息”中，则可在类型选择中勾选“项目信息”前的复选框。如果某个参数需要同时关联“图纸”与“项目信息”，可在参数的类型选择中同时勾选“图纸”与“项目信息”

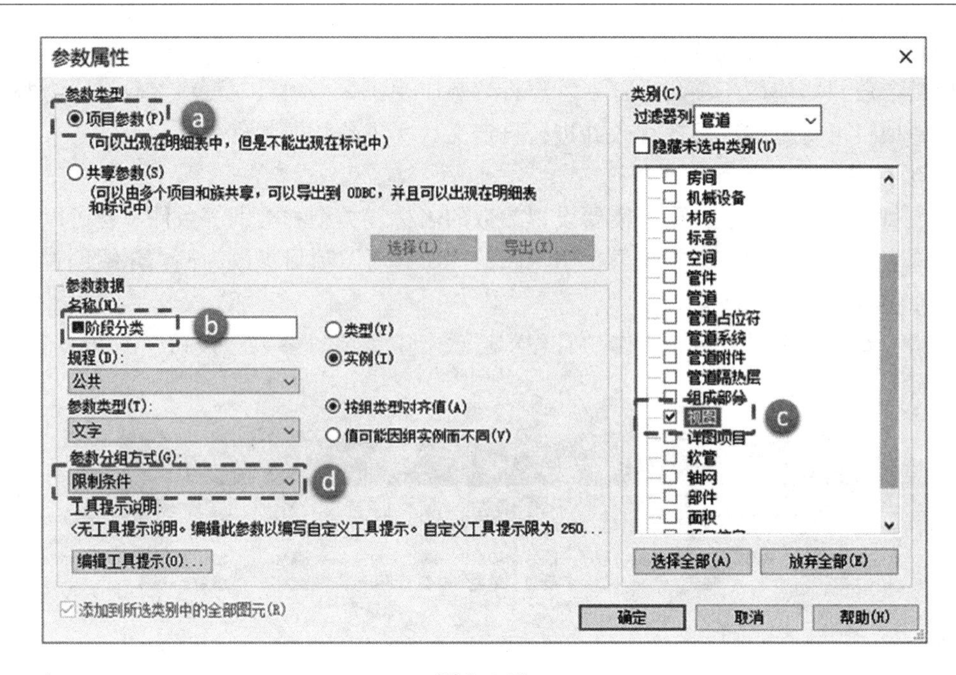

图 2.4-51

图 2.4-52

前的复选框（图 2.4-53），即可将此参数设置为图纸与项目信息的参数并显示在相应位

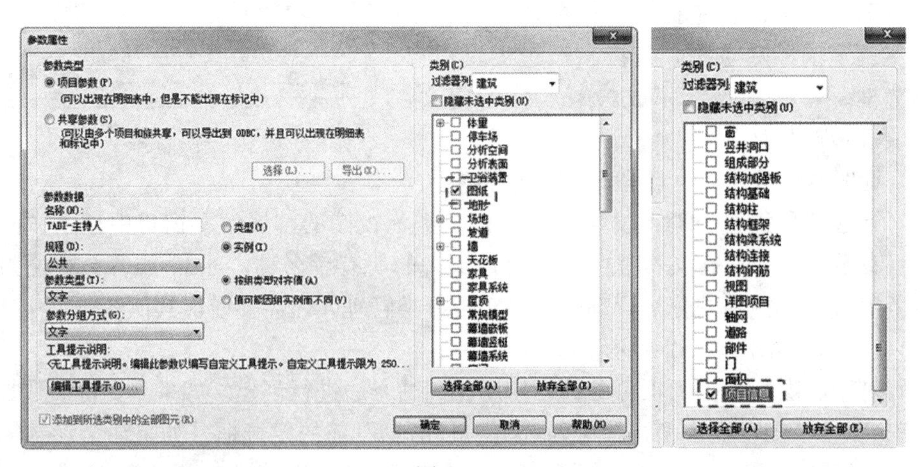

图 2.4-53

置。例如，本模板中“TADI-主持人”参数为图纸与项目信息中的参数（图 2.4-54）。

图 2.4-54

3. 共享参数的创建与定义

若需要使不同项目都可以共享某一参数，可将此参数设为共享参数，再通过共享参数文件进行参数的导入操作，实现参数的共享。

（1）点击“管理”选项卡“共享参数”按钮（图 2.4-55），弹出“编辑共享参数”对话框。

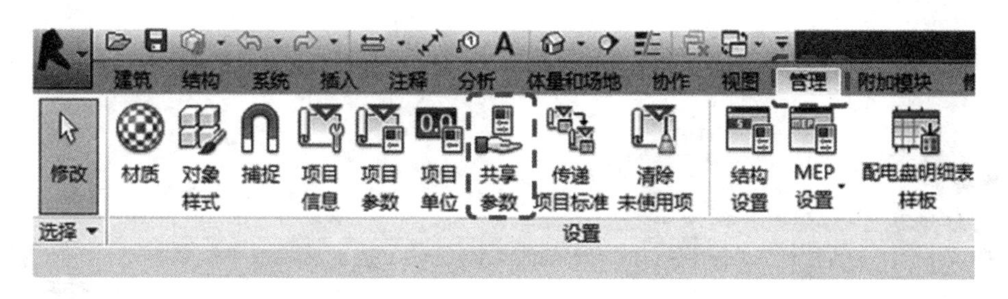

图 2.4-55

（2）如图 2.4-56 所示，在“编辑共享参数”对话框中，可对共享参数与共享参数组的属性进行新建、删除和重命名等操作。首先，要创建共享参数文件，点击“创建”按钮，弹出“创建共享参数”对话框。

（3）在“创建共享参数”对话框中，定义好共享参数文件的路径和文件名，点击“保存”生成共享参数文件，文件格式为 txt 格式（图 2.4-57）。

（4）返回“编辑共享参数”对话框，创建共享参数组。点击“组”栏目下的“新建”

图 2.4-56

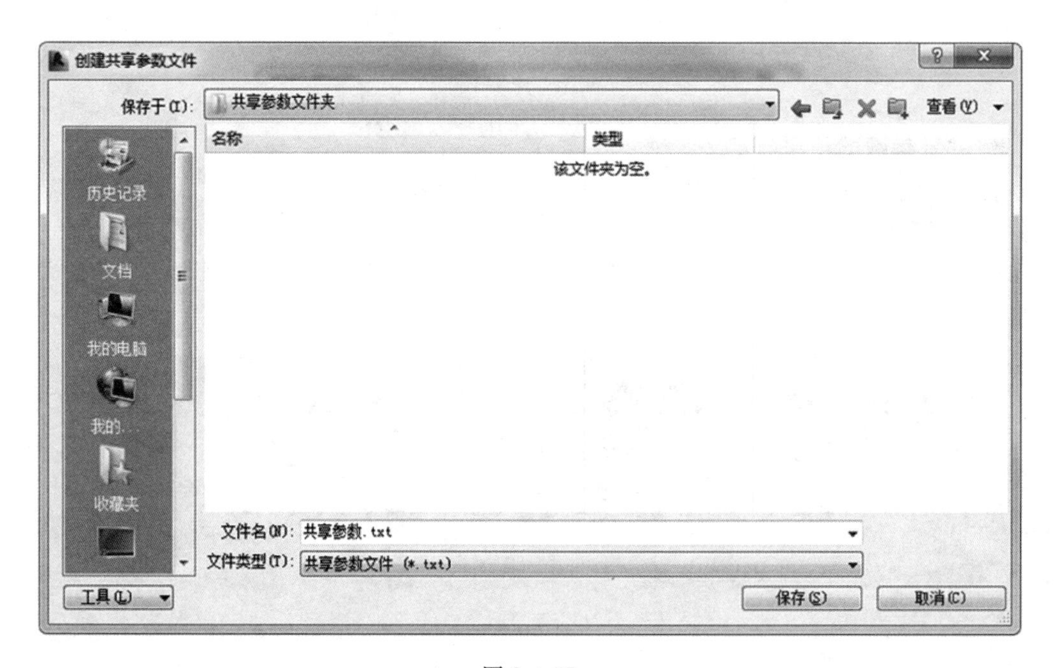

图 2.4-57

按钮，弹出“新参数组”对话框，输入共享参数的组名，如“共享参数组”，点击确定（图 2.4-58）。

（5）点击“参数”栏目下的“新建”按钮，弹出“参数属性”对话框（图 2.4-59），输入共享参数名称，如“TADI-专业负责人”，规程选择“公共”，参数类型选择“文字”，点击确定。再点击确定，退出“编辑共享参数”对话框。

图 2.4-58

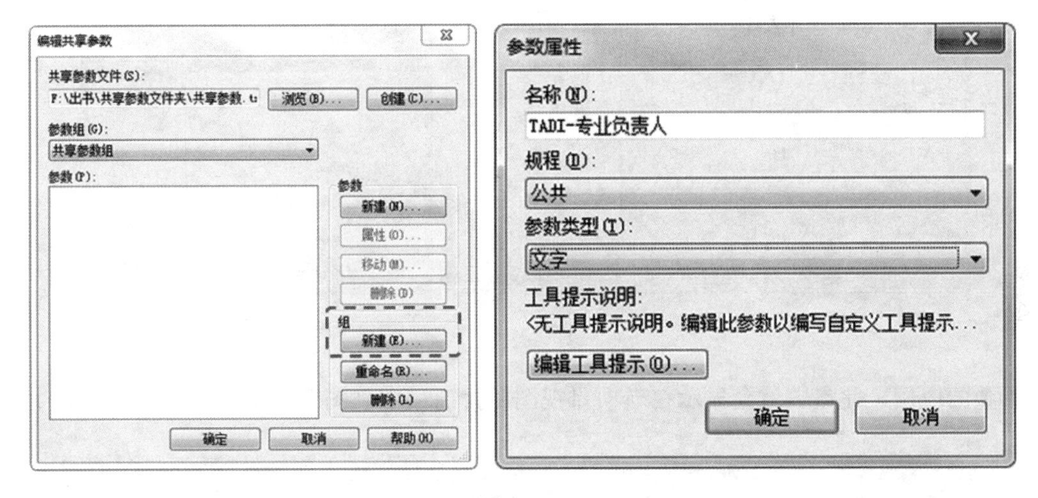

图 2.4-59

（6）完成共享参数的定义。如果需要将此共享参数移至其他组，可点击“移动”按钮并选择目标组的名称（图 2.4-60）。

（7）如需要将此参数应用于其他项目中，可在新的项目中点击共享参数按钮，在“编辑共享参数”对话框中选择“浏览”，在“创建共享参数”对话框中选择相应的共享参数文件，则其中的共享参数将会在列表中列出。

（8）点击“项目参数”按钮，在“参数类型”栏目中选择“共享参数”，点击“选择”按钮，在弹出的“共享参数”对话框中选择相应的共享参数，点击确定。如图 2.4-61 所示。

（9）将类别等参数设置完毕，设置方法同项目参数，如“视图”，点击确定，完成共

图 2.4-60

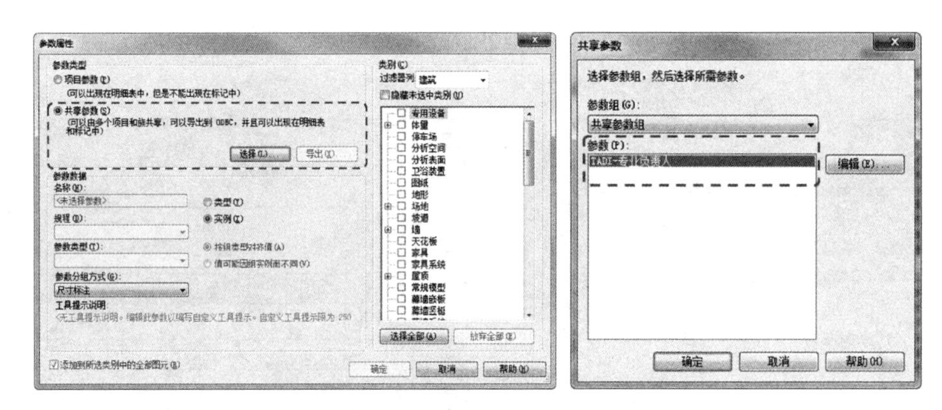

图 2.4-61

享参数的应用，此参数就会显示在新项目视图属性窗口中（图 2.4-62）。

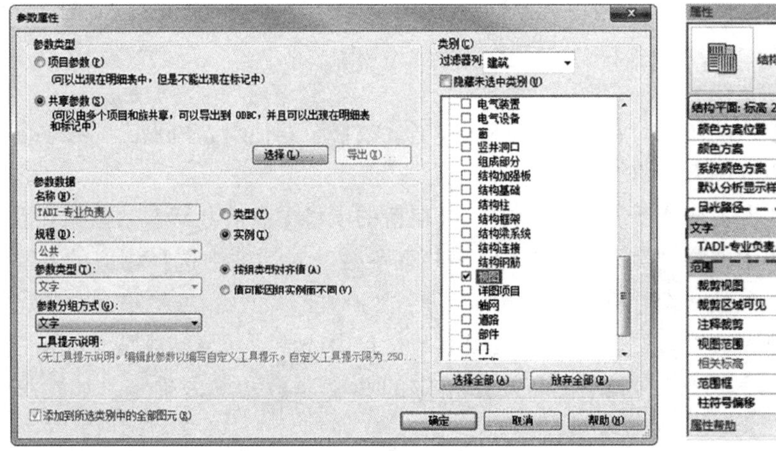

图 2.4-62

（10）使用共享参数可以有效减少参数定义的工作量，而且对于图框等外建族，还可以实现参数联动的效果。本书案例（QQ群可下载，群号码522824854）为图框提供了“TADI-分号”与“TADI-工程项目”两个共享参数，如果修改这两个参数，图框上相应位置的文字也会同时改变。其中，“TADI-分号”参数也会与视图浏览器组织结合，实现对图纸的分类管理。此部分详见本书2.4.13节和2.4.14节。

2.4.9　预设构件类型族

2.4.9.1　风道系统

在Revit中绘制风道需要调用两个族：风管族和风管系统族。风管族用于控制风道尺寸、管件选用组织；风管系统族用于控制在模型中的表现形式和水力特性。这两个族，共同出现在风道属性界面中，相互配合才能绘制出外观和内涵统一的风道。风管族的设置，有利于材料的统计；风管系统族有利于在模型中的识别以及不同系统的正确连接。系统的不正确连接是指：风管系统在连接设备时，与其连接的是“连接件”，“连接件”是可以加载流体进出属性的。当连接操作进行时，“连接件”预设的流体方向与风道内流体方向不一致时，就会发生不能连接或是从设备上引出风道颜色变化的错误。风管系统族中预置三种系统：“送风”“回风”“排风”。创建系统时，要根据新系统内流体方向从这三种系统中复制后改名新建而成。例如：“新风”基于“送风”复制而成，“排烟”基于“排风”复制而成，“风盘回风风道”基于“回风”复制而成。

以下以回风系统为例对操作方式进行详细说明。

1. 风管系统

（1）项目浏览器→族→风管系统→风管系统。

（2）右键单击“回风”→复制→重命名为“TADI-回风”（图2.4-63）。

（3）双击新建的系统“TADI-回风”，打开“类型属性”对话框（图2.4-64）。

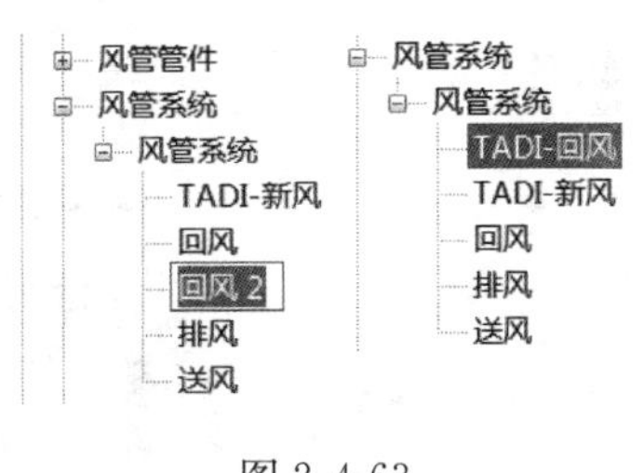

图2.4-63

① 单击“图形”选项卡中的“编辑”。不指定具体线宽，其目的是后期使用视图样板时对线宽进行单独控制。颜色按照MEP颜色表中给出的相应系统颜色数值进行设定，填充图案也选择为“〈无替换〉”（图2.4-65）。若填充图案选定了线型，在各个视图内风道无法按可见性中设定的风道线型进行显示。设定完成后单击“确定”，返回“类型属性”界面。

②“材质和装饰”选项卡中，单击“〈按类别〉”旁边空白处的按钮可显示下拉菜单（图2.4-66），单击进入材质浏览器。

（4）在“材质浏览器界面”中：

① 在界面左侧选择与系统相应的材质，右键单击复制，将复制所得新材质重命名为“TADI-HF”

② 在界面右侧“图形”选项卡中，依据MEP颜色表将“着色”“表面填充图案”“截面填充图案”三项中的颜色数值调整为相应系统颜色，填充图案选择“实体填充”（图2.4-67）。设定完毕后，单击“确定”返回“类型属性”界面。

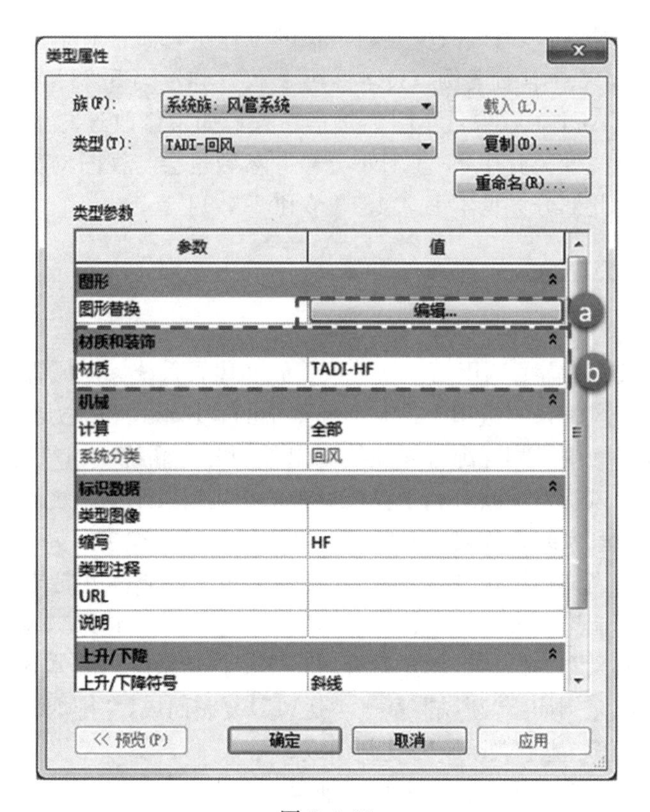
类型属性
族(F)：
系统族：风管系统
载入(L)...
类型(T)：
TADI-回风
复制(D)...
重命名(R)...
类型参数
参数
值
图形
图形替换
编辑...
a
材质和装饰
材质
TADI-HF
b
机械
计算
全部
系统分类
回风
标识数据
类型图像
缩写
HF
类型注释
URL
说明
上升/下降
上升/下降符号
斜线
《 预览(P)
确定
取消
应用

图 2.4-64

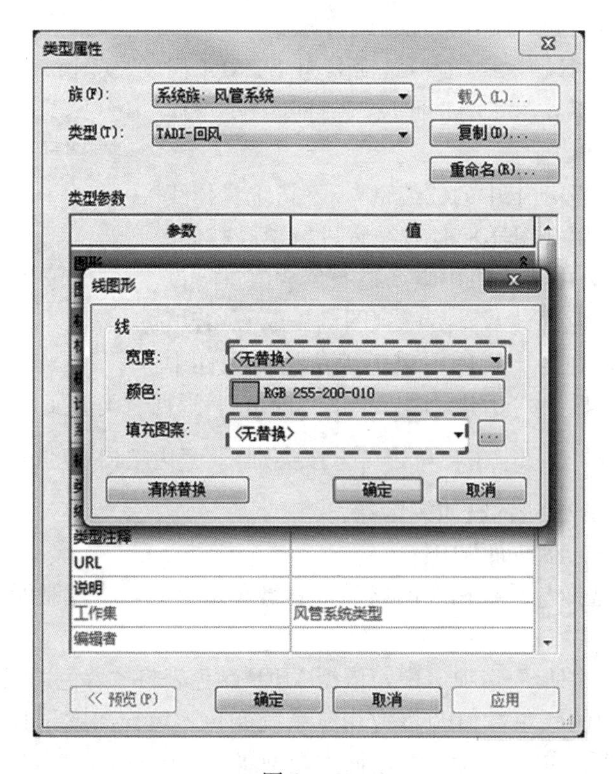
类型属性
族(F)：
系统族：风管系统
载入(L)...
类型(T)：
TADI-回风
复制(D)...
重命名(R)...
类型参数
参数
值
线图形
线
宽度：
<无替换>
颜色：
RGB 255-200-010
填充图案：
<无替换>
清除替换
确定
取消
类型注释
URL
说明
工作集
风管系统类型
编辑者
《 预览(P)
确定
取消
应用

图 2.4-65

图 2.4-66

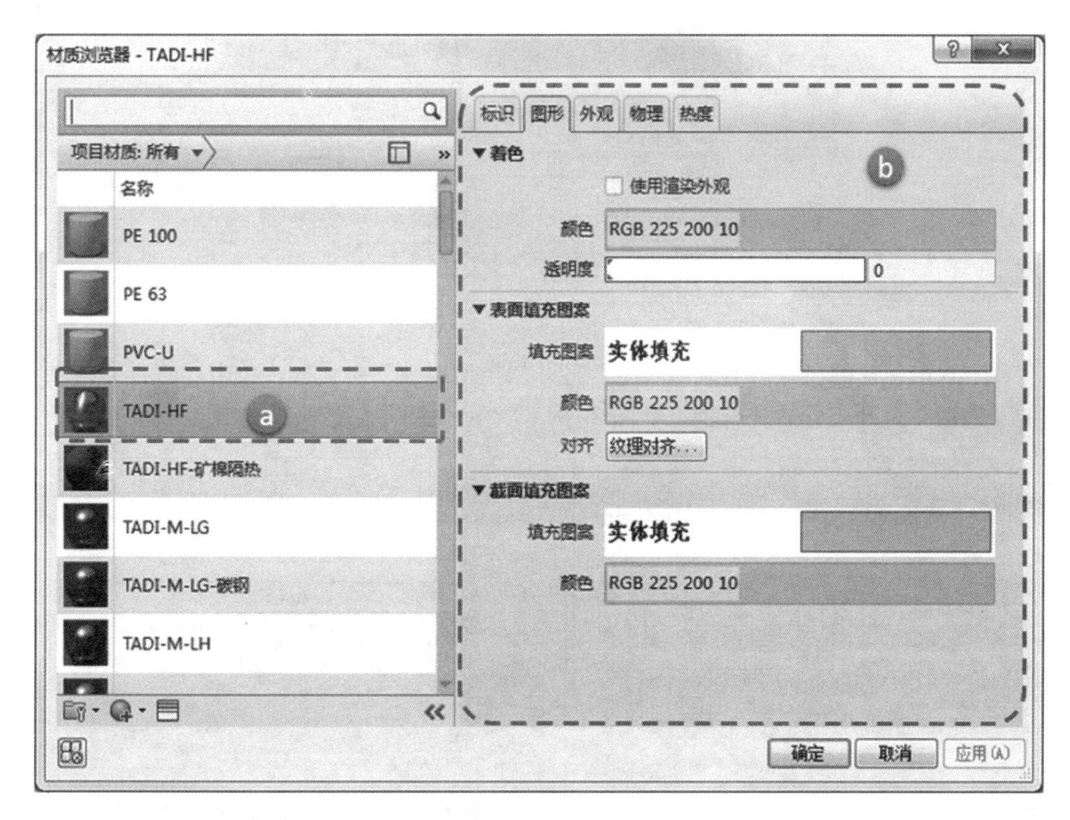

图 2.4-67

（5）“类型属性”界面→标识数据→缩写，更改为系统相应缩写（图 2.4-68）。

标识数据	
类型图像	
缩写	HF
类型注释	
URL	
说明	

图 2.4-68

2. 风管附件

（1）项目浏览器→族→风管管件→矩形 T 形三通-斜接-法兰。

（2）右键单击预设管件“标准”并复制，重命名为“TADI-HF”（图 2.4-69）。其他管件处理方法相同。

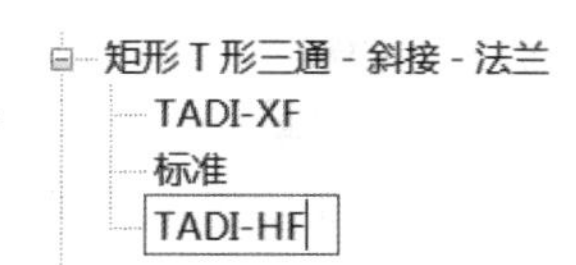

图 2.4-69

3. 风管

（1）项目浏览器→族→风管→矩形风管。

（2）右键单击“矩形风管”→复制→重命名为“TADI-回风”（图 2.4-70）。

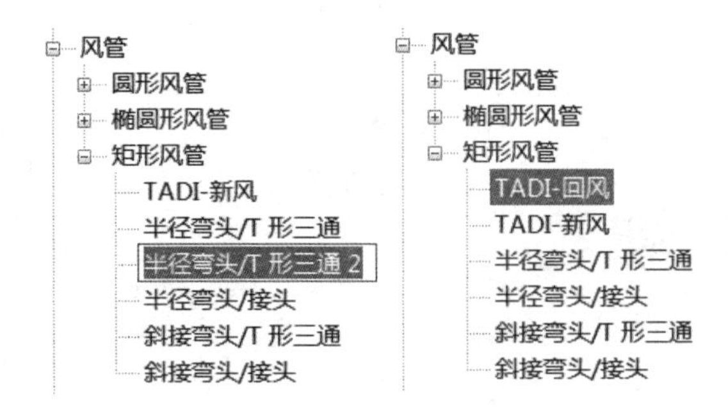

图 2.4-70

（3）双击新建的风管“TADI-回风”打开“类型属性”对话框，单击“管件”选项卡中的“编辑”打开布管系统配置。如图 2.4-71 所示。

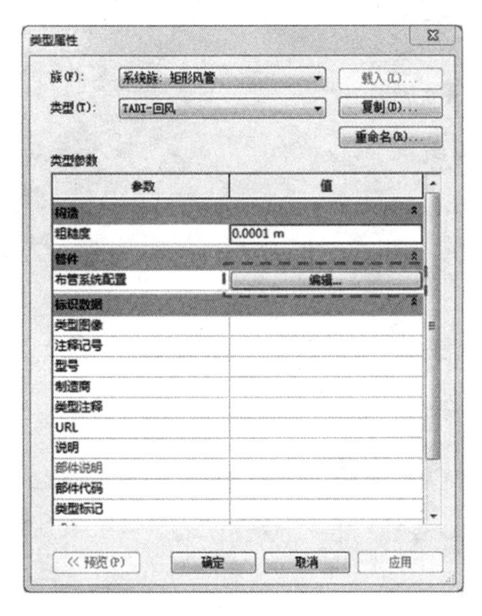

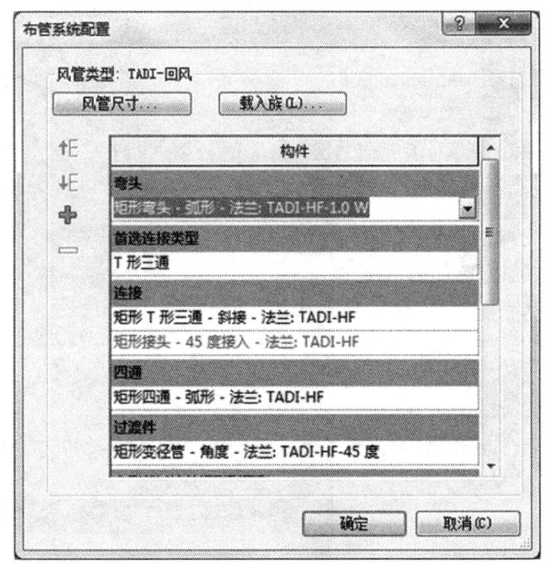

图 2.4-71

（4）单击各项下拉菜单，选择在风管管件中设定好的相应管件。如图 2.4-72 所示。

（5）通过“首选连接类型”中选择“三通”或“接头”来进行“连接”中不同管件的设置（图 2.4-74）。全部管件设置完毕后单击确定。其中，首选连接类型选项卡中，“T 形三通-斜接”与“45 度接入-法兰”，应依据管径、管材、管路实际排布进行选择。

2.4.9.2　管道系统

在 Revit 中绘制管道与风道的基本形式类似，同样需要调用图 2.4-74 所示的三个族配合使用。

管道族和管道系统族：管道族用于控制管道尺寸、管件选用及组织，管件族内嵌在其中；管道系统族用于控制在模型中的表现形式和水力特性。这两个族共同出现在管道属性

布管系统配置
风管类型：TADI-回风
风管尺寸...
载入族(L)...
构件
弯头
矩形弯头 - 弧形 - 法兰: TADI-HF-1.0 W
矩形弯头 - 弧形 - 法兰: 1.0 W
矩形弯头 - 弧形 - 法兰: 1.5 W
矩形弯头 - 弧形 - 法兰: 2.0 W
矩形弯头 - 弧形 - 法兰: TADI-HF-1.0 W
矩形弯头 - 弧形 - 法兰: TADI-PF-1.0 W
矩形接头 - 45 度接入 - 法兰: 标准
四通
矩形四通 - 弧形 - 法兰: 标准
过渡件
矩形变径管 - 角度 - 法兰: 45 度
多形状过渡件矩形到圆形
确定
取消(C)

图 2.4-72

布管系统配置
风管类型：TADI-回风
风管尺寸...
载入族(L)...
构件
弯头
矩形弯头 - 弧形 - 法兰: TADI-XF-1.0 W
首选连接类型
T 形三通
连接
矩形 T 形三通 - 斜接 - 法兰: TADI-HF
矩形接头 - 45 度接入 - 法兰: TADI-HF
四通
矩形四通 - 弧形 - 法兰: TADI-HF
过渡件
矩形变径管 - 角度 - 法兰: TADI-HF-45 度
确定
取消(C)

图 2.4-73

界面中，相互配合才能绘制出外观和内涵统一的管道。

管件
管道
管道类型
管道系统
管道系统

图 2.4-74

管道系统族中预置 11 种系统，包括“其他”“其他消防系统”“卫生设备”“家用冷水”“家用热水”“干式消防系统”“循环供水”“湿式消防系统”“通风孔”和“预作用消防系统”，在创建给水排水专业的水系统时，要根据新系统内“流体方向”从这 11 种系统中选出相符的系统，复制后改名新建而成。例如：“冷却供水”基于“循环供水”复制而成，“冷却回水”基于“循环回水”复制而成，“冷凝水”基于“其他”复制而成。

以下以空调冷却回水系统为例对操作方式进行详细说明。

1. 管道系统

（1）项目浏览器→族→管道系统→管道系统。

（2）右键单击“循环回水”→复制→重命名为“TADI-M-冷回”（图 2.4-75）。

（3）双击新建的系统“TADI-M-冷回”打开“类型属性”对话框，单击“图形”选项卡中的“编辑”（图 2.4-76）。

（4）不指定具体线宽，其目的是后期使用视

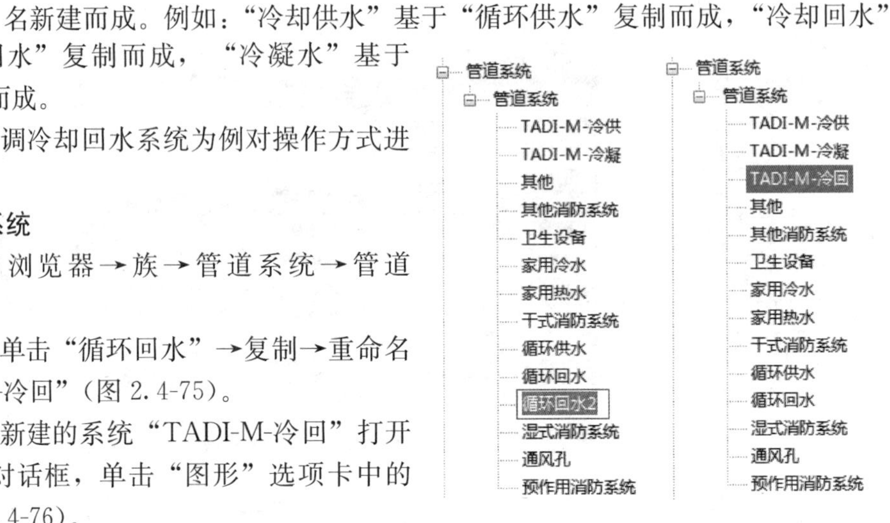

图 2.4-75

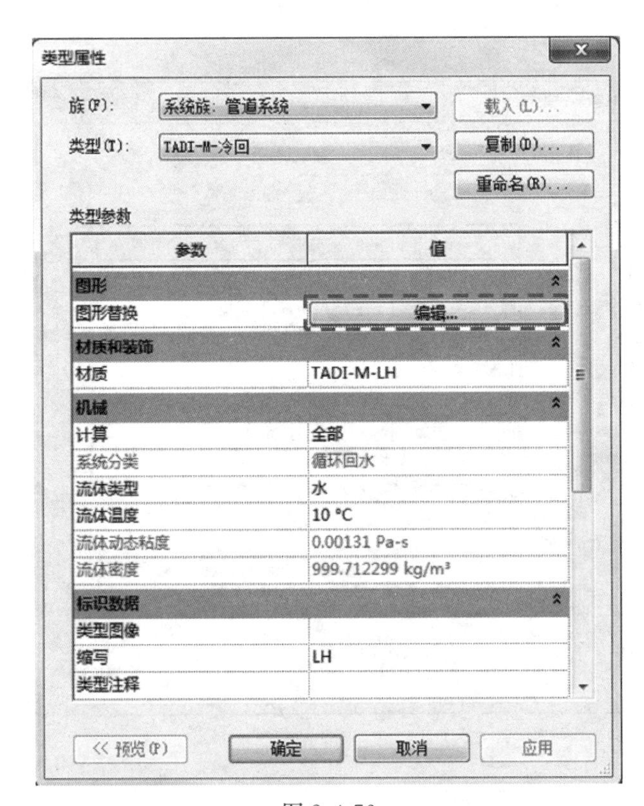

图 2.4-76

图样板时对线宽进行单独控制。颜色按照 MEP 颜色表中给出的相应系统颜色数值进行设定，“填充图案”选择实线（图 2.4-77）。设定完成后，单击“确定”返回“类型属性”界面。

（5）图 2.4-78 所示“材质和装饰”选项卡中，单击〈按类别〉旁边空白处可显示下拉菜单...，单击...进入材质浏览器。设置材质，可为不同的管道系统染色，以便于在模型中区分。

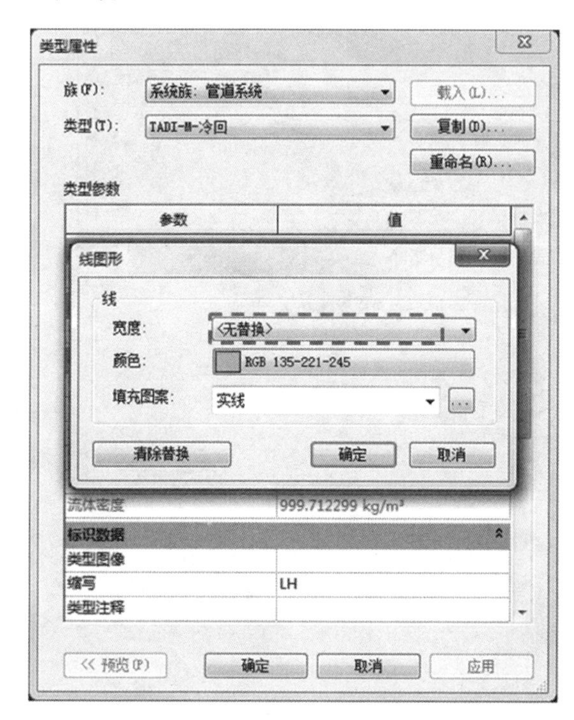

图 2.4-77

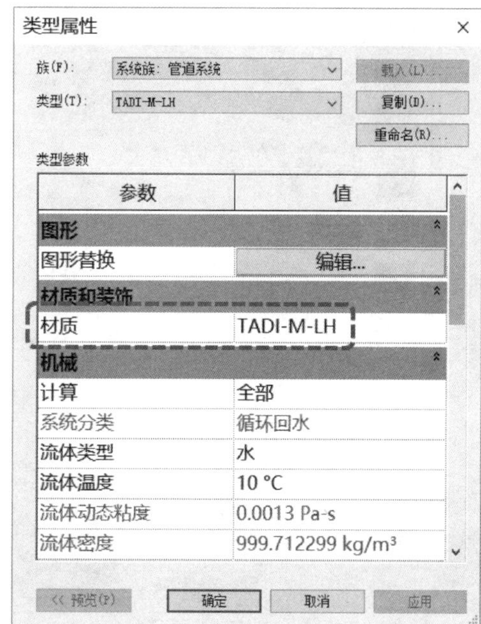

图 2.4-78

（6）对材质进行编辑，如图 2.4-79 所示。

① 在“材质浏览器”界面左侧，选择与系统相应的材质，右键单击复制，将复制所得新材质重命名为“TADI-M-LH”。

② 在“材质浏览器”界面右侧“图形”选项卡中，依据 MEP 颜色表将“着色”“表面填充图案”“截面填充图案”三项中的颜色数值调整为与系统相应的颜色，填充图案选择“实体填充”。设定完毕后，单击“确定”返回“类型属性”界面。

（7）“类型属性”界面→标识数据→缩写，更改为系统相应缩写（图 2.4-80）。其他数据按实际情况进行修改。全部更改完成后，单击确定。

2. 管件

在布置前，为了使各系统相对独立，需要将所涉及的各种管件按系统分别复制。同时需要注意，出于设计要求同一系统中连接方式有可能分为丝接与焊接两种方式，因此管段与管件也相应地设置为丝接和焊接。其中，管段的具体设置方法在下文中进行详细说明。若项目中未加载管件，则可通过载入族来加载。在“项目浏览器”→“族”→“管件”下右键单击预设管件“标准”并复制，重命名为“TADI-M-LH”（图 2.4-81）。丝接与焊接的其他管件处理方法相同。为便于区别，需要对不同连接方式的管件加注后缀表示清楚。

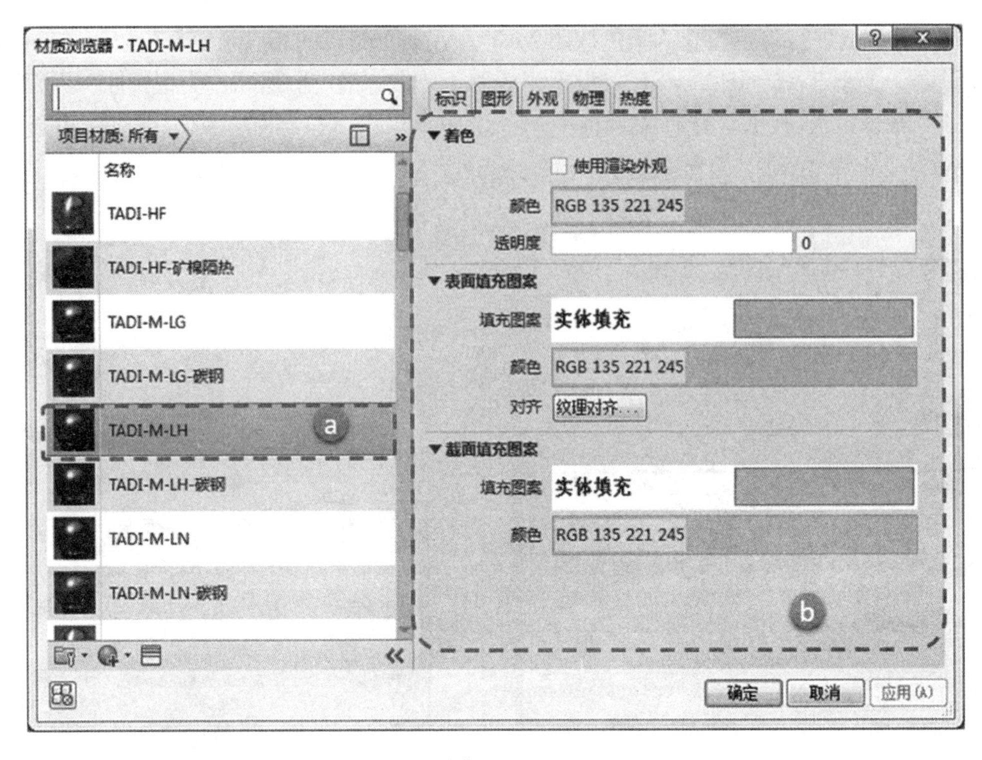

图 2.4-79

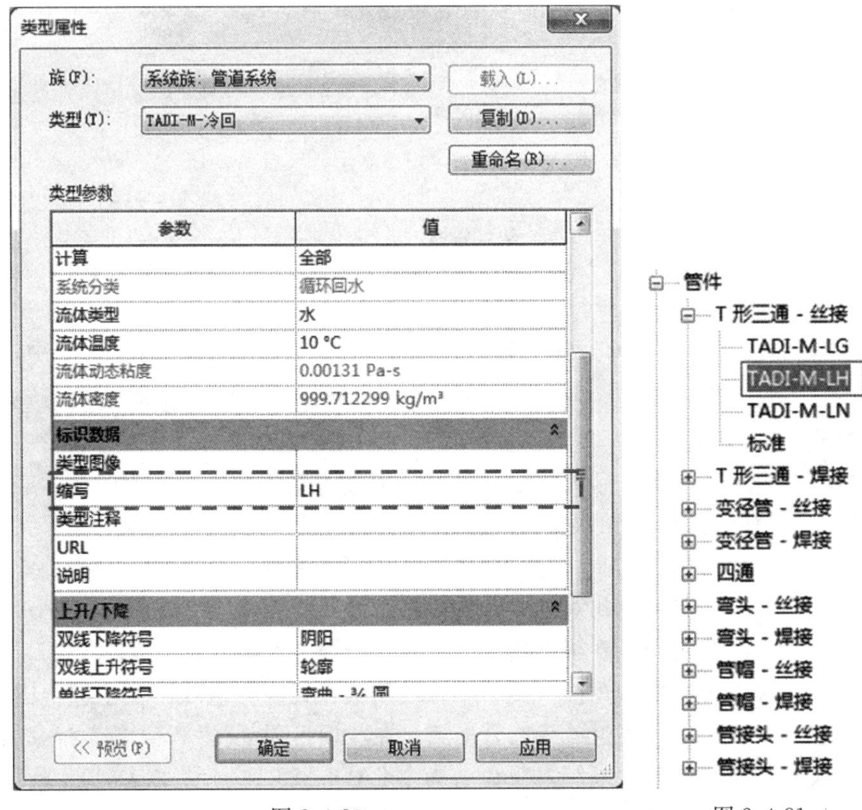

图 2.4-80　　　　图 2.4-81

3. 管道

（1）项目浏览器→族→管道→管道类型。

（2）右键单击“标准”→复制→重命名为“TADI-M-冷回”（图 2.4-82）。

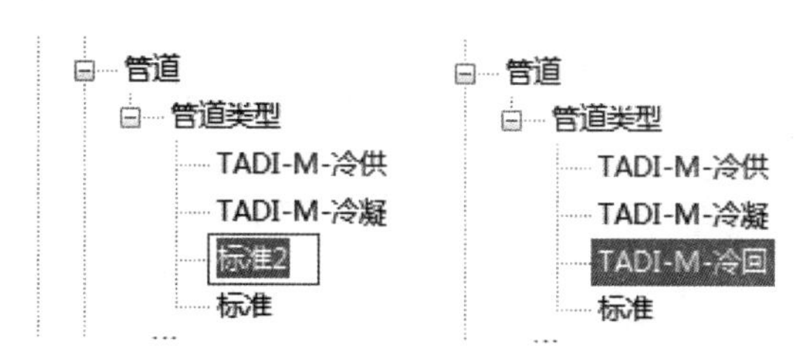

图 2.4-82

（3）双击新建的管道类型“TADI-M-冷回”，打开“类型属性”对话框，单击“布管系统配置”（图 2.4-83）。

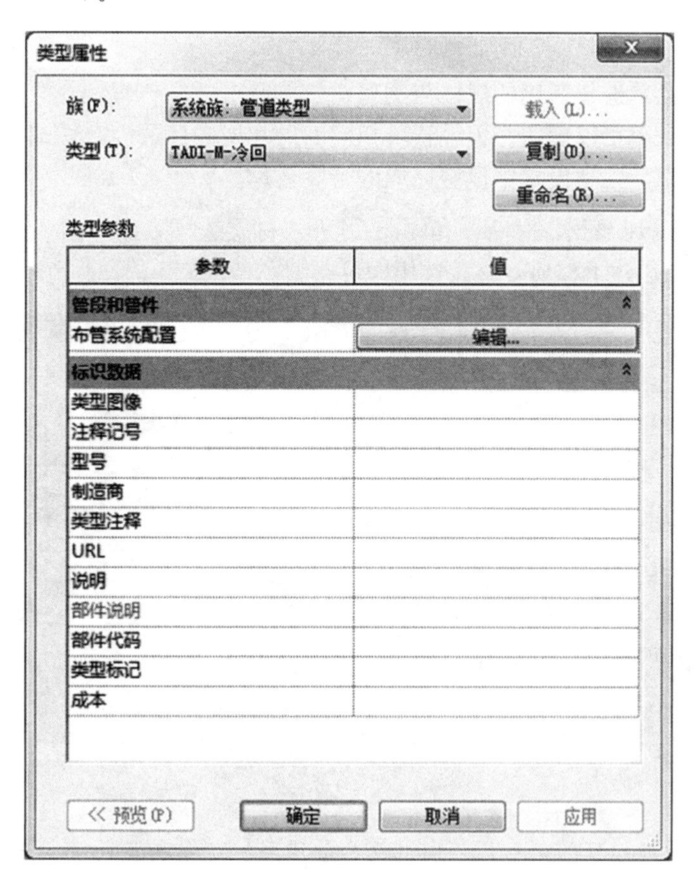

图 2.4-83

（4）在布管系统配置界面下，可以配置管道系统的管材、管道尺寸及系统所使用的管件。

（5）单击管段和尺寸按钮，再单击 （图 2.4-84），在弹出的界面中：

① 设置管道系统的材质；

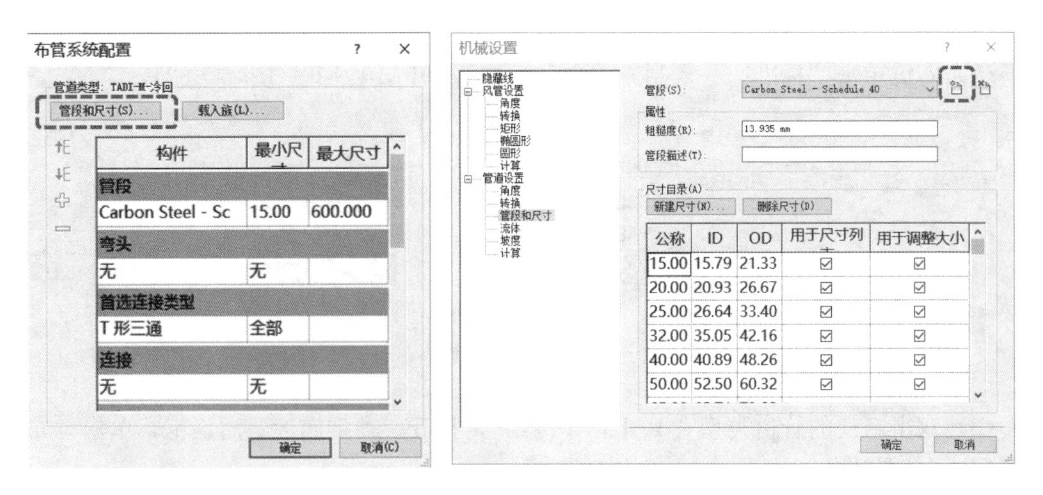

图 2.4-84

② 单击下拉菜单选择适用的规格与类型；

③ 单击下拉菜单可以确定与预设管段相同的尺寸规格目录；

④ 可以预览以上几项设置中设定完成的管段名称。

（6）为新建管段匹配水管材质，单击[...]进入材质选择界面（图 2.4-85）。之前在创建管道系统时，已创建了材质，直接选用即可（图 2.4-86）。

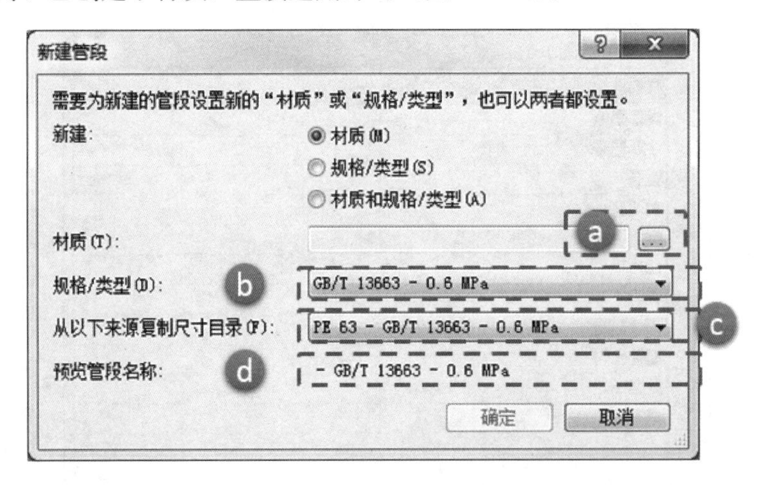

图 2.4-85

注意：设置材质的目的是形成不同颜色的管道系统，提高其在模型中的辨识度，如图 2.4-87 所示。如果没有渲染的要求，材质可不用选取基于真实材质创建的类型。设置完成后，点击确定键返回上一层菜单。

（7）在新的管道系统里，将之前复制的管件按系统、连接方式分别布置于各个管道系统中（图 2.4-88）。

（8）空调水系统中大管径管段采用焊接方式连接，小管径管段采用丝接方式进行连接，从而产生不同的连接方式。因此在布管系统中，每个管道系统应以此为依据设定两套

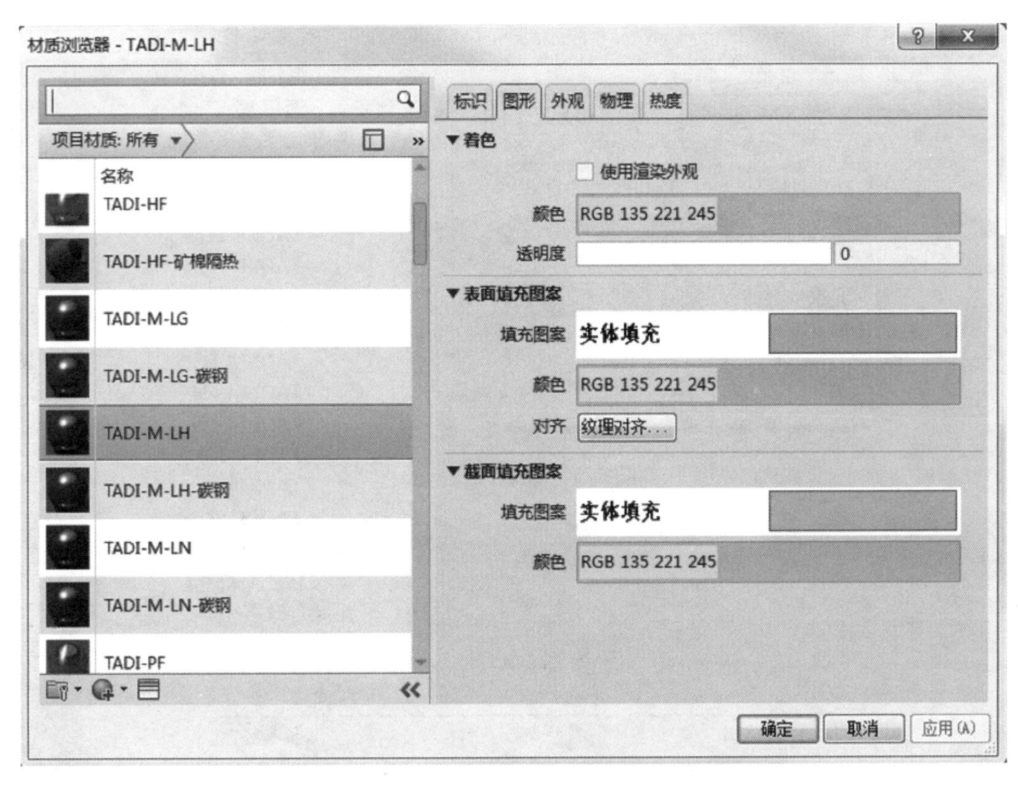

图 2.4-86

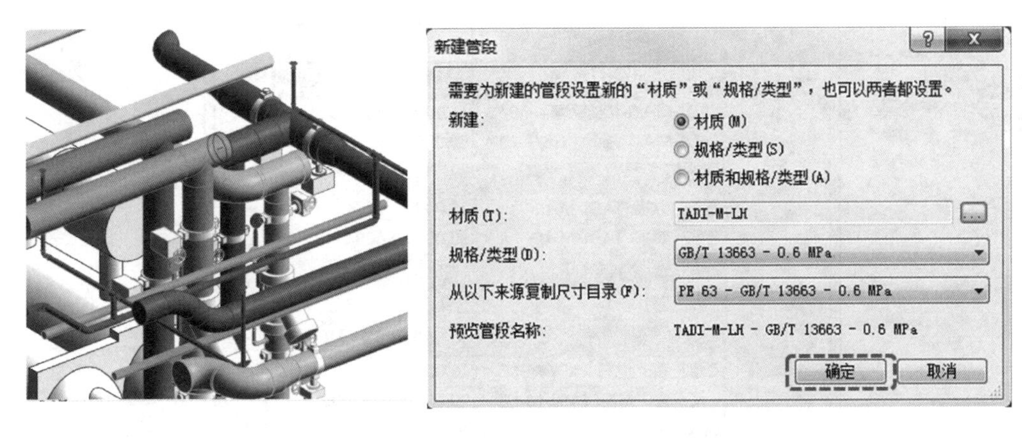

图 2.4-87

管段和连接件。如图 2.4-89 所示。

（9）在布管系统配置中应特别注意的是：配置两种管段中的过渡件时，最大尺寸与最小尺寸设置为同一尺寸（图 2.4-90）。否则，绘制模型时无法自动生成过渡件。

（10）为管道系统添加防结露、保温隔热层。

1）选中要加隔热层的管道，在修改选项卡中点击“添加隔热层”，在弹出的对话框中可选择隔热层的类型及厚度（图 2.4-91）。

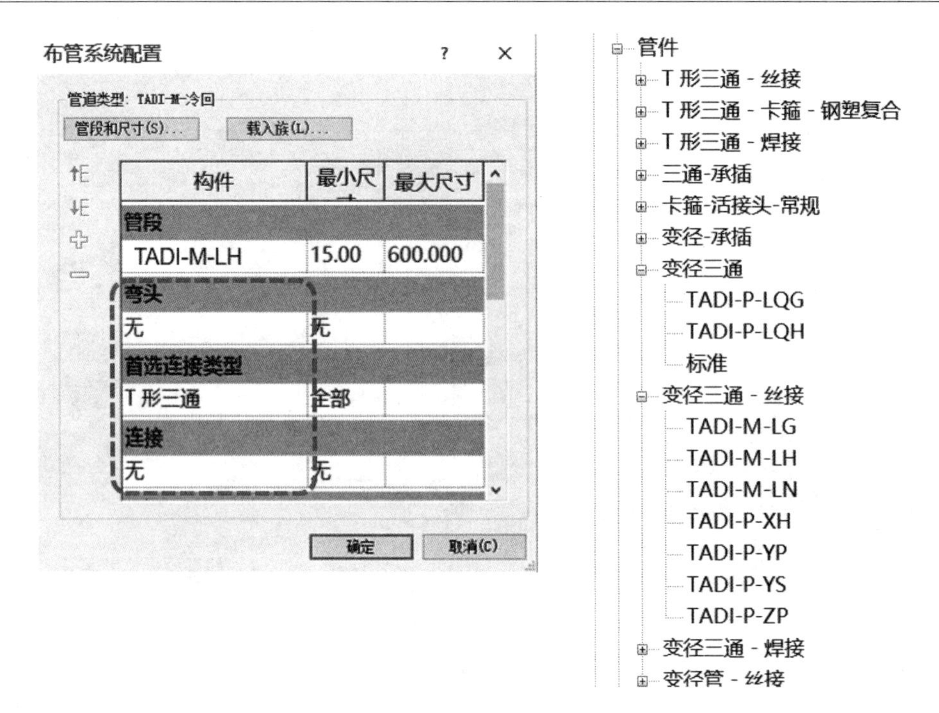

图 2.4-88

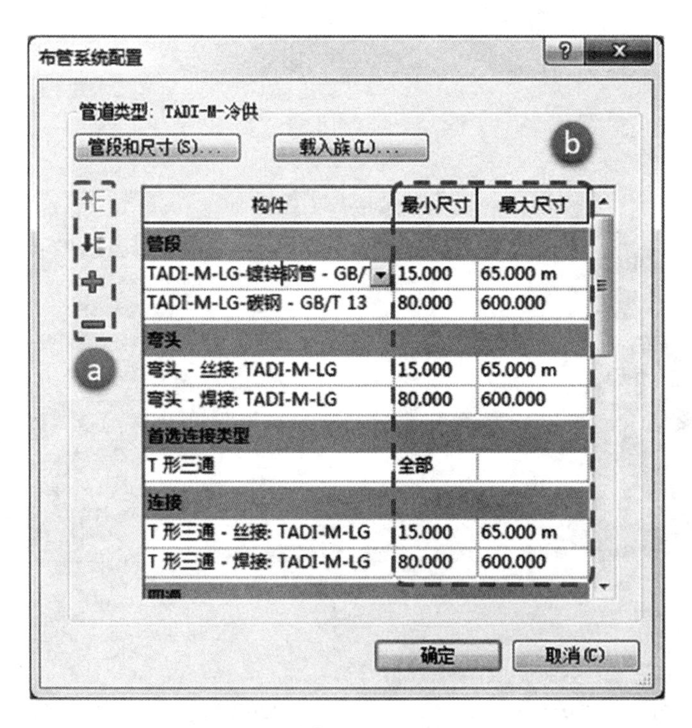

图 2.4-89

注：a—单击任一管段名称，左侧按键变为可点击状态。单击 ✚ 新增管段，设置方法参见上条； ▬ 为删除当前管段； ↑E ↓E 可对管段进行位置的调整。

b—此处可设定管段的尺寸范围。注意两种管段的尺寸范围应与各管件在不同连接方式下的尺寸范围保持一致。首选连接类型应依据管径、管材、管路实际排布进行选择。

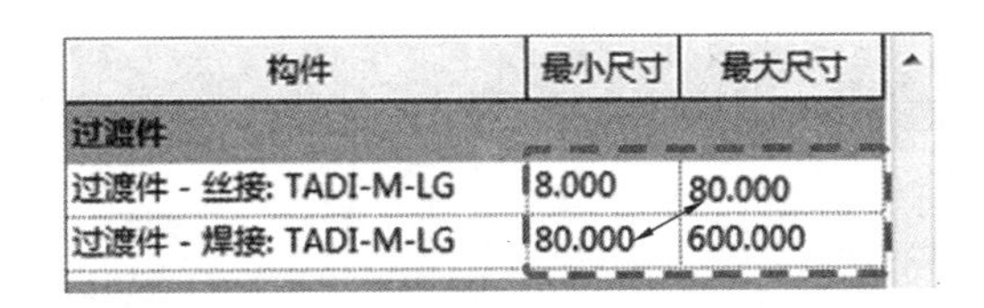

构件	最小尺寸	最大尺寸
过渡件		
过渡件 - 丝接: TADI-M-LG	8.000	80.000
过渡件 - 焊接: TADI-M-LG	80.000	600.000

图 2.4-90

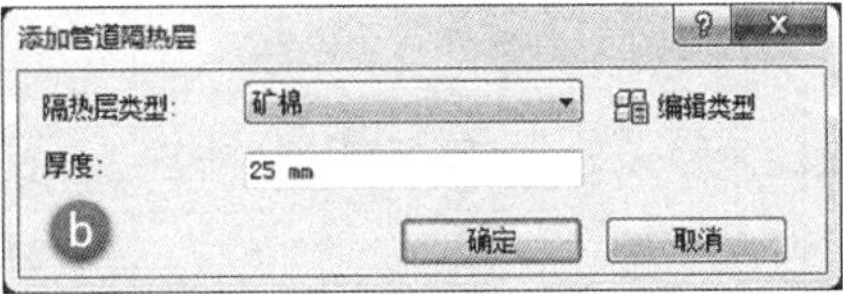

图 2.4-91

2）添加隔热层后选择管道时，因为隔热层不能被选择，有隔热层的管道就不能被选择，此时可在“可见性”中关闭隔热层或将隔热层透明化，让操作“透过”隔热层即可选中管道（图 2.4-92）。风道也存在这样的问题，可采用同样方法解决。

图 2.4-92

2.4.10 预设注释类族

1. 线性标注

在本书案例中，线性标注的文字字体和大小分别为 RomanD 和 3mm，命名规则为“TADI-线性标注-文字字体-文字大小”。

(1) 用户也可以自定义线性标注，点击“注释”选项卡中“对齐”或“线性”按钮，在“属性”面板中点击“编辑类型”，弹出“类型属性”对话框。点击“复制”按钮，弹出“名称”对话框，在对话框中输入自定义线性标注类型的名称，如“TADI-线性标注-RomanD”，点击确定，返回“类型属性”对话框。如图 2.4-93 所示。

(2) 在“类型属性”对话框中，可对线性标注的参数进行设置。例如本书案例中提供的线性标注为“TADI-线性标注-RomanD”，主要参数设置见表 2.4-13。设置完毕后点击确定，生成新的线性标注系统族。如图 2.4-94 所示。

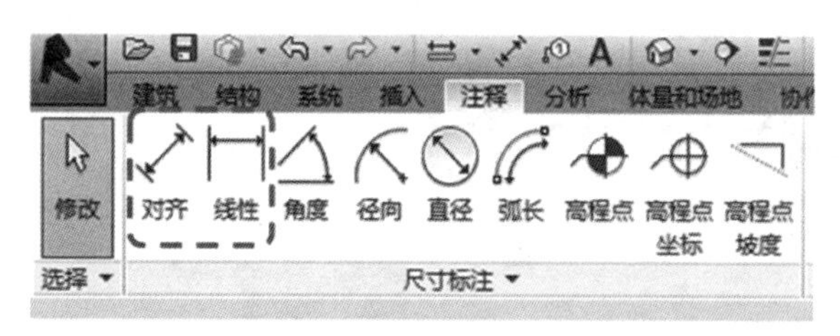

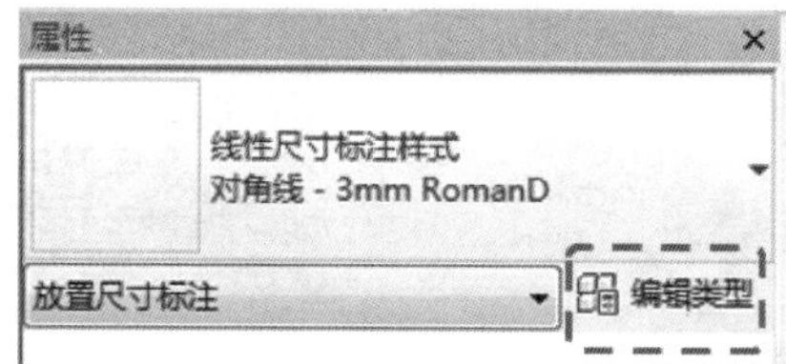

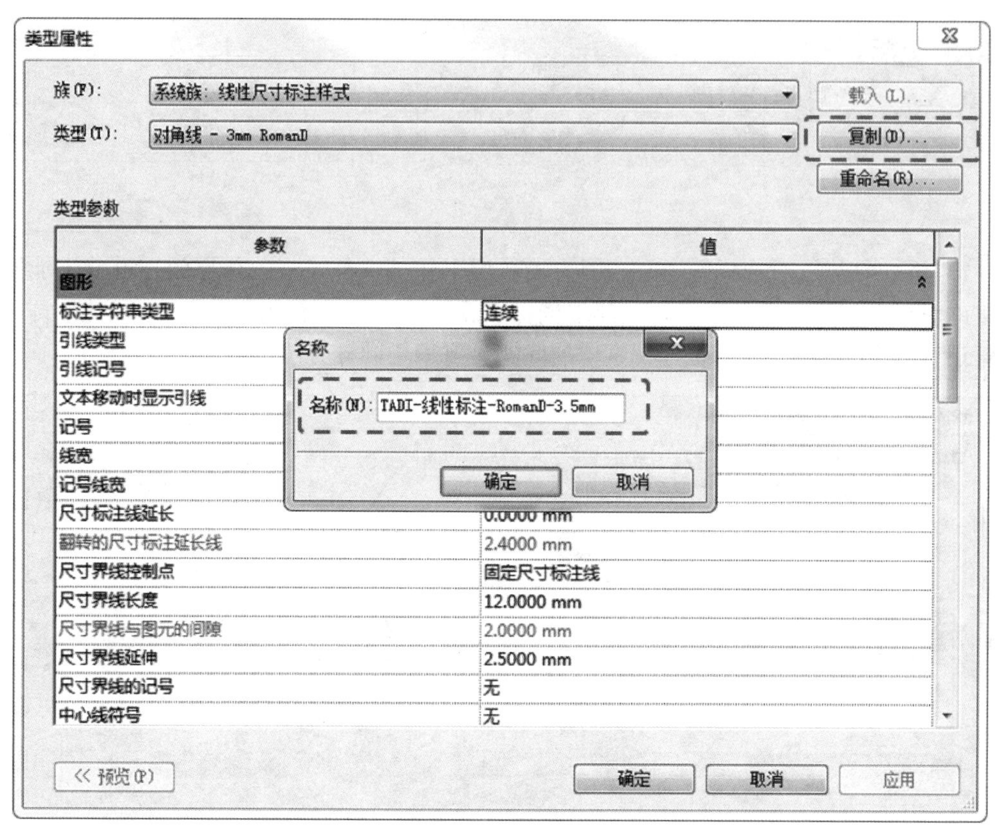

图 2.4-93

线性标准的主要参数设置　　表 2.4-13

参　　数	意　　义	设定值
图形		
标注字符串类型	定义连续尺寸标注以测量目标距上一个参照的距离还是到基点的距离	连续
记号	设置标注尺寸记号的样式	对角线 1.5mm
线宽	尺寸标注线的线宽	2
记号线宽	标注尺寸记号的宽度	6
尺寸标注线延长	尺寸标注线延伸超出尺寸界线交点的值	0

续表

参　　数	意　　义	设定值
尺寸界线控制点	尺寸界线的长度为固定值或参照与图元的距离而定	固定尺寸标注线
尺寸界线长度	标注尺寸中尺寸界线的长度	8mm
尺寸界线延伸	超过记号的尺寸界线的延长线	2.5mm
颜色	尺寸标注线、引线与标注文字的颜色	黑色
文字		
宽度系数	文字高度与宽度的比率	0.7
下划线、斜体、粗体	指定文字是否带有下划线、是否应用粗体、斜体格式	无
文字大小	尺寸标注文字的尺寸	3.5mm
文字偏移	文字与尺寸线的距离	1mm
读取规则	指定文字的显示方向	向上，然后向左
文字字体	指定标注文字的字体样式	RomanD
文字背景	指定文字的背景是否为透明	透明
单位格式	设置尺寸标注的单位格式	单位为毫米，不舍入小数位，无单位符号

（3）在生成尺寸标注后，若移动尺寸标注文字，则在文字与尺寸线之间会生成引线。在类型属性中，“引线类型”“水平段长度”“引线记号”“文本移动时显示引线”是关于引线的参数，“文字位置”指定文字置于引线之上或与引线平齐，用户可根据需要设定。若“属性”窗口中的“引线”复选框处于未选中状态时，则这些参数不起作用（图 2.4-95）。本书第 3 章案例中，选择不使用引线。

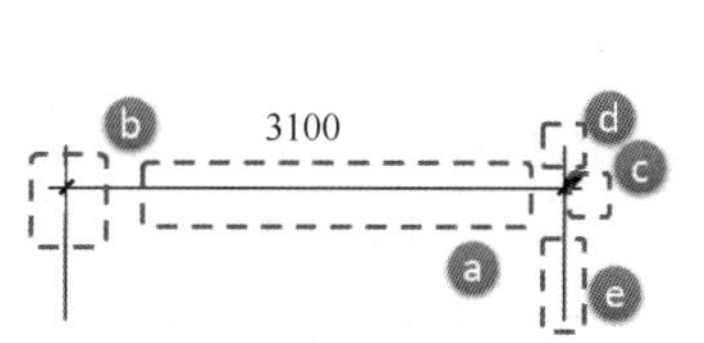

图 2.4-94

注：a—尺寸标注线宽；b—记号样式及记号线宽；c—尺寸标注线延长，此处设置为 0，所以不显示；d—尺寸界线长度；e—尺寸界线延伸。

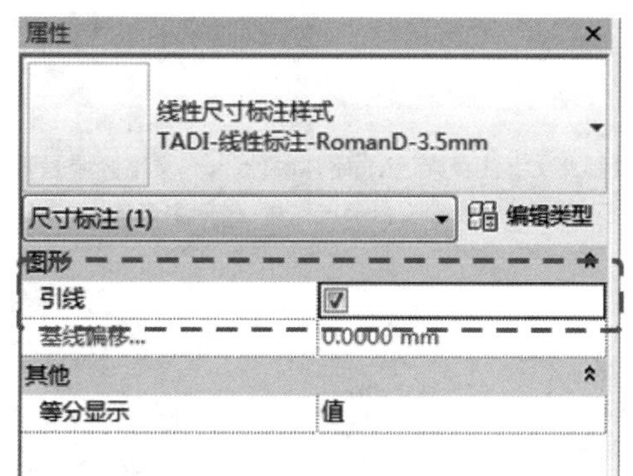

图 2.4-95

2. 文字注释

Revit 使用的是系统文字，不支持矢量字体，所以机电专业的字体为宋体、黑体、RomanD 或 Arial，便于使用。如图 2.4-96 所示。可将经常使用的文字复制修改后按用途重命名，便于修改，建议如下：

- 宋体-注释－3.5mm、宋体-注释－5.0mm、宋体-文字－7.0mm；
- 管径标注－3.5mm、管径标注－5.0mm；
- 黑体-图名－5.0mm、黑体-图名－7.0mm、黑体-标题－10mm。

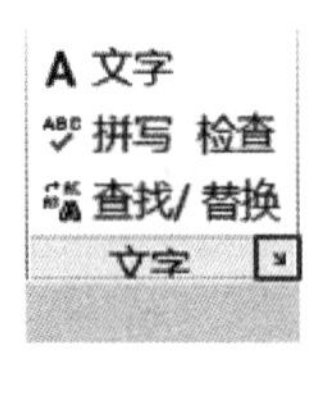

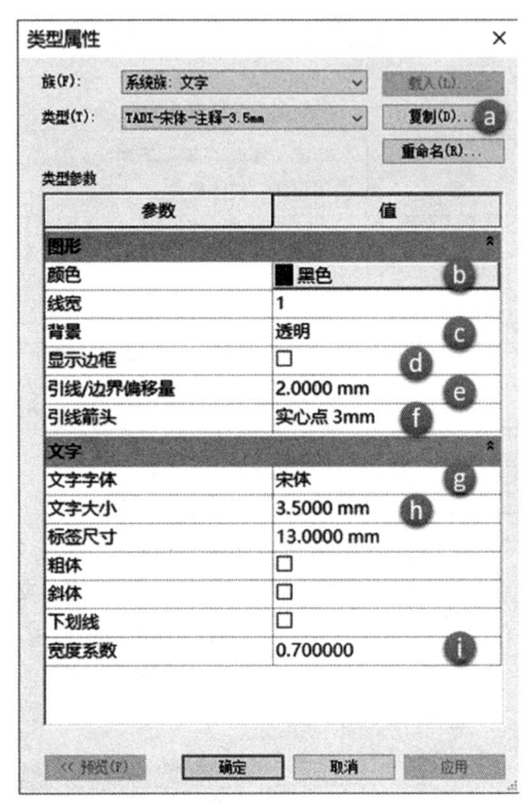

图 2.4-96

注：a—复制此文字注释族；b—字体颜色；c—文字区域是否透明；d—文字区域是否带边框；e—引线起点和文字框距离；f—引线端头指示点样式；g—注释字体；h—字高；i—字宽。

3. 标签样式

Revit 下的注释是个嵌套族，由线、标签文字样式、标签构成。标签用于提取族的参数，标签文字样式是将参数以文字的形式表现出来，线用于辅助显示效果。如图 2.4-97 所示。

需要注意的是，前文所述文字注释族中的文字样式与标签族中的文字样式虽然在属性界面上相同，但不是同一个族，因此建立好的文字样式不能在标签中使用。

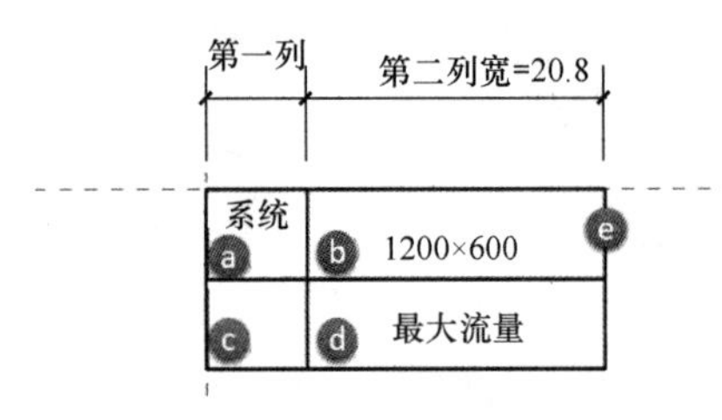

图 2.4-97

注：a～d 均为以宋体显示的标签，e 为线条。

标签文字样式和文字样式修改方法一样，常用的标签字体建议如下：

- 中文：宋体-注释—3.5mm、宋体-注释—5.0mm；
- 数字及西文：RomanD-注释—3.5mm、RomanD-注释—5.0mm。

标签样式编辑如图 2.4-98 所示。

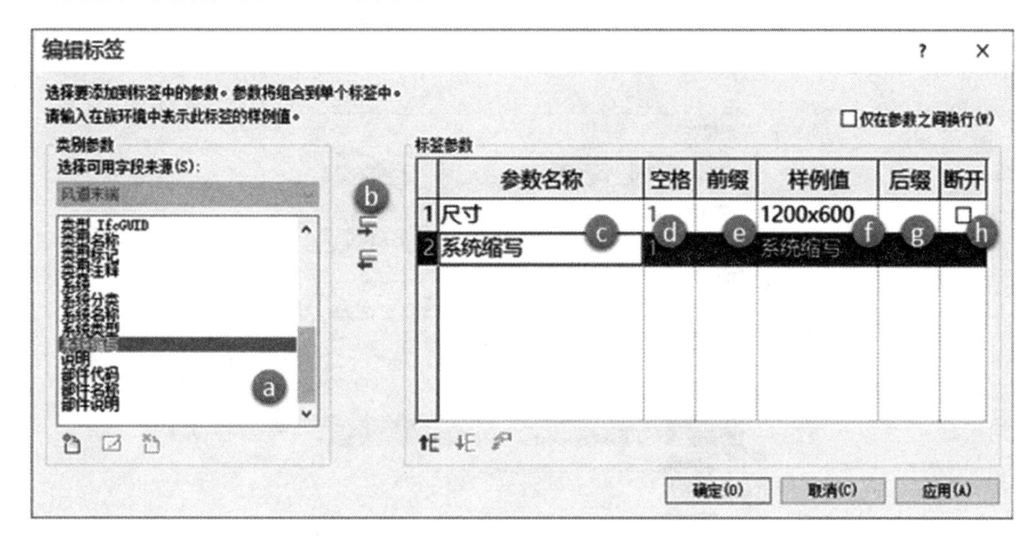

图 2.4-98

注：a—标签可提取的参数；b—已提取的属性，绿箭头表示选择后已添加，红箭头表示从已添加中移除；c—已添加的参数名称，参数名称先后顺序按照本列中的上下顺序确定；d—参数文字前加入的空格个数，必须大于等于 1 个，可以增加或减少标签中的参数之间的间距。如对于“系统缩写”这个参数而言就是在参数“尺寸”和参数“系统缩写”之间加空格；e—参数的前缀，如“尺寸”是用于水管，可在此处加“DN”；f—样例值，为填写参数时默认文字；g—参数的后缀，可添加单位“mm”；h—标签包含多个参数时，按每个参数占一行的形式分开每个参数。

4. 风道注释

（1）载入 Revit 注释族中“风管尺寸标记”，载入后可在“项目浏览器”→“注释符号”中找到，此注释族有三种样式可选。如图 2.4-99 所示。

（2）图上可对任意一风道进行标注。在生成的图元上双击进行编辑，进入后在属性栏中勾选随“构件旋转”，这样标注会继承被标注的构件的旋转角度。框选标头，在属性栏里点击“图形”→“可见”栏旁的小方框，在弹出的“关联族参数”对话框中选定“标高”，确定后载入到项目中后，三角形标头只会显示在标高类型下。

图 2.4-99

（3）由于 Revit 中，三通、四通管件不能按齐上皮生成，必须沿中线生成，所以标注风道上皮时会发生高度不一致现象，若需要标注管中标高，应变更标签中的参数。三种样式分别对应了三种标签，为了标注时整齐、美观，这三个标签是层叠在一起的，需要先将三个标签移开。选中标注标高的标签，单击属性栏中“标签”旁的“编辑”按钮，选中左侧栏中“开始偏移”，点击绿色箭头，移至右侧的“标签编辑”栏中，再将原“标签参数”栏中高程参数点击红色箭头移出，点击确认。同理，修改“标高和尺寸”中的标高参数。然后，将三个标签原位重叠，载入到项目中即可。变更为底部高程也是这样操作。

5. 水管类型缩写

水管注释与风管一样，编辑标签，添加编辑需要修改的参数即可。

水管系统缩写注释需要从族库中载入，载入后直接点选管道上需要插入的地方即可，但是之前应在设置“管道系统”类型属性时，在“缩写”一项中输入正确的系统缩写（图 2.4-100），否则不能注释，仅显示“?”。CAD 中设置线性得到带文字的管线样式的方法，在 Revit 中不能实现。

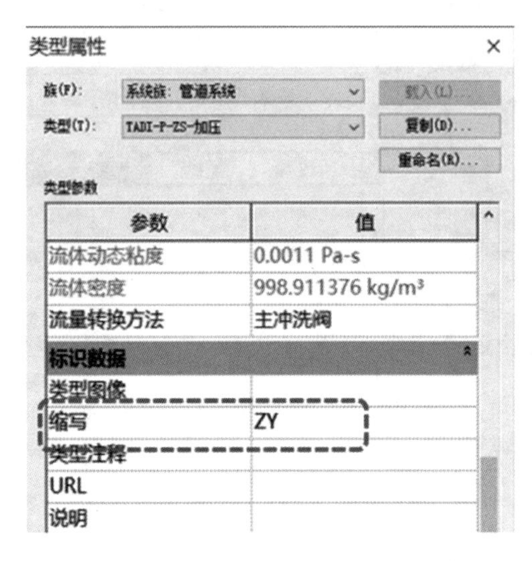

图 2.4-100

6. 水管的双重注释

（1）管道注释操作为“注释”→“标记”→“按类别标记”。

图 2.4-101

（2）管道注释一般分为两种：一种为管道尺寸标记；一种为管道系统标记。两种标记注释时要分别注释，需要进行切换。切换时点击“注释-标记”，会有下拉菜单，选择“载入的标记和符号”（图 2.4-102）。

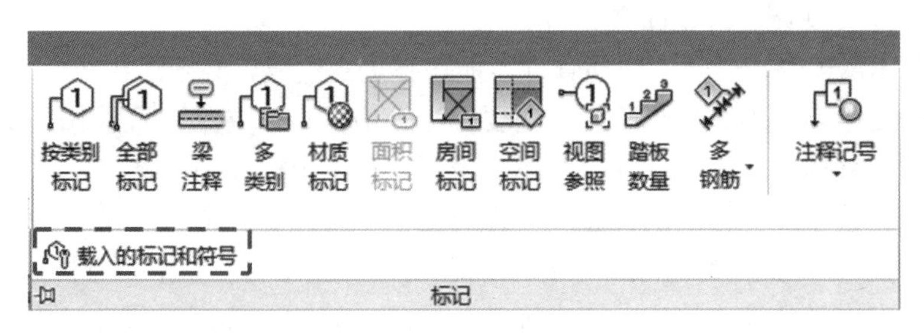

图 2.4-102

（3）在类别中找到“管道/管道占位符”，在后面载入的标记中，对管道尺寸标记和管道系统缩写标记进行切换（图 2.4-103）。

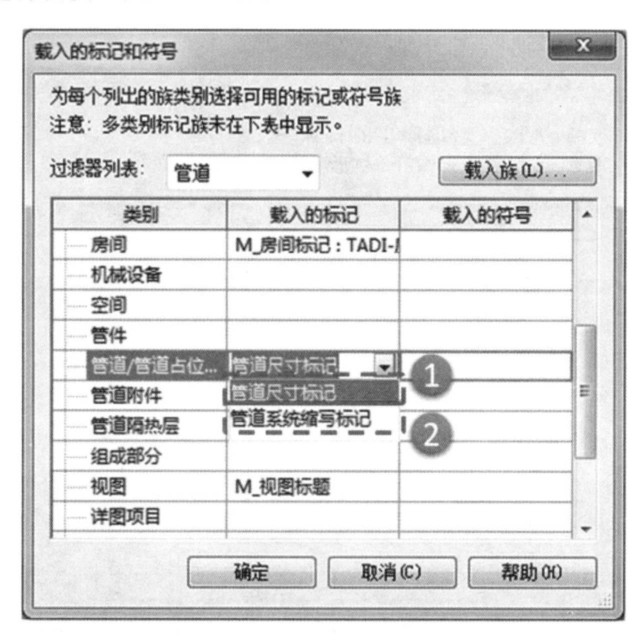

图 2.4-103

7. 导线的标签

导线与水管系统一样，标签加入导线的系统缩写。需要对导线进行复制新建时，在导线的类型属性中输入“类型注释”。例如：在 TADI-E-RD-TD（X）的类型属性中，类型注释为：TD（图 2.4-104）。

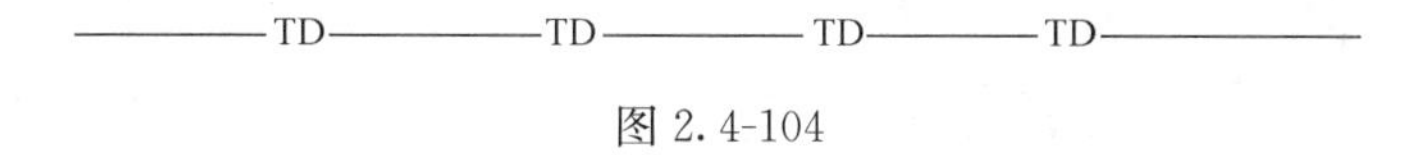

图 2.4-104

可以使用标签注释族对此导线进行阶段性注释，操作如下：

（1）首先对导线的注释进行设定，选择注释选项卡，标记面板下端的下拉箭头，出现“载入的标记和符号”并单击（图 2.4-105）。

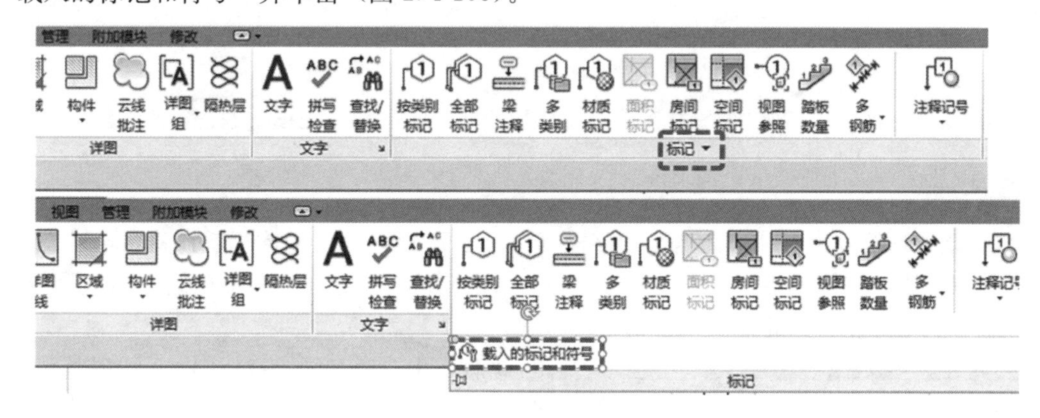

图 2.4-105

（2）打开此对话框，在“过滤器列表”中仅选择电气选项（图 2.4-106），在导线一栏的载入的标记中，选择“导线标记-注释类别”，此标记族是自行创建的。可以遵循以下操作来创建此标记族：

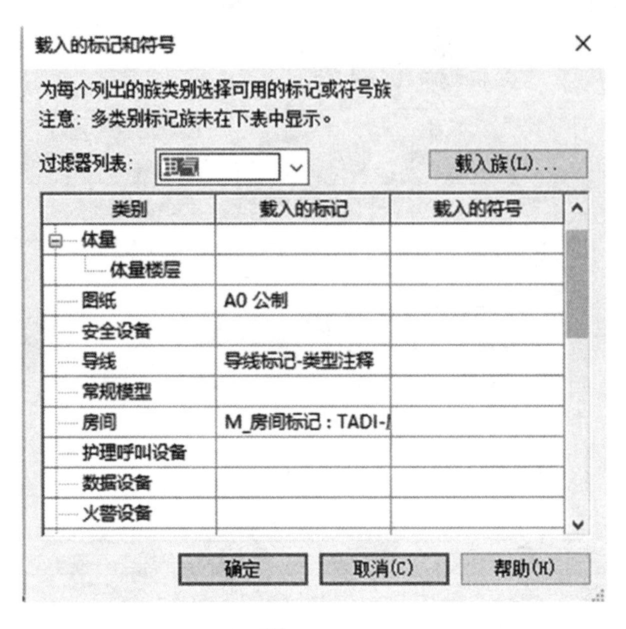

图 2.4-106

① 首先，点击注释选项卡中的“按类别标记”，进入“修改 | 标记”选项卡，对“引线”取消勾选。然后，用鼠标点击导线，出现默认状态的注释符号。如图 2.4-107 所示。

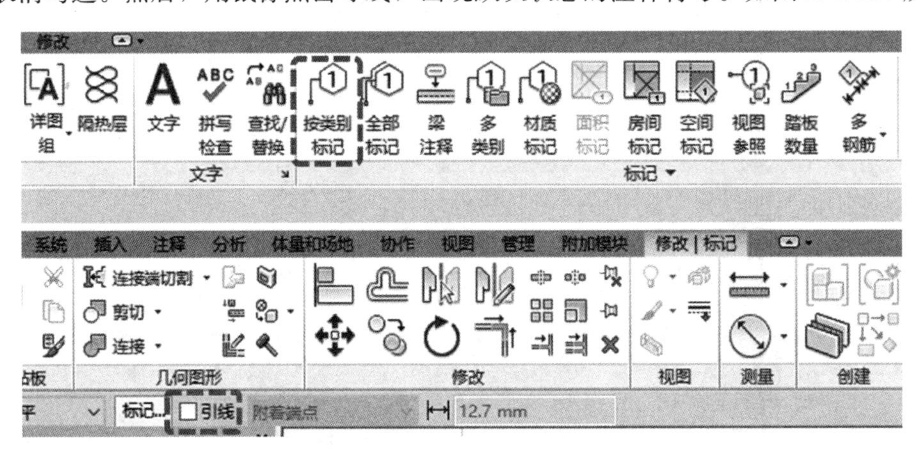

图 2.4-107

② 此注释符号出现“未命名”的字样（图 2.4-108），是因为此标签没有找到有效信息。可双击进入该标签族，进入族编辑状态。点击族编辑状态下的标签样例值，然后在属性面板中点击标签右侧的编辑（图 2.4-109）。

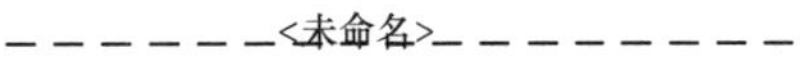

— — — — — — <未命名> — — — — — — — —

图 2.4-108

③ 此时，出现编辑标签对话框，可观察到当前标签引用的是线路信息，可新定义一个注释标

签，让这个标签读取类型注释中的信息。首先选中此表中的线路，图中红色向左的箭头就会亮起，将此线路信息推到左侧的信息列表中。然后在列表中选中类型注释参数，点击绿色箭头，将此标签转入右侧的标签参数栏中，将样例值改为“导线类型”。

④ 点击确定，将此标签族保存为：“导线标记-类型注释”，然后载入到项目中。在“载入的标记和符号”对话框，将导线的标记改为“导线标记-类型注释”。如图 2.4-110 所示。

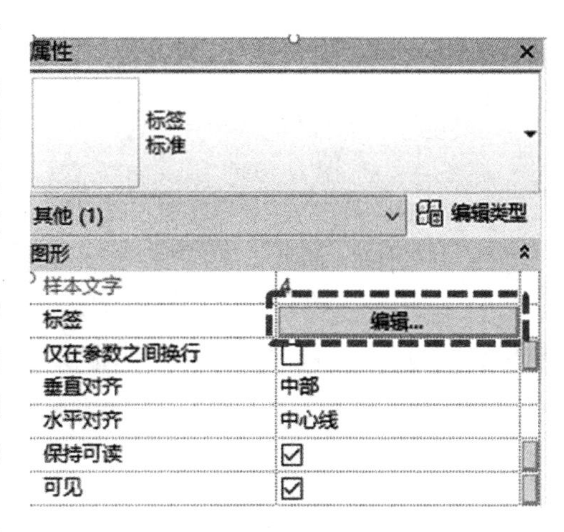

图 2.4-109

(3) 点击确定设置成功。在注释选项卡中点击按类别标记命令，再点击到导线；这样就可以让导线带着符号，配合导线的线型、线宽，对平面图中的各种导线加以区分。标记时将引线勾掉，可以多次标记，手动调整标记，使导线标记均匀排布于导线上。

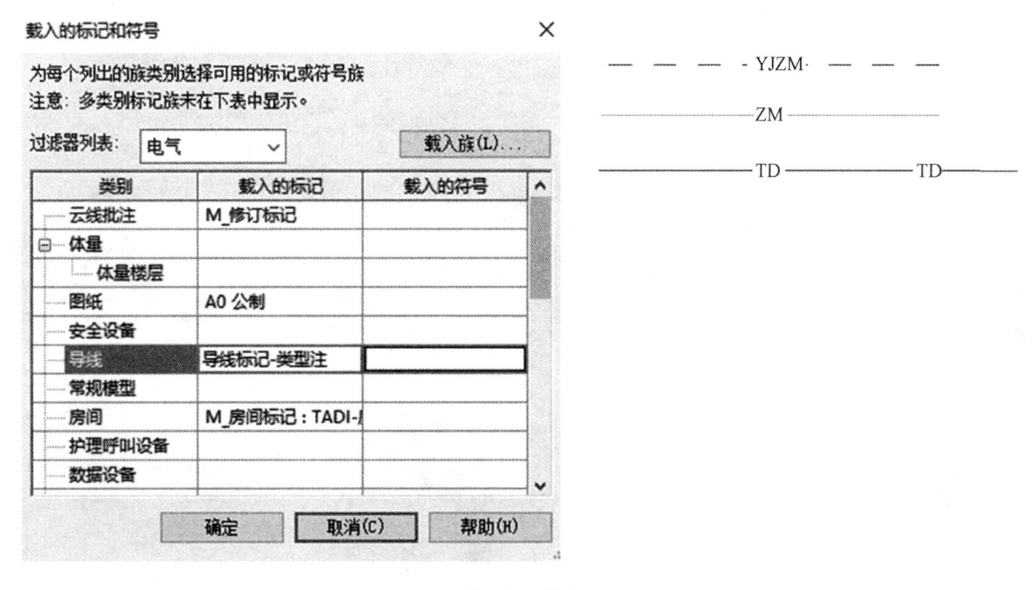

图 2.4-110

(4) 在设计出图中，经常会遇到对导线的不同需求的标注，以满足对导线的区分；这就需要设计人员根据需要调整标签对导线参数的引用；同时导线对参数的引用标注后，可以直接调整标注信息，达到双向修改的效果。

8. 设备注释

天津市建筑设计院常用的设备注释主要有三种，如图 2.4-111 所示，分别对风机盘管、设备、风口使用。

(1) 风机盘管注释族

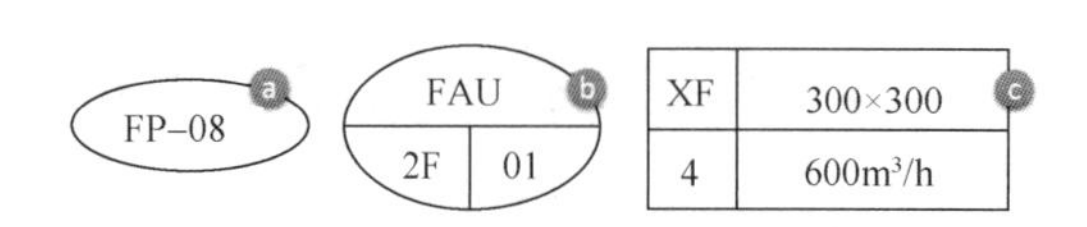

图 2.4-111

注：a—风机盘管编号；b—新风机组，设置于 2 楼，在 2 楼的新风机组中编号为 01；c—类型为新风口，尺寸为 300×300，个数为 4，设计流量为 $600m^3/h$。

1）复制原族库中的“标记 _ 机械设备”，重命名为“TADI-风盘编号”，打开对其进行编辑。

2）打开后显示“1T”，点击该文字，在弹出的“类型属性”中点击“复制”，重命名为“TADI-宋体-3.9”，修改其属性以符合显示要求。注意需要将“背景”改为“透明”，否则使用时将遮蔽其下一层的图元。

3）点击“创建”→“直线”→“椭圆”→以标签为中心绘制椭圆。如图 2.4-112 所示。

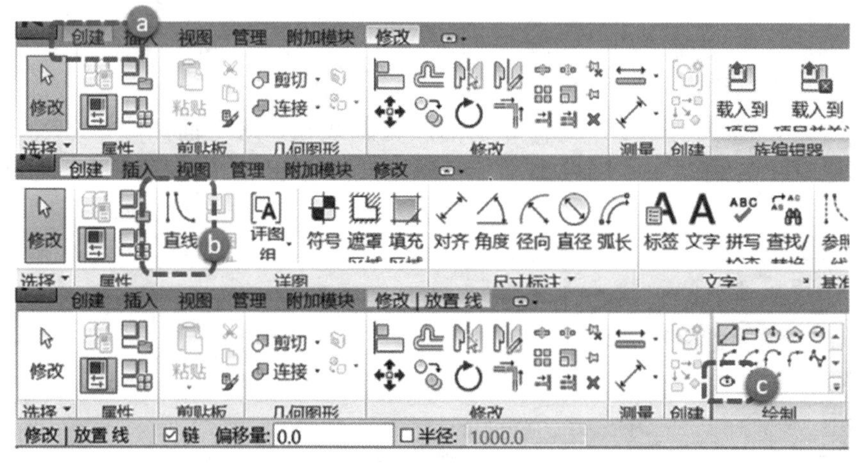

图 2.4-112

4）载入该注释族，对风机盘管进行标注，在“?”处输入 FP-03，如图 2.4-113 所示。

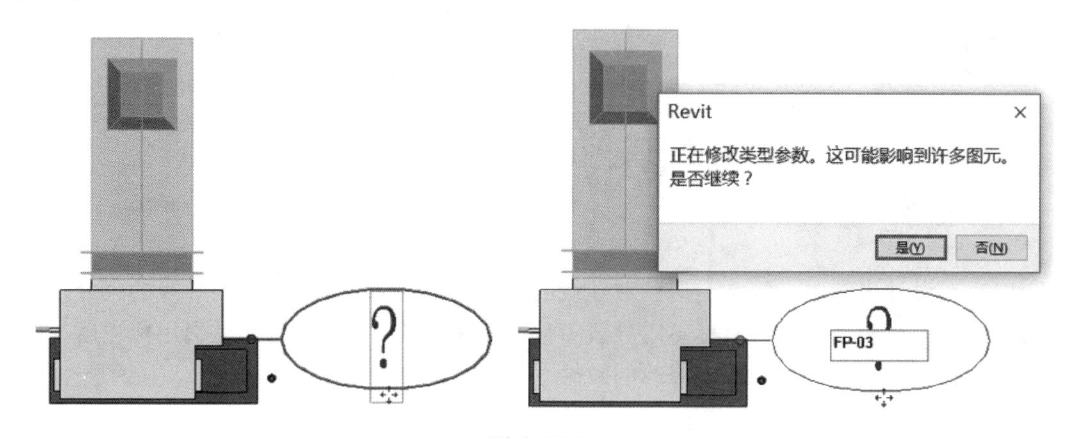

图 2.4-113

5）该标签使用的是风机盘管族内“类型标记”标签，修改后所有同类型的风机盘管族在项目中的“类型标记”均被修改为 FP-03。

6）若对注释外观不满意，还可双击该族进入编辑状态进行修改。

（2）设备注释族

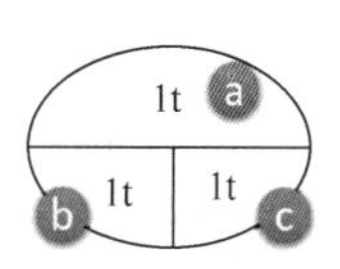

图 2.4-114

该注释族由三个标签组合而成（图 2.4-114），在设计中，没必要因系统的不同而对同一种风机多次载入按系统重新命名，那样会带来冗余的设备。而且由于同出一族，操作不当会导致所有同类型风机一起修改，造成不必要的返工。风机中自带的注释参数，不建议轻易占用，因为 BIM 是全行业的信息专递，设计阶段用不到的注释参数，也许是下阶段需要用的，占用后会给下游专业带来不便，而且大多数参数都是族内各类型之间共用，修改后会影响其他不同类型的族。

在设计中，每个设备对应一个设备编号，故所用的标签具有排他性。有时会出现两三台完全一样的设备，这种情况下，设备编号可以处理为共用。

1）复制原族库中的“标记 _ 机械设备”，重命名为“TADI-设备编号”，打开对其进行编辑。

2）重复操作“TADI-设风机盘管”注释中的设置，将此标签再复制两个。

3）绘制椭圆和两条线，将标签放置合适的位置，无顺序要求。

4）如图 2.4-115 所示，要修改标签 a，点击“新建”→“选择”→“编辑”→“创

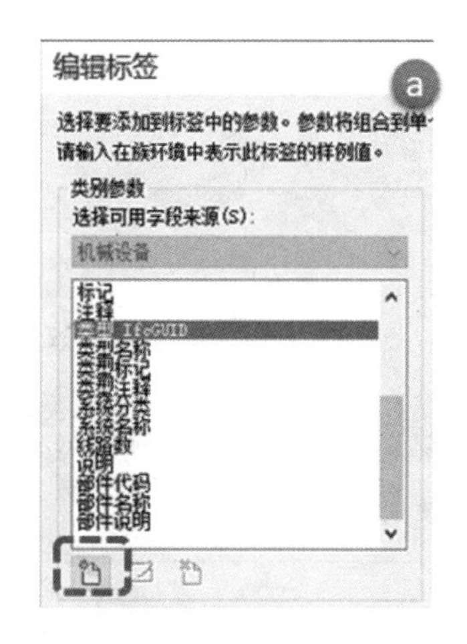

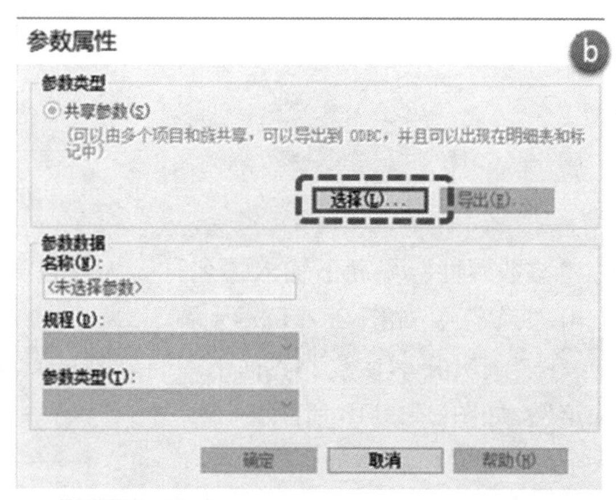

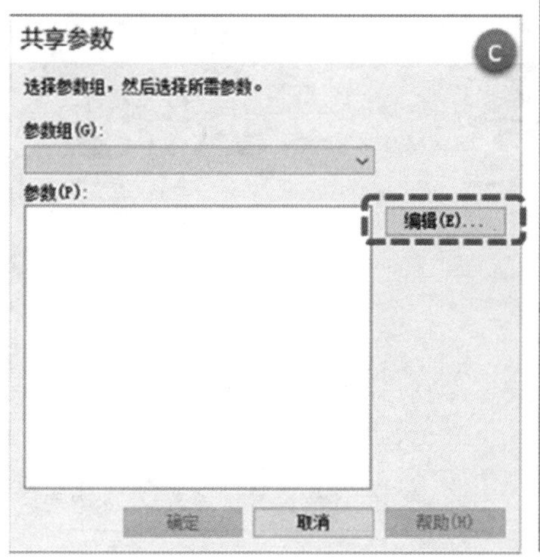

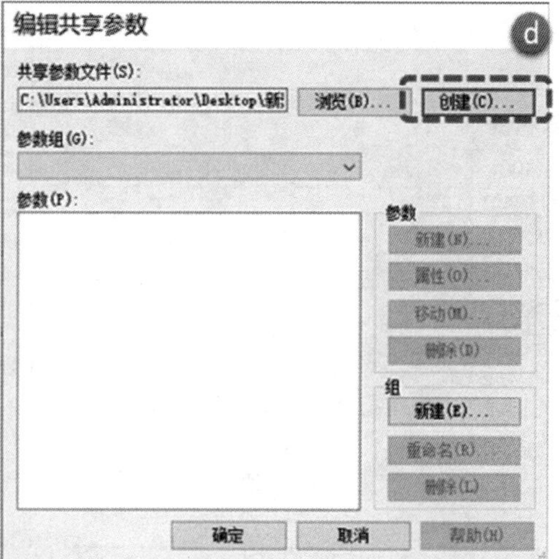

图 2.4-115

建”→选择新建文本的存储地址，点击“保存”，点击“确定”。

5）界面会后退到“编辑共享参数”界面，在“组”里新建“设备编号”→点击“确定”，此时“参数”中的“新建”按钮显示激活状态，点击“新建”。如图 2.4-116 所示。

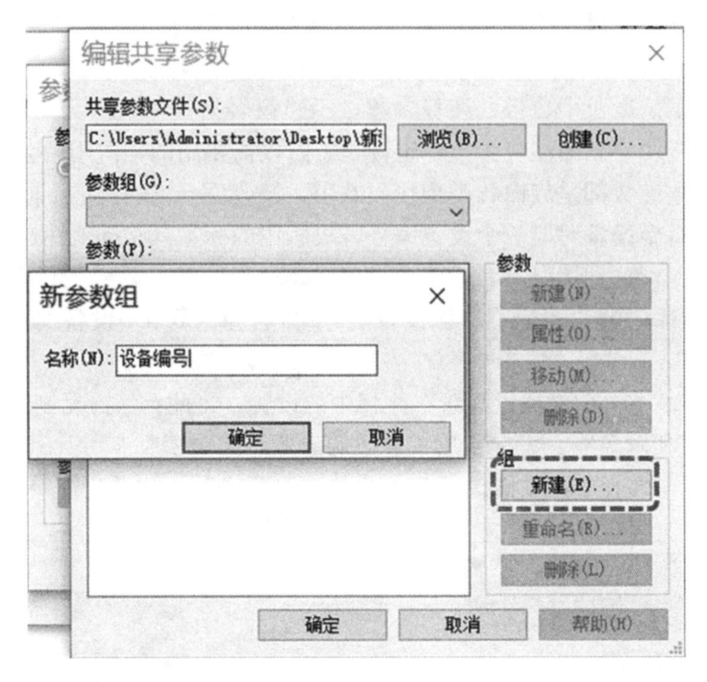

图 2.4-116

6）“参数属性”界面下输入“名称”为设备类型，“规程”为公共，“参数类型”为文字，点击“确定”。如图 2.4-117 所示。

7）在“编辑共享参数”界面下，将新建的“设备类型”参数加入到标签参数内，点击“确定”。如图 2.4-118 所示。

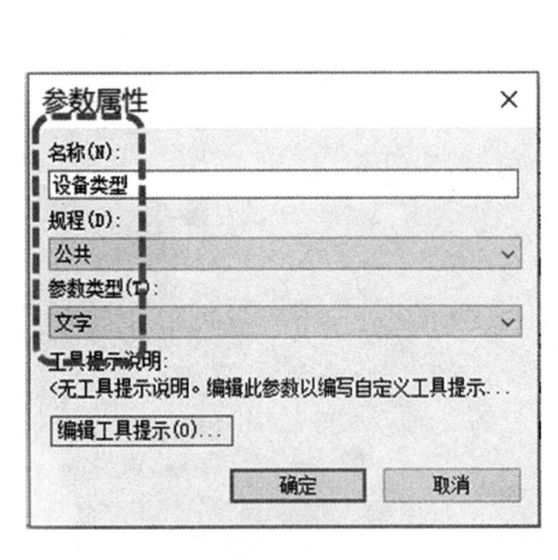

图 2.4-117

图 2.4-118

8）与上述步骤相同，建立在“设备编号”组下新建“设备标号”“所在位置”两项。

9）将三个参数分别赋予三个标签，载入到项目中。如图 2.4-119 所示。

图 2.4-119

10）双击所要注释的风机族，点击类型属性，在界面中点击“添加”。如图 2.4-120 所示。

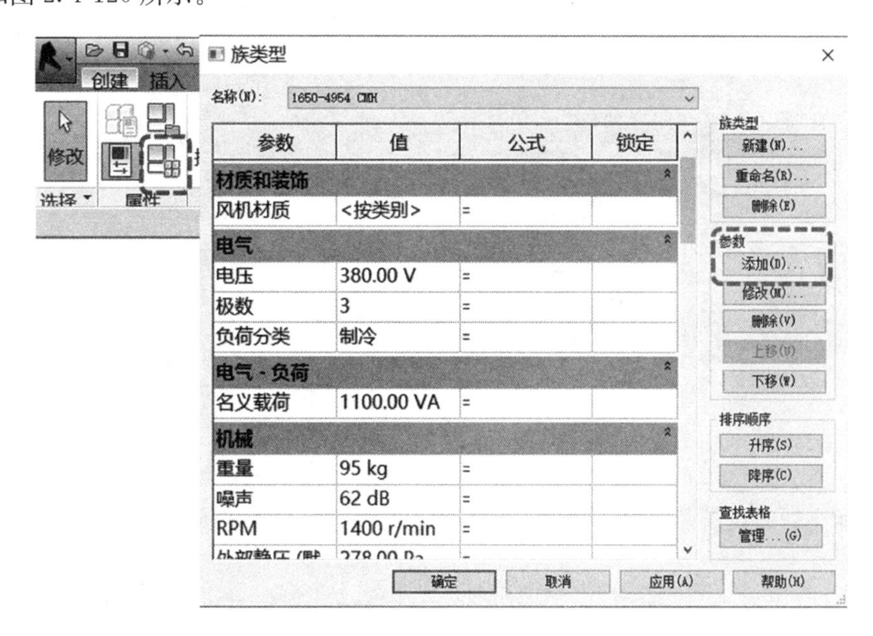

图 2.4-120

11）点选“共享参数”→点击“选择”，选择一个参数→点击“确定”。如图 2.4-121 所示。

12）回到“参数属性”界面后选择“实例”及参数分组方式“文字”。如图 2.4-122 所示。

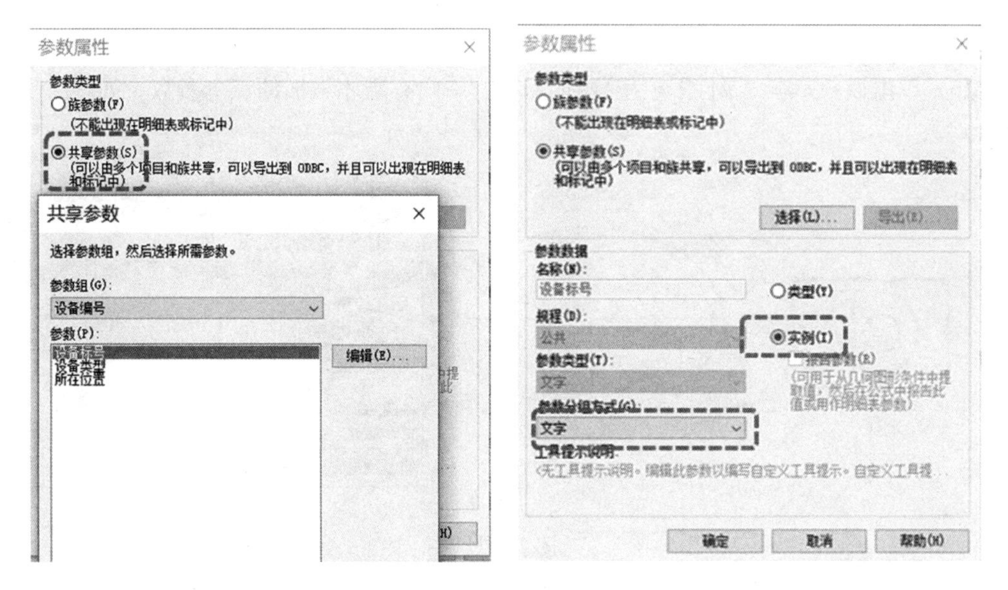

图 2.4-121　　图 2.4-122

13）此时，族类型中应出现此三个参数栏，点击“确定”后将族载入到项目中并覆盖。如图 2.4-123 所示。

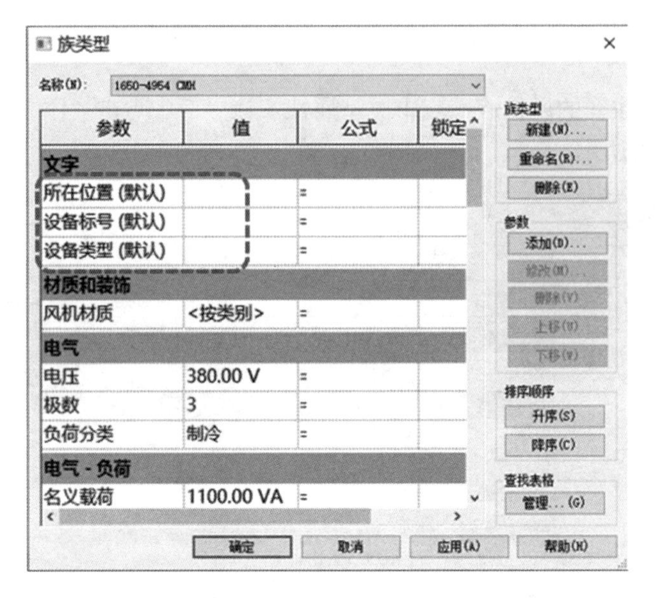

图 2.4-123

14）标注后的设备及注释如图 2.4-124 所示，注释区域空白是因为此时族内没有相关信息。

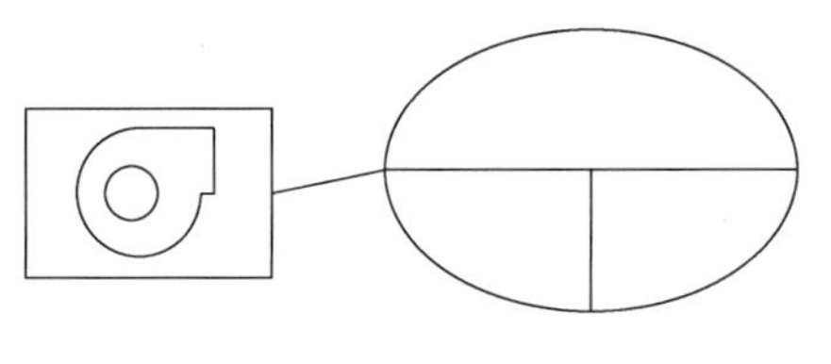

图 2.4-124

15）单击设备，在“属性”栏里找到“其他”，内有刚才添加的三个参数。如图 2.4-125 所示。

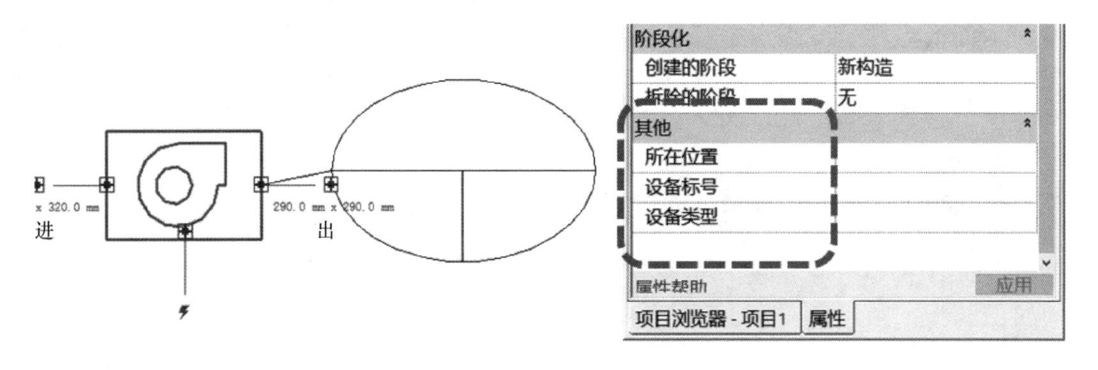

图 2.4-125

16）完善设备信息后点击“应用”，注释将自动更新。如图 2.4-126 所示。

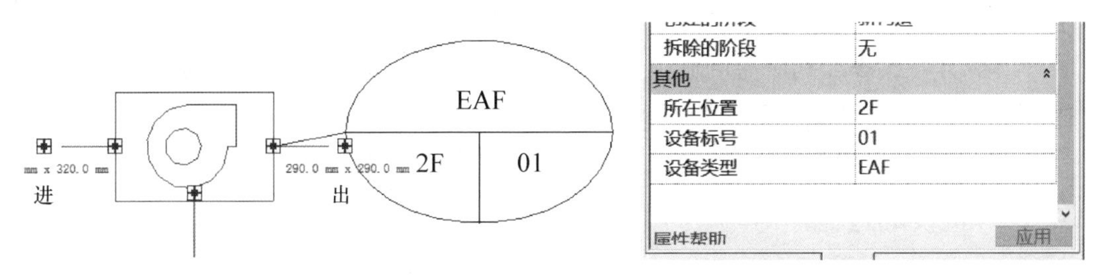

图 2.4-126

17）在本视图上将设备复制，修改其注释，不发生联动则修改成功。如图 2.4-127 所示。

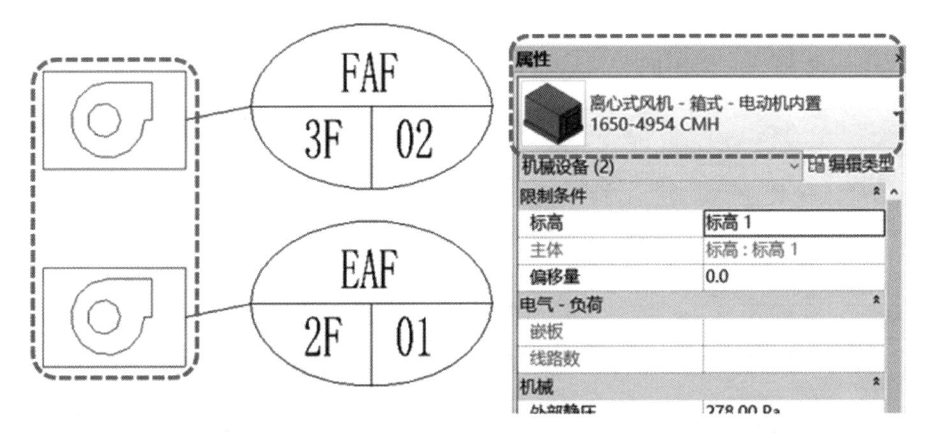

图 2.4-127

（3）风口族注释

风口族注释的操作同设备注释族一样只是需要四个标签，如图 2.4-128 所示，其中 a、b、d 需要新建，c 使用族内的“尺寸”标签即可。

（4）综述

1）在以上三个注释族中，用到了标签、共享参数、实例参数，这三种基本能全面满足注释要求。

2）注释标签是添加到标记或标题栏上的文字占位符。

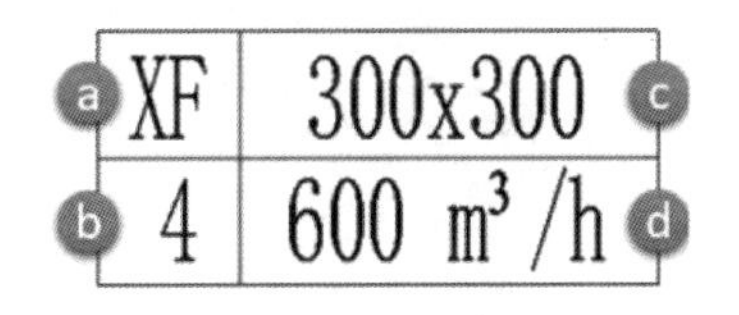

图 2.4-128

3）可以在族编辑器中，将标签创建为标记或标题栏族的一部分。当在项目中放置标记或标题栏时，也就放置了标签的替代文字，并且文字将作为族的组成部分予以显示。

4）共享参数是参数定义，可用于多个族或项目中。

5）共享参数是可以添加到族或项目中的参数定义。共享参数定义保存在与任何族文件或 Revit 项目不相关的文件中，这个文件就是在创建共享参数时另存的文本文件，这样可以从其他族或其他项目中访问此文件。共享参数是一个信息定义容器，其中的信息可用于多个族或项目。使用共享参数在一个族或项目中定义的“信息”不会自动应用到使用相同共享参数的其他族或项目中。

6）参数中的信息若要使用在标记中，它必须是共享参数。在要创建一个显示各种族类别的明细表时，共享参数也很有用；如果没有共享参数，则无法执行此操作。如果创建了共享参数并将其添加到所需的族类别中，则随后可以使用这些族类别创建明细表。在 Revit 中这被称为“创建多类别明细表”。

7）实例参数，被添加的族私有参数，不随其他族同一参数的变化而变化。

2.4.11　预设的过滤器

1. 电气桥架过滤器

不同于暖通和给水排水专业，电气专业的桥架没有系统的设置，因此使用过滤器来区分电气各系统桥架并对其染色。过滤器是通过对需要设置的图元区别于其他图元的关键信息、关键词进行提取，从而将需要使用过滤器的图元筛选出来。

（1）以建立照明桥架过滤器为例，首先将桥架及桥架配件按系统重新命名，其后的 ZM，就是下一步筛选时需用的关键信息，如图 2.4-129 所示。

图 2.4-129

（2）在视图中，键入可见性的快捷键“VV”，弹出“可见性/图形替换”对话框，选择过滤器选项卡，单击“编辑/新建”按钮，弹出过滤器编辑页面，如图 2.4-130 所示。

① 单击“过滤器”下方新建按钮，命名“照明系统”；

② 在“类别”中勾选电缆桥架及电缆桥架配件；

③ 在过滤器原则中，过滤条件依次选取“类型名称”→“包含”→键入“ZM”→确

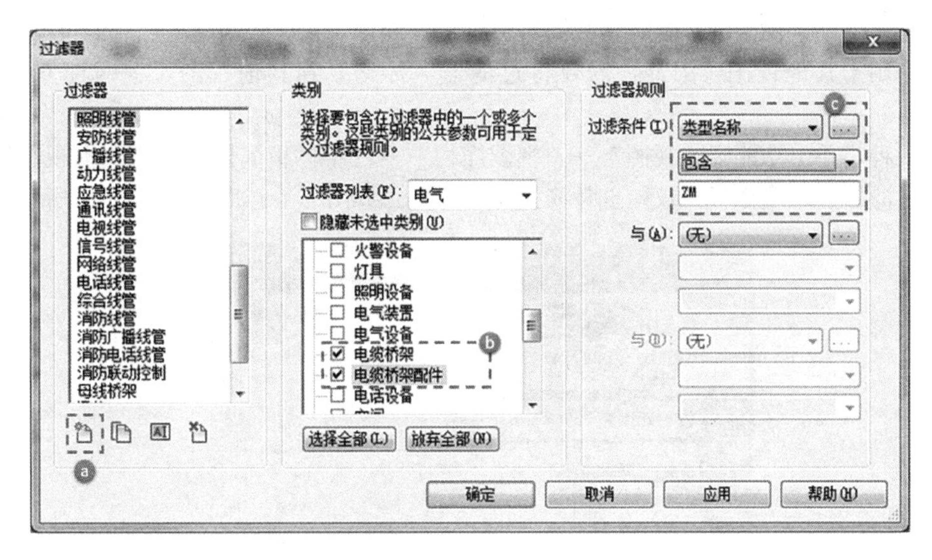

图 2.4-130

定，完成照明系统桥架过滤器的创建。

（3）完成过滤器创建后，退回到过滤器页面，单击“添加”，选取新创建的“照明系统”后确认，即可完成过滤器的设置。如图 2.4-131 所示。

楼层平面: F1的可见性/图形替换

模型类别 | 注释类别 | 分析模型类别 | 导入的类别 | 过滤器

名称	可见性	投影/表面			截面		半色调
		线	填充图案	透明度	线	填充图案	
电话线管	☑						☐
综合线管	☑						☐
消防广播线管	☑						☐
消防电话线管	☑						☐
插座线管	☑						☐
消防线管	☑						☐
消防联动控制	☑						☐
母线桥架	☑						☐
照明系统	☑						☐
变配电室	☑						☐
消防系统	☑						☐
其他弱电系统	☑						☐

添加(D) 删除(R) 向上(U) 向下(O)

图 2.4-131

① 可见性：勾选与否决定照明桥架是否在本视图中显示；

② 线：可以设置桥架边线的显示线性；

③ 填充图案：可以设置桥架的颜色及表面的填充图形；

④ 透明度：可以调节桥架的透明度；

⑤ 半色调：可以控制桥架的整体色调及透明度。

（4）过滤器的应用：

过滤器是基于视图的参数，是视图可见性的一部分，在一张视图上建立的过滤器，不能同时作用于其他视图，因此，需要将过滤器“传递”到其他视图，有两种方式可以使用：

第一种，单击功能区“视图”→“视图样板”→“将样板属性应用于当前视图”，选取含有过滤器的视图样板，仅勾选替换过滤器即可。如图 2.4-132、图 2.4-133 所示。

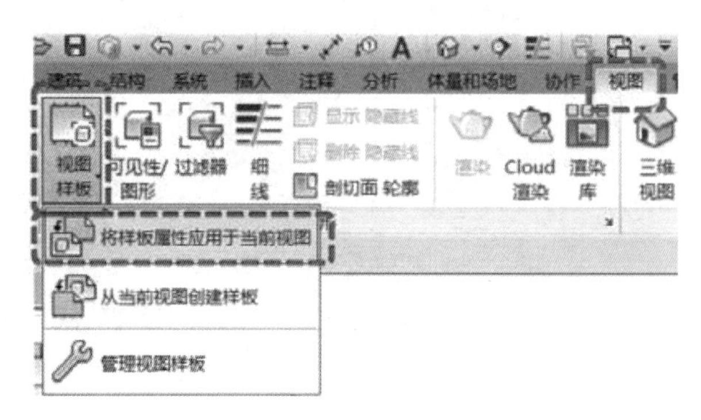

图 2.4-132

第二种，在视图属性的标识数据栏下，直接选用含有过滤器的视图样板。如图 2.4-134 所示。

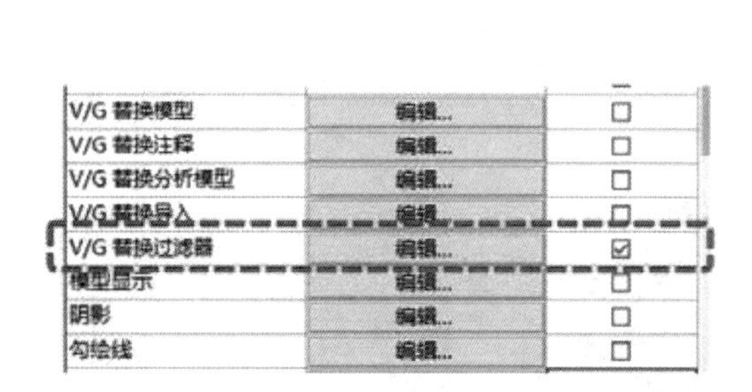

图 2.4-133

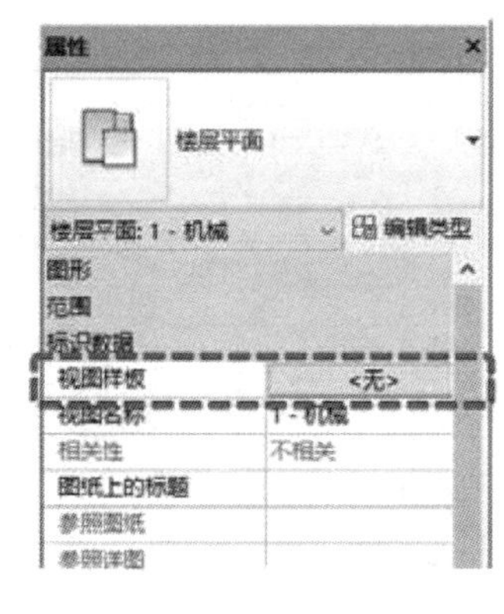

图 2.4-134

2. 电气导线过滤器

不同于桥架，导线是为了设置线型，同样需要添加过滤器。设置方法与建立桥架过滤器一样。设置过滤器名称如图 2.4-135 所示，因为前面用到 TADI－E0QD-ZM 来定义强电桥架的过滤器，故此处在命名的末尾加上（X）表示导线加以区分。点击“确定”后进入过滤器条件设置对话框。

如图 2.4-132 所示，可在中间的过滤器列表中选择电气，然后在下方的类别中选择导线；在右侧过滤器规则的过滤条件中选择类型名称，条件为“等于”，条件值为所选择导线的类型名称，即：“TADI-E-QD-ZM（X）”，点击“确定”完成过滤器创建。然后在返回的可见性界面中设置线型即可（图 2.4-136）。

3. 管道小于 DN50 的过滤器

在精细程度出图时，管道表现为双线，可将管径小于 DN50 的线选择为小一号的线，

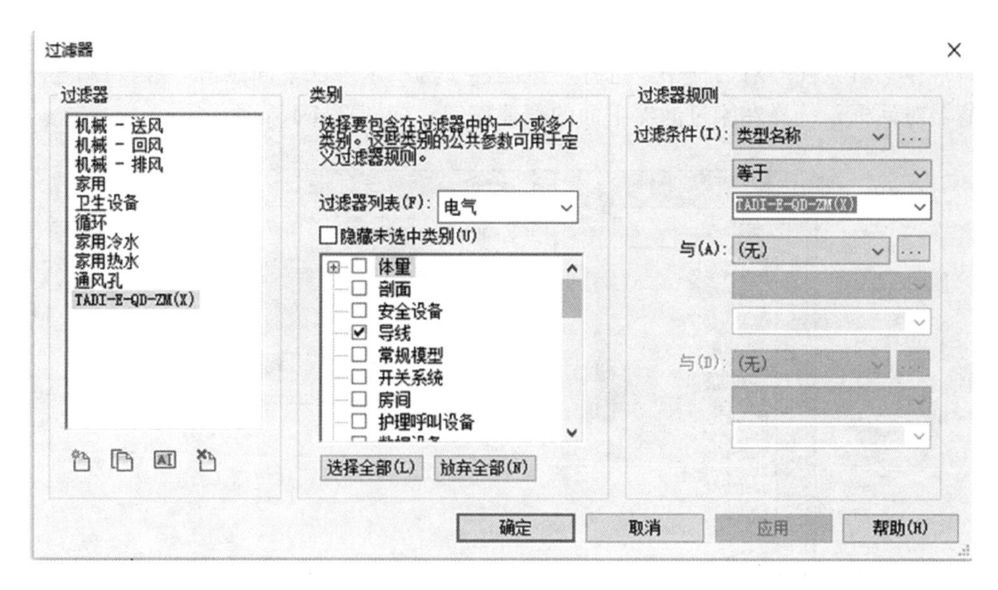

图 2.4-135

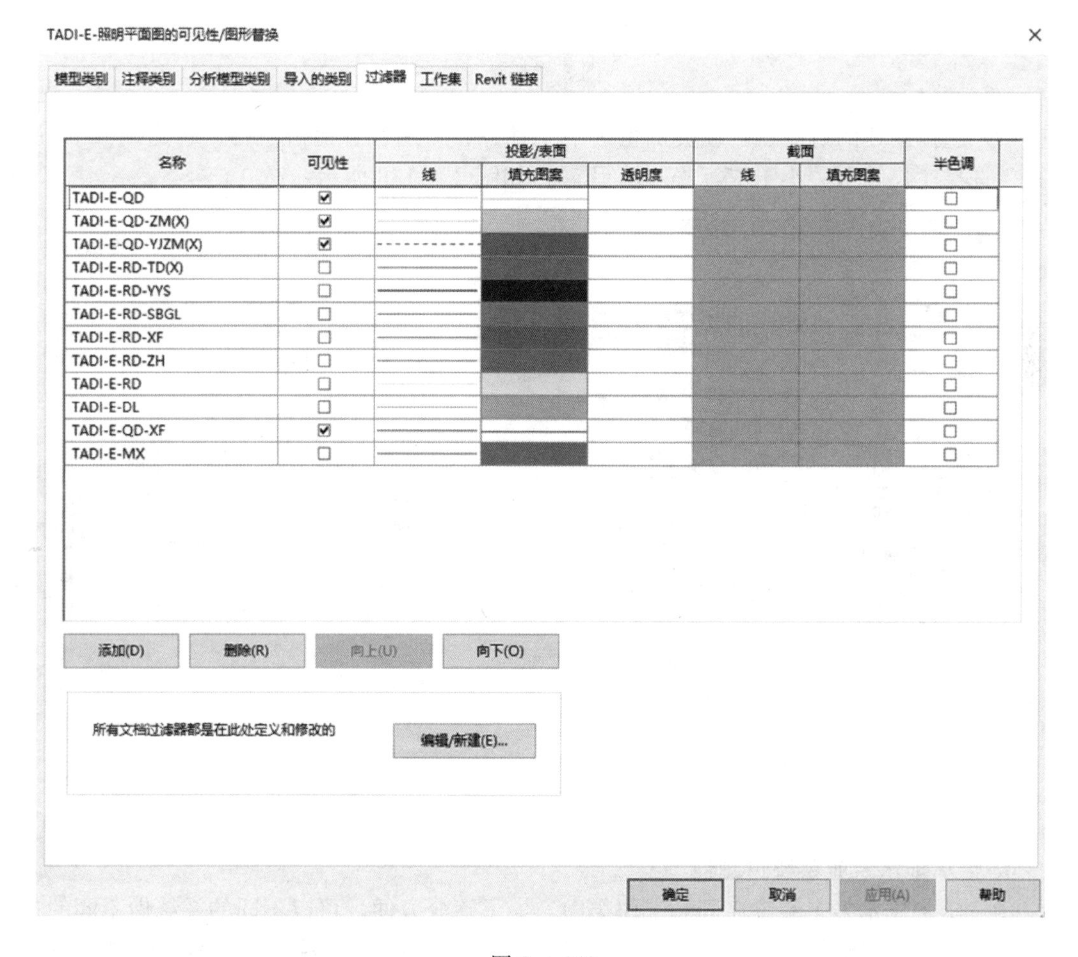

图 2.4-136

出图时表现得更加清晰。

（1）在“可见性”对话框中，选择“过滤器”选项卡，在下面点击“编辑/新建”，弹出过滤器对话框，选择左侧过滤器下面的新建按钮。如图 2.4-137 所示。

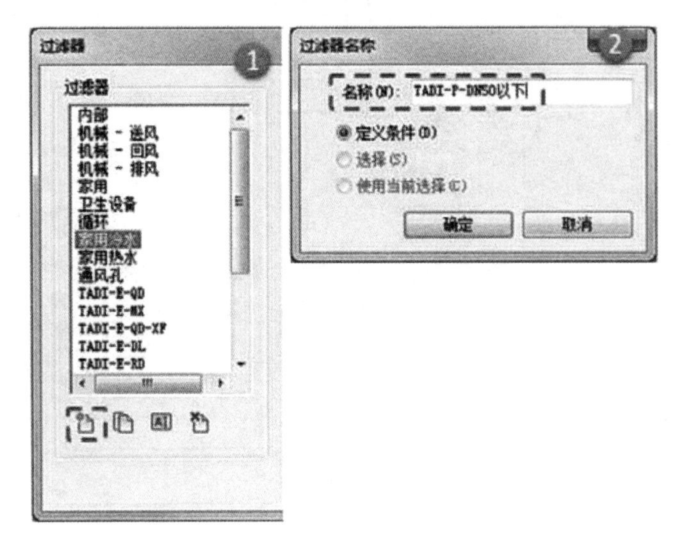

图 2.4-137

（2）选择新建的过滤器，在类别里选中“管件、管道、管道占位符、管道附件”，过滤条件选择“尺寸”，“小于或等于”填写 50。如图 2.4-138 所示。

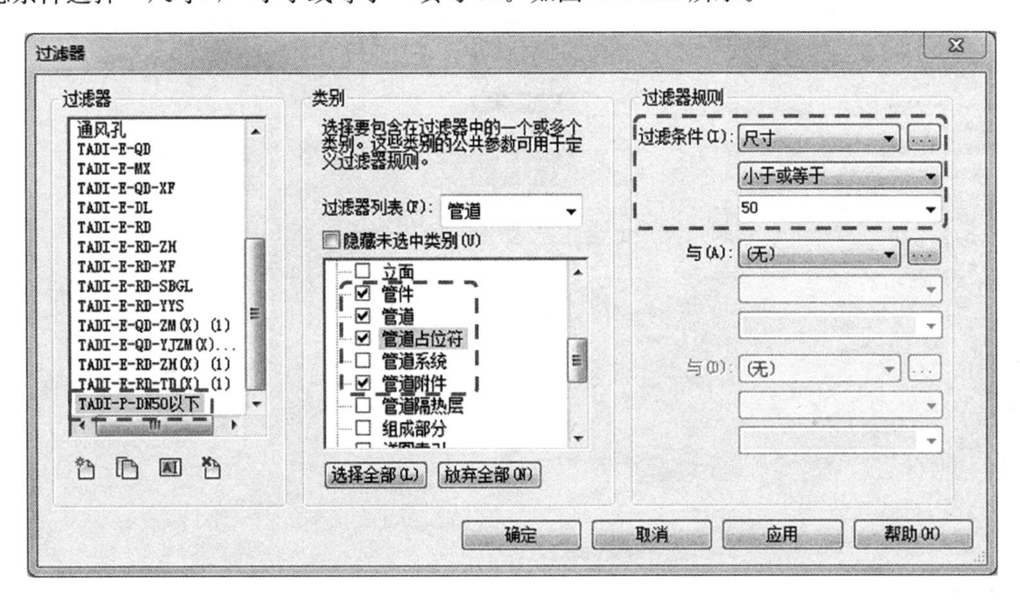

图 2.4-138

4. 给水排水专业系统过滤器

由于给水排水多个系统在同一工作集中，为了筛分方便，可以不同的系统做不同的过滤器，例如给水过滤器、中水过滤器、排水过滤器、雨水过滤器。如果不想做过多过滤器，也可通过增加工作集来区分。下面以排水系统为例，建立排水系统过滤器“TADI-P-

XH”，如图 2.4-139 所示，具体步骤为：

① 新建过滤器：TADI-P-XH；

② 类别：机械设备、管件、管道、管道系统、管路附件；

③ 过滤器规则：过滤条件>系统名称>不包含>XH。

注：过滤器中选择的是不包括 XH 的管线，所以在使用时需要添加过滤器，但不勾选。

图 2.4-139

2.4.12 明细表

明细表可将模型中的构件及所需的信息生成表格，方便用户进行算量统计和构件查询。用户可根据需求自定义明细表中的内容、排序方式和过滤条件等元素。在项目样板中，可根据需求预置明细表样式，这样在模型搭建的过程中可随时查看用户关心的信息，并根据信息及时进行设计的优化、沟通等。表格中的数据信息与模型内相应构件的关联是使用的核心价值。对于机电专业而言，目前明细表的功能还不算完整，机电专业主要使用机械设备类的明细表，即设备表，在设计过程中应用到的字段并不完善，故该明细表处理起来比较繁琐，现简介如下：

(1) 在项目浏览器“明细表/数量”上点击右键“新建明细表/数量”，点击“确定”。如图 2.4-140 所示。

(2) 在弹出的明细表属性中，如图 2.4-141 所示，以下字段可以被加入到明细表中：IfcGUID、OmniClass、标题、OmniClass、编号、URL、创建的阶段、制造商、合计、图像、型号、嵌板、成本、拆除的阶段、族、族与类型、标记、标高、注释、注释记号、类型、类型 IfcGUID、类型图像、类型标记、类型注释、系统分类、系统名称、线路数、说明、部件代码、部件名称、部件说明。可以发现，基本没有设备材料表中所需要的参数，但是可以通过共享参数的添加来完成。例如本书 2.4.10 节中为机械设备添加的几个参数就可以添加到列表中来。

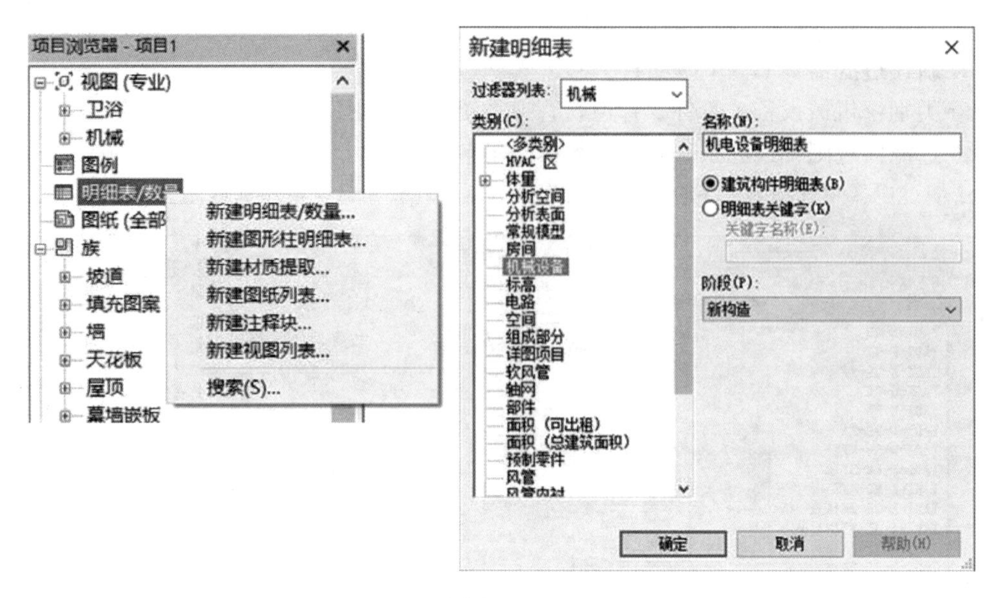

图 2.4-140

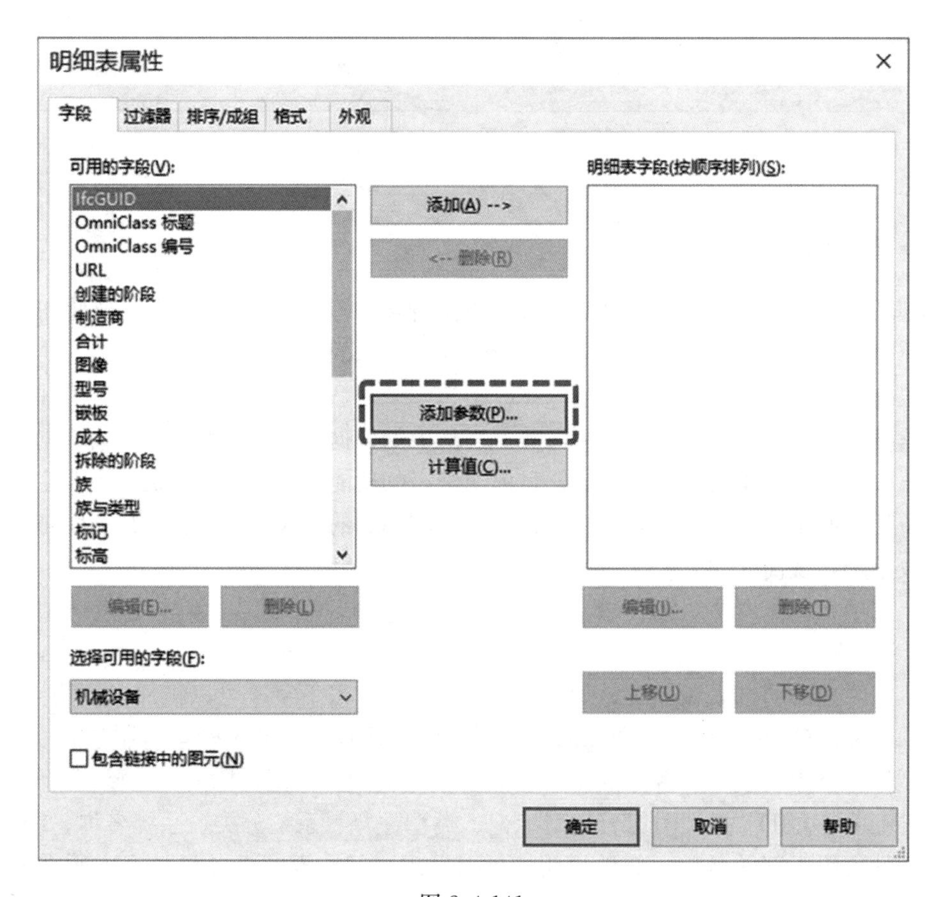

图 2.4-141

（3）点击添加参数后可以看到，在项目中设置的共享参数都列在其中，可以根据前文的添加方法，添加诸如风量、电量、风压、冷负荷、热负荷等共享参数，设置为实例参数并加载至相应的族中即可在明细表中显示。这样做使部分参数重复输入，带来冗余数据，且输入过程也较繁琐。故建议用明细表统计数量，CAD 制作设备材料表，链接或导入至 Revit 中更为方便快捷。

（4）明细表还可用于统计各类各种管径的管道长度，如图 2.4-142 所示。

<风管明细表>

A	B	C	D
系统类型	顶部高程	尺寸	长度
TADI-送风	3649	1080 mmx120	4148
TADI-送风	3599	480 mmx120 m	891
TADI-送风	3649	1080 mmx120	4347
TADI-送风	3454	300 mmx300 m	544
TADI-送风	3454	300 mmx300 m	544
TADI-送风	3454	300 mmx300 m	544
TADI-送风	3454	300 mmx300 m	544
TADI-送风	3649	1080 mmx120	4148
TADI-送风	3454	300 mmx300 m	544
TADI-送风	3454	300 mmx300 m	544

图 2.4-142

2.4.13 图框与图签

1. 图框与图签的作用

图框是用来限定绘图区域的图形，由若干条线组成。所有图纸必须位于图框之内，不得与图框线有接触或交叉的情况。图签是图框中反映项目信息的标签，如项目名称、工程名称、设计单位人员等。本书 2.4.7 节中介绍了项目信息、项目参数和共享参数的创建方法。图签则可以实现与这些参数的联动，用户可设置参数的值并使这些参数反映在图签中。

Revit 软件虽然自带图框族，但是并不能满足设计院的出图交付要求，因此一般需要按照各设计院的标准自行制作。

2. 图框制作方法

根据设计单位要求的不同，图框与图签的样式也有所不同。在图框与图签的制作过程中，需要根据设计院传统二维图纸的图框要求进设置。下面以本书案例中的图框族“TADI-图框-A1-院内”为例介绍图框和图签的制作方法。

（1）在 Revit 主界面中点击→新建→族，弹出“新族-选择样板文件”对话框，选择“标题栏”文件夹，文件夹中提供了不同尺寸的图框族样板，在本案例中，选择“A1 公制”族（路径为 C：\ProgramData\Autodesk\RVT2016\Libraries\China\标题栏），点击确定。如图 2.4-143 所示。

（2）进入主界面，在主界面中已经预设好 A1 尺寸图框的外框部分，点击“插入”选项卡“导入 CAD”按钮（图 2.4-144），弹出“导入 CAD 格式”对话框。

（3）在“导入 CAD 格式”对话框中，选择需要导入的含有图框的 CAD 文件，“颜色”是对原 CAD 元素的颜色设置进行操作，“保留”为不变化，“反转”为变更颜色为当前颜色的对比色，“黑白”为转化为黑白色，此处选择“保留”。“图层/标高”是对 CAD 中的图层选择性的载入，“全部”是全都载入，“可见”是载入 CAD 中显示的图层，指定是载入“指定”的图层，会在下一步操作中弹出含有当前载入文件图层的对话框供选择，此处选择“全部”。“导入单位”是导入 CAD 图形的缩放比例。应事先对 CAD 图框进行测量，确认图纸缩放比例及检验图框尺寸是否规范。在“导入单位”下拉菜单中选择“毫米”，设置完成后，点击“打开”。如图 2.4-145 所示。

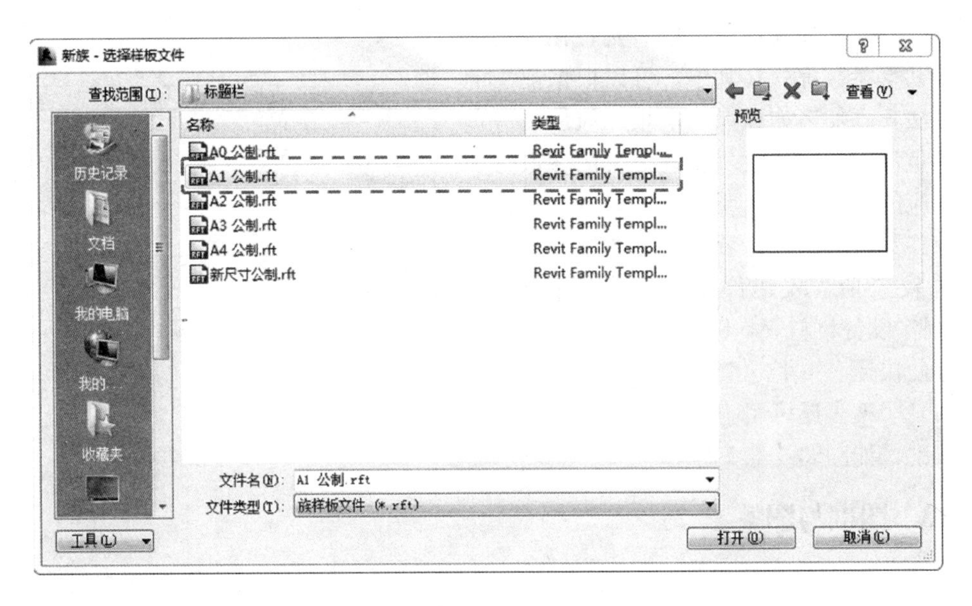

图 2.4-143

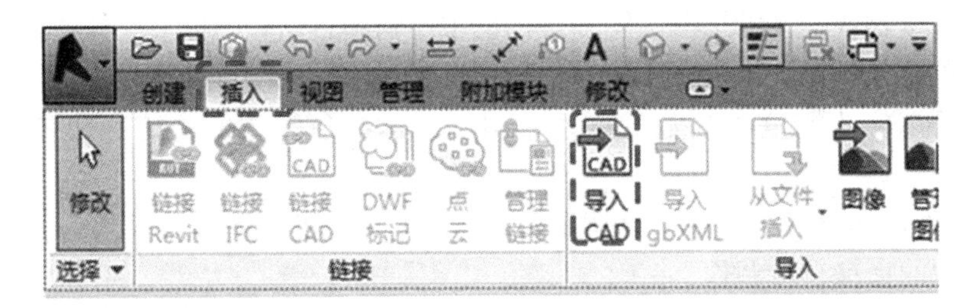

图 2.4-144

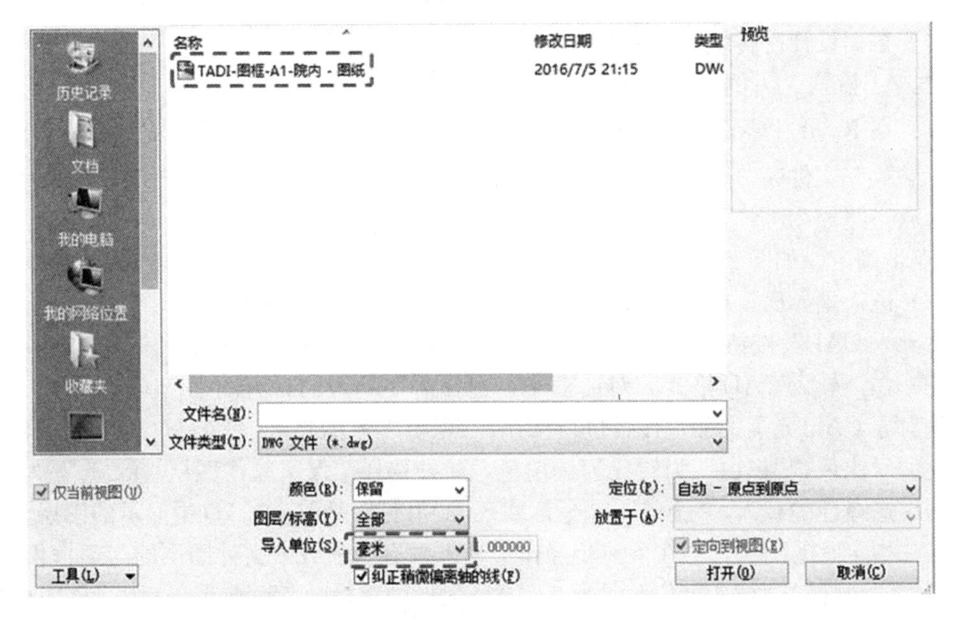

图 2.4-145

（4）导入 CAD 图框后，调整 CAD 图框位置直至外框与预设的边框重合。调整完毕后，可根据 CAD 图框中线条的位置进行图框的绘制。点击“创建”选项卡中的“直线”按钮，进入“修改｜放置 线”状态。如图 2.4-146 所示。

在“修改｜放置 线”的“子类别”下拉菜单中可选择直线的种类。在“绘制”栏目中选择“拾取线”，可通过鼠标指针捕捉 CAD 底图中的线条来放置直线。如图 2.4-147 所示。

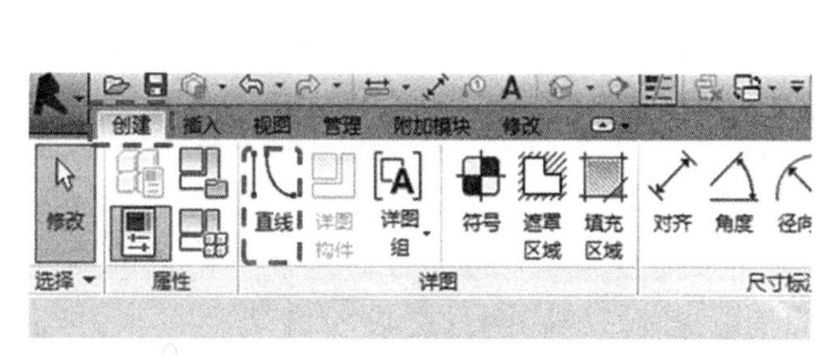

图 2.4-146

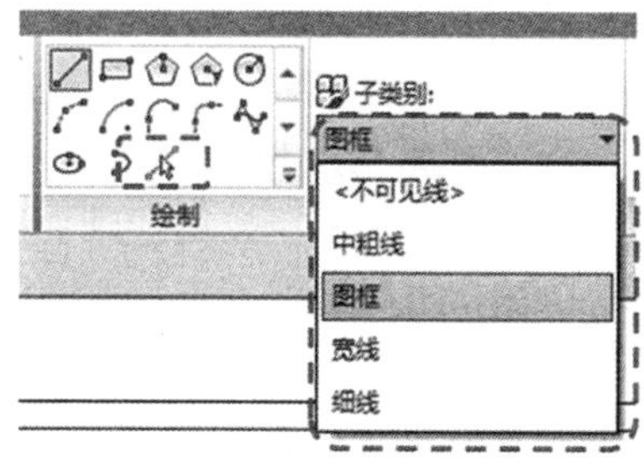

图 2.4-147

例如，绘制图框由外向内第二条边框线，可将子类别设置为“宽线”，在拾取线状态下，将鼠标指针移动至 CAD 底图的边框线上，此时线呈蓝色状态，点击鼠标左键，即可将线放置于目标位置。以相同的方式将图框中所有的线条绘制完毕。注意：在绘制时随时根据需要改变线条的子类别，这些线的子类别的线宽等参数由项目中的“对象样式”决定。如图 2.4-148 所示。

（5）若需手动绘制图框，则可选择“绘制”栏目中的“直线”“矩形”等命令。绘制

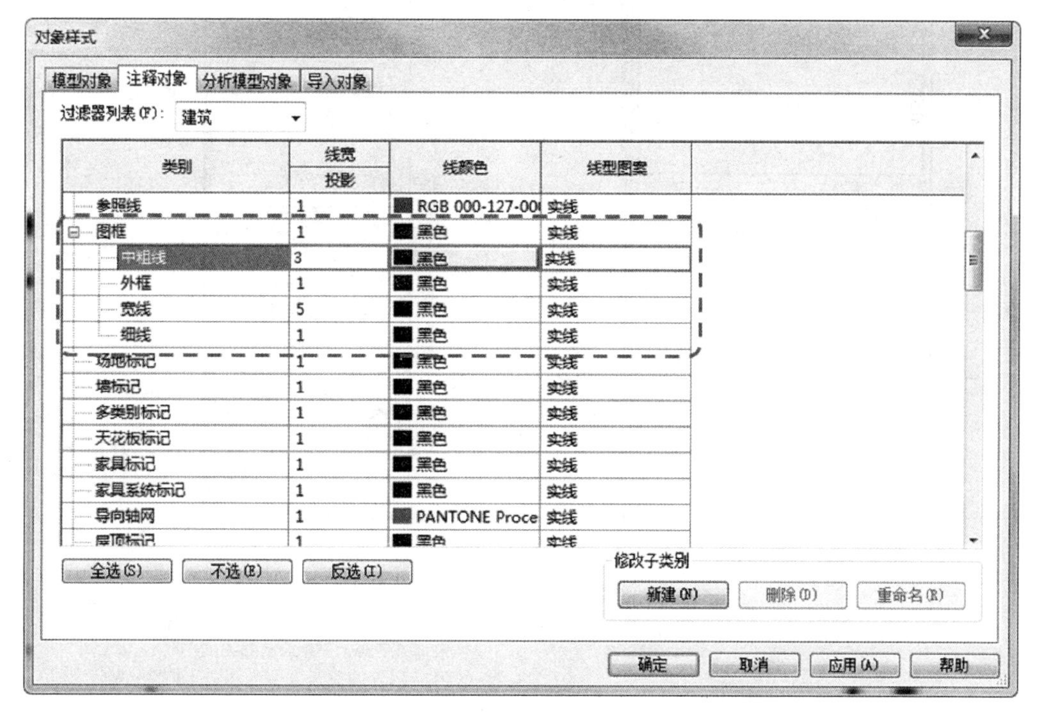

图 2.4-148

时需注意按要求设置图框各个部分的线样式。

3. 图签制作方法

图框中的图签允许以文字的形式体现，也允许以标签的形式体现。在图框族的使用时，文字形式的图签内容是固定的，一般用于会签栏中各专业的标题等地方。标签形式的图签可以为其定义关联的参数，通过改变参数的值进行内容的编辑。

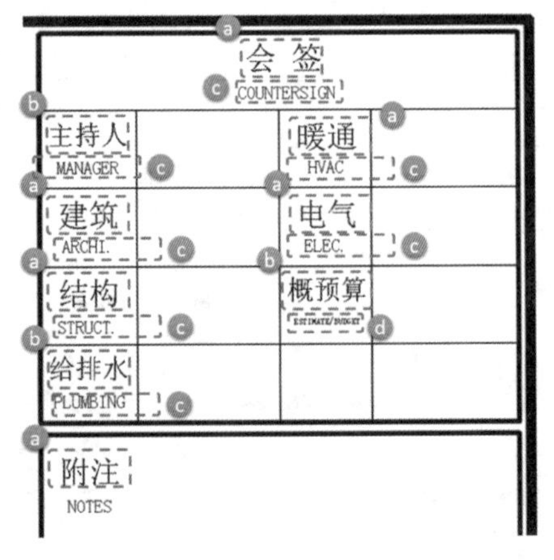

图 2.4-149

注：a—宋体 3.5mm；b—宋体 3mm；c—宋体 2mm；d—宋体 1mm。

若要添加文字形式的图签，可点击“创建”选项卡中的“文字”按钮，进入“修改 | 放置 文字”状态，用户可根据需要放置或创建新的文字类型，操作方法同本书 2.4.9 节文字系统族部分。文字的大小要与图框的大小相协调，不能出现超出图框或与图框交叉的现象。图签的创建与放置方法与文字相同，在点击“图签”按钮后，会弹出“编辑标签”对话框，用户需要设置标签与参数的对应关系，具体操作见下节。本书案例中图签文字的字体与大小如图 2.4-149～图 2.4-151 所示。放置所有文字与标签形式的图签，完成图签的绘制。

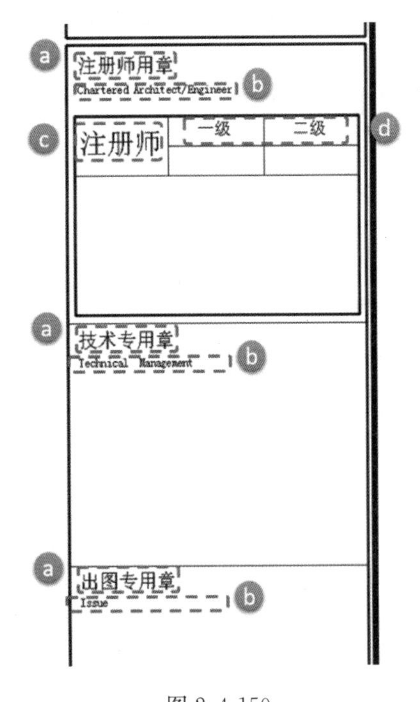

图 2.4-150

注：a—宋体 3.5mm；b—宋体 2mm；c—宋体 5mm；d—宋体 3mm。

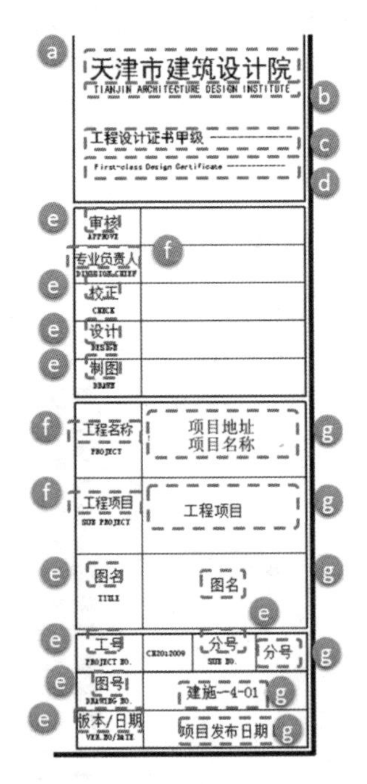

图 2.4-151

注：1. a—黑体 6mm；b—黑体 2.5mm；c—黑体 3mm；d—黑体 2mm；e—宋体 3.5mm；f—宋体 3mm；g—宋体 3.5mm，为标签形式的图签；
2. 除 b、d 处以外的英文文字采用：宋体 2mm，其中“工号”内容栏中的“CH2012009”为标签形式的图签。

4. 标签形式图签与项目参数

在放置标签形式的图签后，可将标签图签与共享参数相关联，将项目信息或图纸信息中的参数同步到图签内容中。这样可以方便项目和图纸信息的查看与管理。以创建“TADI—分号”参数为例，该参数还需要实现与图纸中相应参数的联动。

(1) 首先创建好含有“TADI—分号”参数的共享参数文件。点击“管理”选项卡中“共享参数”按钮，在“编辑共享参数”中选择“浏览”，选择相应的共享参数文件，导入“TADI—分号”共享参数，点击确定。如图 2.4-152、图 2.4-153 所示。

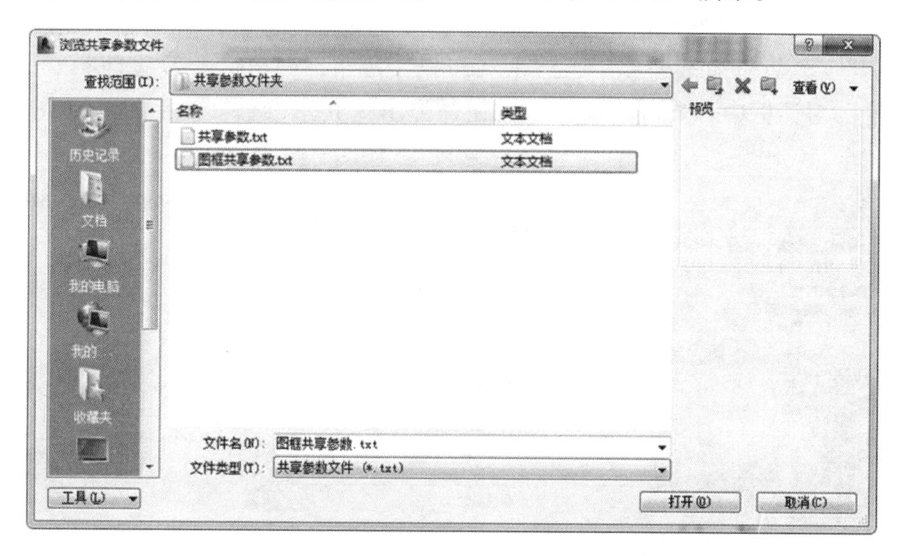

图 2.4-152

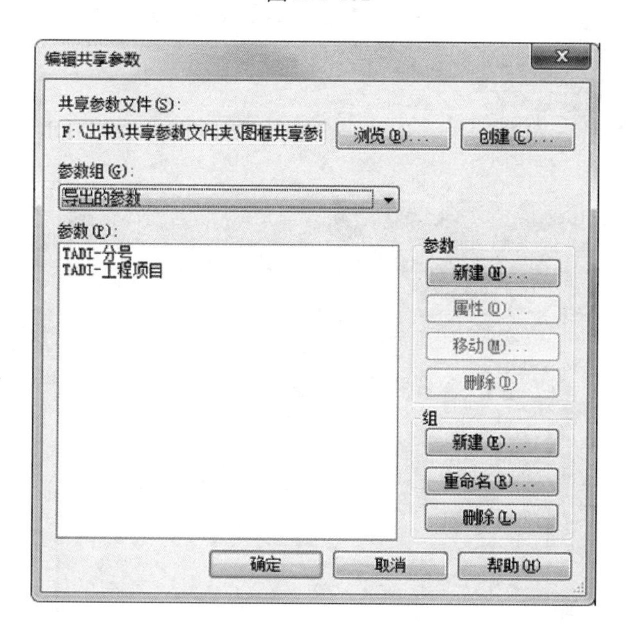

图 2.4-153

(2) 点击“创建”选项卡，点击“标签”按钮（图 2.4-154），在“属性”窗口中设置好标签的文字样式，点击需要放置标签的位置，弹出“编辑标签”对话框。

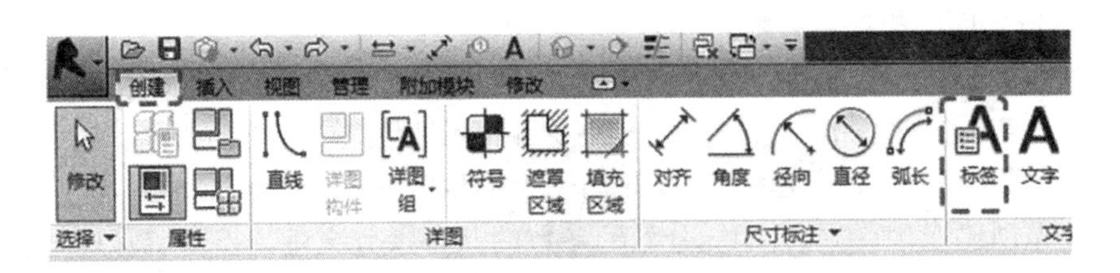

图 2.4-154

（3）在“编辑标签”对话框中，可为标签添加关联的参数，若列表中无所需参数，用户可将共享参数添加至列表中。点击“新建”按钮，弹出“参数属性”对话框。在“参数属性”对话框中，点击“选择”按钮，弹出“共享参数”对话框。如图 2.4-155 所示。

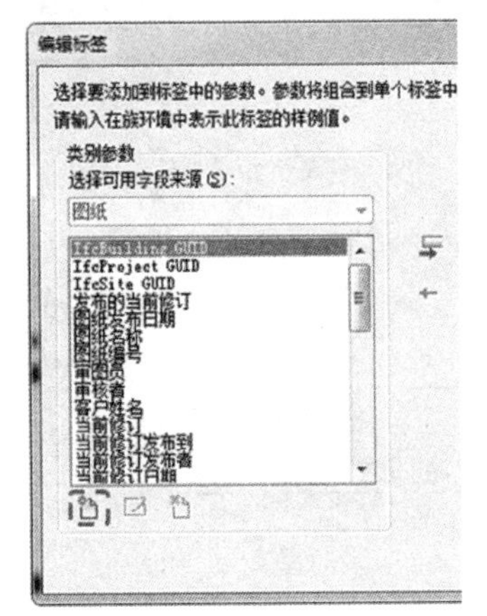

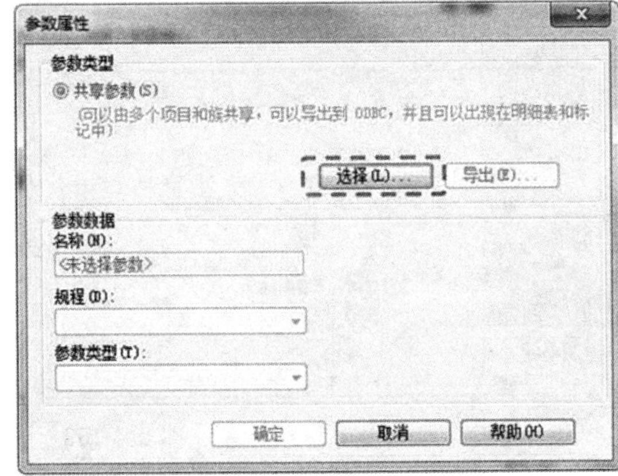

图 2.4-155

（4）在“共享参数”对话框中，选择所需的参数，点击“TADI-分号”（图 2.4-156），

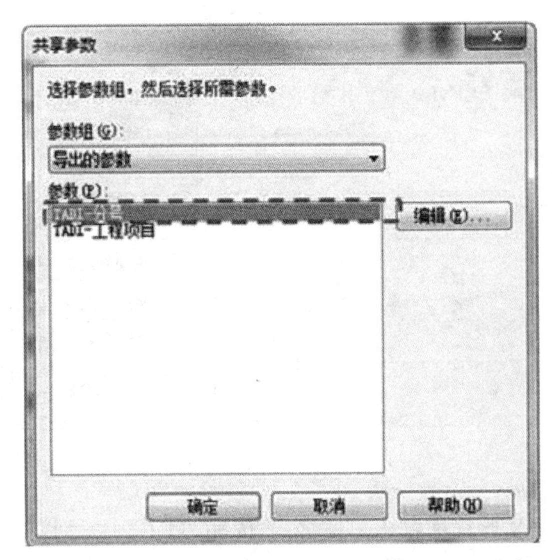

图 2.4-156

点击确定，返回“参数属性”对话框，再点击确定，返回“编辑标签”对话框。

（5）在“编辑标签”对话框中，点击新添加的参数，再点击按钮，可将参数添加至“标签参数”中。若需要移除参数，可点击按钮，如图 2.4-157 所示。用户可以设定标签的前缀、后缀以及下一个参数是否转行显示。样例值作为示例表示参数用途等信息的文字，如图 2.4-158 所示，框内“分号”字样即为样例值。点击确定，完成标签参数的定义。

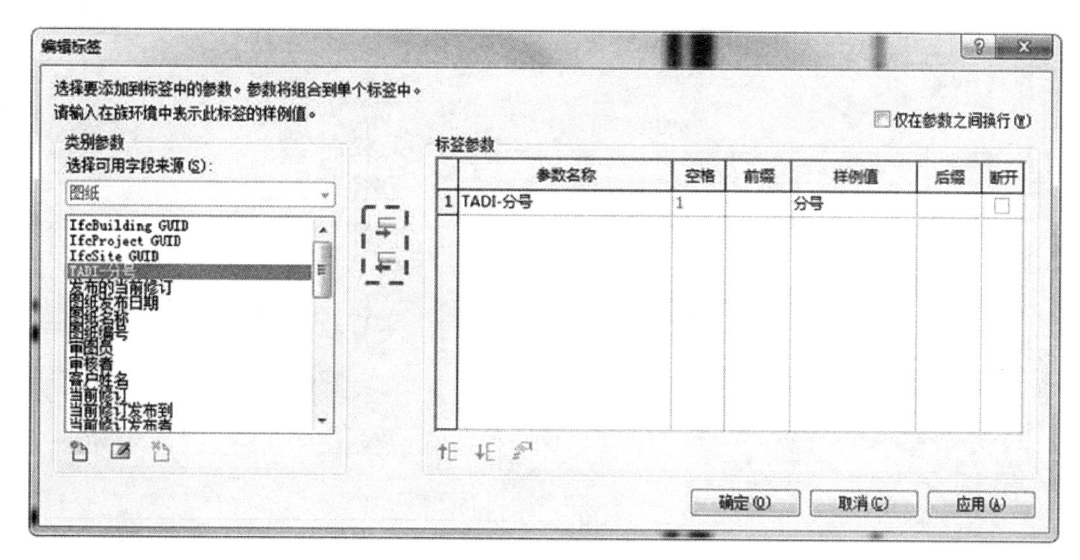

图 2.4-157

（6）若需要将此参数与图纸进行联动，可在项目或项目样板中为图纸添加相同的参数。将图框族载入到项目或项目样板中，在项目或项目样板中点击“管理”选项卡下的“项目参数”按钮。在参数类型中选择共享参数，添加“TADI-分号”参数，将参数的类别设置为“图纸”，如图 2.4-159 所示。操作方法详见 2.4.7 节。

图 2.4-158

（7）此时图纸的“属性”窗口中显示“TADI-分号”参数。新建一张图纸，选择新建的图框族，将图框族应用于图纸中。此时可实现“TADI-分号”参数的联动。如在“TA-DI—分号”输入“1”，则图框内“分号”部分的内容也变为“1”。如图 2.4-160 所示。

（8）若需要设置影响所有图纸的参数，可将此参数与项目信息相关联。如本项目样板中的“TADI-工程项目”参数，需要关联所有的图纸。与“TADI-分号”参数的操作方法相同，建立与“TADI-工程项目”参数相关联的标签，放置于图框中的“工程项目”栏中。如图 2.4-161 所示。

（9）将图框族载入项目或项目样板中，在项目中创建“TADI—工程项目”参数，参数类别选择“项目信息”。如图 2.4-162 所示。

（10）点击“管理”选项卡下的“项目信息”按钮，在“项目属性”对话框中可找到“TADI-工程项目”参数，输入工程项目名称，如“××××小区地下室”，点击确定。如图 2.4-163 所示。

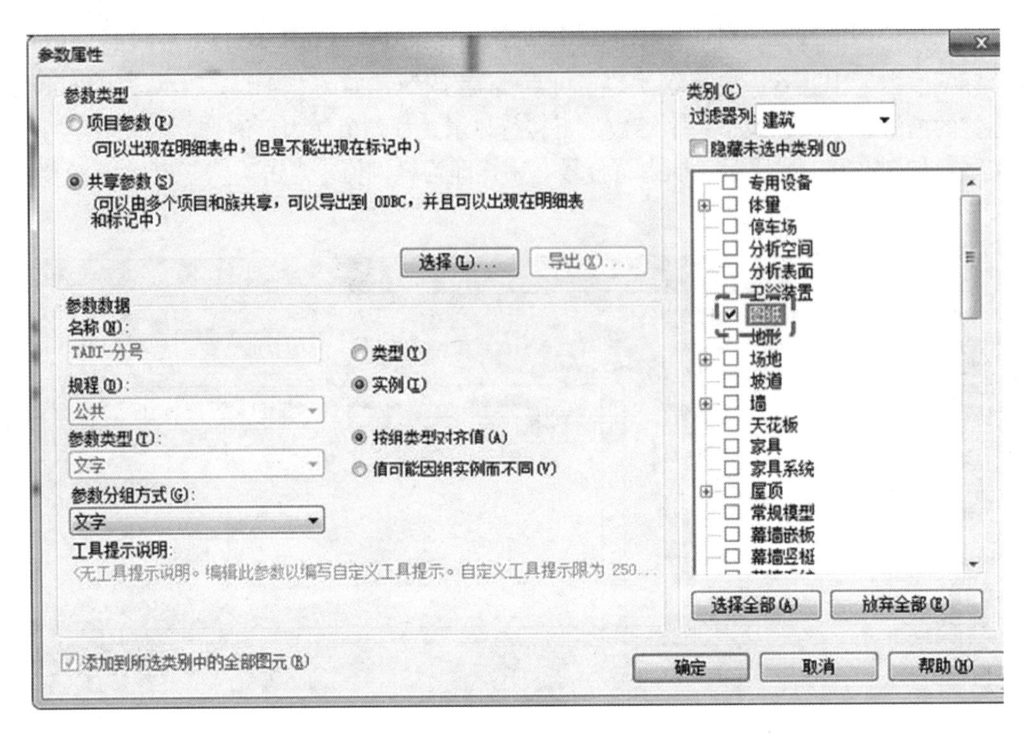

图 2.4-159

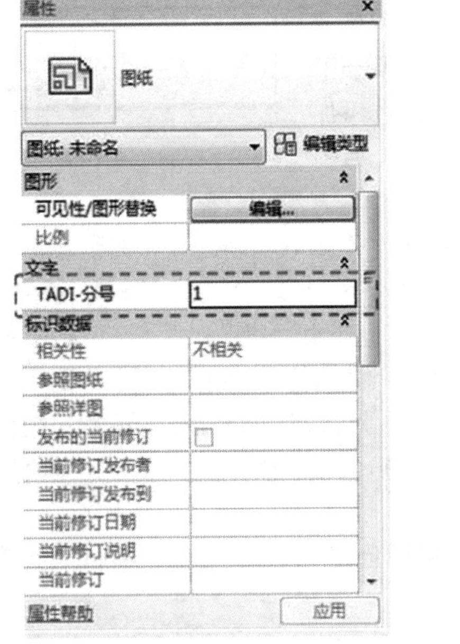

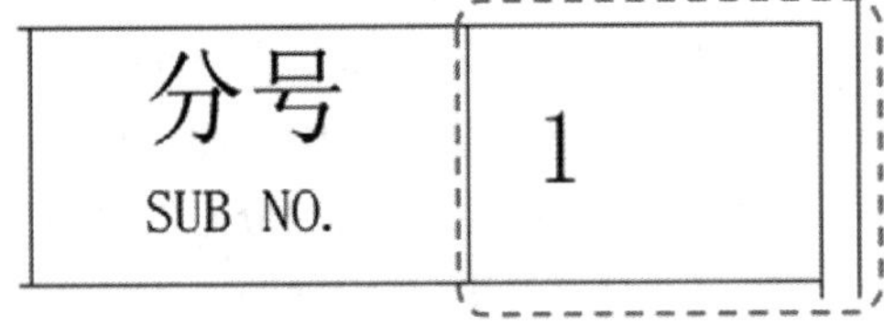

图 2.4-160

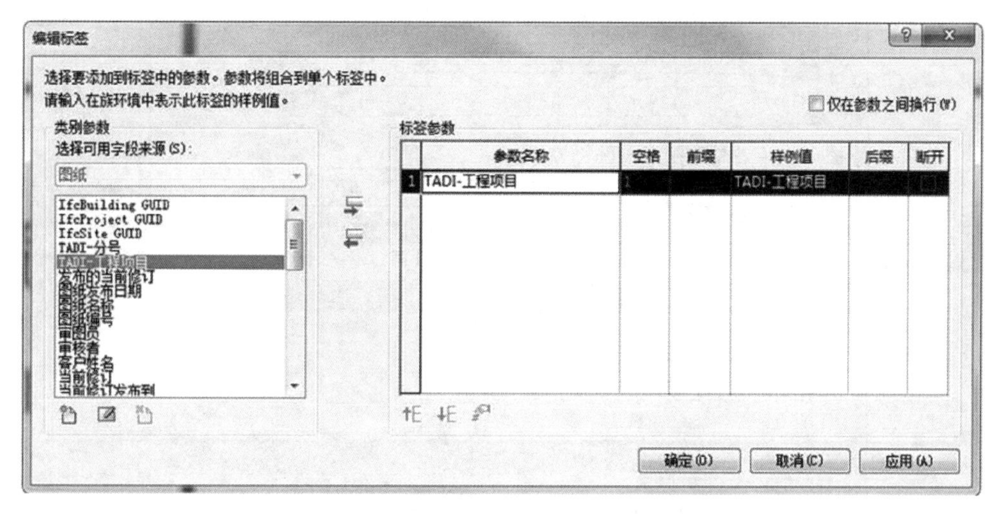

图 2.4-161

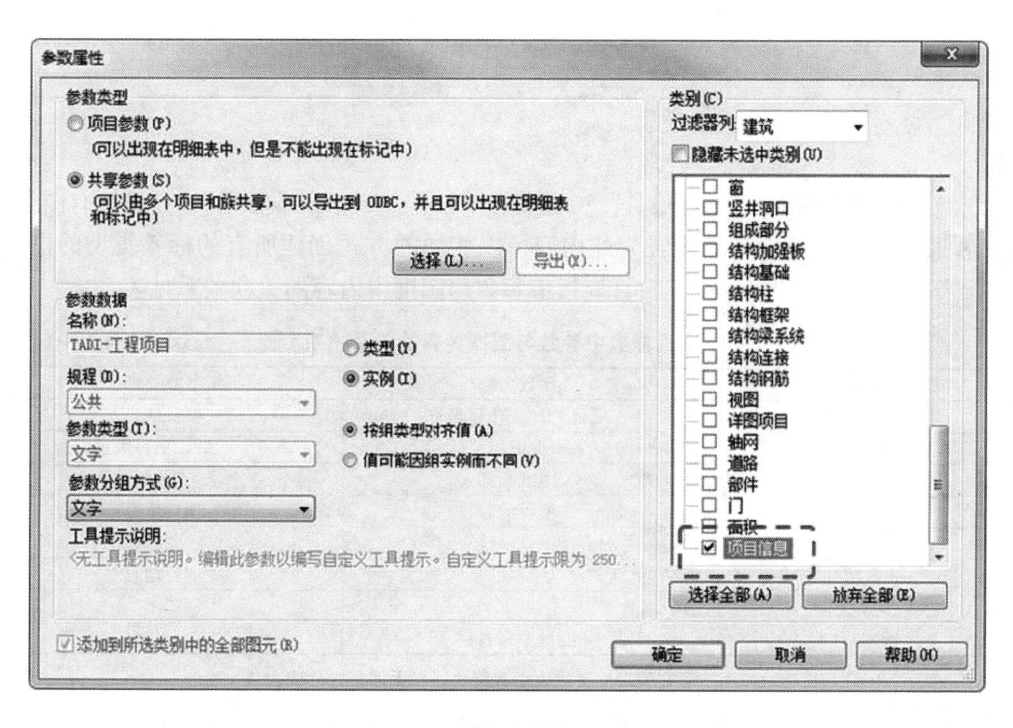

图 2.4-162

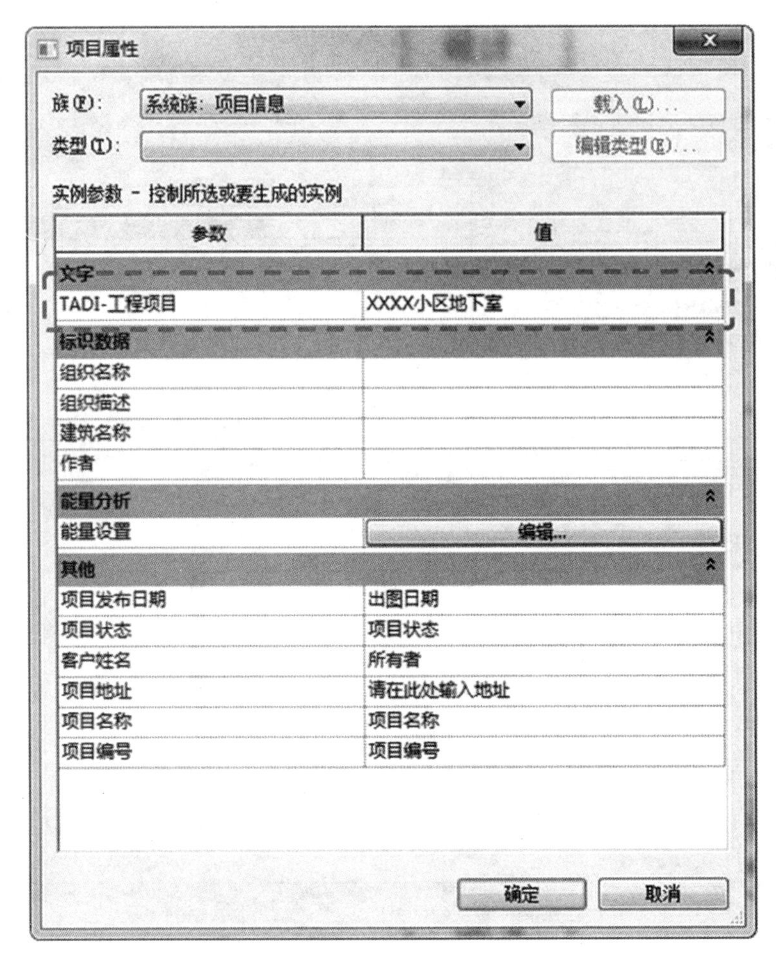

图 2.4-163

（11）此时在图纸中“工程项目”一栏显示“××××小区地下室”，并且所有图纸中“工程项目”栏的内容均自动设置为此内容。以相同的方式创建所有的标签类型的图签，并根据需要关联相应的参数。本项目样板中参数与图框中内容的关联关系见表 2.4-14。

本项目样板中参数与图框内容的关联关系　　　　**表 2.4-14**

图框内容	参数名称	参数类别
*工程名称	项目地址、项目名称	项目信息
工程项目	TADI-工程项目	图纸、项目信息
*图名	图纸名称	图纸
*工号	项目编号	项目信息
分号	TADI-分号	图纸
*图号	项目状态	项目信息
	图纸编号	图纸
*版本/日期	项目发布日期	项目信息

注：*表示 Revit 预设参数，用户可在编辑标签过程中直接关联，无需自行创建。

至此，图框与图签的创建操作已全部完成，用户可在项目中载入使用，也可在项目样板中进行预设。图框图签制作完成后，需要将族内导入的 CAD 底图删除。

5. 启动页的制作与设定

Revit 中的“启动页”功能可以使用户在每次打开该项目时固定显示某一个视图或图纸，此外，打开项目所需花费的时间与项目打开后显示的第一个视图有关，如果这第一个视图中的图元较多，则会影响模型打开的速度。设置启动页有助于用户快速打开模型，提高工作效率。

本书案例（QQ 群可下载，群号码 522824854）的项目使用启动页命令来为项目制作一个封面，在封面上显示使用本模型的关键注意事项及各系统颜色的色卡，使项目文件更加完整、信息更加直观。

这个封面可以用视图或图纸制作，最简单的方法是生成一张图纸，在图纸上使用注释线来勾勒线框，在图纸上直接进行输入文字、插图等工作。这样做的好处是简单快捷，缺点是不便于重复使用，特别是希望将这个封面传递到其他项目里的时候比较困难，而且与整个模型并不联动。所以除非特别紧急的情况一般情况下不推荐使用这个方法。

本书案例中的启动页是用图纸制作，在图纸中插入图框族、图例。使用族的好处是可以对图框族添加各种参数，使其与模型联动；以族的形式存在也便于向其他项目传递。

（1）图框族的制作

首先先新建一个族，“新建”→“族”→“标题栏”→“A1 公制”，选标题的大小没有特别的要求，按需选取，本次绘制以 A1 规格为例。打开后显示的方框就是 A1 尺寸的外边界，所有的绘制工作不要超出此范围。如图 2.4-164 所示。所制作的图框族，说明部分如图 2.4-165 所示。

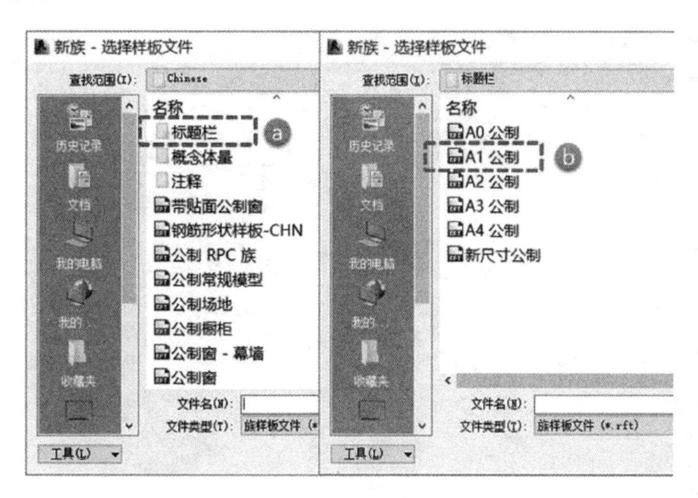

图 2.4-164

① 文字输入通过点击文本框直接输入，在选用字体的时候建议复制后重命名，避免载入项目后被项目内字体替换。Revit 的文字排版功能弱于 CAD，若要在两行文字间预留插入图片空白区域，建议将原文本框拆分成两个文本框，不要使用 CAD 下用空白行预留的方法。在字体属性中需要将文本调整为透明状态，避免文本重叠时相互遮蔽。

② 在“插入”选项卡中点击“图像”按钮，弹出“导入图像”对话框，选择需要插入的图片，点击“打开”。如图 2.4-166 所示。

此时出现“X”符号，“X”符号的四个角分别为图片的四个角点，将鼠标指针移动至

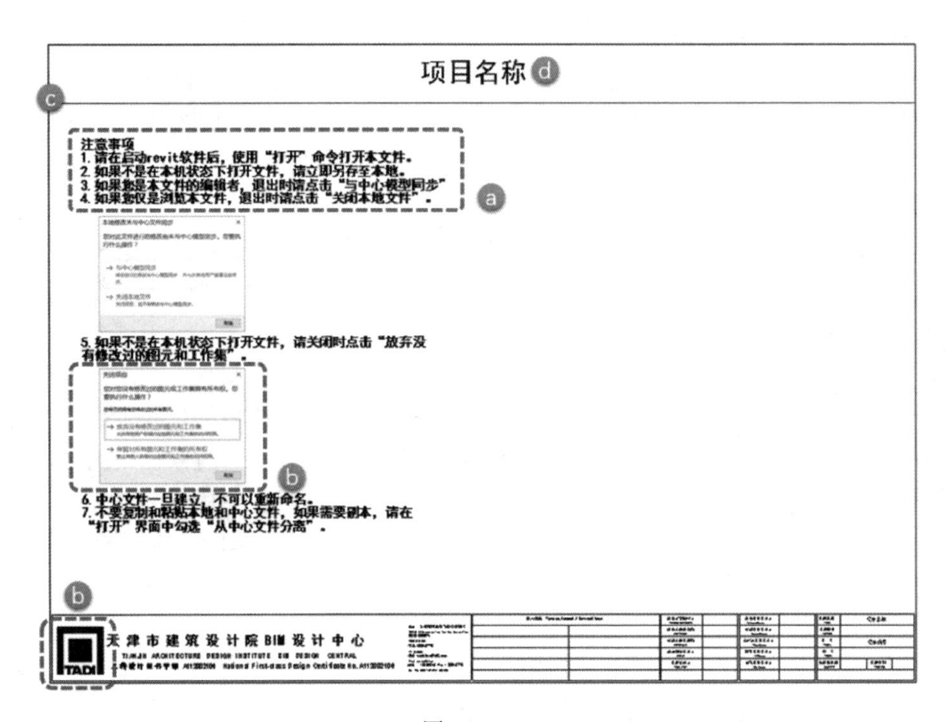

图 2.4-165

注：a—文字，b—图片，c—线，d—参数标签。

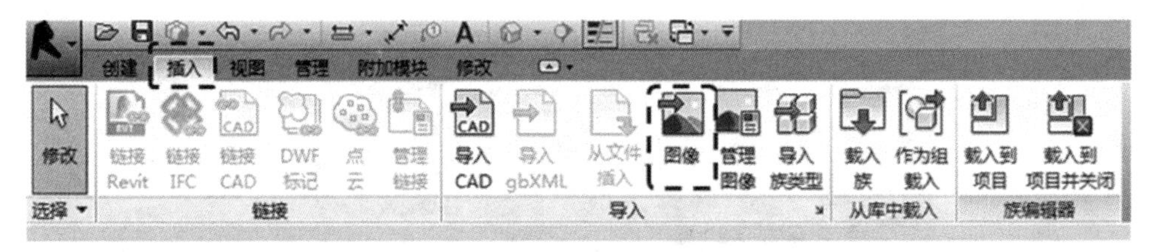

图 2.4-166

所需插入图片的位置，点击鼠标左键，完成图片的插入。如需要调整图片的尺寸，可点击图片，在“属性”面板中的“宽度”和“高度”参数中进行设置，如图 2.4-167 所示，也可选择是否在调整过程中固定图片的宽高比。“前景”“背景”用于控制重叠图片的遮挡关系，“前景”属性图片遮挡“背景”属性图片。当文本和图片重叠时，如果文本属性为透明，无论图片选“前景”还是“背景”，文本均浮于图片上。只是在点击文本图片重叠部分的时候，“前景”图片能被选取，“背景”图片不能被选取，被文本遮挡了，只能选取到文本。

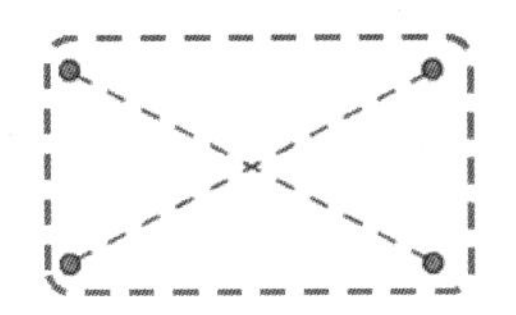

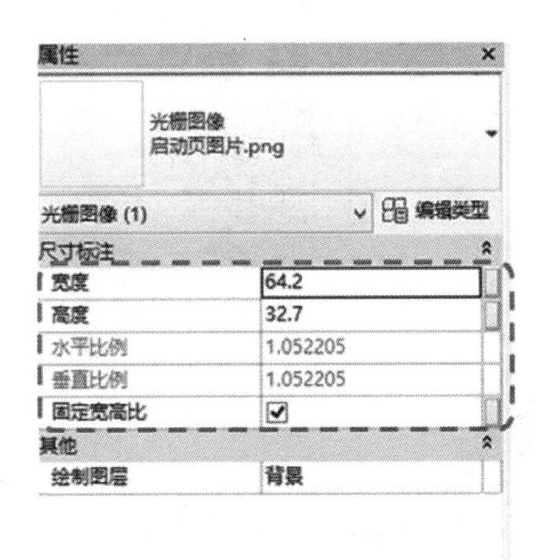

图 2.4-167

③ 在族中只能使用模型线，在绘制线的时候可以通过选择线的子类别来控制线所属的类型，可以通过对项目样本内的线样式来调整线宽、线型等。如图 2.4-168 所示。

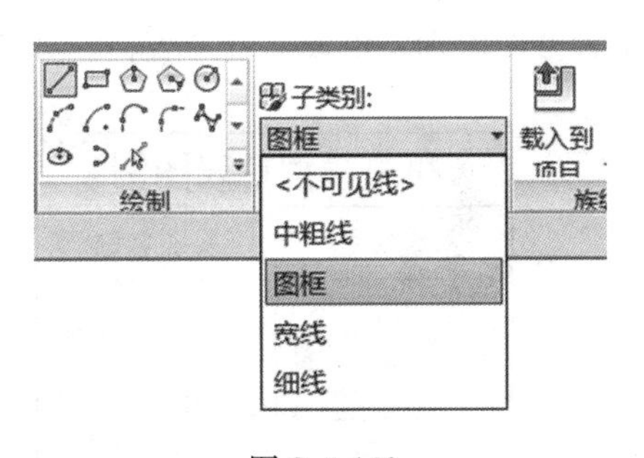

图 2.4-168

④ 为了使启动页和模型信息相关，在此处插入的为参数标签，指向为“项目名称”，以后载入项目时，将自动加载“项目信息”里“项目名称”中的信息。点击“创建”→“标签”→点击绘图区空白处→选择项目名称→点击绿色箭头载入标签→点击“确认”，再修改字体即可。如图 2.4-169、图 2.4-170 所示。

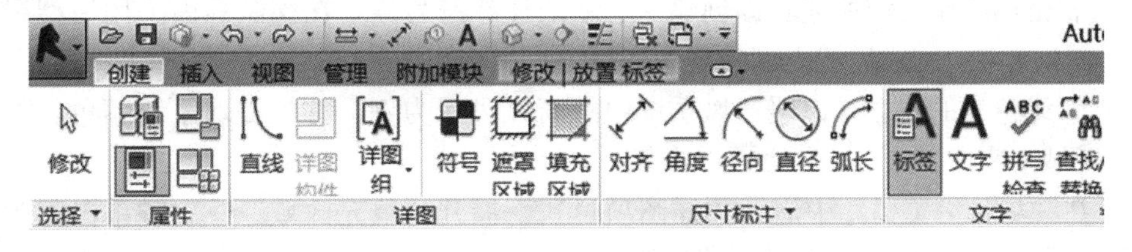

图 2.4-169

在这里还可以通过添加共享参数的方法的新建其他标签，使得启动页上的项目相关信息更完善、更自动化。

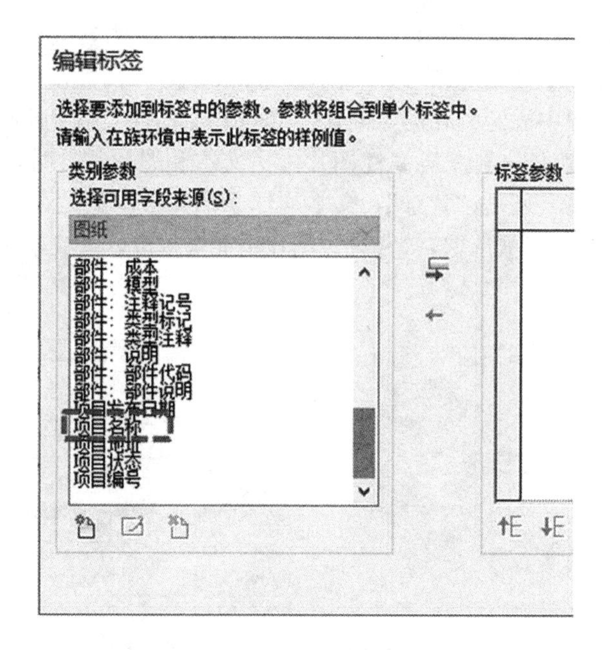

图 2.4-170

需要再次强调的是：项目参数是 Revit 的关键构成之一，请务必掌握此部分相关知识，只有掌握了此部分才能对模型进行个性化的信息管理。

(2) 制作系统色表

Revit 模型中，我们用颜色来标示各系统，因此有必要制作各系统的颜色色表，使浏览者方便识别。色表通过“表格”和“图例”组合而成（图 2.4-171）。

机电模型色表图例 (a)	
系统颜色	系统名称
(b)	新　风
	排　风
	送　风

机电模型色表图例	
系统颜色	系统名称

图 2.4-171

1）表格的绘制同前所述，即创建一个新的注释符号族，在绘制界面上用模型线绘制表格，输入文字。完成后载入到项目中即可。

2）管线色表的建立。以暖通风系统中的新风风管为例，首先提取系统颜色，可以使用填充区域来完成。

① 在“项目浏览器”中展开“详图项目”→展开“填充区域”→右键单击复制“纯黑色”→重命名为“TADI-M-新风”。如图 2.4-172 所示。

② 双击新建的“TADI-M-新风”，进入类型属性编辑界面，在属性栏中填充新风系统的颜色。如图 2.4-173 所示。

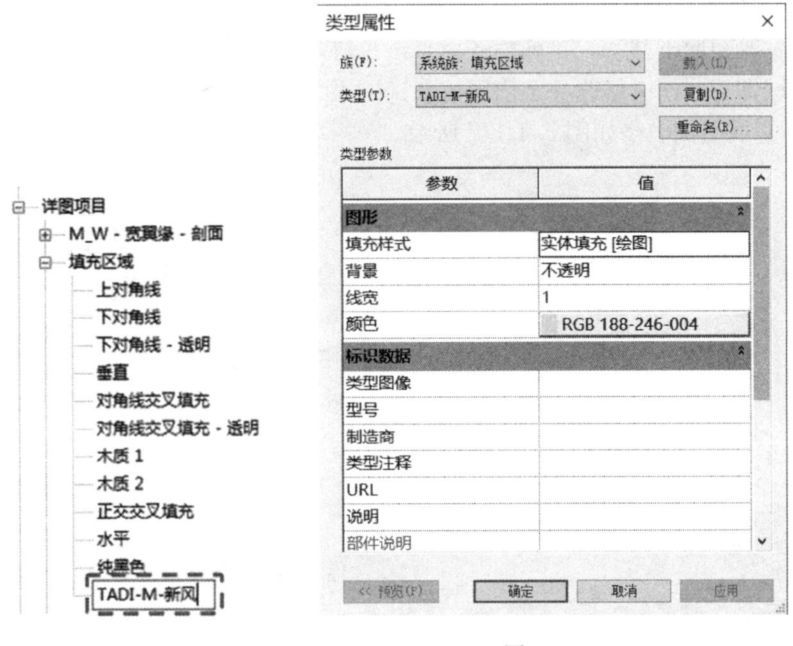

图 2.4-172　　　　图 2.4-173

③ 同理建立样板中所有系统的"填充区域"并命名。

④ 下一步需要制作系统标识色块，可以通过图例来完成，在"项目浏览器中"展开"图例"→右键单击"图例"→选择"新建图例"→重命名为"机电模型色表图例"→双击打开进行绘制。

⑤ 将上一步新建的新风的填充区域项目单击左键拖入"机电模型色表图例"内空白处。此时自动进入"创建填充区域边界"界面，在绘制长方形的边界后单击菜单栏中的"√"完成绘制。此时绘制的长方形将自动填充为新风系统的颜色。如图 2.4-174 所示。

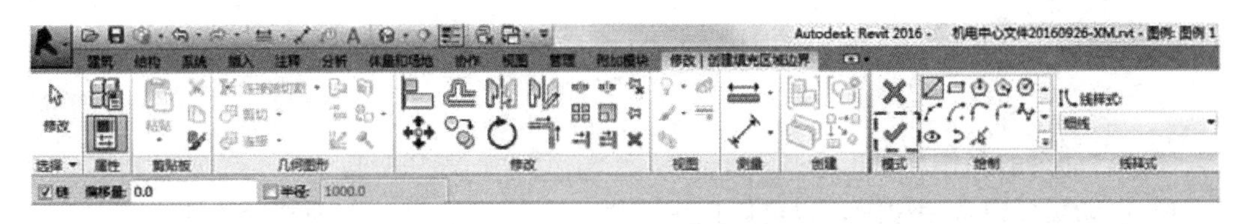

图 2.4-174

为色块添加文字注释，注释→文字→框选出输入文字的位置→输入文字→选中文字，在属性栏的下拉菜单中选择字体。如图 2.4-175 所示。

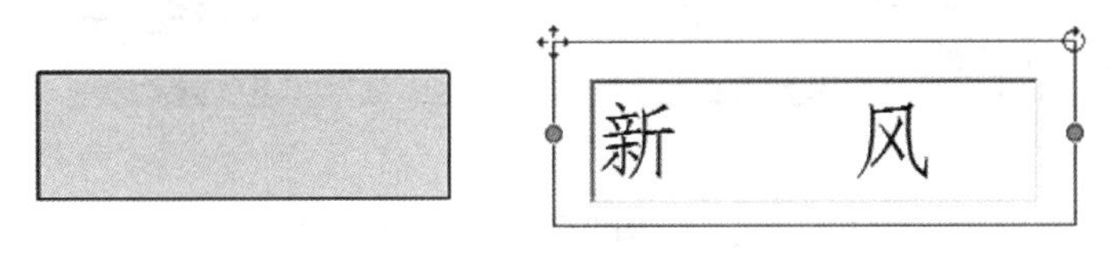

图 2.4-175

⑥ 在建立其他系统色块时，为了保证图块的大小整齐，需要选中已建立好的色块及文字，复制并等距向下移动，排列整齐后点击色块，在“属性”中点击下拉菜单，更换为其他填充区域即可，同时修改文字内容为新选的系统名称。如图 2.4-176 所示。

⑦ 最终完成图例表格如图 2.4-177 所示。

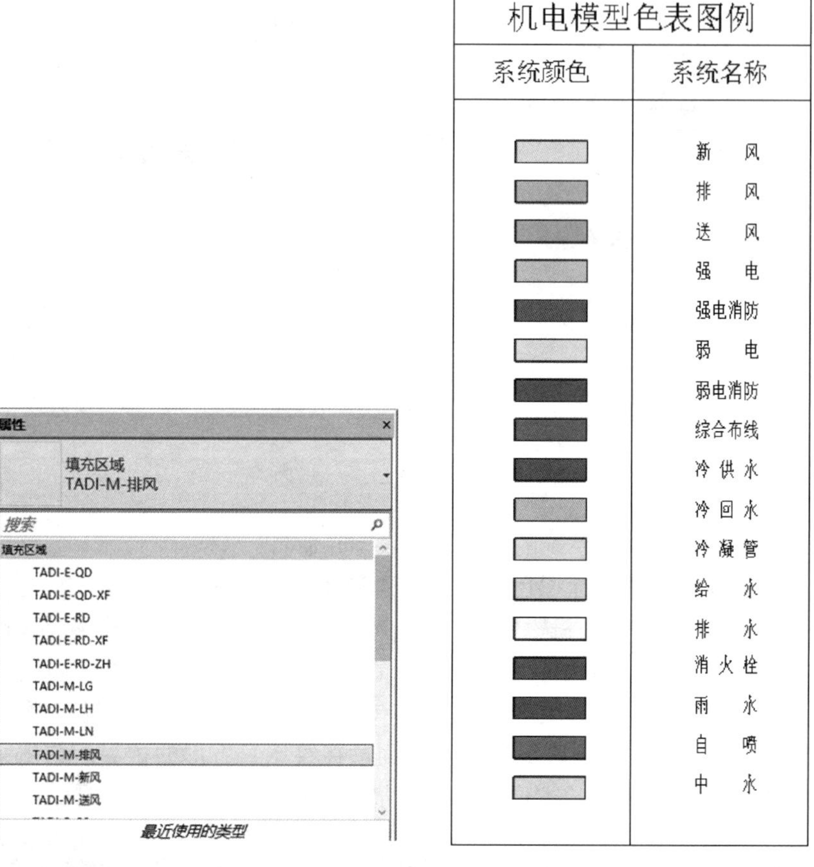

图 2.4-176　　　　图 2.4-177

（3）启动页的制作

1）启动页可以选用视图，也可以选用图纸，本项目的启动页为解释说明功能，与建筑本身无关，无需占用视图，故选择图纸来创建。如图 2.4-178 所示。

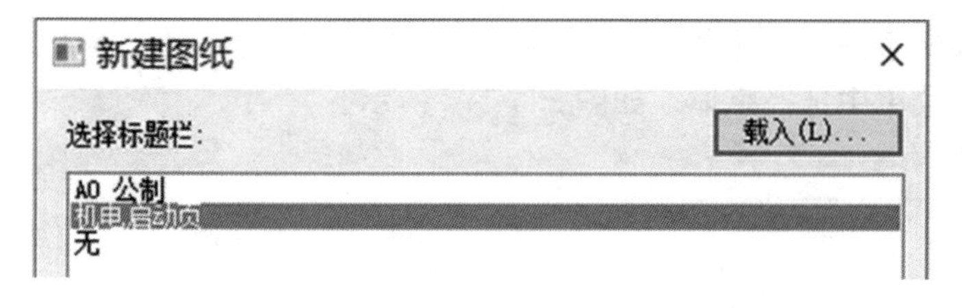

图 2.4-178

2）载入刚才创建的启动页视图栏，在“项目浏览器”中选择“图纸”→右键单击“图纸”，新建一张图纸并在选择标题栏时选择“机电启动页”。完成后如图 2.4-179 所示。

项目名称
注意事项
1. 请在启动revit软件后，使用“打开”命令打开本文件。
2. 如果不是在本机状态下打开文件，请立即另存至本地。
3. 如果您是本文件的编辑者，退出时请点击“与中心模型同步”
4. 如果您仅是浏览本文件，退出时请点击“关闭本地文件”。
5. 如果不是在本机状态下打开文件，请关闭时点击“放弃没有修改过的图元和工作集”。
6. 中心文件一旦建立，不可以重新命名。
7. 不要复制和粘贴本地和中心文件，如果需要副本，请在“打开”界面中勾选“从中心文件分离”。
天津市建筑设计院BIM设计中心
TIANJIN ARCHITECTURE DESIGN INSTITUTE BIM DESIGN CENTRAL
TADI

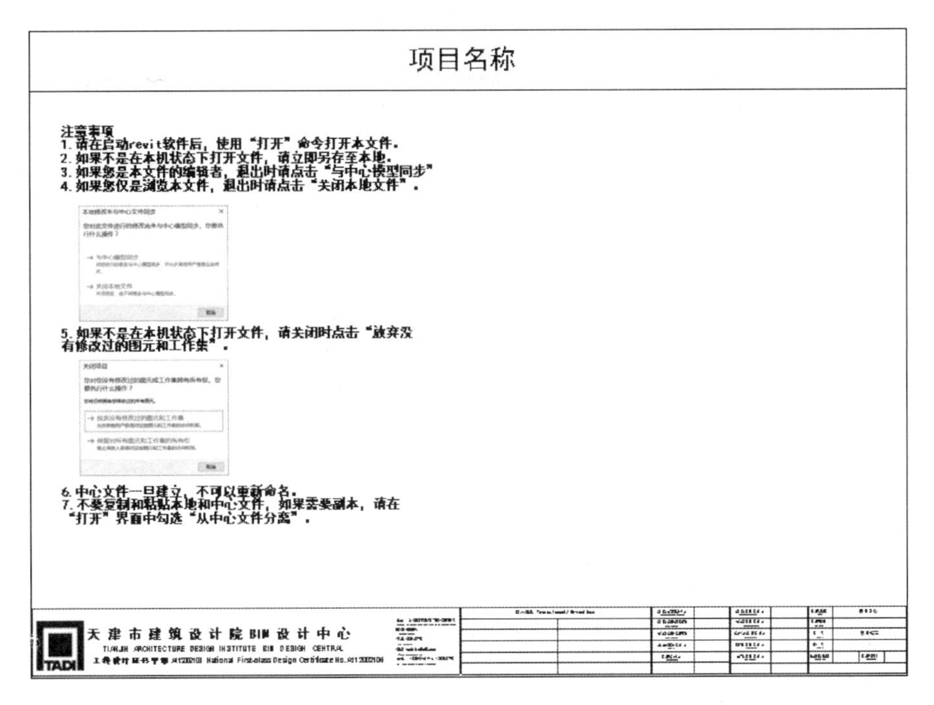

图 2.4-179

3）先展开“项目浏览器”中的“族”→“注释符号”，将色表表格拖入图纸中，并调整位置，再展开“项目浏览器”中的“图例”→将机电模型色表图例，拖入图纸中，并调整位置使其和表格匹配。点击“机电模型色表图例”，将视图标题选择为不含比例的形式。最终完成如图 2.4-180 所示。

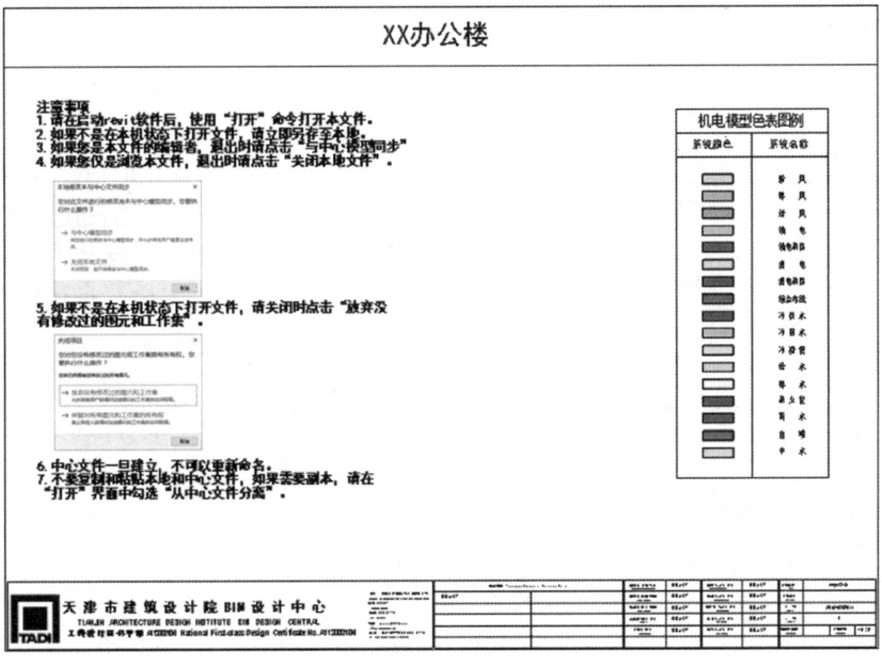

XX办公楼
注意事项
1. 请在启动revit软件后，使用“打开”命令打开本文件。
2. 如果不是在本机状态下打开文件，请立即另存至本地。
3. 如果您是本文件的编辑者，退出时请点击“与中心模型同步”
4. 如果您仅是浏览本文件，退出时请点击“关闭本地文件”。
5. 如果不是在本机状态下打开文件，请关闭时点击“放弃没有修改过的图元和工作集”。
6. 中心文件一旦建立，不可以重新命名。
7. 不要复制和粘贴本地和中心文件，如果需要副本，请在“打开”界面中勾选“从中心文件分离”。
机电模型色表图例
系统颜色
系统名称
天津市建筑设计院BIM设计中心
TIANJIN ARCHITECTURE DESIGN INSTITUTE BIM DESIGN CENTRAL
TADI

图 2.4-180

4）将生成的图纸重命名为“启动页”，点击“管理”选项卡中的“启动视图”按钮，弹出“启动视图”对话框。选择“图纸：启动页-启动页”，点击确定，完成启动页的设定。如图 2.4-181 所示。

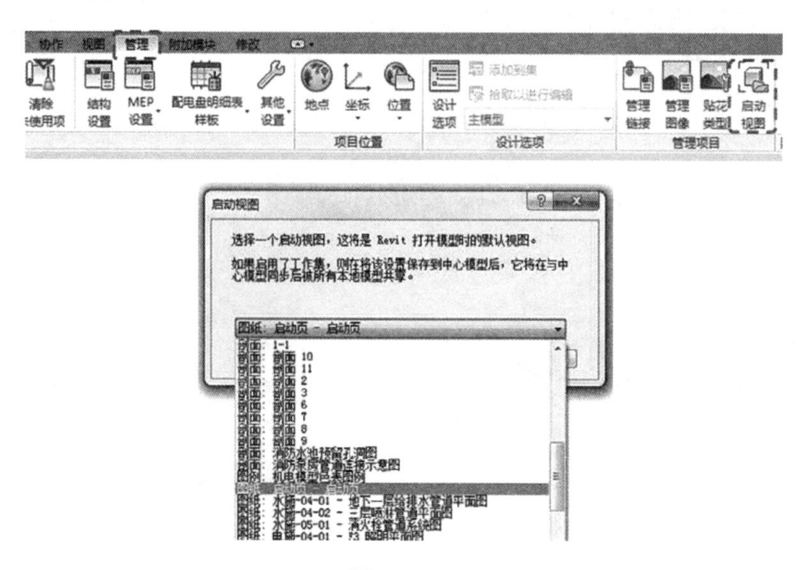

图 2.4-181

2.4.14　图纸及图纸组织管理

1. 图纸管理的意义

模型包含大量的数据信息，为了将这些信息展示出来，目前阶段仍需借助二维图纸，并且增加标注、注释，甚至需局部放样以清晰表达各类信息，还需满足制图规范要求。同时因为信息量大，需要对图面进行处理，避免冗余信息对图面进行干扰。而图纸，是一种嵌套族，由图框族和插入其中的视图组合而成，图框族的信息载体为其中的“标签”。标签的内容可以手动直接输入，也可以与相关的参数联动（参见本书 2.4.8 节）。对于需要签名的内容，可以将电子签名做成图例插入，也可以将图纸进行打印后进行签名。

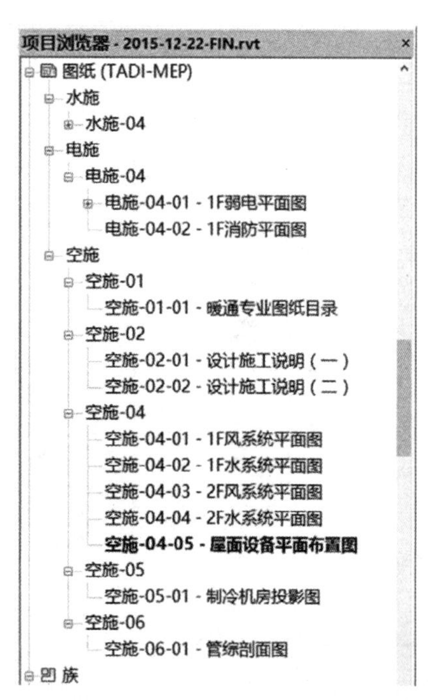

图 2.4-182

2. 图纸目录树的创建

（1）图 2.4-182 所示为图纸目录树完成的最终状态，同视图目录树组织的方法一样，需要用到浏览器组织及过滤条件。在项目浏览器栏中右键单击图纸，选择“浏览器组织”。

（2）在弹出的对话框中选“图纸”→“新建”，对规则进行命名。如图 2.4-183 所示。

（3）浏览器组织的过滤条件比视图的要简单很

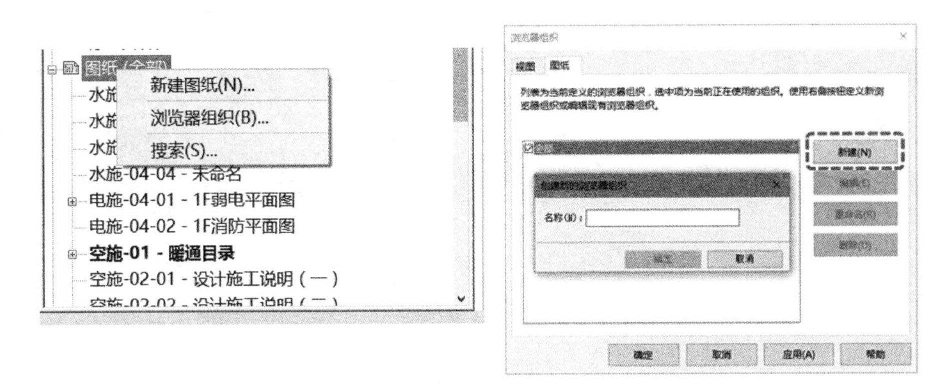

图 2.4-183

多，就是按照图纸编号进行排序（图 2.4-184）。以图 2.4-183 为例，过滤条件为：让图纸先按前两个字符排序，再在此基础上按前五个字符排序。第一次排序完毕，图纸按“水施”“空施”“电施”排序完成，分好了大类。第二次排序完成，是按照后面的数序进行的排列。就可以形成图 2.4-183 的效果。简单地讲，过滤的原理就是通过设置逐层变细的筛分条件，从而对形成图纸的层级化排序方式。

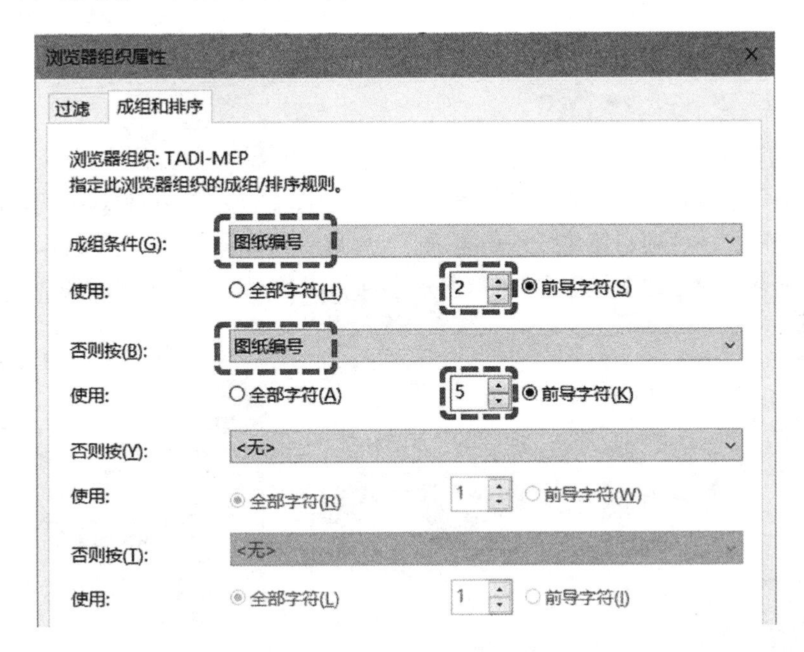

图 2.4-184

（4）此种组织是按专业排序进行的，在组织/排序规则下拉菜单中还有其他条件可以选择，可根据实际要求，订制自己单位的图纸目录树的显示规则。

（5）添加后，并勾选使用。在项目浏览器栏中右键单击图纸，选择“新建图纸”，在弹出的“新建图纸”界面下选择“标题栏”中的图幅大小。如图 2.4-185 所示。

（6）在生成的图纸中修改其属性中的“图纸编号”“图纸名称”两类（图 2.4-186）。图纸将自动归类并排序。在本书第 2.2.5 节中提及视图的命名规则，就是为此步骤提供支持。所以制定统一的命名规则是实现正常管理的必要条件。

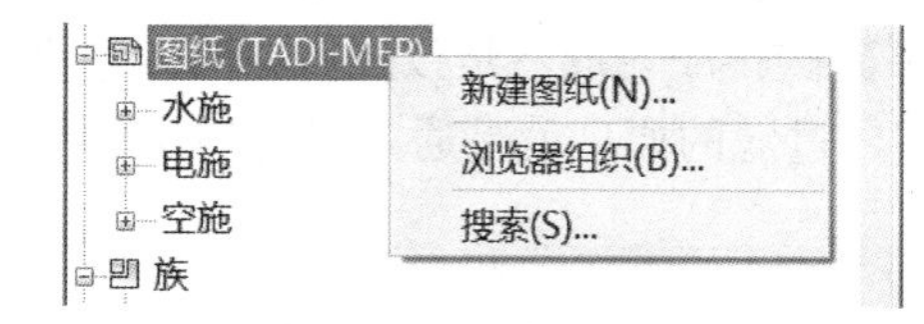

图 2.4-185

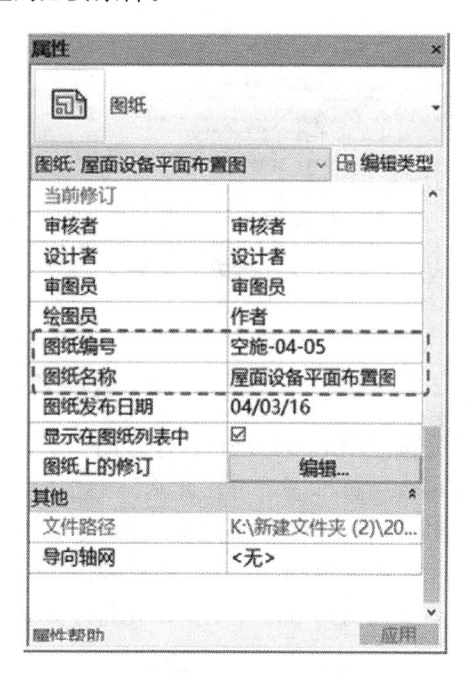

图 2.4-186

3. 图纸的过滤

（1）如果只希望看到本专业自绘的图纸，需要对图纸加注项目参数作为分类标识。点击选项卡“管理”→“项目参数”→“添加”，弹出界面如图 2.4-187 所示，需要注意的是，这里类别选择的是“图纸”，这意味着这个项目参数只能在“图纸”中使用。前文中

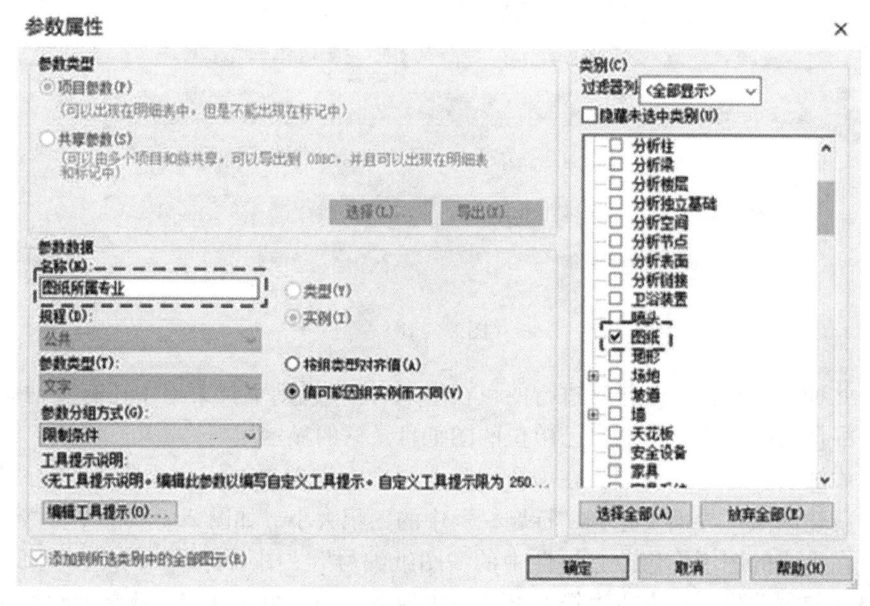

图 2.4-187

为视图添加的项目参数，类别是“视图”，在浏览器组织器里会分别显示。

（2）在上一步新建的图纸浏览器组织中添加过滤规则，如图 2.4-188 所示，这个规则的意思是：图纸中含有“图纸所属专业”这个项目参数，且参数为“M”，属于此合集。

（3）最终完成效果如图 2.4-189 所示。

图 2.4-188　　　　　　图 2.4-189

2.4.15　项目标准的传递

项目样板的传递是将一个项目的项目标准复制并覆盖到另一个项目中。

1. 项目标准传递的内容

（1）族类型（包括系统族，而不是载入的族）；

（2）线宽、材质、视图样板和对象样式；

（3）风管设置、管道和电气设置；

（4）标注样式、填充样式和颜色填充方案；

（5）尺寸标注样式；

（6）文字类型；

（7）过滤器；

（8）打印设置。

2. 项目标准传递的注意事项

（1）可以指定要复制的标准。

（2）当系统族依赖于其他系统族时，所有相关的族都必须同时传递，以便使其关系保持不变。例如，文本类型和标注样式使用箭头。因此，文本类型、标注样式和箭头必须同时传递。

（3）视图样板和过滤器必须同时传递才能保持其关系。

（4）将视图样板和过滤器从源项目传递到目标项目时，如果目标项目包含具有相同名称的视图样板和过滤器，需将其删除，然后再从源项目传递这些项目。此预防措施可以避免出现潜在问题。

(5) 链接的可见性设置不在项目之间传递。

3. 项目标准传递的操作步骤

(1) 打开源项目和目标项目。

(2) 在目标项目中，单击“管理”选项卡“设置”面板 (传递项目标准)。

(3) 在“选择要复制的项目”对话框中，选择要从中复制的源项目。

(4) 选择所需的项目标准。如选择所有项目标准，请单击“选择全部”。

(5) 单击“确定”。

(6) 如果显示“重复类型”对话框，则表明目的样本和源样本中有相同类型存在，需要在如下操作中选择其一：

① 覆盖：传递所有新项目标准，并覆盖新样本中相同类型；

② 仅传递新类型：传递所有新项目标准，并保留新样本中相同类型；

③ 取消：取消操作。

2.4.16　项目样板的管理

本节 (第 2.4 节) 主要介绍了项目样板的创建以及其中各元素的设置方法与规则。项目样板的制作、管理及维护须有专人负责，项目样板负责人在项目样板的制作过程中须严格遵循本节介绍的命名规则对各元素进行统一的命名，对不同用途、不同版本的项目样板要严格管理并做好使用记录。严禁各设计人随意修改项目样板中设定完成的内容，如有特殊情况须与项目样板负责人沟通后方可操作。各专业设计人在建立项目文件时须使用本专业的项目样板，严禁各专业之间交叉使用。在不同的工作阶段，可能使用不同的项目样板，但在出图时须保证各项目样板中的视图样板保持一致。

2.5　模型分级管理

2.5.1　模型分级

利用 BIM 技术建立起来的动态信息模型具有很好的统一性、完整性和关联性，它作为载体集聚了不同设计阶段的信息，贯穿于整个设计阶段。随着设计阶段的不断深入，BIM 的核心数据源也在不断地完善和传递。在设计过程中，设计师在不同阶段所关注的内容不同，BIM 的核心数据源也必须随着设计师在不同阶段的关注点进行广度与深度的调整，从而使模型的精度和信息量符合不同设计阶段的需要，因此引入了模型深度等级划分的规定。各专业深度等级划分时，可按需要选择不同专业和不同的信息深度等级进行组合，应注意使每个后续等级都包含前一等级的所有特征，以保证各等级之间模型和信息的内在逻辑关系。在 BIM 应用中，每个专业 BIM 模型都应具有一个模型深度等级编号，以表达该模型所具有的信息详细程度。同时模型深度尽可能与我国现行《建筑工程设计文件编制深度规定》中的设计阶段深度相对应。

基于不同设计阶段的需求和用途，规范了五级模型深度。不同深度模型应符合表 2.5-1 的规定。

不同级别模型内容及包含信息 **表 2.5-1**

分级	建筑专业		结构专业		暖通专业		给水排水专业		电气专业	
	模型内容	信息	模型内容	信息	模型内容	信息	模型内容	信息	模型内容	信息
一级	地块模型、建筑体量、道路、绿化、景观	概念设计表现、用地范围、地块功能划分、建筑面积、绿化面积、外部交通面积、外部交通组织、经济技术指标	无模型	结构形式与结构材料初步确定	无模型	—	无模型	给水排水总图方案	无模型	—
二级	建筑外观、建筑功能划分、垂直交通模型	方案设计外观表现、建筑内部功能划分、建筑功能面积表单、建筑室内外流线组织、防火分区	主要梁、柱、墙以及楼面梁板布置	与建筑协调定位，与设备协调梁高	冷、热源机房；重要通风设备用房的面积和位置；设备管线主要路由	主要设备名称尺寸；项目内系统构成	设备用房面积和位置及主要设备定位；设备管线主要路由	主要设备名称尺寸；项目内系统构成	设备用房面积和位置及主要设备定位；设备管线主要路由	主要设备名称尺寸；项目内系统构成
三级	建筑外观详细模型、建筑功能详细划分模型、垂直交通详细模型、设备房间划分细部模型	初步设计外观详细表现、建筑内部功能详细布置、建筑内部交通详细组织、重点部位二、三维详图表现	基础结构与上部结构布置、结构关键节点、结构单元划分	主要构件尺寸，分缝位置，预留孔洞位置及尺寸	机房设备布置；主要设备定位；系统主要管线布置；关键楼层末端布置	主要管线尺寸；设备编号、位置、用途、参数	机房设备布置；主要设备定位；各系统主要管线布置；关键楼层喷头布置，重力管道坡度完成	主要设备布置；主管道位置；报警阀数量等	室外电气管线；电气专业用房内设备布置；各层具体规格的桥架路由	电气专用房位置确定；各层路由具体位置
四级	建筑外观精细模型、建筑功能精细模型、建筑垂直交通精细模型、设备房间划分精细模型	施工图设计阶段建筑模型精细外部表现、精细房间功能布置、外延图、厨卫图、楼梯间等构件图	基础、楼面、屋面精细模型，楼梯及外檐详图	楼梯详图、外檐做法等，特种结构和构筑物做法	所有楼层系统；末端布置；管综完成；所有设备参数注入；设备基础	管道尺寸、标注；大样图；说明及设备表	机房设备参数；各系统管道的设置；管道末端设置；管综完成；设备基础	管道尺寸、标注、详图、说明及设备表	管综完成室外电气管线；电气专业用房设备及桥架；照明、消防、智能化系统布点及连线	变、配电站设备信息；各层配电平面信息；各层照明平面信息；防雷接地平面信息；火灾自动报警平面信息；智能化平面布置信息

续表

分级	建筑专业		结构专业		暖通专业		给水排水专业		电气专业	
	模型内容	信息	模型内容	信息	模型内容	信息	模型内容	信息	模型内容	信息
五级	二次装修深化模型、幕墙安装细部模型、所有隐藏工程	专项设计阶段工程量统计信息、工程预算信息、安装模拟	结构安装深化模型，关键节点钢筋绑扎、节点构造	结构工程量统计信息，施工模拟	结合二次装修模型深化，准确定位装修后的风道、水管、风口位置等	工程量统计信息、工程预算信息、安装模拟	根据二次装修进行深化，调整喷头位置、卫生间给水排水管道、消火栓位置等	工程量统计信息、工程预算信息、安装模拟	室外电气管线；电气专业用房设备及桥架；照明、消防、智能化系统布点及连线；根据二次装修情况，照明、消防、智能化系统点位调整	各系统各层平面信息；细化室内外照明平面信息

注：1. 详细模型，指包含扩初阶段构造做法，标有尺寸等信息，满足初步设计深度的模型；
2. 精细模型，指在详细模型基础上既满足详细模型深度，又包含材料构造做法、细部尺寸等，满足施工图深度的模型。

2.5.2 暖通模型内容

1. 暖通一级模型

一级模型针对概念设计阶段，建筑专业应具备项目概念设计阶段所需的地块模型、建筑体量模型、道路、绿化、景观等信息，其他专业可不搭建实体模型。暖通专业此阶段无实体模型。

2. 暖通二级模型

暖通可以针对建筑二级模型导入到分析软件进行流体力学、能耗分析等模拟计算。暖通二级模型应包含管线主路由、风道水管水平干管的排布、水管主立管的排布，以及冷、热源机房内设备大小的体块。

3. 暖通三级模型

三级模型应包括预先选定的关键层的所有系统，以及冷热源机房内设备、重要空调、风机房内设备布置，并包含链接的说明、流程图、原理图等CAD文件。

三级模型应包括：采暖系统的散热器、采暖干管及主要系统附件的体量模型及布置；通风、空调及防排烟系统主要设备的体量模型及布置，主要管道、风道所在区域和楼层的布置以及系统主要附件的体量模型及布置；冷热源机房主要设备、主要管道的体量模型及布置；各系统机房：包括制冷机房、锅炉房、空调机房及热交换站主要设备的体量模型及布置；主要风道及水管干管布置，以及系统主要附件的体量模型及安装位置；风道井、水管井的位置及井内竖向风道、立管干管的布置。

4. 暖通四级模型

四级模型是在三级模型的基础上进行补充完善工作包括：绘制其余各层的系统、末端、阀件；对选用设备进行相关参数的注入，至少应包括材料表中数据；选用设备族时需要注意校核尺寸是否和样本尺寸接近，否则需要对该族进行调整；完成管综；设备基础及必要的预留孔洞提资；生成二维图纸、添加注释、补充三维大样图；各类设备、设备基础、主要连接管道和管道附件的实体模型及其安装位置和主要安装尺寸；各层散热器的实体模型及安装位置，采暖干管及立管的位置，管道阀门、放气、泄水、固定支架、伸缩器、入口装置、减压装置、疏水器、管沟的实体模型及其安装位置（需标注管道管径及标高）。

5. 暖通五级模型

五级模型应结合二次装修深化，精确定位装修后的风道、水管、风口、盘管的位置等。并进行工程量统计，提取工程预算信息，能够进行安装模拟。

注意：每级模型在按要求独立搭建的基础上，同时也需具备能够深化到下级模型的条件。

2.5.3 给水排水模型内容

1. 给水排水一级模型

给水排水专业此阶段无实体模型，需结合建筑专业模型确立本专业基本设计方案。

2. 给水排水二级模型

根据甲方提供的市政条件，二级模型初步确定专业设计方案，确定各系统设备用房的位置及面积。

3. 给水排水三级模型

三级模型包括：各系统设备机房布置，包括给水泵房、中水泵房、消防泵房等；给水排水各系统主要管道所在的楼层、高度及走向；管井的位置；主要楼层的喷头布置。

4. 给水排水四级模型

四级模型是对三级模型的细化，包括：各系统设备的参数；设备基础的尺寸及位置；各系统管道的材质及连接方式；管道末端的位置及尺寸；管道的阀门、管件、管径及标高。

5. 给水排水五级模型

五级模型是根据二次装修进行深化设计，根据装修风格调整喷头位置、卫生间给水排水管道、消火栓位置等。并从模型中提取工程量统计信息、工程预算信息及安装模拟信息。

2.5.4 电气模型内容

1. 电气一级模型

电气专业此阶段无实体模型，需结合建筑专业模型确立本专业基本设计方案。

2. 电气二级模型

二级模型具体工作内容包括：室外电气管线的敷设；变配电站、各配电间及竖井的用途、位置及面积的确定；室内主要桥架的铺设。

3. 电气三级模型

三级模型设计人员应逐步完善设计内容，继承二级模型内容，对变配电站、配电间内相关设备进行布置和编码，并明确桥架尺寸，铺设各层各系统桥架。

4. 电气四级模型

四级模型承接三级模型内容，本阶段电气专业工作内容为照明、消防、智能化等系统的布点及连线。

5. 电气五级模型

五级模型结合二次装修内容，对电气平面进行补充完善。本级模型除了继承上级模型内容，根据二次装修情况，对照明、消防、智能化系统点位进行调整，同时，可直接从模型中得到工程量统计信息及完善后的安装信息。

第3章　BIM设计实例

3.1　概念及方案设计阶段

本阶段是机电专业机房管井合理布置的关键时期，需要注意管井均衡分布，有利于后期的管线综合工作。

3.1.1　工作要点

（1）结合建筑特点提出管井位置、数量、面积及设备用房面积、位置；
（2）应尽量避免主要设备用房分布过于集中的情况，避免出线处交叉严重；
（3）管井要求考虑容纳管道数量；
（4）按实际需求开展适当深度的数值模拟工作。

3.1.2　操作流程

此阶段机电专业的具体工作流程及内容见表3.1-1。

机电专业概念及方案设计阶段工作流程及内容　　　　**表3.1-1**

工作流程	工作内容
【1-1】概念设计	1. 建筑专业提供体量模型，暖通配合建筑进行室外风环境分析、建筑风压分析，完善建筑方案（可选工作）； 2. 各专业负责人根据方案情况筹划能源方案、预估负荷、策划系统形式、预估机房面积
【1-2】方案比选	
【1-3】项目要求会	机电负责人提出设备用房的位置及面积的要求
【1-4】深化方案	1. 机电负责人及各专业负责人校验机房位置、面积是否满足需求； 2. 各专业负责人用体量进行竖向管井、主要管井占位设计
【1-5】方案确定会	机电负责人在项目要求会上提出估计的设备用房、主要管井等的位置及面积的要求
【1-6】完善方案形成成果	1. 机电负责人建立中心文件，进行机电设备摆位，方案策划，初步确定设备用房、管井等； 2. 各专业在中心文件内按自己专业名称建立工作集； 3. 各专业校验建筑模型修改部分已达到专业要求； 4. 暖通需要验证制冷机房、设置两台及以上组空设备的空调机房面积及路由是否可行； 5. 给水排水专业需要验证泵房的面积及路由是否可行； 6. 电气专业需要验证变配电机房的面积及路由是否可行； 7. 各专业负责人用体量进行竖向管井、主要管井占位设计； 8. 机电负责人分离模型，按存档要求将文件存储

3.1.3 模型完成标准

（1）各专业有自己的工作集；

（2）各专业单独占用的竖井，使用独占的颜色；

（3）电气专业绘制竖向桥架、布置在公共区域的母线。

3.1.4 操作要点

1. 用户名的修改

Revit 的中心文件和本地文件之间存在权属联动关系，参与项目的各参与者的名称不可重复，为此，需要执行用户的命名规则。如图 3.1-1 所示。相关规定可以参考第 2 章中相关内容。

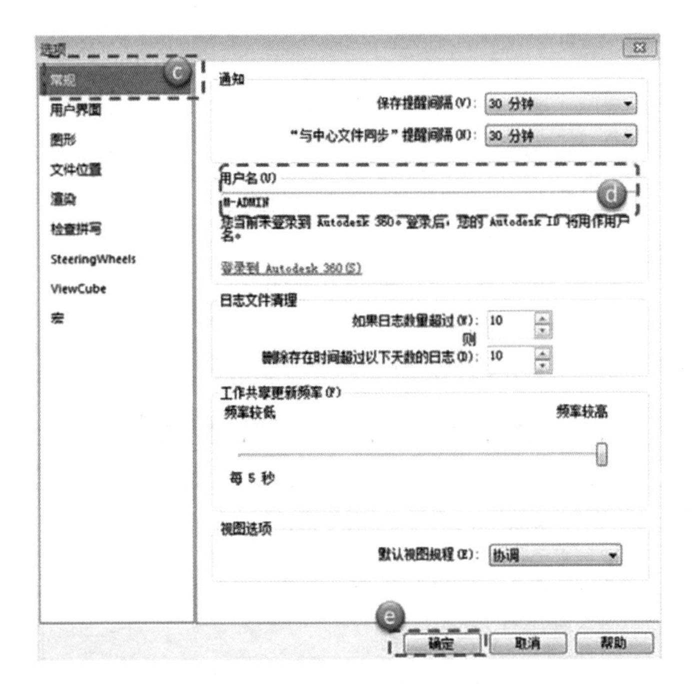

图 3.1-1

2. 中心模型的建立

（1）单击[icon]→选项→常规→将用户命改为 ADMINISTRATOR→确定，如图 3.1-2 所示。中心模型建立之后，不希望受到无关者的干扰，故先将 Revit 的使用者名称改为 ADMINISTRATOR，再创建中心模型，这样无关者打开中心模型后会收到用户名错误的提示，使其不能进行下一步操作。此步骤的前提条件是所有终端电脑的 Revit 的使用者都不能为 ADMINISTRATOR，这可以作为一个制度编制进“BIM 设计操作管理要求”。

（2）单击[icon]→新建项目→选择合适的项目样板或定制样板→插入→将视图转至任意一个立面上，删除原有的标高 1 和标高 2。如图 3.1-3 所示。

（3）点击菜单栏上“插入”→链接 Revit→选择需要链接的建筑中心模型→将建筑中心模型锁定。如图 3.1-4 所示。

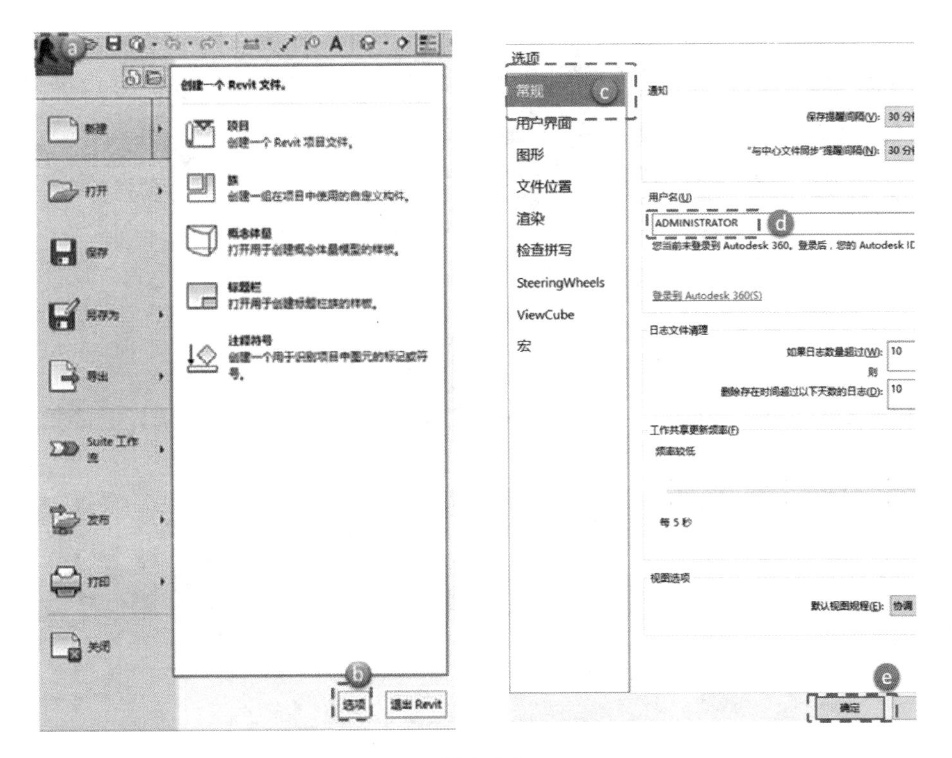
a
创建一个 Revit 文件。
新建
项目
创建一个 Revit 项目文件。
打开
族
创建一组在项目中使用的自定义构件。
保存
概念体量
打开用于创建概念体量模型的样板。
另存为
标题栏
打开用于创建标题栏族的样板。
导出
注释符号
创建一个用于识别项目中图元的标记或符号。
Suite 工作流
发布
打印
关闭
b
选项
退出 Revit
选项
常规
c
用户界面
图形
文件位置
渲染
检查拼写
SteeringWheels
ViewCube
宏
通知
用户名(U)
ADMINISTRATOR
d
登录到 Autodesk 360(S)
日志文件清理
工作共享更新频率(F)
视图选项
e
确定

图 3.1-2

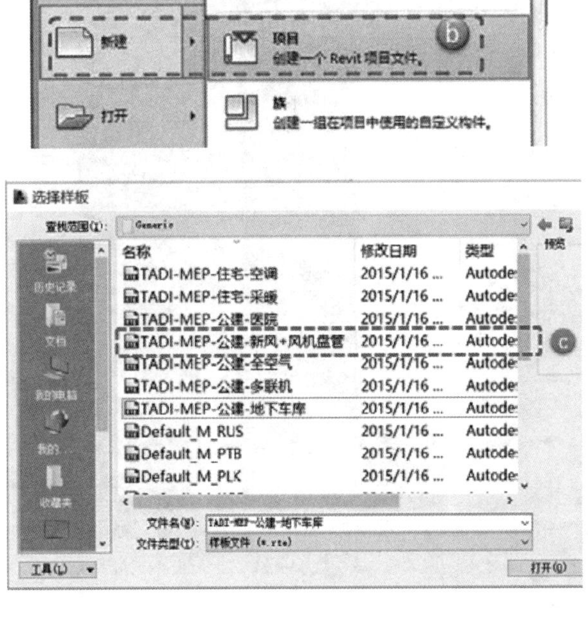
a
创建一个 Revit 文件。
新建
项目
创建一个 Revit 项目文件。
b
打开
族
创建一组在项目中使用的自定义构件。
选择样板
名称
修改日期
类型
TADI-MEP-住宅-空调
TADI-MEP-住宅-采暖
TADI-MEP-公建-医院
TADI-MEP-公建-新风+风机盘管
c
TADI-MEP-公建-全空气
TADI-MEP-公建-多联机
TADI-MEP-公建-地下车库
Default_M_RUS
Default_M_PTB
Default_M_PLK
打开(O)

图 3.1-3

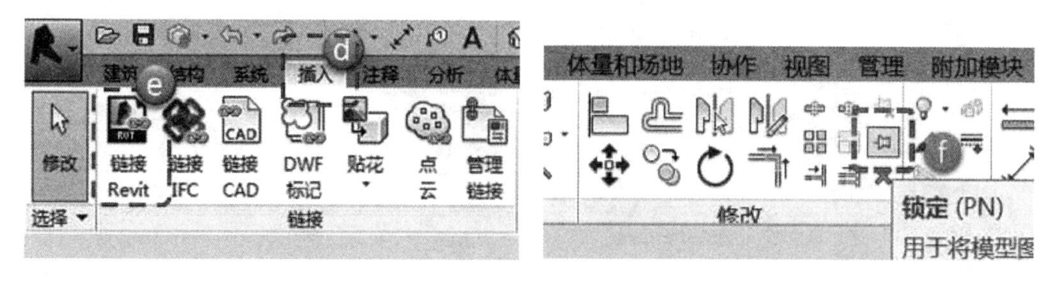

图 3.1-4

（4）复制标高：

① 如图 3.1-5 所示，点击协作（a）→复制/监视（b）→在视图上选择链接文件（c）。

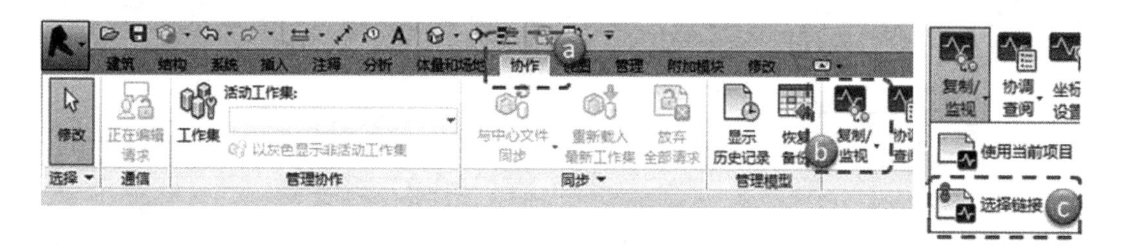

图 3.1-5

② 点击平面视图（d）→点击选项（e）→选定上标头（f）。如图 3.1-6、图 3.1-7 所示。

③ 点击复制（g）→点击多个（h）→框选平面→点击过滤器（i）→放弃全部（j）→

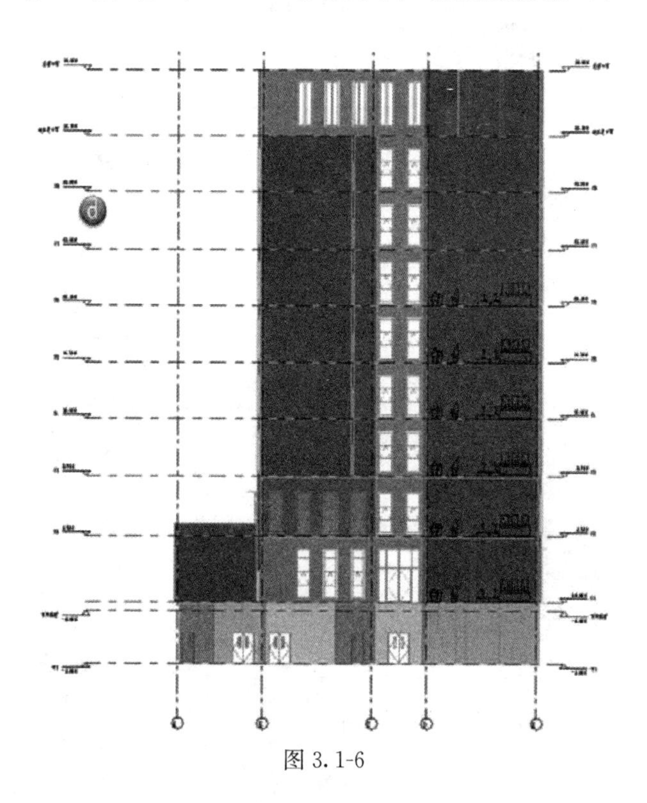

图 3.1-6

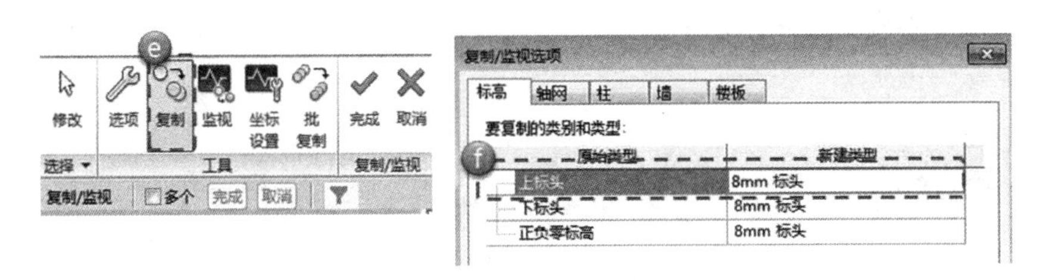

图 3.1-7

选择标高和轴网后（k）点击确定→先点击功能区下方的完成（l），退出选择命令→再点击功能区内的完成（m）→复制标高完毕。如图 3.1-8 所示。

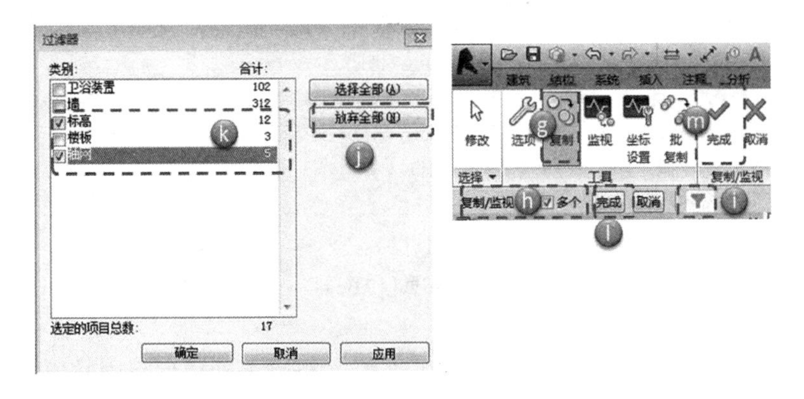

图 3.1-8

（5）复制楼层平面：

点击视图→平面视图→楼层平面→选择所需要的楼层→点击确定复制楼层完毕。在项目浏览器中“楼层平面”中检查各层平面是否全部复制。如图 3.1-9 所示。

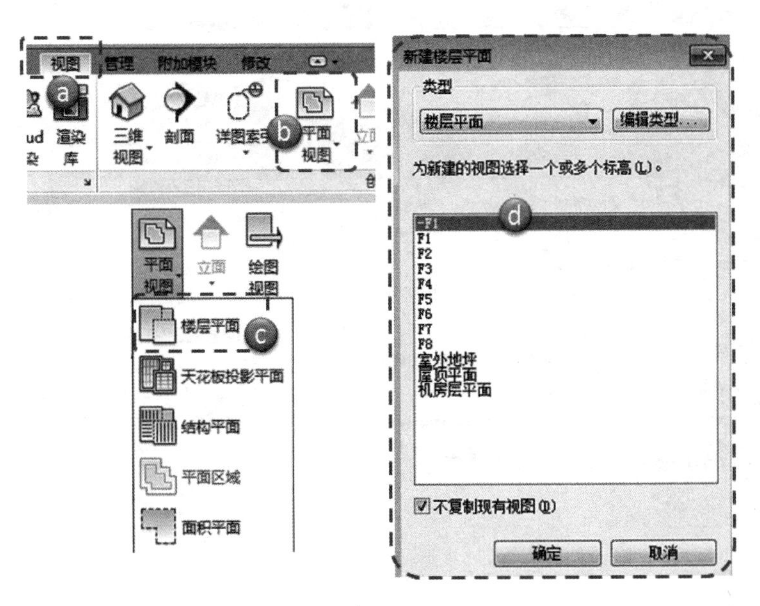

图 3.1-9

（6）保存中心模型前先创建工作集。如图3.1-10所示，点击协作（a）→工作集（b）→点击确定。

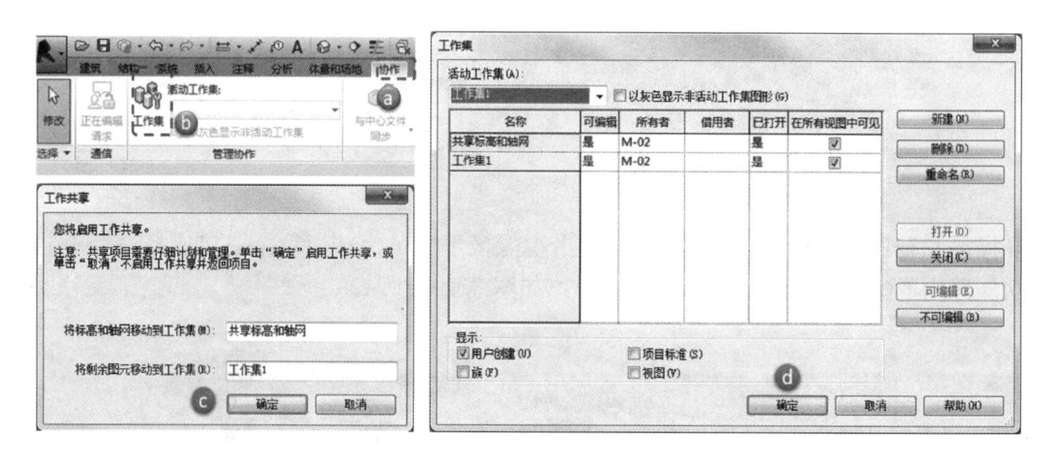

图3.1-10

（7）在服务器上建立中心模型（图3.1-11）：

① 点击R图标（a）→另存为（b）→项目（c）→选择需要保存中心模型至服务器的路径；

② 点击选项（d）→最大备份数改为2～3（e）→点击确定后将中心模型建立在服务器上；

③ 如果没有进行上述步骤（6），则选项中的（f）为灰色未激活，选项不可勾选，不能建立中心模型。

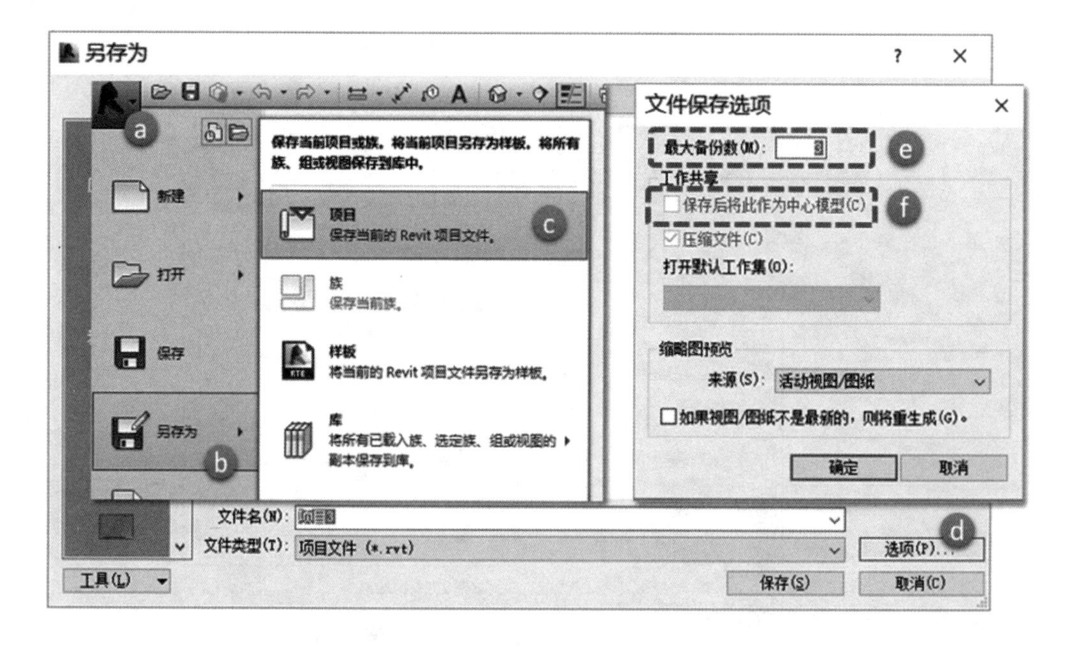

图3.1-11

（8）建立本地文件。仍在本模型内，点击 R 图标→另存为→项目→选择需要保存模型至本地的路径。操作完成后可点击同步命令图标，进行与中心模型同步的检测。

（9）通过以上步骤，就能建立存储数据和支持数据交换的中心模型，以及用于本地工作的文件，本地文件实际是中心模型的本地映像文件。中心模型和本地文件之间存在交流校验机制，如果这种机制被破坏，本地文件和中心模型间不能进行数据交流，不能同步中心模型的数据。如果发生如模型崩溃、无法打开模型等问题，可以分离最近一次同步后的本地文件，另存到服务器上，重新创建中心模型。如果是多人参与的项目，应该先通知各参与人，协调并认同最后一次同步后的本地文件。

3. 工作集的建立及占用

（1）工作集的建立

点击“协作选项卡”中的工作集图标或是软件界面最底端的图标均可。工作集的重命名需要按照本书第 2.2.3 节的命名规则来执行。如图 3.1-12 所示。

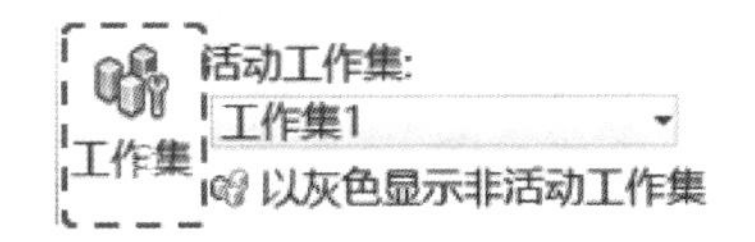

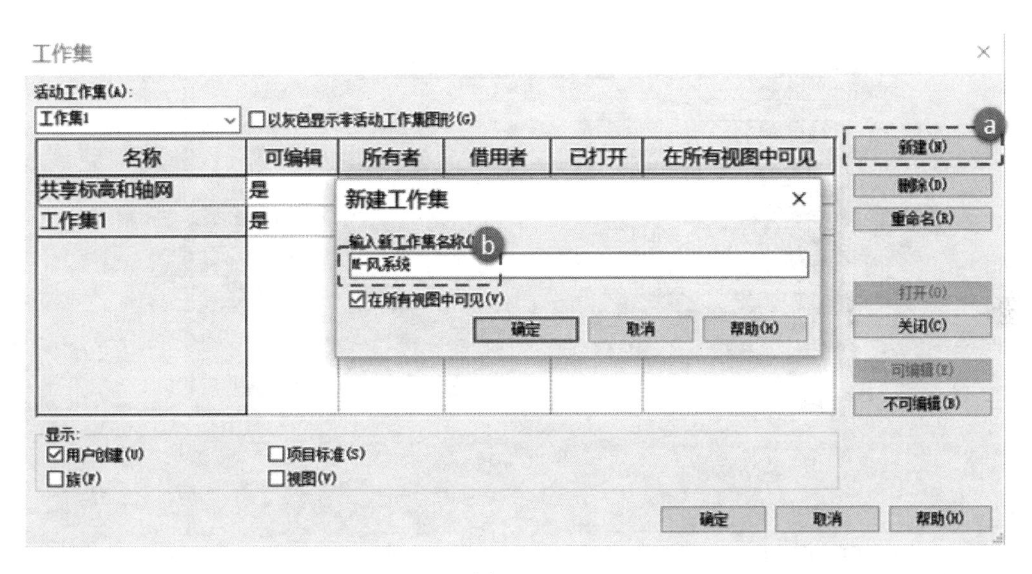

图 3.1-12

（2）工作集的占用

如图 3.1-13 所示，选中工作集，点击可编辑（a），或将可编辑的“否”改为“是”（b）。

（3）工作集的亮显

绘制图元时要注意活动工作集是否为图元所属工作集，可勾选“以灰色显示非活动工作集”，如图 3.1-14 所示，方便区分活动工作集。勾选前后亮显对比如图 3.1-15 所示。

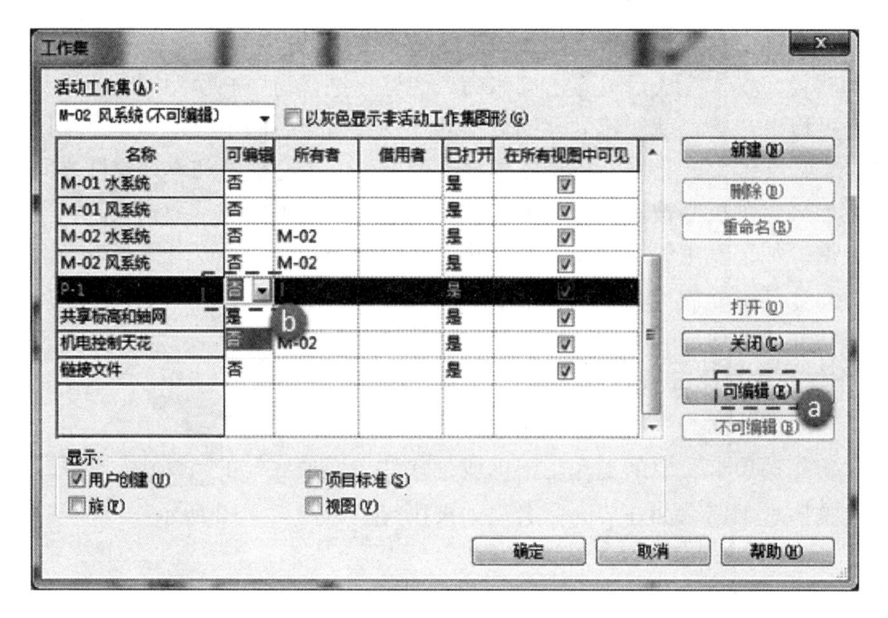

图 3.1-13

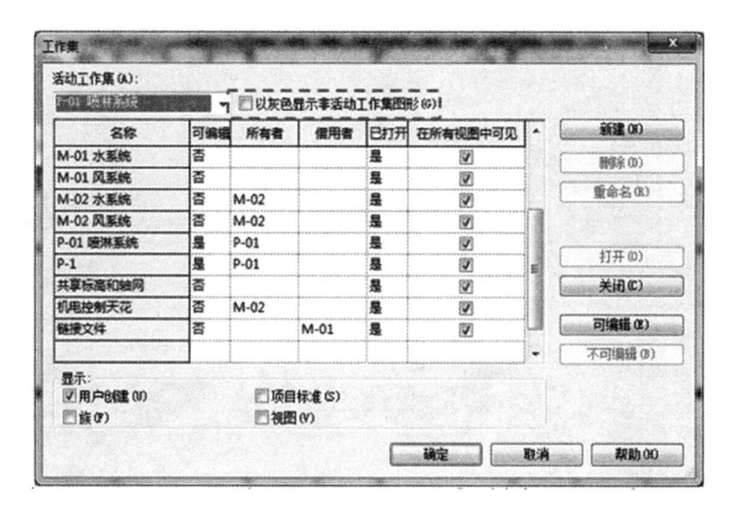

图 3.1-14

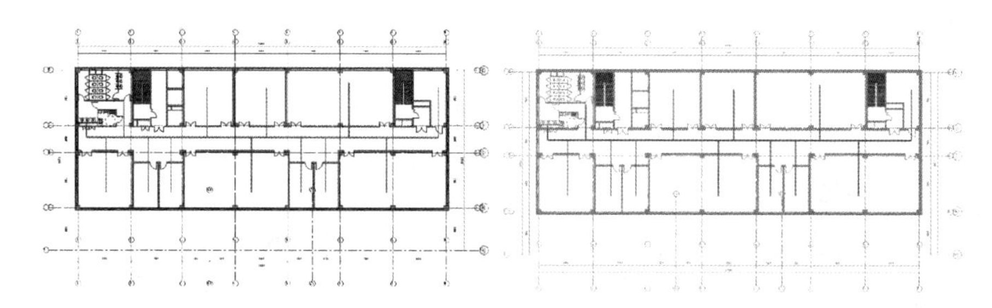

图 3.1-15

4. 模型中的体量

体量是一种多用途的内建族，用于表达各种不能详细描述的笼统构件，在此阶段，用体量来表示风系统、管井的路由占位。点击创建→拉伸→矩形→绘制矩形，在属性中设置起点标高和终点标高。如图 3.1-16 所示。最后在模式中选择“√”，完成内建族的建立。如图 3.1-17 所示。

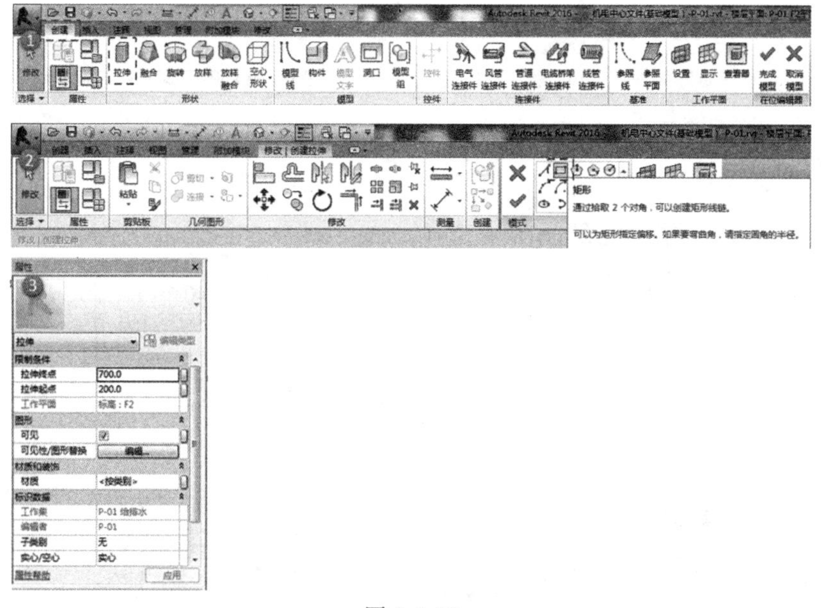

图 3.1-16

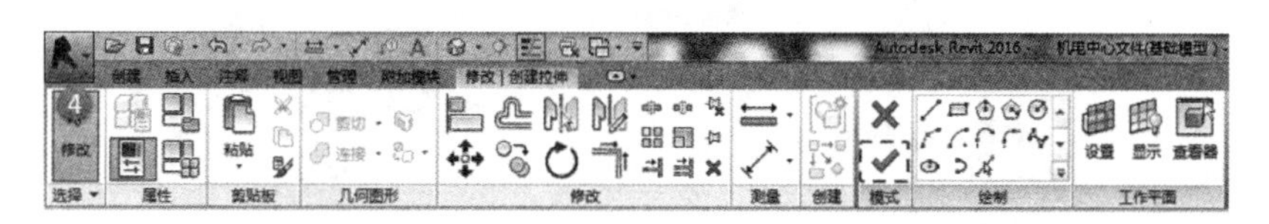

图 3.1-17

5. 中心文件的分离

中心文件的分离实际上是切断中心文件和本地文件的数据联系，使其脱离 BIM 设计平台变成一个独立使用的模型，除不能和原中心文件数据交流外，其他内容均不丢失。

(1) 打开中心文件时勾选“从中心分离”，如图 3.1-18 所示。单击打开。

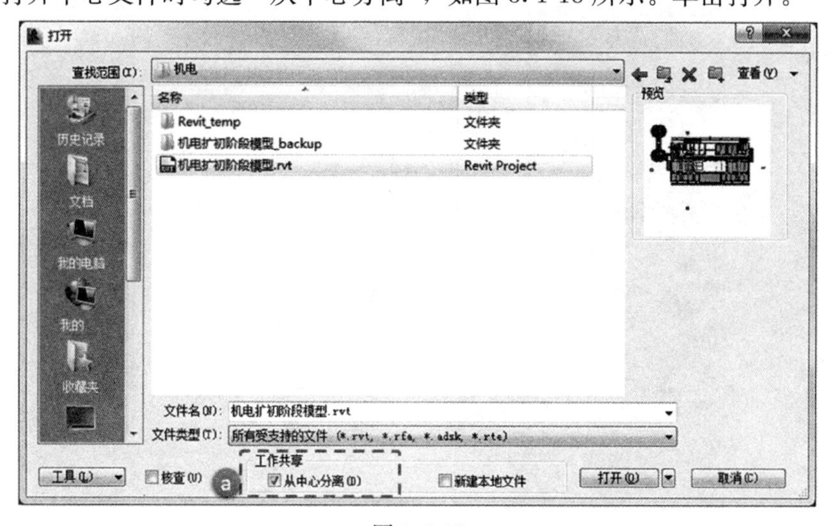

图 3.1-18

（2）在弹出的询问对话框中选择“分离并保留工作集”，如图 3.1-19 所示。此文件就成为与中心文件没有关联的单机文件。立即对分离出的模型进行保存操作，如图 3.1-20 所示。

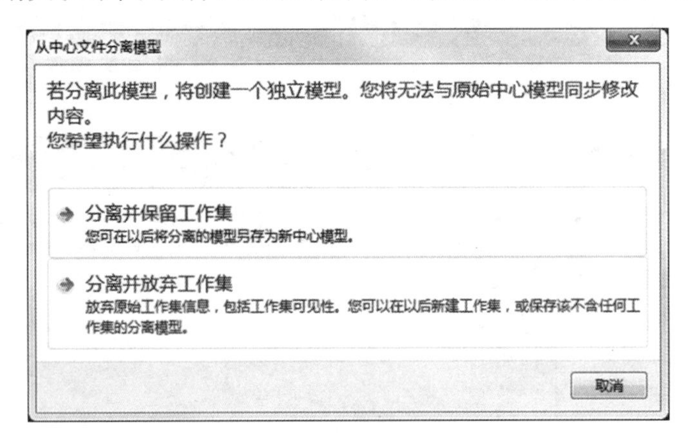

图 3.1-19

图 3.1-20

（3）保存时注意更改保存路径与文件名，如图 3.1-21 所示。

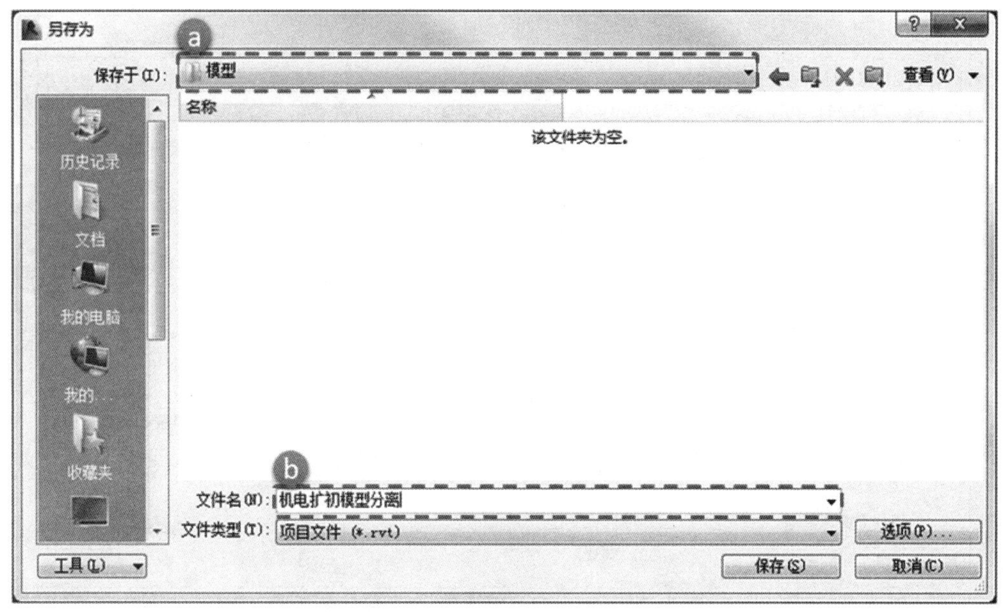

图 3.1-21

（4）注意默认路径为分离前的原路径，即中心文件所在路径，按照需求更改合适的路径。

（5）为了与原中心文件进行区分，设置为不同的文件名。

（6）保存后打开工作集，更改工作集的编辑权限，如图 3.1-22 所示。

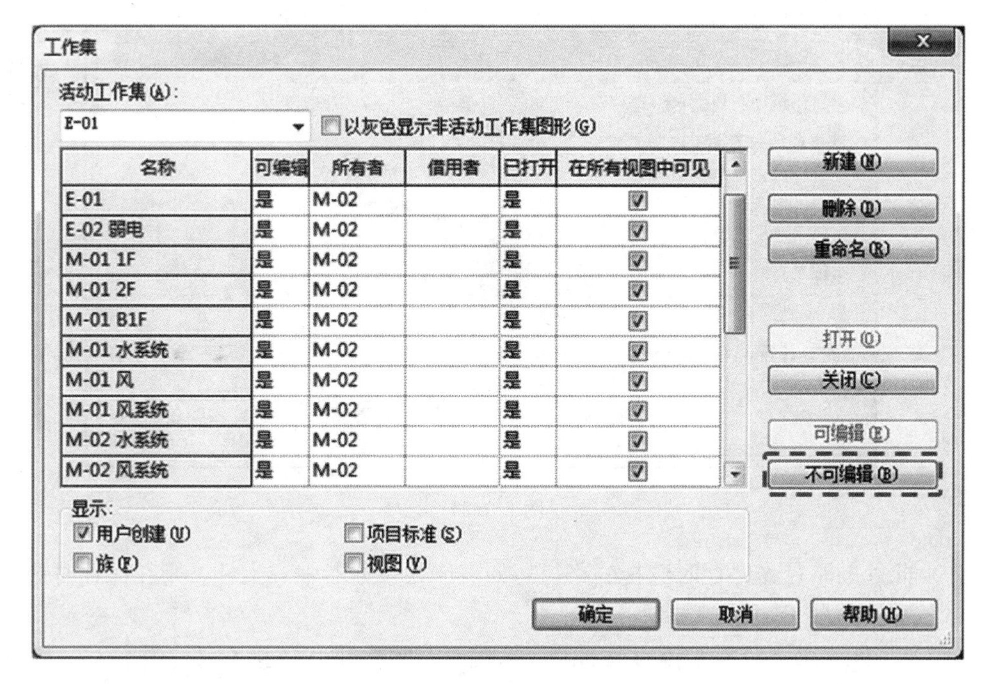

图 3.1-22

（7）选择全部工作集后单击“不可编辑”。如图 3.1-23 所示。

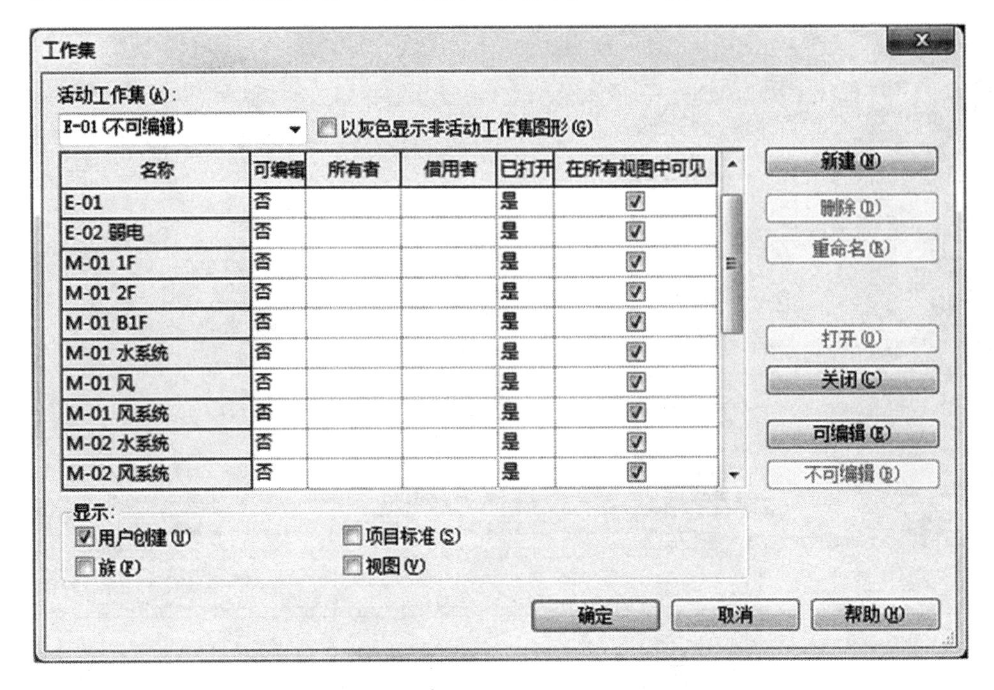

图 3.1-23

（8）单击“确定”返回后，对模型进行同步即可。如图 3.1-24 所示。

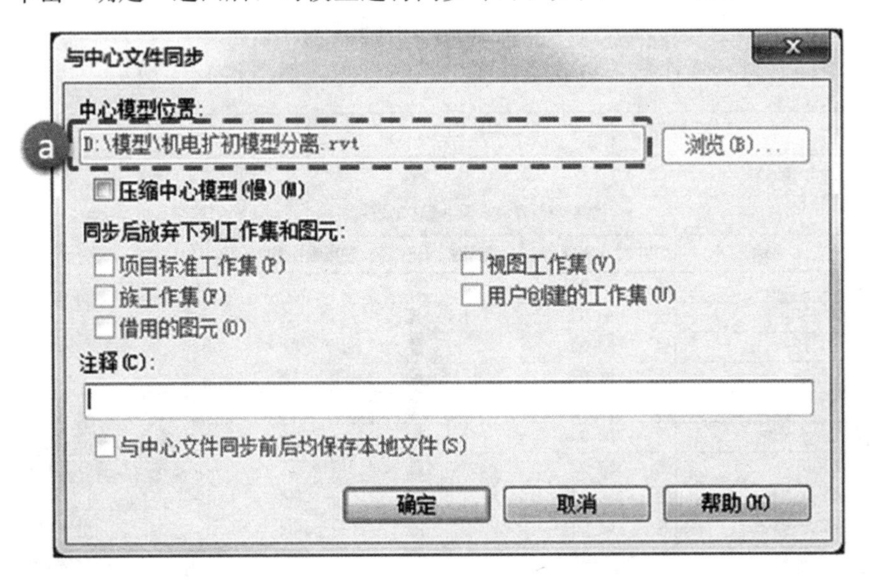

图 3.1-24

（9）此处的路径为保存时选择的路径。如需成为服务器中心文件，则在保存时选择服务器路径。

（10）文件分离之后如需转移至别的计算机时，需要将其链接文件一并转移，转移完毕后，需要打开新分离的文件并修复其链接。

3.2 初步设计阶段

本阶段是模型品质的关键阶段，建立齐全的系统、选择适当的族、管综的筹划，都对下阶段设计的质量和速度有影响。此阶段考虑的因素多些，下阶段工作就会顺利些。

3.2.1 工作要点

1. 设备专业工作要点

（1）机房布置并验证面积是否合理；

（2）水平路由通畅，不经过截面突然变化的空间；

（3）要求的管井位置及面积不被梁干扰；

（4）给水排水、暖通专业系统齐全并完整，本阶段未用到的系统也需建立；

（5）电气专业过滤器齐全；

（6）室内喷头与空调风口位置不冲突；

（7）桥架进入竖井时有足够的高度及宽度；

（8）墙上布置的点位整齐且不被其他设备遮挡；

（9）所使用的设备族要注入信息；

（10）有保温的管道需加保温层；

（11）建立好建模工作时所需的视图样板。

2. 管综专业工作要点

（1）机电控制标高满足预设目标；

（2）形成初步的管综方案；

（3）机电控制标高不满足预设目标，需提交其他专业共同研究优化方案；

（4）在满足建筑标高需求下，应保证调整后的系统合理；

（5）在满足建筑标高、路径合理、方便施工的前提下，管线尽量集中布置，形成管廊；

（6）管线、桥架交叉时、尽量向上拱起避让，不要向下翻弯；

（7）管线、桥架在穿出机房、管井前应调整好管序，避免在管井或机房外部形成节点；

（8）电气专业布置桥架时注意两个或两个以上桥架十字通应尽量交错设置，避免集中设置。尽量使用T型三通件，以降低管综难度；

（9）由于喷淋部分现场施工较灵活，有专门的消防施工公司对其进行专项施工设计，且在模型中做到支管的零碰撞十分消耗人力与时间，故建议完成喷淋主管及管径较大支管的设计。若设计时间允许，可进一步完善连接喷头的支管与其他管道之间的关系；

（10）管线间需为保温层、吊架预留空间；

（11）小尺寸的支风道可以避让其他管线；

（12）确保风道向下接出风口具备安装空间。

3.2.2 操作流程

初步设计阶段的工作流程及具体工作内容见表3.2-1。

机电专业初步设计阶段工作流程及内容 **表3.2-1**

工作流程	工作内容
【2-1】深化方案	—
【2-2】项目协调会	1. 机电负责人与建筑专业确定关键层、防火分区、吊顶标高。 2. 机电负责人同各专业设计人明确如下设计要求： （1）与土建专业确认机房及主管井满足需求，不足的提出增补要求； （2）与土建专业确认房内排水沟、集水坑位置； （3）各层平面沿轴线逐一核对强、弱电管井位置、尺寸，面积，设备走向及与平面、标高及空间的相互关系； （4）变压器等大型设备荷载是否与给结构专业提供的原资料相同，核对设备基础的位置、尺寸、标高； （5）变电站、发电机房、弱电机房、消控室等房间是否与有水房间贴临
【2-3】扩初设计	1. 各专业负责人绘制系统流程、设计说明，向机电负责人提出主要管线路由及预估数量。 2. 机电负责人筹划路由分配方案。 3. 机电负责人（管综负责人）与建筑专业协商吊顶标高，确认走廊内、管井内管道的占位分配，利用天花板绘制机电控制标高。 4. 机电负责人提出关键层管综方案，绘制管综剖面指导下阶段各专业管道布置工作
【2-4】阶段成果	1. 机电负责人需要与建筑专业负责人协商，决定是否需要按分号将整个项目拆分成多个中心文件。 2. 机电负责人与建筑、结构专业负责人沟通过后，确认建筑、结构文件的有效性后，更新建筑、结构链接文件。 3. 机电负责人补充复制新增加的视图，标注房间名称，检查功能房间布局的合理性，检查建筑平面是否达到深度，是否有防火分区标示，能否进行初步设计。 4. 机电各专业负责人进行设计任务拆分
【2-5】完成扩初成果	1. 链接、编辑CAD生成的文件，如流程、原理图等。 2. 机电专业修改视图属性，组织视图浏览器目录树。 3. 机电负责人将检视过的视图转移到“0. 基础模型”中，再修改视图限制条件，将视图归至“A. 建筑底图”下。 4. 机电负责人复制“A. 建筑底图”中的视图，分配至“1. 查看模型-C. 管综”中。 5. 专业负责人复制“A. 建筑底图”中的视图，分配至“2. 工作模型”中。 6. 各设计人建立本地文件、领取各自工作范围内视图，调整视图深度，复制至“3. 工作模型”和“1. 查看模型”中。 7. 水暖专业负责人补充样板中欠缺的系统、电气专业补充样板中欠缺的过滤器。 8. 各专业初步选型，选取合适的设备族，对族输入参数。 9. 布置机房，验证机房面积是否满足需求。 10. 布置从机房到管井的主干管及管井内管道，用于： （1）发现管综难点节点，提出不能满足建筑目标吊顶标高的管综节点位置及实际完成标高； （2）验证管井面积需求； （3）节点处是否影响建筑目标标高，绘制关键层模型； （4）主管线无碰撞。 11. 完成关键层、机房模型。 12. 完成扩初深度要求模型

3.2.3 各专业操作步骤及细节

1. 给水排水专业

(1) 机电负责人同各专业负责人准备项目协调会上需要提出的问题。会上遗留问题机电负责人应积极跟进，协调解决。

(2) 协调会后土建专业修改模型，并再次提资，设计人校验修改成果。若仍有问题，需再次沟通解决。

(3) 专业负责人进行任务拆分，与各设计人明确设计内容，制定工作集划分方案，尽可能不要使两个或两个以上设计人在同一工作平面绘制同一系统。如存在此类情况，专业负责人需明确工作范围界限及交接处对接方法；工作集的划分应考虑设计人专业专项分工、提资分类等因素。

(4) 专业人确定系统方案、各系统用水量。

(5) 专业人绘制系统图、原理图及说明的初步编写。

(6) 由各参与设计人创建工作集并保存本地文件，打开中心文件的时候不要勾选“新建本地文件”。并立即另存本地，保存文件重命名时加入人名后缀以区分中心文件和本地文件。

(7) 专业负责人根据设计说明的要求，在项目中补充样板中未定义的管道系统，补充完成后同步至中心文件。

(8) 专业负责人选择合适的族载入至本项目中。

(9) 各设计人建立本地文件、领取各自工作范围内视图，调整视图深度，复制至“3. 工作模型”和“1. 查看模型”中。在工作模型中按系统分别套用视图模板，并按工作模型名称命名，再复制至查看模型中。

(10) 在“2. 工作模型”视图中绘制模型。

(11) 管道系统绘制时选用“TADI-P-系统名称-管材”，需要查看管道连接方式是否为初步设计说明中管道连接方式。管道系统应有如下细分：

① 给水系统（市政、加压）；

② 中水系统（市政、加压）；

③ 排水系统（重力、压力）；

④ 雨水系统（重力、虹吸）；

⑤ 消火栓系统（高区、低区）；

⑥ 其他。

(12) 布置机房设备：地下室机房、屋顶水箱间、冷却塔、报警阀室。

(13) 摆放机房内设备位置，连接管道绘制机房平面设备和管道布置。

(14) 按命名规则对选用的设备组命名，并填写设备属性中的参数流量、扬程、功率。同时利用注释标记注明备用情况。

(15) 如果参与人数较多，可以在当前工作集内绘制。在提资阶段，将绘制的部分通过修改“属性”栏中“标示数据”下的“工作集”标签，使其转入提资工作集。如图 3.2-1 所示。

(16) 在提资工作集中用体量模型绘制机房内排水沟、集水坑、基础等。在提资工作

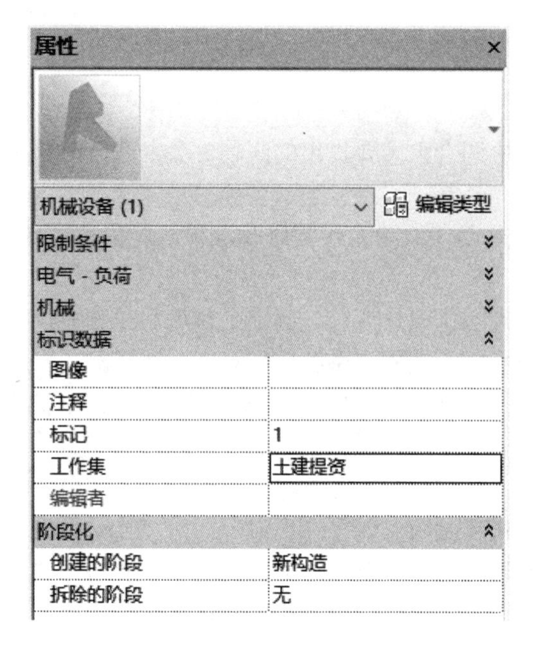

图 3.2-1

集中利用模型线将控制室的位置提给电气专业，由电气专业确认后转达给建筑专业。

(17) 设计人工作时查看其他的专业图纸时，需在“查看模型”中打开相关图纸。在视图目录树中只查看本专业视图时，可以切换视图组织管理规则来实现。

(18) 设计人根据机电专业负责人的关键层管综剖面，布置主管道。同步后放弃对工作集及图元的所有权，由机电负责人借用图元综合主管线。综合完成后机电负责人同步文件并归还图元权限。

(19) 给水排水底层（首层）、地下室底层、标准层、管道和设备复杂层的平面布置图，标出室内外引入管和排出管位置、管径。

(20) 机电负责人进行管综的同时，设计人进行室内及末端的绘制。

(21) 喷淋系统布置喷头，计算报警阀个数，布置报警阀室。

(22) 根据机电负责人要求调整主管道走向、位置。

(23) 验证机电控制天花标高是否合理。

(24) 深化完善模型，整理视图组织目录树。确认视图所在位置及命名正确。

(25) 若有出图需求，还需复制相关视图至“3. 出图模型”中并对其进行补充标注、注释等深化工作，使视图达到阶段出图标准。

(26) 校审程序完成后，机电负责人按文件组织管理要求，在保留工作集条件下分离模型至指定地址，同步放弃所有工作集及图元权限。

(27) 专业负责人进入分离后的模型检查链接文件是否显示正常，链接文件地址是否正确。

(28) 初步设计阶段完成。

2. 暖通专业

(1) 机电负责人同各专业负责人准备项目协调会上需要提出的问题。会上遗留问题机电负责人应积极跟进，协调解决。

(2) 协调会后土建专业修改完模型后策划再次提资，设计人校验修改成果。若仍有问题，需再次沟通解决。

(3) 专业负责人进行任务拆分，与各设计人明确设计内容，制定工作集划分方案，尽可能不要使两个或两个以上设计人在同一工作平面绘制同一系统。如有此类情况，专业负责人需明确工作范围界限及交接处对接方法；工作集的划分应考虑设计人专业专项分工、提资分类等因素。

(4) 各专业人确定能源方案、系统形式，并计算负荷。

(5) 各专业人绘制系统图、原理图及说明的初步编写。

（6）由各参与设计人创建工作集并保存本地文件，打开中心文件的时候不要勾选“新建本地文件”。打开后立即另存为本地文件，保存文件时的命名加入人名后缀以区分中心文件和本地文件。

（7）专业负责人根据设计说明的要求，在项目中补充样板中未定义的管道、风道系统，补充完成后同步至中心文件。补充系统方法详见第二部分项目样板中预置风管、管道系统族的方法。

（8）专业负责人选择合适的族载入至本项目中。

（9）各设计人建立本地文件、领取各自工作范围内视图，调整视图深度，复制至“3.工作模型”和“1.查看模型”中。在工作模型中按系统分别套用视图模板，并按工作模型名称命名，再复制至查看模型中。

（10）在“2.工作模型”视图中绘制模型。

（11）水系统绘制时选用“TADI-M-系统”名称，若系统中存在不同分区，应有如下细分：

① 暖供（高区、中区、低区）；

② 冷供（高区、中区、低区）；

③ 冷暖合用管道使用冷供系统。

（12）管道系统中需按管径不同采用不同管材的，可以在系统中添加设置，不要建立两种系统。

（13）风道系统中需要载入 90°直接接头用于连接风口和主管。

（14）布置制冷机房，摆放机房内设备位置，连接管道。

（15）按命名规则对选用的设备组命名，并添加设备属性中所需的参数。同时利用注释标记注明备用情况。

（16）如果参与人数较多，可以在当前工作集内绘制。在提资阶段，将绘制的部分通过修改“属性”栏中“标示数据”下的“工作集”标签，使其转入提资工作集。如图 3.2-2 所示。

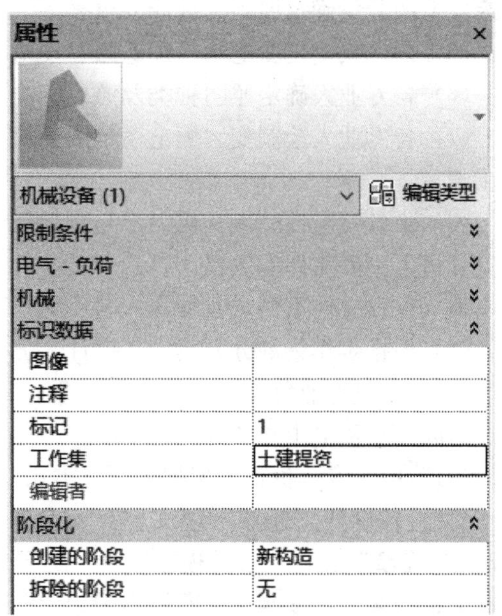

图 3.2-2

（17）在提资工作集中利用模型线将控制室的位置进行勾勒，提给电气专业，由电气专业确认后转达给建筑专业。

（18）设计人工作时查看其他专业图纸时，需打开“查看模型”中的相关图纸。在视图目录树中只看本专业视图时，可以切换视图组织管理规则来实现。

（19）设计人根据机电专业负责人的关键层管综剖面布置主管道。走廊中需要接出散流器的风道必须建模。同步后放弃对工作集及图元的所有权，由机电负责人综合主路由的管道。

（20）机电负责人进行管综的同时，设

计人进行室内及末端的绘制。风机盘管连接风道，散流器，水系统支管在调整好标高后引至主管上方暂不连接。可以做好一个接管完整的风机盘管后，对其成组操作，然后再复制至其他区域。组不宜跨层复制。

（21）根据机电专业负责人要求调整主管道走向、位置。

（22）验证机电控制天花标高是否合理。

（23）深化完善模型，整理视图组织目录树。确认视图所在位置及命名正确。

（24）若有出图需求，还需复制相关视图至“3. 出图模型”中并对其进行补充标注、注释等深化工作，使其达到出图标准。

（25）校审程序完成后，机电负责人按文件组织管理要求，在保留工作集条件下分离模型至指定地址，同步放弃所有工作集及图元。

（26）各专业负责人进入分离后的模型检查链接文件是否显示正常，链接文件地址是否正确。

（27）初步设计阶段完成。

3. 电气专业

（1）机电负责人同各专业负责人准备项目协调会上需要提出的问题。会上遗留问题机电负责人应积极跟进，协调解决。

（2）协调会后土建专业修改完模型后策划再次提资，设计人校验修改成果。若仍有问题，需再次沟通解决。

（3）专业负责人进行任务拆分，与各设计人明确设计内容，制定工作集划分方案，尽可能不要使两个或两个以上设计人在同一工作平面绘制同一系统。如有此类情况，专业负责人需明确工作范围界限及交接处对接方法；工作集的划分应考虑设计人专业专项分工、提资分类等因素。

（4）各设计人确定负荷等级和各级别负荷容量；确定供电电源及电压等级；备用电源和应急电源容量确定原则及性能要求。

（5）设计人确定变电站、配电站、发电机房的位置、数量、容量及形式。

（6）各专业人确定照明种类及照度标准、主要场所照明功率密度值。

（7）各专业人绘制变、配电系统图、火灾自动报警系统图、弱电系统图及进行说明的初步编写。

（8）由各参与设计人从机电中心文件创建本地工作文件，注意通过输入服务器IP地址打开机电中心文件的位置，打开中心文件时不要勾选“新建本地文件”。打开后立即另存本地，保存文件重命名时加入人名后缀以区分中心文件和本地文件。

（9）根据工作集划分方案，各设计人分别建立各自工作集，完成后同步至中心文件。

（10）电气专业负责人根据设计说明的要求，在机电样板中补充相关电气专项系统，完成后同步至机电中心文件。

（11）电气专业负责人根据本项目需求，制作或筛选合适的族载入到本项目中。

（12）各设计人建立本地文件、领取各自工作范围内视图，调整视图深度，复制至“3. 工作模型”和“1. 查看模型”中。在工作模型中按系统分别套用视图模板，并按工作模型名称命名，再复制至查看模型中。

（13）在“2. 工作模型”视图中绘制模型。

(14) 电气系统绘制时选用“TADI-E-系统”名称，根据不同的系统功能，应有如下细分（根据具体项目情况可以进行调整）：

① 一般照明系统；

② 应急照明及疏散指示系统；

③ 一般动力系统；

④ 消防动力系统；

⑤ 火灾自动报警系统；

⑥ 综合布线及有线电视系统；

⑦ 视频监控及安全防范系统；

⑧ 建筑设备管理系统。

(15) 槽式电缆桥架、母线均采用槽式电缆桥架—带配件的电缆桥架来绘制，可以在系统中添加类型，以命名来区分；梯级式电缆桥架可以单独按系统族表达。

(16) 桥架系统中需要载入90°直角弯通、三通、四通、上弯通、下弯通、活连接等。

(17) 布置变电站、发电机房，确定机房内设备位置，连接桥架、线槽、母线等。

(18) 按命名规则对选用的设备组命名，并添加参数设备表中所需的参数。同时利用设备重命名对备用用电设备予以区分。

(19) 如果参与人数较多，可以在当前工作集内绘制，在提资阶段，将绘制的部分通过修改“属性”栏中“标示数据”下的“工作集”标签，使其转入提资工作集。在提资工作集中用体量模型绘制机房内电缆沟、设备占位、桥架占位等。

(20) 在提资工作集中利用模型线将变电站的位置提给建筑、结构、暖通专业。

(21) 设计人工作时查看其他专业图纸时，需打开“查看模型”中相关图纸。在视图目录树中只看本专业视图时，可以通过调整视图组织管理规则来实现。

(22) 设计人根据机电专业负责人的关键层管综剖面布置主桥架、线槽。同步后放弃对工作集及图元的所有权，由机电负责人综合主管。

(23) 机电负责人进行管综的同时，设计人进行室内部分或其他用电装置的绘制。

(24) 根据机电专业负责人要求调整主桥架、线槽、母线走向及位置。

(25) 验证机电控制天花标高是否合理。

(26) 深化完善模型，整理视图组织目录树。确认视图所在位置及命名正确。

(27) 若有出图需求，还需复制相关视图至“3. 出图模型”中并对其进行补充标注、注释等深化工作，使其达到出图标准。

(28) 校审程序完成后，机电负责人按文件组织管理要求，在保留工作集条件下分离模型至指定地址，同步放弃所有工作集及图元。

(29) 专业负责人进入分离后的模型检查链接文件是否显示正常，链接文件地址是否正确。

(30) 初步设计阶段完成。

4. 管综专业

(1) 召开项目协调会，机电负责人应积极跟进，协调解决会上遗留问题。

(2) 管综负责人（机电负责人）建立中心文件，链接建筑模型，填写项目信息。

(3) 管综负责人复制并监视建筑专业标高，复制楼层平面、转存至“1. 查看文件”

内，把中心文件地址发送给各专业负责人。

(4) 各专业负责人复制“1. 查看文件”内文件至各自的“2. 工作模型”内。

(5) 管综负责人（机电负责人）创建自己的工作集，并“另存为”本地文件，打开中心文件的时候不要勾选“新建本地文件”选项，而是打开文件后用“另存为”命令自行选择存储路径存储。文件重命名加入人名后缀以区分中心文件和本地文件。

(6) 与建筑专业确定关键层。

(7) 根据会同建筑专业确定的标高，利用“天花”绘制机电控制标高。

(8) 选定关键层中管综较困难区域，设置剖面，并按“综剖一数字”的格式改名，修改这些剖面的限制条件，归于“1. 查看模型-C. 管综目录下”。

(9) 要求各专业预估设置综剖处管线尺寸数量，路由方向。

(10) 协调管井分配。

(11) 分配吊顶内空间及位置；预估吊顶高度。

(12) 绘制关键层剖面，为机电专业调整路由及空间。

(13) 机电专业完成此处管线布置后，管综负责人（机电负责人）要求其放权进行管道预综，且有权要求其他专业按自己优化完成的路由方向调整主管道路由、管道交叉点等。

(14) 设计人连接管综剖面附近的设备支管，检查是否与其他管道碰撞。

(15) 协调关键典型房间内风口、灯位、喷头关系。

(16) 在机电专业进行布置时，管综负责人（机电负责人）要及时了解布置现状，及时协调各专业间矛盾，避免产生管线交叉严重的节点。

(17) 对管综成果、管井使用情况进行摸底排查，对不能满足建筑吊顶目标标高的地方，管井不满足需求的地方，准备好解决方案，并于协调会上解决。

(18) 土建专业修改完模型后，设计人调整模型。若仍有问题，需再次沟通解决。

(19) 整理管综剖面，若有出图需求，还需复制相关视图至“3. 出图模型”中并对其进行补充标注、注释等深化工作，使其达到出图标准。

(20) 校审程序完成后，机电负责人按文件组织管理要求，在保留工作集条件下分离模型至指定地址，同步放弃所有工作集及图元。

(21) 初步设计阶段完成。

3.2.4 操作要点

3.2.4.1 房间名称注释

如图 3.2-3 所示，在“注释”下点击全部标记，在弹出的对话框（图 3.2-4）勾选“包括链接文件中的图元”(a)，在 b 处选择房间名称的字体，点击确定即可。

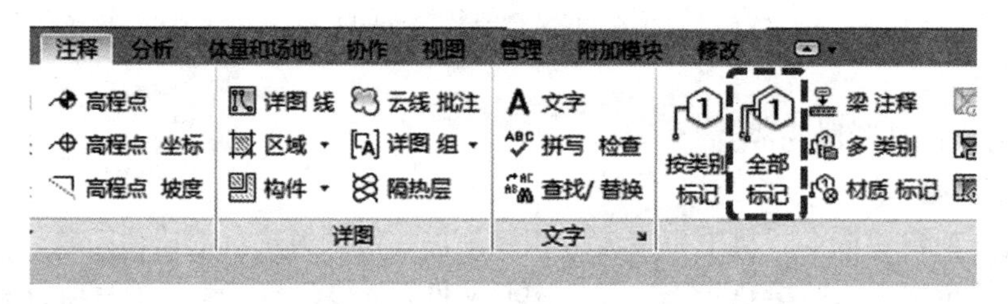

图 3.2-3

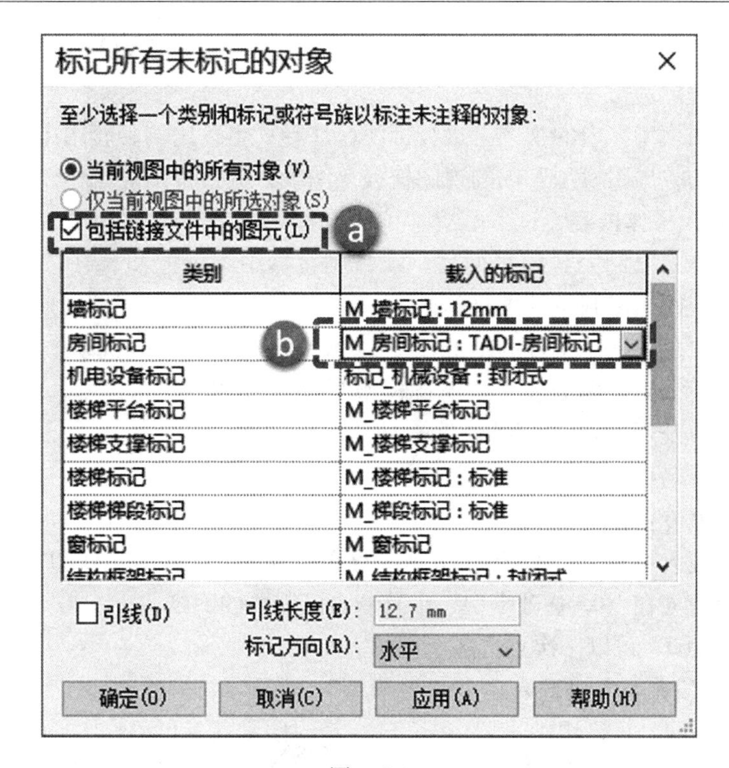

图 3.2-4

房间名称是将建筑的房间名称映射过来，而不是复制过来，如果建筑房间名称变化，会变成“?”，需要将本视图内原房间名称全部删除，并重复上述步骤，重新显示房间名称。

3.2.4.2 视图组织及目录树

1. 综述

视图组织中有四个项目参数，分别为“阶段分类”“专业及所有者”“系统名称”“归属专业”，如图 3.2-5 所示。每一个视图通过这四个参数来实现在视图组织目录树中的分类及过滤显示。在项目开始时，这些项目参数内容为空白，复制视图并在这四个参数内输入参数内容，系统会自动记忆所输入的内容，当视图被删除时，参数内容同时被删除。

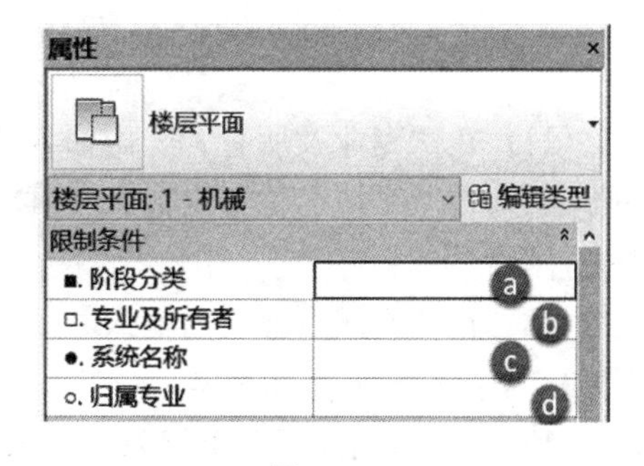

图 3.2-5

2. 各岗位职责

(1) 机电负责人建立中心文件，复制建筑视图标高等，将视图分配至基础模型中。

(2) 各专业负责人将“基础模型”中建筑平面图复制到“工作模型中”；根据分工情况分配“工作模型”中的视图。

(3) 各专业设计人在“工作模型”内，根据分工情况，修改该部分图纸的限制条件，使其归置于“工作模型”中的自己视图工作集下，按命名要求重新命名，再调整自己工作部分的图纸视图深度，并选择相应的工作视图样板，复制并归于“查看模型”中，然后进行下一步工作。

（4）设计工作基本完成后，设计人复制“工作模型”中视图，按命名要求重新命名，归于“出图模型”内。

（5）在“出图模型”内的视图上进行标注、注释、更改比例、套用出图样板等工作。

（6）将完成的“出图模型”内的视图拖拽至图纸，进行拼图等工作。

3. 机电负责人操作内容

（1）机电负责人复制完建筑平面后，项目浏览器中图纸应归属在“???”视图集下，这是因为没有对视图的限制条件进行确认。

（2）选择需要加入限制条件的图纸，按住“Ctrl”可以一次点选多个视图。

（3）在“阶段分类”内输入“0. 基础模型”，如图3.2-6所示。

（4）在“专业及所有者”内输入“A. 建筑”。

（5）在“系统名称”内输入“建筑底图”。

（6）在“归属专业”内输入“A”。

（7）机电负责人检查“???”下没有视图存在，复制建筑底图工作即完成。

（8）机电负责人在“0. 基础模型”中复制自己需要的图纸。

（9）按住“Ctrl”可以一次点选多个视图。

（10）在“阶段分类”内输入“1. 查看模型”，如图3.2-7所示。

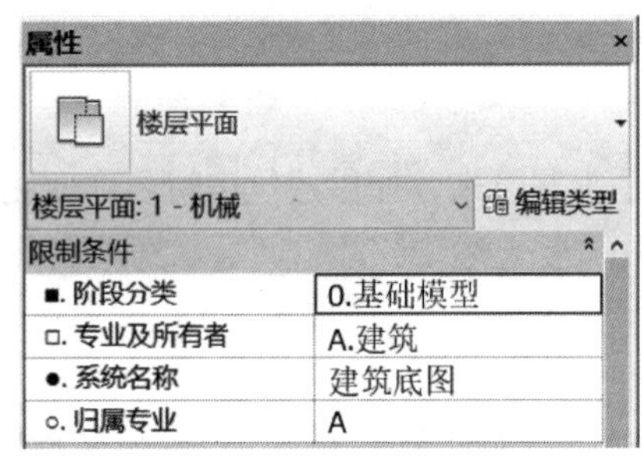

图3.2-6

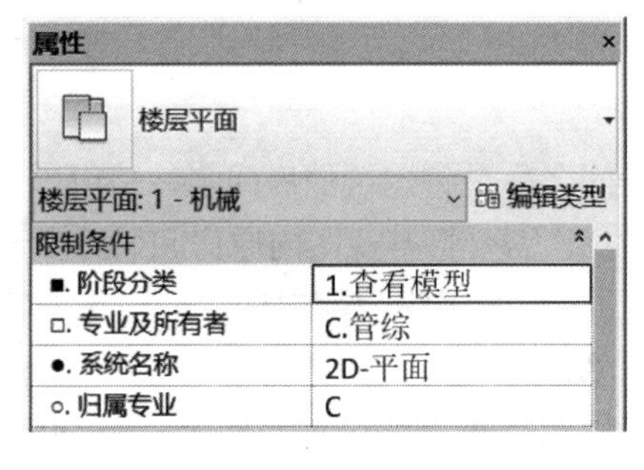

图3.2-7

（11）在“专业及所有者”内输入“C. 管综”。

（12）在“系统名称”内输入“2D-平面”（后面工作中生成三维视图可输入“3D—三维大样”）。

（13）在“归属专业”内输入“C”。

4. 专业负责人操作内容

（1）在“基础模型”中复制需要的图纸。

（2）在“阶段分类”内输入“2. 工作模型”，如图3.2-8所示。

（3）在“专业及所有者”内不输入，留待设计人输入。

（4）在“系统名称”内不输入，留待设计人输入。

（5）在“归属专业”内输入“M、E、P”，分别代表暖通、电气、给水排水，也可直接换用汉字。

5. 设计人操作内容

（1）专业负责人设置完图纸后，界面状态如图3.2-9所示。

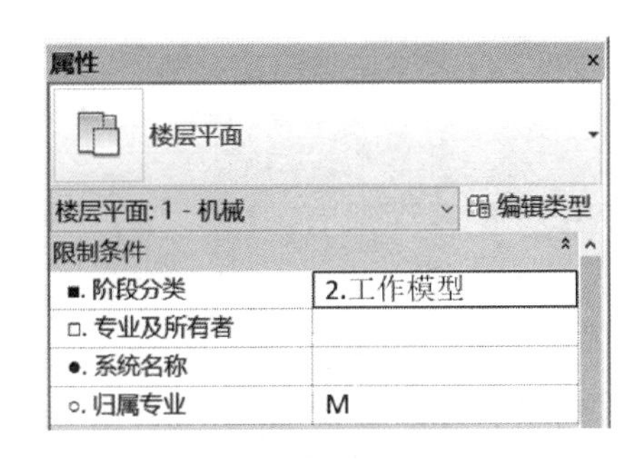

图 3.2-8

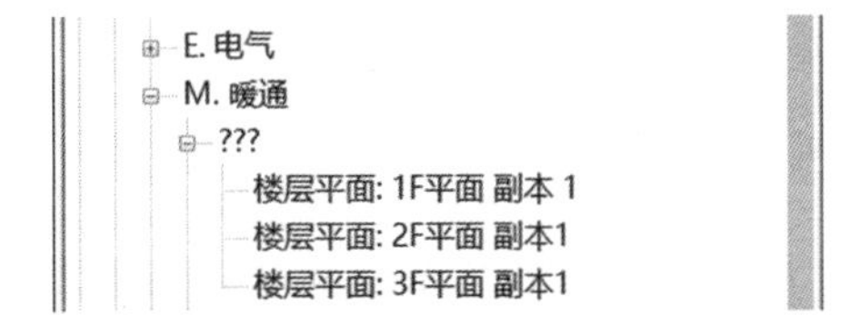

图 3.2-9

(2) 各设计人选择自己的视图。

(3) 在“专业及所有者”输入自己的代号，如：M-01。

(4) 在“系统名称”输入该图的系统简称，如：暖水。如图 3.2-10 所示。

(5) 重命名为“02-楼层-所有者-备注”，如“02-1F-M02-水系统”（图 3.2-11）。调整视图深度使视图显示正常，并选择相应的视图模板。

(6) 复制调整好的视图，修改“阶段分类”为“1. 查看模型”。

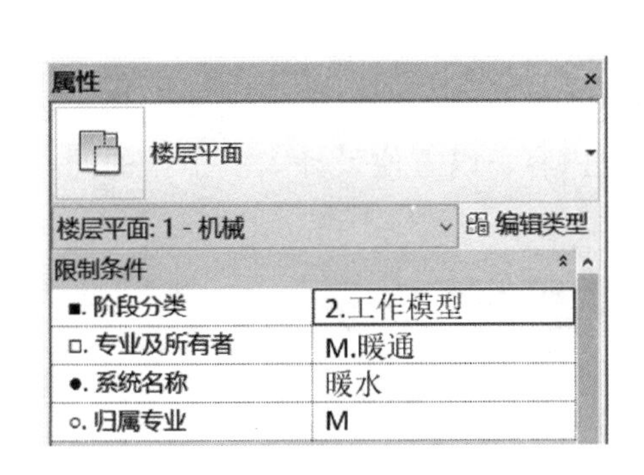

图 3.2-10

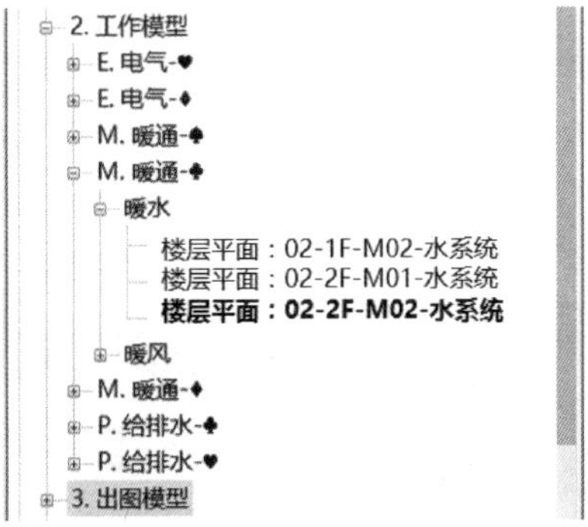

图 3.2-11

(7) 设计人完成建立模型工作后，需复制视图，修改“阶段分类”为“3. 出图模型”，如图 3.2-12 所示。修改“专业及所有者”为本专业名称。

(8) 为工作方便，设计人可改变项目浏览器中视图的组织形式。“视图”标题后的括号内“TADI-MEP”就是当前视图组织方式的名称。在视图上点击右键，再点选浏览器组织。如图 3.2-13、图 3.2-14 所示。

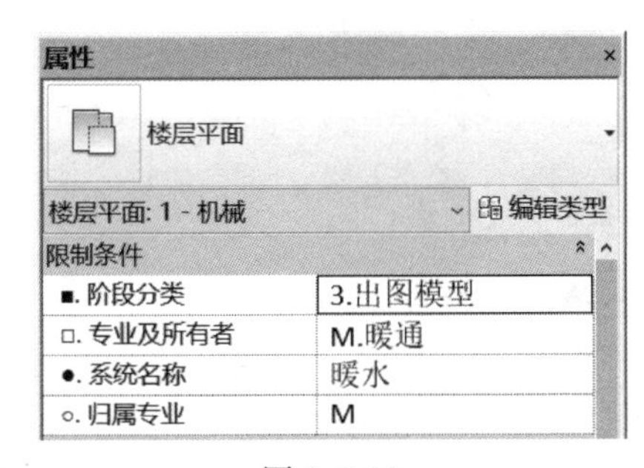

图 3.2-12

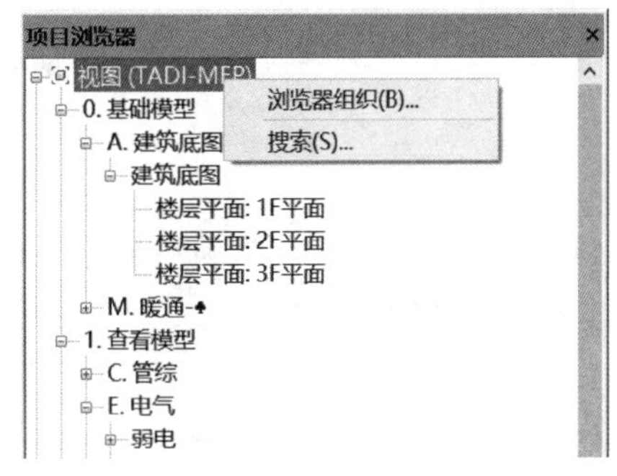

图 3.2-13

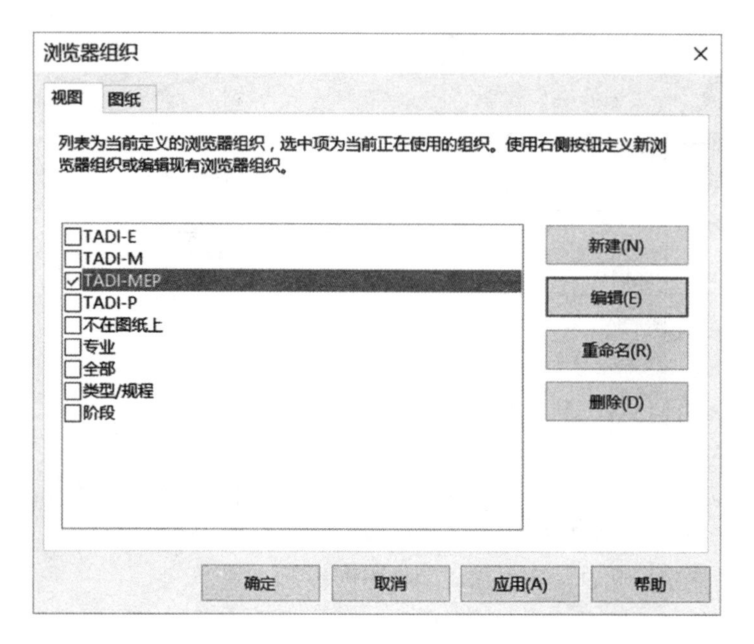

图 3.2-14

(9) 选择专业代码的视图组织，例如暖通专业选择“TADI-M”，点击确定，视图组织形式将变为图 3.2-15 所示，即仅显示本专业内容，以方便设计人员工作的同时，避免误操作其他专业图纸。

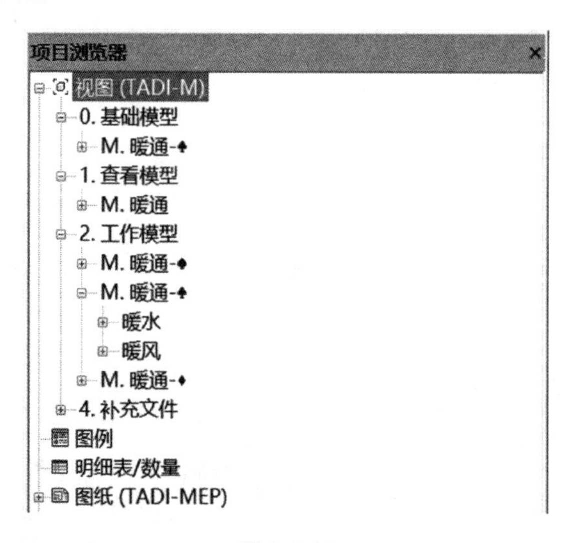

图 3.2-15

(10) 图 3.2-16 所示为项目浏览器正确的构架形式。

3.2.4.3　族的参数输入

1. 水箱

(1) 在选项卡中选择“系统-构件-内建模型”，如图 3.2-17 所示。

(2) 在对话框中选择族的类别，给水排水的族一般选择机械设备，并对内建族进行命

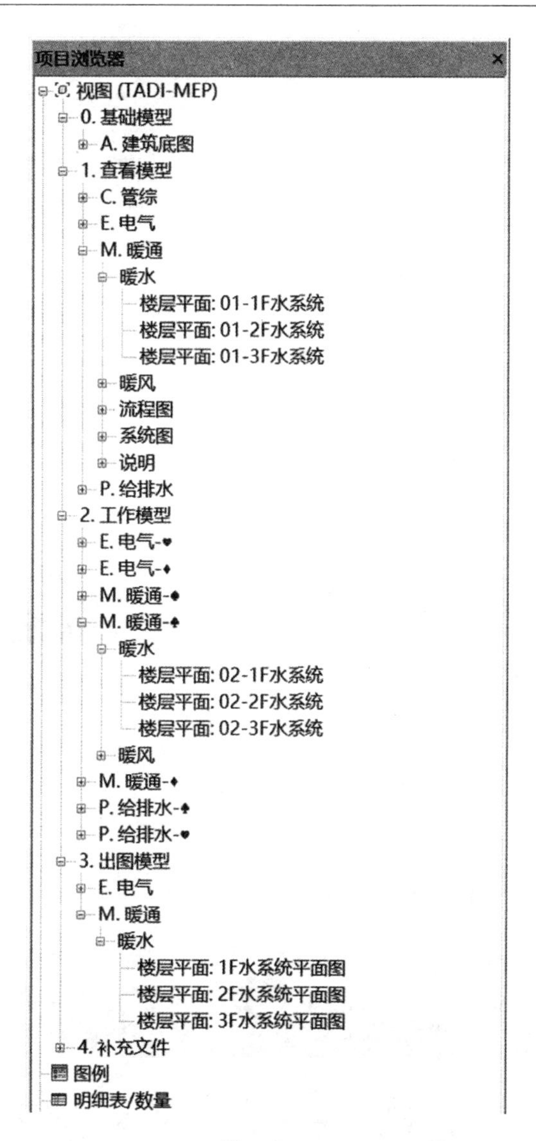

图 3.2-16

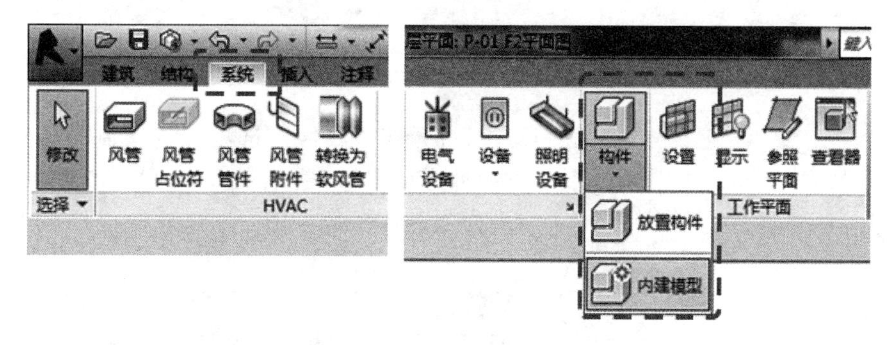

图 3.2-17

名，命名时要加上尺寸，方便查看。如图 3.2-18 所示。

（3）在“创建”选项卡中选择“拉伸”，如图 3.2-19 所示。

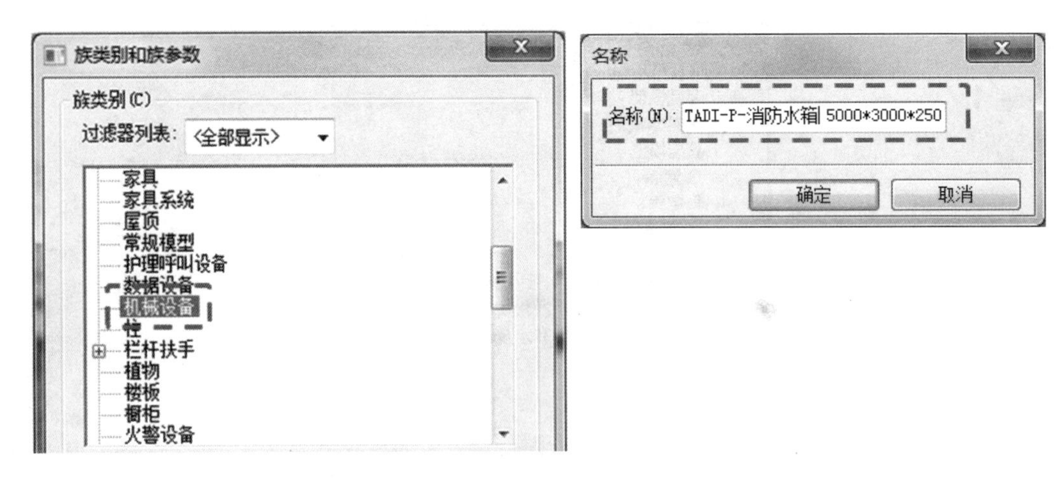

图 3.2-18

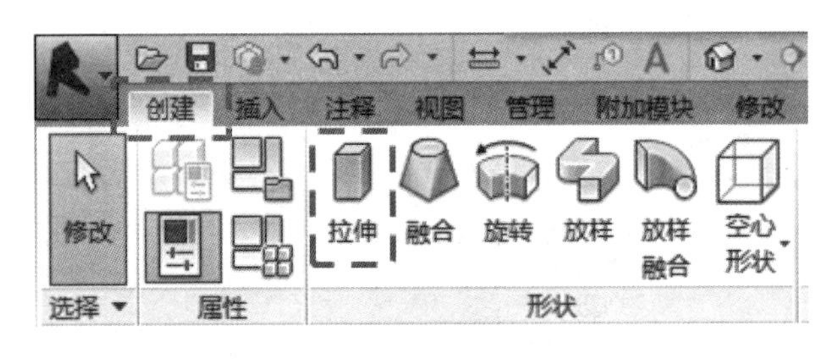

图 3.2-19

（4）在“修改 ｜ 创建拉伸”选项卡中选择“矩形”，如图 3.2-20 所示。在绘图区中绘制水箱的长和宽。

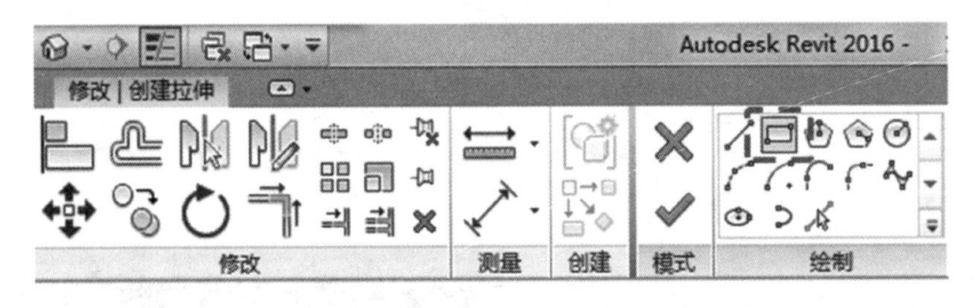

图 3.2-20

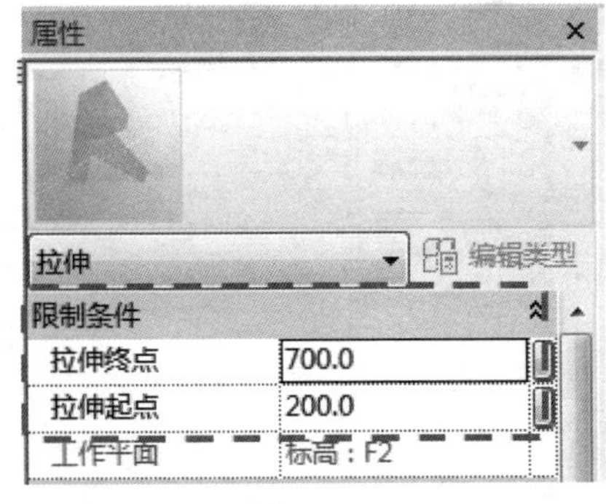

图 3.2-21

（5）在“属性”选项板的限制条件中，设置“拉伸起点”和“拉伸终点”（图 3.2-21），水箱的高为起点和终点之差。

（6）族的绘制及参数设置后，在“修改 ｜ 创建拉伸”选项卡中选择“模式-√”，如图 3.2-22 所示，完成内建模型的建立。

2. 水泵

（1）水泵是暖通和给水排水专业合用的设备族，在载入后应直接修改族类型的名字加以区别，

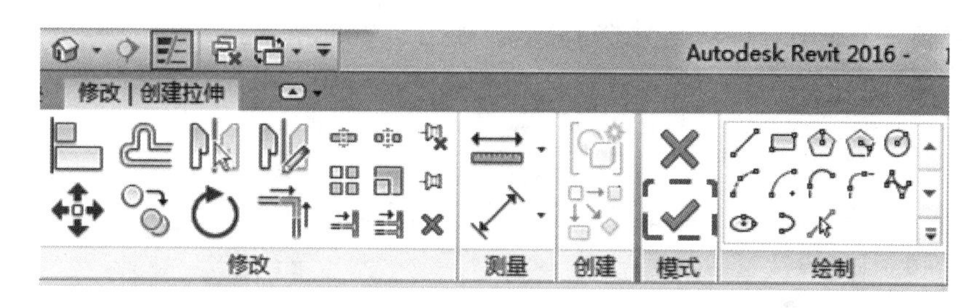

图 3.2-22

如图 3.2-23 所示。

（2）在实际工程中，进口泵和国产泵的外形尺寸区别比较大，设计人员在设计之初应向甲方落实泵的选择，避免后期选型确定后对模型调整过大。如确实无法确定，按较大尺寸的设备选用。

（3）载入泵的族时，需要选择接近设计参数的泵的种类、类型。如图 3.2-24 所示。

M-单吸离心泵 - 卧式 - 带联轴器
50 mmx32 mm - 125 mm - 2 极
P-单吸离心泵 - 卧式 - 带联轴器
80 mmx65 mm - 160 mm - 2 极

图 3.2-23

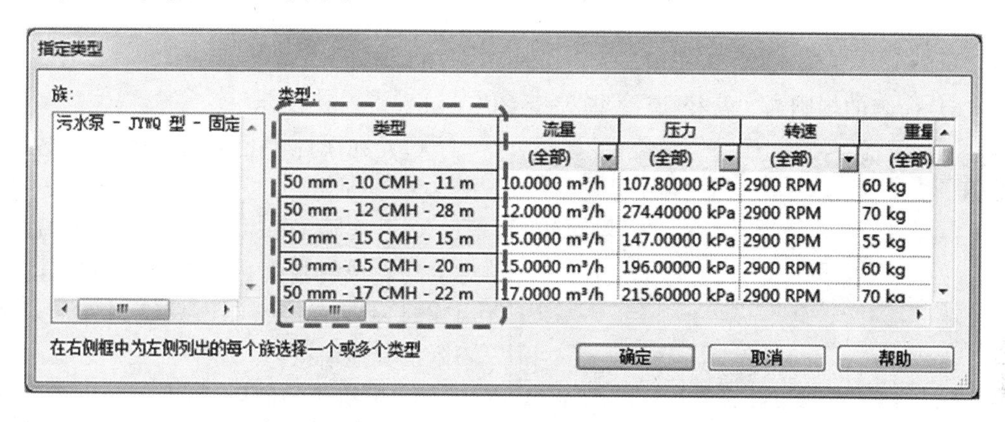

图 3.2-24

（4）在项目浏览器中选择泵的类型，单击右键，选择“类型属性”，如图 3.2-25 所示。

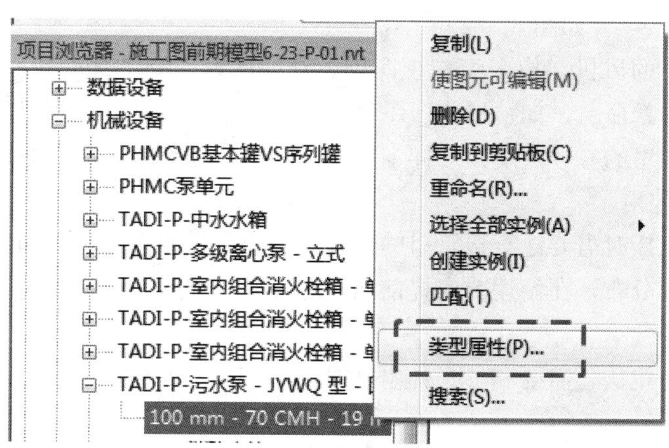

图 3.2-25

（5）复制一个类型，对新类型进行命名。如图 3.2-26 所示。

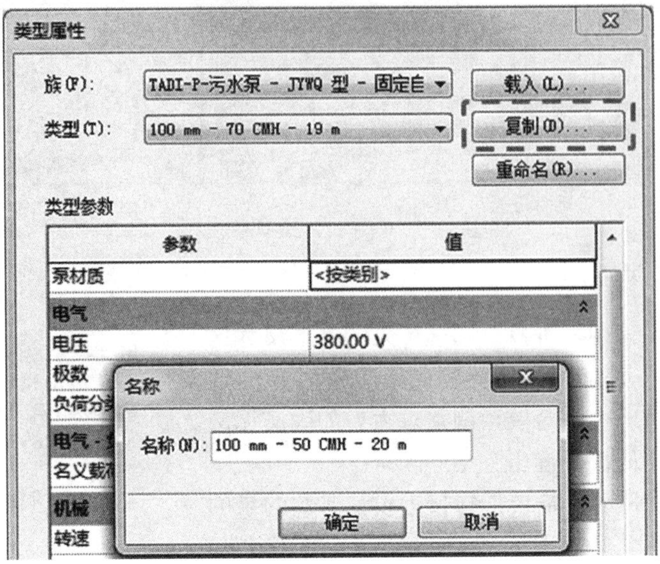

图 3.2-26

（6）命名的规则为“管径-流量-扬程-系统”，如图 3.2-27 所示。

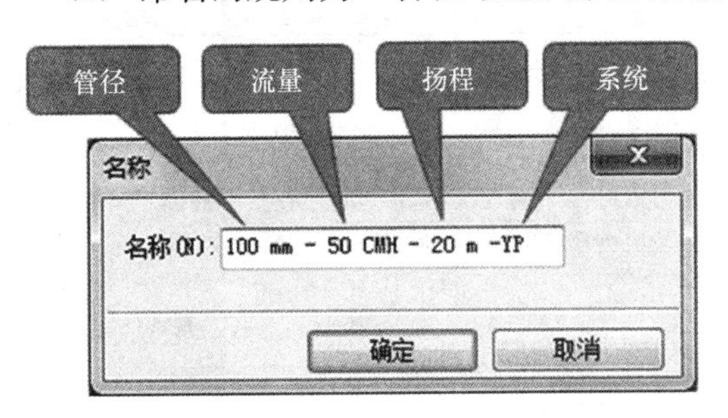

图 3.2-27

（7）在属性中也要修改类型参数，如图 3.2-28 所示。

（8）实际工程中，泵是安置于减震基础上的，减震基础目前需要用体量建族或由建筑专业直接绘制，只绘制外形尺寸，不附加其他信息。

3. 风机族的使用

（1）载入所需的风机族，以单速混流风机族为例，载入后选定全序列加载入项目中，族中全序列风机风量范围为 3000～70000m^3/h，将风机族重新命名为“TADI-单速混流风机 3000-70000”。如图 3.2-29 所示。

（2）选择所需的风机，拖入工作视图中，在“属性”→“编辑类型”里修改相关数据。按设备编号重新命名，如“MAP-B1-07”。

（3）类型属性里的参数需要核对样本填入，有冗余参数的，可以通过修改族来删除。

4. 制冷机的使用

（1）选择冷机族时需要注意接管口的位置，有些冷机的冷冻、冷却供回水接口为竖向排列，有些为矩形分布，在使用前应提前向甲方说明。若族库中没有合适的冷机族，可以用设备体量暂时替代。

（2）选择的冷机族，需要和参考样本核对外形尺寸。如机房较小，需在冷机前用体量设置抽管空间。

（3）制冷机参数至少需要输入制冷量、冷冻水水量及供回水温度、冷却水水量及供回

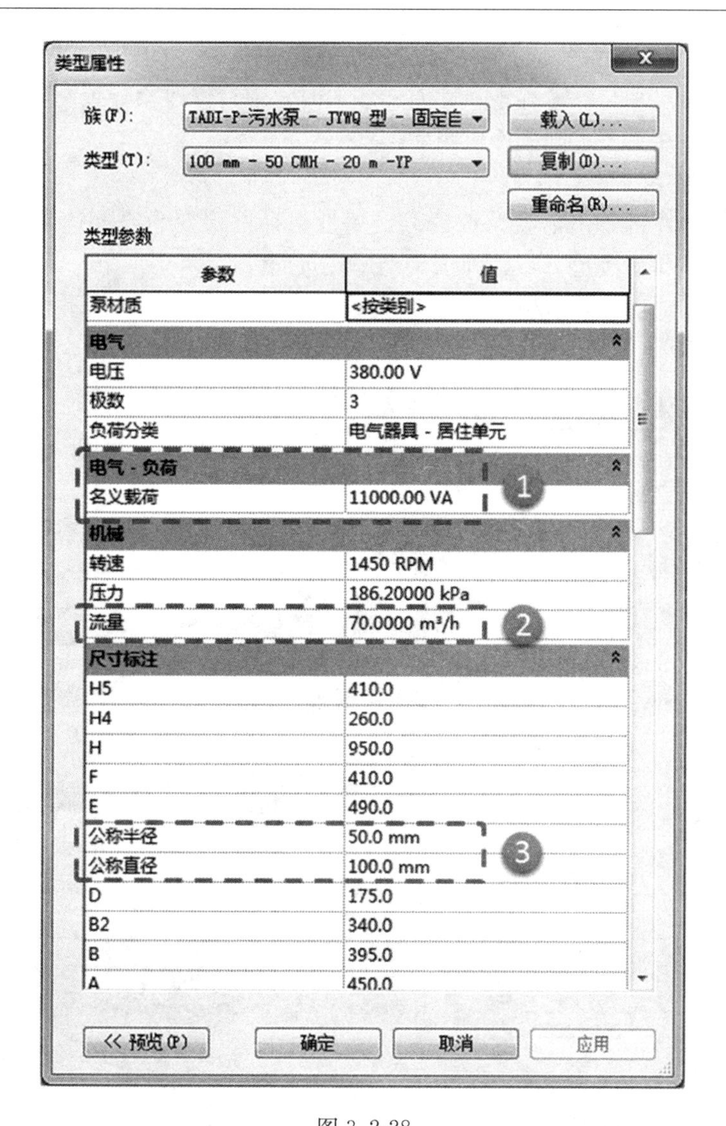

图 3.2-28

注：1—电量；2—流量；3—管径。

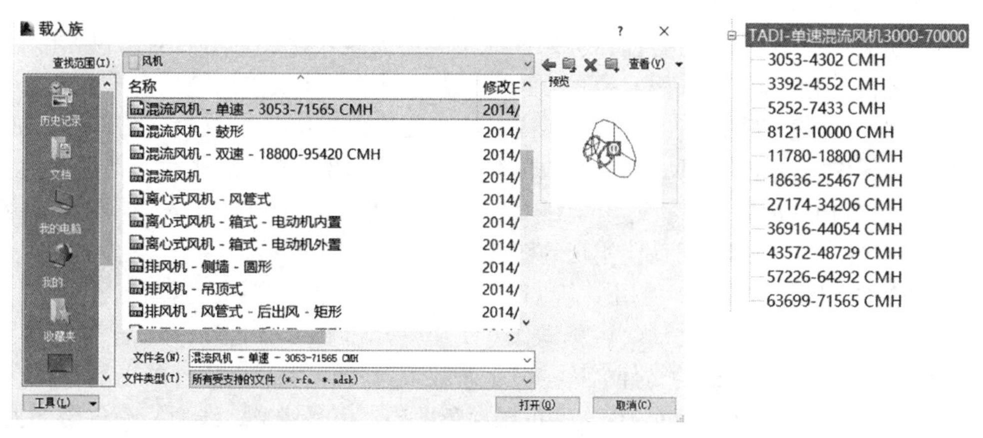

图 3.2-29

水温度，输入功率。

（4）模型初始尺寸与参考样本尺寸差异较大时，强行修改会导致制冷机外观变形。

（5）换热机组相关要求同制冷机组。

5. 风口族的使用

（1）在图面上左键单击需要修改的族，属性对话框将变为当前选定族的属性，如图3.2-30所示，单击编辑类型（a），弹出类型属性页面。

（2）修改（b）处风口喉部尺寸，（c）处设计流量，（d）处风速不会随风口及流量自动计算，需手工填入。

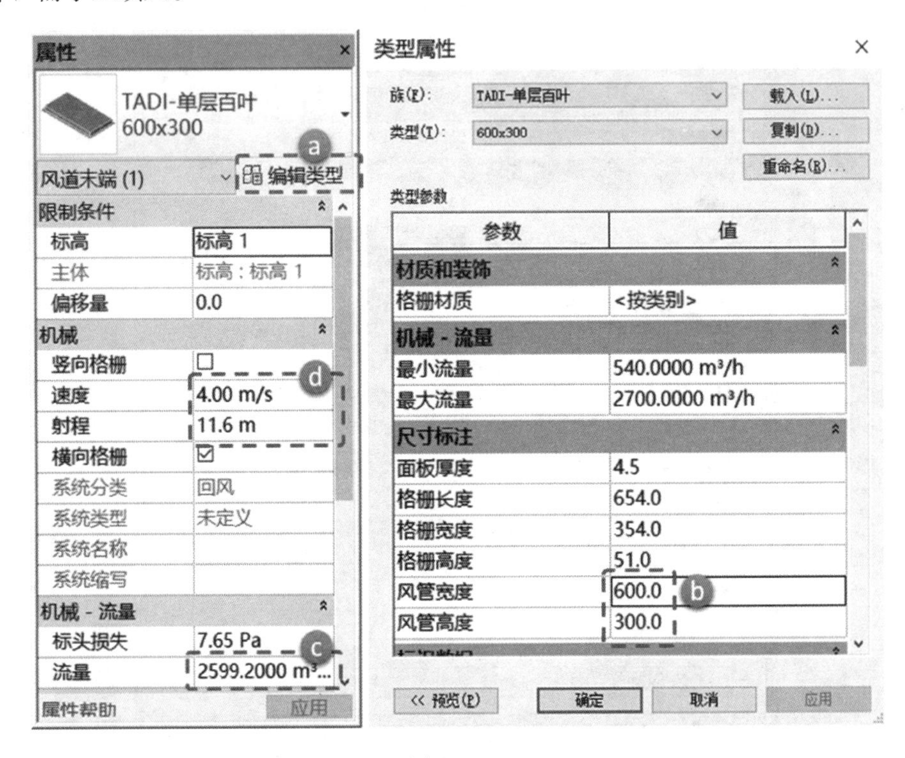

图 3.2-30

3.2.4.4　链接及编辑CAD图纸

（1）在Revit中，有些符号注释类的图元不容易实现，建议采用CAD直接导入，而“说明”“流程”“原理”等采用CAD更便于表达的图纸，建议采用链接方式而不采用导入方式。因为导入是把图元结合进Revit内，该图元就属于Revit，修改该图元需要在Revit内操作。而链接CAD在Revit内修改的就只是CAD图元的显示属性，其内容的修改还在CAD文件内。因此，链接适用于在CAD下修改便利的文件，导入适用于不再修改或是修改量极小，在Revit里就能实现的图元。如图3.2-31所示。

（2）文件链接、对齐后，使用锁定（PN）命令将其在当前视图位置固定。

（3）若文件内容需要改动，可修改CAD文件，再在“管理”→“管理链接”→“CAD格式”→点选已修改的文件名称→“重新载入”，即可完成对文件的更新。

（4）链接进Revit文件的CAD文件可以保留图层，但是线宽、线型、颜色全部丢失，需要重新设置，建议在链接前在CAD里先将图元归置预定的图层里，链接完成后在“可

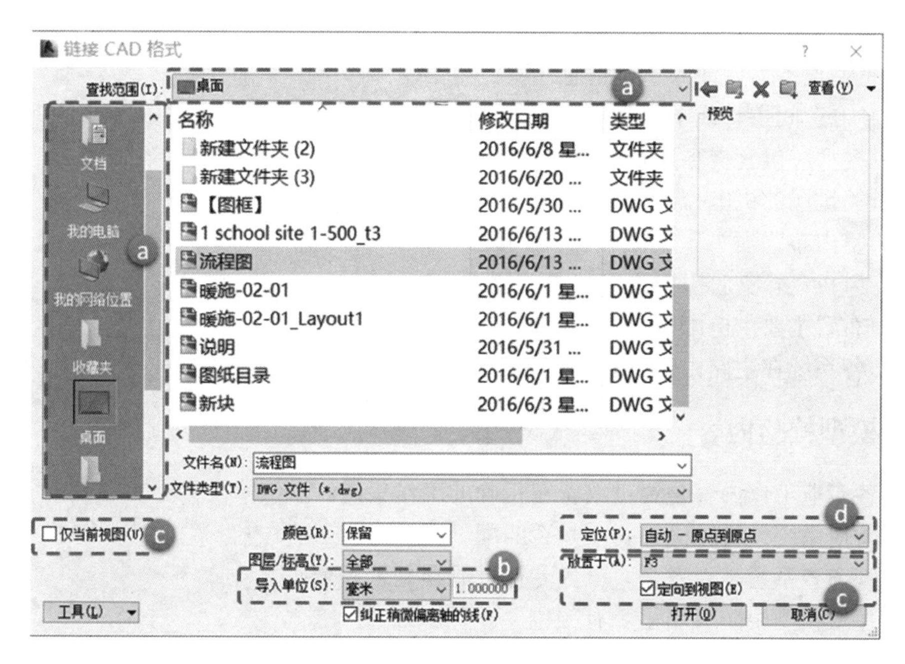

图 3.2-31

注：a—选择链接的文件地址；

b—导入单位，依据 CAD 图纸的单位设定选择；

c—定向到视图：只有本视图才能显示；

d—Revit 文件和 CAD 文件对准的基点，如果未提前制定基带也可先链接，再对齐。

见性/图形替换”（VV）→“导入的类别”→对图层可见性进行替换线宽、线型、颜色的设置。

（5）Revit 过滤族的能力很强，但是多选不同属性的线段能力很差，故建议在 CAD 下建立“粗实线”“中实线”“细实线”“粗虚线”“中虚线”“细虚线”“点划线”图层，将图元分别归集图层，在 Revit 中就可便捷地批处理，提高效率。

（6）链接的 CAD 视图以流程、原理、文字说明、表格为宜。

（7）链接的 CAD 的图纸中文字会被 Revit 用系统文字替换，故图中应使用 Winidows 内的系统文字，否则导入后会因字形问题导致文字过大或过小。

3.2.5 模型完成标准

（1）为保证管综专业顺利绘制剖面标注，建模精度应保持在 5mm。

（2）建立所需的管线系统及材质，高低各区应分别设置系统，系统应设置缩写。即使在关键层中有用不到的系统，模型中也应建立所有系统。

（3）制冷机房、泵房、较为复杂的空调机房应布置完善合理，面积适当。

（4）表示变、配电系统，包括高低压开关柜、变压器、发电机、控制屏、直流电源及信号屏等设备的体量模型及安装位置。

（5）各类弱电机房内主要设备的布置。

（6）水平、竖向主路由的绘制，可用计算出的最大管径进行布置，不用变径。

（7）对关键层建模，主要管线绘制，消火栓、喷头布置，布置水平、竖向桥架、线槽、母线等主要电气路由。

（8）重型设备需要注入重量信息。

（9）各专业间主管线不应有碰撞。

（10）模型应包含贯穿建筑的竖向立管。

（11）关键层的机电控制天花。

（12）室内布置喷头、点位可暂不连接。

（13）风机盘管支管引至主管上方，暂不连接。

（14）布置主要供电配电箱可暂不连线。

（15）各系统在主路由位置，确定规格、标高。

3.2.6　模型校验内容

（1）各专业工作内容是否被放置在正确的工作集内。

（2）管道系统是否正确、材质是否匹配。

（3）管道各系统是否齐全，电气专业过滤器是否齐全。

（4）建筑模型中防火墙是否有颜色。

（5）竖井内是否有墙、梁的挤占。

（6）机电控制标高是否建立。

（7）竖向管道穿越楼板是否与土建冲突。

（8）管线进出管井处，管井墙壁开洞是否能容纳下管道，多层入井管道底层管线标高是否满足吊顶标高要求。

（9）机房面积是否足够、主要设备是否缺漏。

（10）重型设备是否提请结构专业注意。

（11）是否有与其他专业碰撞严重的节点，有无大管径、多专业、管道数量多的碰撞节点存在。

（12）提资工作集的内容是否齐全。

（13）CAD文件是否链接至文件内，链接地址是否正确。

（14）此阶段等同于初步设计、如果要求出图，需对图纸进行标注及出图处理、并检查图纸深度是否满足现行相关标准及规范。

3.3　施工图模型阶段

本阶段是管综专业最关键的阶段。是否具有安装空间是贯穿全阶段的首要考虑的重点；其次是为设备注入参数。完成本阶段工作需要耐心和细心，对管综的节点的处理，需要有全局的统筹考虑，不要仅就局部看节点。适当地调整路由，会简化节点的处理难度。

3.3.1　工作要点

（1）继承初设成果，继续深化模型，达到施工图深度；

（2）所有协同工作要求均延续扩初阶段要求；

（3）无多专业多系统的管道碰撞节点；

（4）使用的族输入的参数，至少满足设备表编制要求。

3.3.2 操作流程

施工图模型阶段的工作流程及具体工作内容见表3.3-1。

机电专业施工图模型阶段工作流程及内容 **表3.3-1**

工作流程	工作内容
【3-1】深化施工图模型	1. 由于模型的信息可传递性，扩初阶段的设置及成果在本阶段被继承。 2. 管综负责人继续优化管线，与各专业确定关键节点位置，由各专业负责人提出该关键节点位置管线预估尺寸，管综负责人分配空间位置。有合用管井需要协商的，由管综负责人负责协调。扩初阶段模型中管井预留不足的，由专业人向管综负责人提出，由管综负责人、土建负责人和该专业负责任人共同协商完成。 3. 各专业负责人、设计人完善其他层的模型，补充管径并绘制支管，优化路由，进行管综配合，解决遗漏难点。 4. 各专业按先前预定路由及标高，深化设计内容，同时注意其他专业管线走向，支管、小型桥架之间的碰撞由专业间自行协商处理，干管及主桥架间碰撞或专业间无法协调的碰撞由管综负责人（机电负责人）进行协调处理。 5. 适时载入其他专业中心文件模型，与各专业相互协调，对自身模型进行深化，提供各类用电设备位置、功率、用电类型及各类消防弱电、设备位置、类型等。 6. 增加减少的管井由各专业人告知机电负责人后确认与其他设备专业无关后，向建筑专业提出
【3-2】一审会	会审施工图模型： 1. 与土建专业：机电对土建专业确认竖向路由的添减；提供机房内排水沟、集水坑位置；一般性空间的机电控制天花标高。 2. 机电专业之间：对关键节点的管综断面确认，给电气专业提供消防和电气条件
【3-3】完善施工图模型	1. 适时载入其他专业中心文件模型，与各专业相互协调，对自身模型进行深化。 2. 设计人员对于复杂节点，应按管综负责人要求进行配合避让，实际操作中可以各专业设计同步后放弃工作集所有权（此时可以搭建其他区域的模型），由管综负责人进行操作，调整完毕后，管综负责人同步放权后，各设计人员拾取自己的工作集权限。 3. 基本完成模型。 4. 主管道、公共区域管道无碰撞
【3-4】二审会	1. 最终模型会审，各专业导出NV模型，以人视角进行观察，查看有无不合理和明显错误的地方。 2. 对建筑提设备基础，孔洞。 3. 结束后原则上各专业间不再出现提资现象，机电应以此为建筑最后提图节点
【3-5】完成施工图模型	1. 模型系统齐全、末端完整，设备摆位有序，除了末端支管简单碰撞外，基本完成模型。 2. 管综负责人生成局部三维大样图，按命名规则重命名，并按限制条件归置到“3. 出图模型”下

3.3.3 各专业操作步骤及细节

1. 给水排水专业

（1）初步设计完成后，如果原设计团队中机电负责人、专业负责人发生变化，需要机电内部再次协调管综方案，取得统一意见。

（2）设计人完成泵房、水箱间的布置。将基础、坑、槽、管、沟转入建筑提资工作集。绘制基础时要考虑地面做法厚度，避免基础被埋在地面做法内。

（3）设计人对所使用的设备输入设计参数，流量、标高等。

（4）专业负责人确认机房布置无误，将机房基础、坑、槽、管、沟等转入建筑提资工作集。

（5）核对消火栓位置、并接入消火栓系统。

（6）各专业负责人、设计人完善本专业设计，根据计算书对管道实施变径，重力流排水管道出户管道按坡度绘制。喷头连入喷淋系统。

（7）屋面伸顶排水立管需与暖通专业复核是否与屋面风机风井等冲突。

（8）绘制管径小于 50 的管道时应尽量避开其他专业管线。对喷淋系统建立小于 DN50 的支管过滤器。

（9）配合管综负责人（机电负责人）进行管综及优化

（10）召开一审会，确认机电控制标高满足要求，确认各类基础、坑、槽、管、沟可以实现。与建筑土建专业确认楼板标高、天花板标高、楼梯、坡道的变化；基坑位置、消防电梯、消火栓位置等。

（11）设计人建立“用电设备提资”工作集，主要内容为污水泵、加压泵、消火栓、信号蝶阀、水流指示器、电动阀、报警阀等用电设备。（或者做个“用电设备提资”过滤器）

（12）各专业管井（水、暖、电气竖井）位置及增减，调整地漏位置。

（13）机电负责人组织各专业负责人对一审会上遗留的问题进行协商解决，需要土建专业配合的，由机电负责人进行调节。

（14）根据一审会上会商结果，对模型进行修改。校核修正修改处对本专业的影响。

（15）对部分管综进行优化，调整、确认。

（16）对剪力墙、地连墙等穿墙处进行预留孔洞、人孔等提资工作。此部分工作可以使用体量或是大一号管径的管道在开孔位置上占位标注，由于体量、管道携带尺寸、标高等信息，土建专业可以透过链接直接读取。但是这些构件必须放置在“提资工作集内”。目前有二次开发的软件可以做到土建机电间的互提资料，需要注意构件不可贴近于墙上，否则视为开孔，带来不必要的错误。

（17）召开二审会，确认预留孔洞位置尺寸。

（18）完善模型，调整自己专业内的碰撞管道。

（19）设计人按专业负责人指定部位生成局部三维大样图、按命名规则重命名，并按限制条件归置到“3. 出图模型”下。

（20）专业负责人列出图纸目录。

2. 暖通专业

（1）初步设计完成后，如果原设计团队中机电负责人、专业负责人发生变化，需要机电内部再次协调管综方案，取得统一意见。

（2）专业负责人确认机房布置无误，将机房内基础、坑、槽、管、沟等转入建筑提资工作集。

（3）设计人完成屋面设备布置，绘制基础。将基础、屋面风井开洞等内容转入建筑提资工作集。绘制基础时要与建筑确定此处屋面做法厚度，避免基础被埋在屋面做法内。在屋面风井开洞时注意风井内的梁、构造柱的位置及标高，避免穿、蹭梁及构造柱。

（4）布置屋面设备时，设备密集处要设置检修通道。

（5）各专业负责人、设计人完善本专业设计，对管道实施变径。

（6）配合管综负责人（机电负责人）进行管综及优化。

（7）设计人应对系统分支处谨慎处理：水系统的新分支必然会要求产生一个标高，过多的支管、走廊内主路由的分支，都会影响管综结果；如系统的分支会对此处空间产生一个横向拦截作用，影响其他专业路由。

（8）设计人对所使用的设备、风口、加压风口等输入设计参数。

（9）设计人建立消防提资工作集，主要内容为各类防火阀、电控百叶、消防设备。平时、消防合用设备应在消防系统工作集内。不涉及消防动力、消防控制的设备不在此工作集内，如自垂百叶。

（10）召开一审会，确认机电控制标高满足要求，确认各类基础、坑、槽、管、沟可以实现。与建筑土建专业确认楼板标高、天花板标高、楼梯、坡道的变化；基坑位置、前室、排烟走廊位置等。

（11）各专业管井（水、暖、电气竖井）位置及增减。

（12）机电负责人组织各专业负责人对一审会上遗留的问题进行协商解决，需要土建专业配合的，由机电负责人进行协调。

（13）根据一审会上会商结果，对模型进行修改。校核修正修改处对本专业的影响。

（14）对部分管综进行优化，调整、确认。

（15）对剪力墙、地连墙等穿墙处进行预留孔洞、人孔等提资工作。此部分工作可以使用体量或大一号管径的管道、风管在开孔位置上占位标注，由于体量、管道、风管携带尺寸、标高等信息，土建专业可以透过链接直接读取。但是这些构件必须放置在“提资工作集内”。目前有相关的软件可以做到土建机电间的互提资料，需要注意构件不可贴近于墙上，否则视为开孔，带来不必要的错误。

（16）召开二审会，确认预留孔洞，外立面百叶开洞位置尺寸。

（17）完善模型，连接支管，调整自己专业内的碰撞管道。

（18）设计人按专业负责人指定部位生成局部三维大样图、按命名规则重命名，修改限制条件为“3. 出图模型”。

（19）专业负责人列出图纸目录。

3. 电气专业

（1）初步设计完成后，如果原设计团队中机电负责人、专业负责人发生变化，需要机电内部再次协调管综方案，取得统一意见。

（2）专业负责人确认机房布置无误，将机房内坑、沟等转入建筑提资工作集。

（3）设计人完成屋面防雷装置布置，将防雷装置等内容转入建筑提资工作集。

（4）布置屋面设备时，设备密集处要设置检修通道。

（5）各专业负责人、设计人完善本专业设计，对桥架、线槽可实施变尺寸设计。

（6）配合管综负责人（机电负责人）进行管综及优化。

（7）设计人应重新核对水、暖专业设备提资，落实两个方面的内容：设备位置是否与扩初一致，若不一致需重新连线；设备容量是否与扩初一致，若不一致需重新计算导线截面后重新布线。

（8）设计人对所使用的设备：配电箱、灯具、插座、消防点位、弱电点位等注入设计参数。

（9）召开一审会，确认机电控制标高满足要求，确认各类基础、坑沟可以实现。与建筑土建专业确认楼板标高、天花板标高、楼梯、坡道的变化；基坑位置、前室、排烟走廊位置等。

（10）各专业管井（水、暖、电气竖井）位置及增减。

（11）机电负责人组织各专业负责人对一审会上遗留的问题进行协商解决，需要土建专业配合的，由机电负责人进行协调。

（12）根据一审会上协商结果，对模型进行修改。校核修正建筑模型修改处对本专业的影响。

（13）对部分管综进行优化，调整、确认。

（14）对剪力墙、地连墙穿墙处进行预留孔洞、人孔等提资工作。此部分工作可以使用体量或是大一号管径的管道、风管在开孔位置上占位标注，由于体量、管道、风管携带尺寸、标高等信息，土建专业可以透过链接直接读取。但是这些构件必须放置在“提资工作集内”。目前有相关的软件可以做到土建机电间的互提资料，需要注意构件不可贴近于墙上，否则视为开孔，带来不必要的错误。

（15）召开二审会，确认预留孔洞，外立面百叶开洞位置尺寸。

（16）完善模型，连接支管线，调整自己专业内的碰撞桥架、线槽、母线、管线、设备。

（17）设计人按专业负责人指定部位生成局部三维大样图、按命名规则重命名，修改限制条件为“3. 出图模型”。

（18）专业负责人列出出图图纸目录。

4. 管综专业

（1）确认机电团队对上阶段管综方案没有异议。

（2）延续初步设计成果，进行其他楼层的管综。

（3）关键层管综工作应在扩初阶段完成，在建筑没有较大调整的情况下，继续沿用。安排机电专业以关键层为范例，继续其他类似层的管线布置。

（4）管综负责人（机电负责人）在此阶段重心应放在转换层上，特别是含有转换功能的地下一层，一般这样的地下一层管线密集，空间紧张，标高要求严格，各种限制条件多，使得工作难度很大。

（5）目前没有专门的管综规范来指导此阶段的设计，管综负责人应结合设计经验，考虑检修空间，管线疏密有序，减少管线交叉，合理并严谨地调整管道。在初步设计管道路由规划工作做的深度，直接影响此阶段管综工作难度。

（6）管综负责人必须校验建筑降板、沉梁区域机电控制标高。检查机电专业是否有管道穿透此区域土建构件。

（7）对影响标高的机电专业的管线提出修改意见。

（8）整理管综工作中需要建筑修改的地方，提出修改意见，不能解决的提出机电控制标高值。

（9）召开一审会，会上确定建筑标高不能满足处的解决方法或机电控制天花目标值。

（10）落实一审会上土建机电协商后的成果，在此节点，管综专业应完成所有复杂节点处管综工作，余下的小节点，应不需管综负责人协调也可完成。

（11）完善管综细节。

（12）召开二审会，生成整体剖面与建筑专业确认机电控制天花标高。

（13）整理管综剖面。

（14）施工图模型阶段完成

3.3.4 操作要点

3.3.4.1 电气提资要求（给电气专业提供消防和电气条件）

由于机电专业在同一个中心文件中工作，相互提资相比于给土建提资就简单了很多。提资的主要难点在于怎样做到准确无遗漏。一是建议对于消防类的所有设备，都赋予红色（255，0，0）的材质，包括阀门、风机、风口等，并放置于专门的工作集内，在模型中容易发现；二是可以建立红色材质的过滤器，方便选择并编辑。

3.3.4.2 管综要点（主管道、公共区域管道无碰撞）

1. 碰撞产生的原因

（1）管综剖面静态化

传统工作方法下产生的管综剖面是一个静态的截面，仅能表示一段距离内的管道秩序，当截面空间、管线的数量等发生变化，管综剖面失效。前后两个截面间的管线布置依赖于逻辑推理。容易在现场引起分歧。

（2）安装空间不足

在二维设计中，有些细节问题比如风管、水管交叉的翻高、喷淋支管和其他管道的避让，桥架交叉翻高配合等，后置给了施工单位，由他们根据现场情况灵活调整。但是实际工程中因为没有考虑翻高避让的空间，还是业主经常要求设计人现场解决问题。

（3）二维设计与管综剖面缺乏有效的信息交流

在各专业设计初期，会预先计划出一个管综方案，确定各专业管线的标高和位置。随着设计的深入，设计条件不断的明确，新的管线陆续添加，但是设计人做出的变化没有及时反映在管综上，没有及时进行调整，等设计结束后，预综的管综和实际的管综貌合神离，碰撞数量大大增加，最常见的就是剖面与平面不符，部分管线缺失。

（4）符号示意的二维图纸，与三维真实模型之间的偏差

机电专业设计绘制二维图纸时，经常采用夸张手法和示意的符号来表达设计意图，与实际管件的尺寸不一致，导致安装困难，用制冷站内的管道举例，弯头的尺寸导致高差较小的翻高无法实现；固定支架在图中表示为一根细线，实际却是一个固定架或是一根钢梁，形体差异很大。

2. 碰撞容易产生的地方

（1）桥架出线避让；

（2）两个以上桥架十字通相邻处；

（3）风水系统分支处；

（4）具有短肢剪力墙的管井周围；

（5）阀门的安装空间；

（6）机房、设备用房进出线处；

（7）集中布置的各专业设备用房附近公用走廊；

（8）布置在交通核内机房；

（9）突然增大的梁、滚梯基坑、局部降板区域；

（10）走廊和大空间交界处。

3.3.4.3　管道管径小于 DN50 的过滤器

（1）在精细程度出图时，管道表现为双线，可将管径小于 DN50 的线选择为小一号的线，出图时表现得更加清晰。

（2）在“可见性”对话框中，选择“过滤器”选项卡，点击“编辑/新建”，弹出过滤器对话框，如图 3.3-1 所示，选择左侧“过滤器”下面的新建按钮，选择定义条件并对新建的过滤器进行命名，如“TADI-P-DN50 以下”。

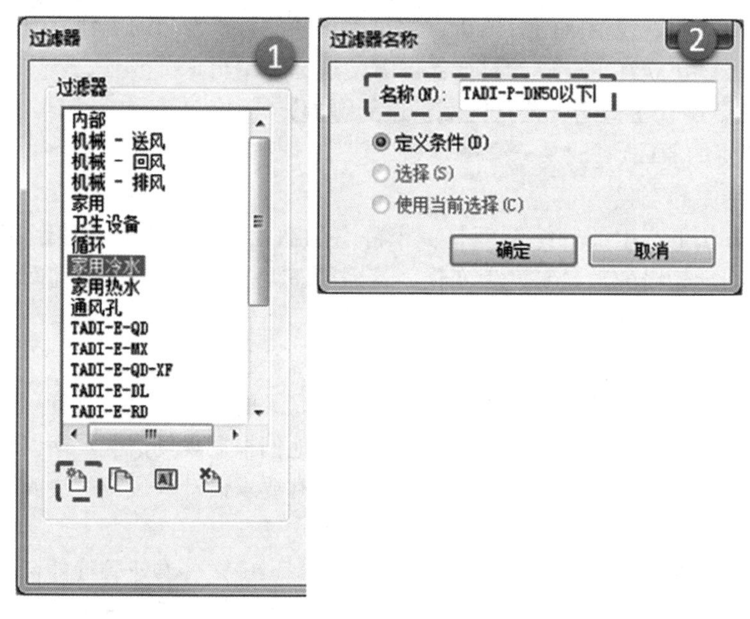

图 3.3-1

（3）选择新建的过滤器，在类别里选中“管件、管道、管道占位符、管道附件”，过滤条件选择“尺寸”，“小于或等于”填写 50。如图 3.3-2 所示。

3.3.4.4　电气导线的绘制

1. 自动生成导线

（1）将末端族以及相应的配线箱族放置好，选中连入的末端及配线箱，然后单击创建系统面板中的“电力”命令。线路可通过“编辑线路”来改变连接方式，通过选择“配电盘”命令，来调整所连接的配电盘，在“转换为导线”中选择一种方式，自动完成连接。如图 3.3-3 所示。

（2）自动生成导线存在以下两种导线连接方式，实际使用时只是满足设计师的绘图习

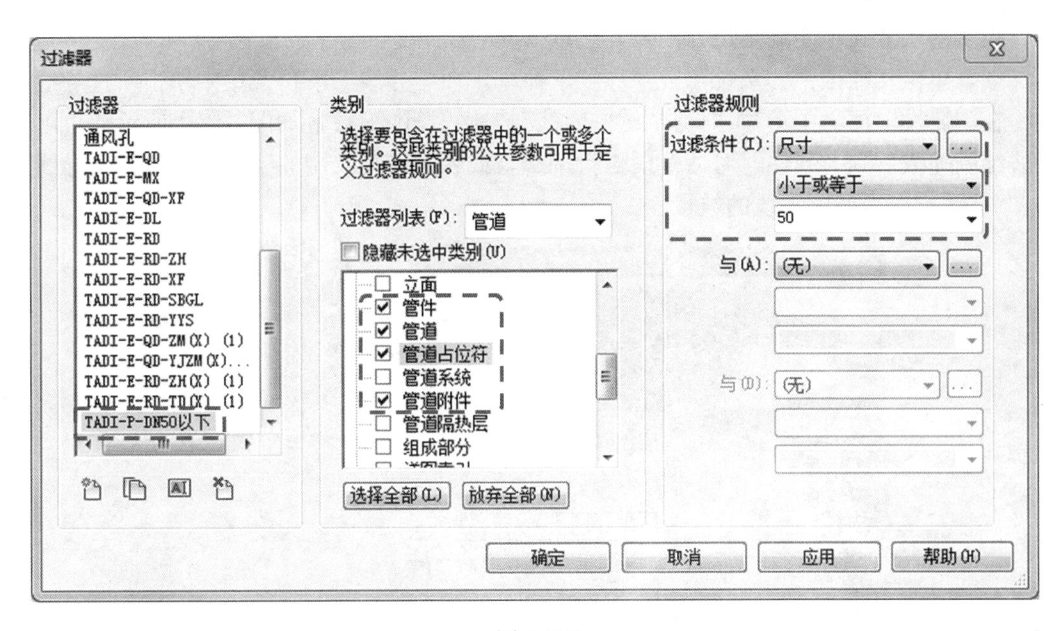

图 3.3-2

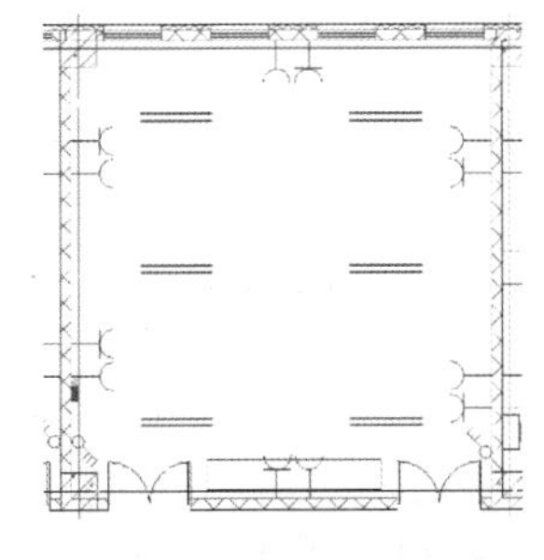

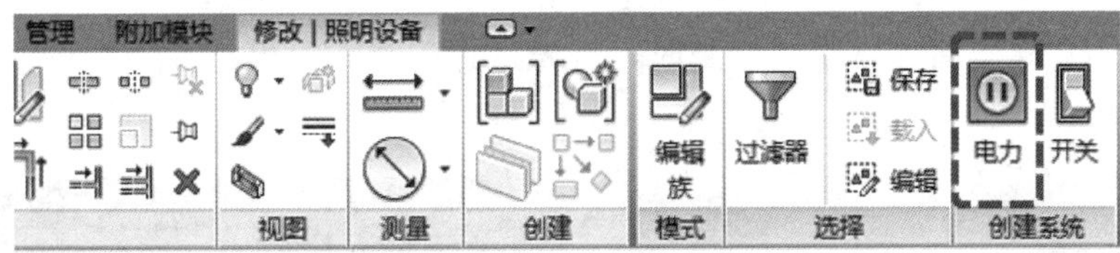

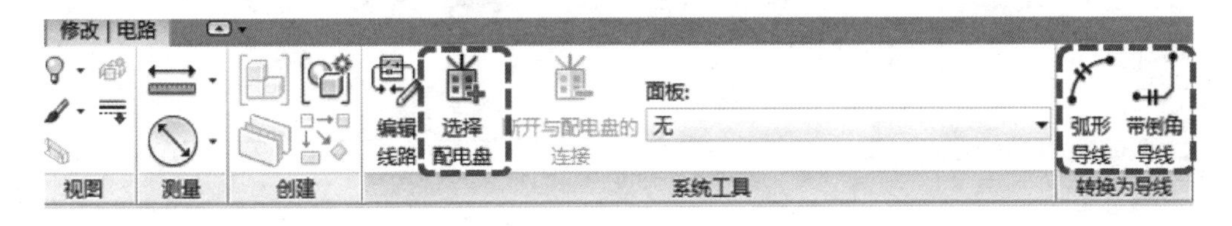

图 3.3-3

惯，两者并无本质区别：

① 弧形导线：通常用于表示在墙、天花板或楼板内隐藏的配线；

② 带倒角导线：通常用于表示外露的配线。

2. 手动绘制导线

（1）自动生成导线为设计人员提供了帮助，可以更快捷地完成绘图，但软件有局限性，很多连接方式不能满足设计需要，所以 Revit 软件提供了手动绘制导线的方法。

（2）单击功能区中“系统”—“导线”命令，在“导线”下拉菜单中单击所选导线形式，在“属性”面板中填写“火线”“中性线”“地线”的根数，如图 3.3-4 所示。也可在导线绘制完成后到“属性”对话框中再行调整，或者选中已绘制的导线，通过单击导线上的“+”“—”来调整火线的数量。

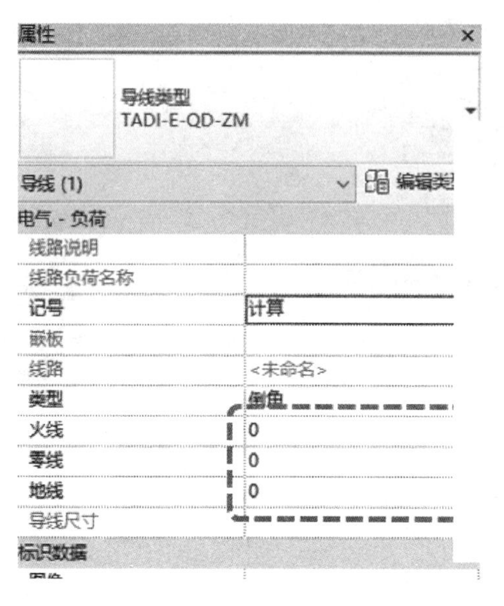

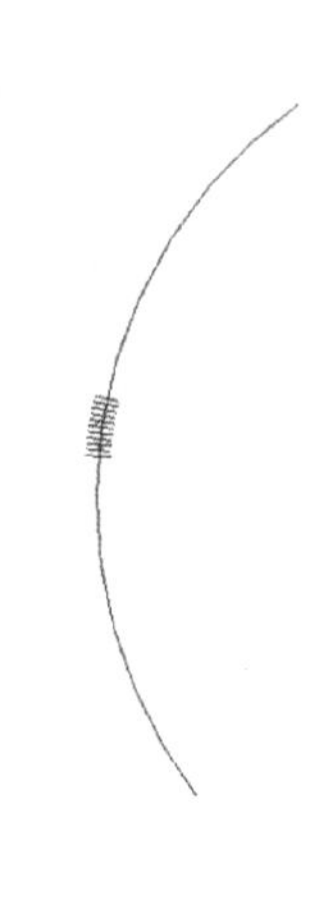

图 3.3-4

（3）选中任意族的电气连接点作为起点，单击该点，选中另一族的电气连接点作为终点，单击该点，完成一条导线的绘制。如图 3.3-5 所示。

① 当采用“弧形导线”绘制时，首先单击起点，后单击中点，最后单击终点；

② 当采用“样条曲线导线”绘制时，首先选择起点，后可选择多个中间点，最后选择终点。

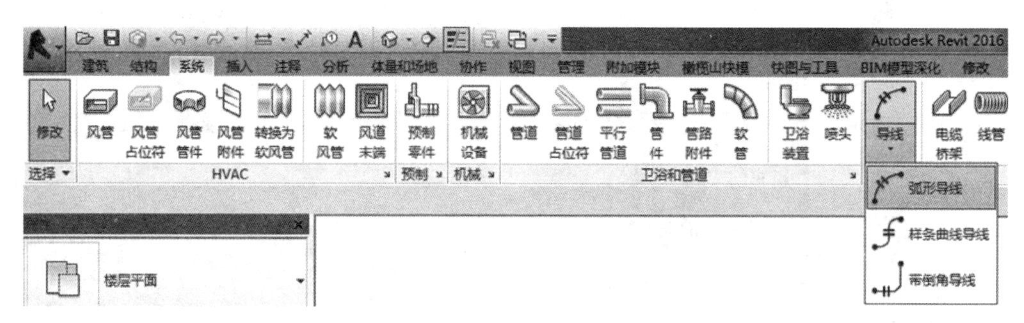

图 3.3-5

3.3.4.5　消火栓的布置

1. 布置消火栓

（1）选择“系统”—“机械设备”，在属性中选择消火栓箱。如图 3.3-6 所示。

（2）消火栓箱可在属性中选择明装、半暗装、暗装。如图 3.3-7 所示。

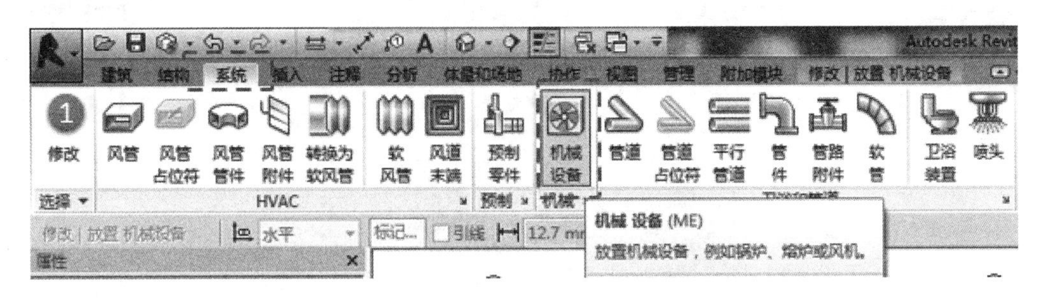

图 3.3-6

（3）消火栓接口位置变换可更换不同的消火栓箱族。

（4）消火栓箱是放置在垂直面上的，需要拾取垂直面才能放置（图 3.3-8）。

2. 连接消火栓

一般消火栓箱是放置在垂直面上的，若有些与立管连接的消火栓箱不能完全靠墙布置，需要与墙体有个空隙，这种情况可采用参照平面，在绘图区绘制出参照平面再放置消火栓箱。如图 3.3-9 所示。

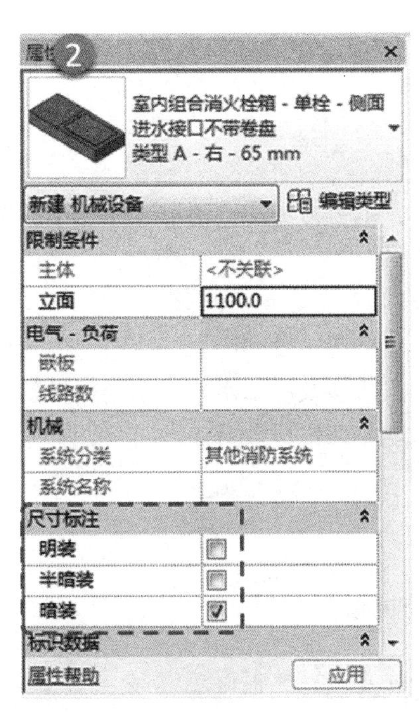

图 3.3-7

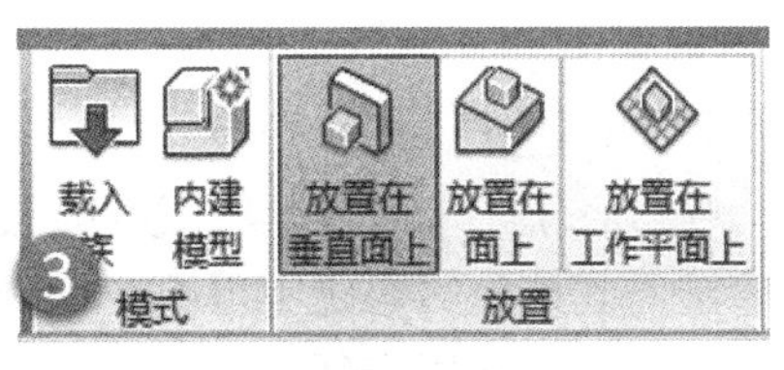

图 3.3-8

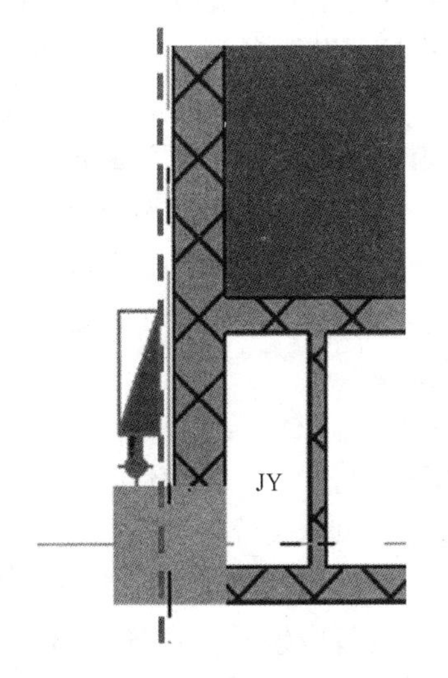

图 3.3-9

已经布置好的消火栓需要变更放置墙面的，可以通过点击消火栓，选择“修改｜机械设备”选项卡中“编辑工作平面”或“拾取新的”图标来激活重新选择新的垂直面。点击“编辑工作平面”会弹出工作平面对话框，在对话框中选择拾取一个平面，点击要拾取的参照平面即可。如图 3.3-10 所示。

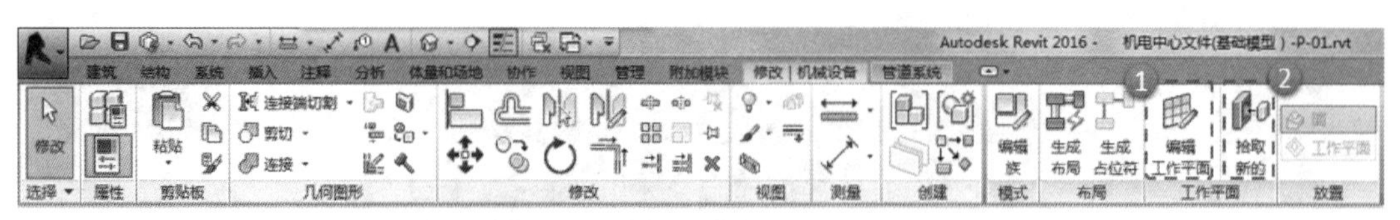

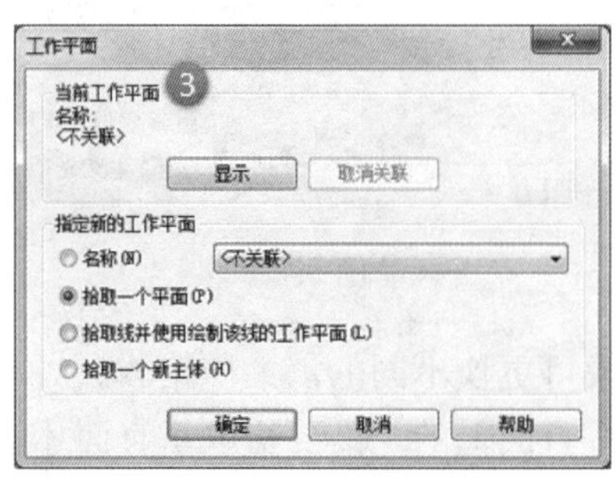

图 3.3-10

3.3.5　模型完成深度要求

1. 给水排水专业

（1）水管不得与梁、柱、短肢冲突。

（2）为喷淋系统 DN50 以下管线及喷头建立过滤器。

（3）管道与其他管线净距不得小于 100mm。

（4）喷淋系统须使用变径三通。

（5）出管井处本专业管线之间不得碰撞。

（6）消火栓须贴墙布置，消火栓箱开启面突出墙面，不得没入墙内或孤立于屋中，需与建筑专业协商的应在一审会上进行协商。

（7）走廊内喷淋支管支出主管处做法，须参考管综剖面。

（8）为避免暖通与给水排水专业间配合不当造成制冷机房布置问题，制冷机房内建议由暖通专业全面负责，负责管道排布、设备摆位的工作。所涉及冷却水泵、水处理设备等则由给水排水专业提供并修改其参数。暖通、给水排水专业在机房外对接。

2. 暖通专业

（1）风系统建模标准：

① 风道不得与梁、柱、短肢冲突。

② 须建立主风道及分支处次风道上风量调节阀、防火阀。

③ 风道保温后与其他管线净距不得小于 100mm。

④ 所使用设备应编号，这样在材料表中就会显示设备编号。所涉及设备应有参数，族中参数不足或多余，应予以修改。

⑤ 风管附件均为白色，消防相关阀件、设备均为红色。

⑥ 电动防火阀和手动防火阀必须予以区分。

⑦ 圆形风道弯头采用 5 节虾米节。

⑧ 风口应设有明确标高。

（2）水系统建模标准：

① 水管不得与梁、柱、短肢冲突。

② 水管保温后与其他管线净距不得小于 100mm。

③ 所使用设备应编号，编号与材料表中一致，所涉及设备应有参数，族中参数不足或多余，应予以修改。

④ 风机盘管上的阀件组可以不建，但是应为其预留安装空间。

⑤ 管道阀件均为白色。

⑥ 须使用变径三通。

⑦ 非车库内管道。若无标高、设置在风道下皮 200mm。

⑧ 管道类型应按水系统分区建立。

⑨ 竖向系统需完整，与流程图一致。

⑩ 与水专业共用阀件及设备应复制后单独成类。

3. 电气专业

（1）各类点位布置。

（2）桥架不得与梁、柱、短肢冲突。

（3）桥架须调序避免简单交叉。

（4）进入强弱电间桥架不得碰撞。

（5）桥架无标高的暂按梁下敷设，不用考虑其他专业管线位置，但专业内部须排布整齐，预留检修空间。

（6）竖向桥架与梁无碰撞。

（7）室内点位排列整齐不被遮蔽。

3.3.6 模型校验内容

1. 给水排水专业

（1）穿过剪力墙处是否有预留孔洞，出户处是否有预留防水套管孔洞，孔洞是否多余。

（2）管道是否穿过其他禁止穿过的机房。

（3）进入管井处管道是否能正常汇入；管井内管道是否能排布开。

（4）竖向管道穿越楼板是否与土建冲突。

（5）管道是否穿越共享空间。

（6）流程中路由、管径能否与平面一致。

（7）管道是否与门窗冲突，是否距墙过远。

（8）洁具是否离墙过远，洁具接管是否与下一层的梁冲突。

2. 暖通专业

（1）风系统：

① 穿过剪力墙处是否有预留孔洞。

② 风道是否穿过其他禁止穿过的机房。

③ 排烟风口是否被遮挡。

④ 竖向风道穿越楼板是否与土建冲突。

⑤ 风道是否穿越共享空间。

⑥ 管道是否撞门挡窗，是否距墙过远。

⑦ 楼梯间、前室加压风口位置是否正确，尤其是楼梯间加压风口是否开在同一部楼梯内；加压风口是否被梯段遮挡。

⑧ 加压风口开在剪力墙上的要校核开洞尺寸。

（2）水系统：

① 穿过剪力墙处是否有预留孔洞。

② 管道是否穿过其他禁止穿过的机房。

③ 进入管井处管道是否能正常汇入；管井内管道是否能排布开。

④ 竖向管道穿越楼板是否与土建冲突。

⑤ 管道是否穿越共享空间。

⑥ 流程中路由、管径能否与平面一致。

⑦ 管道是与门窗冲突，是否距墙过远。

3. 电气专业

（1）穿过剪力墙处是否有预留孔洞。

（2）桥架是否穿过其他禁止穿过的机房。

（3）管井内桥架是否能排布开。

（4）竖向桥架穿越楼板是否与土建冲突。

（5）桥架是否穿越共享空间。

（6）是否与防火卷帘、门窗发生冲突等情况。

3.3.7 管道间距表

详见表3.3-2和表3.3-3。

管道中心距和管中心至墙面距离（钢管）（mm） **表3.3-2**

一、非保温管道与非保温管道													
管径	25	32	40	50	65	80	100	125	150	200	250	300	管中心至墙面
25	135												110
32	165	165											120
40	165	175	175										130
50	180	180	190	190									130
65	195	195	205	205	215								140
80	210	210	210	220	230	240							150
100	220	220	230	230	240	250	260						160
125	235	245	245	255	255	265	275	295					180
150	255	255	265	265	275	285	295	305	325				190
200	270	270	270	280	290	300	310	320	330	360			220
250	305	305	315	315	325	335	345	355	375	395	425		250
300	340	340	360	360	360	370	380	390	400	430	460	480	280

续表

二、保温管道与非保温管道

保温管厚度	管径	25	32	40	50	65	80	100	125	150	200	250	300	管中心至墙面
35	25	170												145
50		185												160
35	32	200	200											155
55		220	220											175
35	40	200	210	210										165
55		220	230	230										185
35	50	215	215	225	225									165
60		240	240	250	250									190
35	65	230	230	240	240	250								175
65		260	260	270	270	280								205
35	80	245	245	245	255	265	275							185
70		280	280	280	290	300	310							220
40	100	260	260	270	270	280	290	300						200
75		295	295	305	305	315	325	335						235
45	125	280	290	290	300	300	310	320	340					225
80		315	325	325	335	335	345	355	375					260
45	150	300	300	310	310	320	330	340	350	370				235
85		340	340	350	350	360	370	380	390	410				275
50	200	320	320	320	330	340	350	360	370	380	410			270
90		360	360	360	370	380	390	400	410	420	450			310
55	250	360	360	370	370	380	390	400	410	430	450	480		305
100		405	405	415	415	425	435	445	455	475	495	525		350
60	300	400	400	420	420	420	430	440	450	460	490	520	540	340
105		445	445	465	465	465	475	485	495	505	535	565	585	385

三、保温管道与保温管道

保温层厚度	管径	25	32	40	50	65	80	100	125	150	200	250	300	管中心至墙面
35	25	205												145
50		225												160
35	32	235	235											155
55		275	275											175
35	40	235	245	245										165
55		275	285	285										185
35	50	250	250	260	260									165

续表

三、保温管道与保温管道														
保温层厚度	管径	25	32	40	50	65	80	100	125	150	200	250	300	管中心至墙面
60		300	300	310	310									190
35	65	265	265	275	275	285								175
65		325	325	335	335	345								205
35	80	280	280	280	290	300	310							185
70		350	350	350	360	370	380							220
40	100	300	300	310	310	320	330	340						200
75		370	370	380	380	390	400	410						235
45	125	325	335	335	345	345	355	365	385					225
80		395	405	405	415	415	425	435	455					260
45	150	345	345	355	355	365	375	385	395	415				235
85		425	425	435	435	445	455	465	475	495				275
50	200	370	370	370	380	390	400	410	420	430	460			270
90		450	450	450	460	470	480	490	500	510	540			310
55	250	415	415	425	425	435	445	455	465	485	505	535		305
100		505	505	515	515	525	535	545	555	575	595	635		350
60	300	460	460	480	480	490	490	500	510	520	550	580	600	340
105		550	550	570	570	580	580	590	600	610	640	670	690	385

注：1. 保温材料为泡沫混凝土；

2. 表内数字适用于管道介质温度小于100℃；

3. 管道安装方式：室内或通行及半通行地沟内架空安装。

阀门并列时管道的中心距（mm） **表3.3-3**

DN	≤25	40	50	80	100	150	200	250
≤25	250							
40	270	280						
50	280	290	300					
80	300	320	330	350				
100	320	330	340	360	375			
150	350	370	380	400	410	450		
200	400	420	430	450	460	500	550	
250	430	440	450	480	490	530	580	600

注：表内数字适用于管道介质温度为100～200℃。

3.4 施工图出图阶段

施工图阶段分为两个阶段，前为模型完善时期，后为出图时期。当模型精度、深度足够时，二维图纸就仅仅是图面美化的工作，可以不占用专业人、设计负责人的精力，而且可以加大人力投入来突击此段工作。

目前 Revit 按出图难易程度，排列如下：①剖面、三维、大样图；②平面图；③流程、系统图；④文字说明；⑤与 Revit 明细表无关的表格。建议后三项由 CAD 来完成。

3.4.1 工作要点

（1）符合目前现有施工图深度规范及相关制图规范；

（2）设置线宽；

（3）生成的局部三维大样应对所有构件进行标注。

3.4.2 操作流程

施工图出图阶段的工作流程及具体工作内容见表 3.4-1。

机电专业施工图出图阶段工作流程及内容　　表 3.4-1

工作流程	工　作　内　容
【4-1】施工图出图	1. 完成全部管综及模型； 2. 生成图纸、对图纸进行拼图工作，按图纸组织及目录树归置图纸； 3. 建立图纸列表； 4. 对图面进行修饰； 5. 遮盖、详图线、剖断线； 6. 添加注释等工作； 7. 导线类型注释、管道类型注释、文字注释、补充图例、添加视图标题； 8. 完成出图前的校审工作
【4-2】完成施工图成果	1. 打印图纸，整理计算书等设计文件； 2. 机电负责人分离中心文件，另存为指定归档文件夹内，弃权并同步，各专业负责人将链接的 CAD 文件复制至归档指定文件夹下

3.4.3 全专业操作步骤及细节

此阶段各专业工作内容类似，合并叙述如下。

（1）在“2. 工作模型”的视图中，为了配合管综，本专业内的各系统是合在一起建模的，出图时要将各系统在不同的视图中分别显示。

（2）各设计人员将“2. 工作模型”中的图纸复制到“3. 出图模型”下。

（3）各设计人员按系统复制图纸，例如：在“2. 工作模型”中名称为“M-02-2F”的视图（暖通专业—参与人编号—2 楼平面），其中包含了风系统、水系统，需要复制两个副本，重命名为“2F 风系统平面图”和“2F 水系统平面图”。

（4）对这两个视图，修改其“阶段分类”为“03. 出图模型”。

（5）调整视图深度，修改土建专业墙柱截面显示样式，满足出图要求。

（6）对“3. 出图模型”下的视图，其相应的视图样板，利用样板中预制的尺寸标注、设备族标注等进行标注、二维注释、图面美化处理等工作。

（7）在项目浏览器下的“图纸”上点击右键，选择浏览器组织，使用“TADI-MEP”，形成图纸目录树。

（8）在项目浏览器下的“图纸”上点击右键，选择新建图纸，选择图框。

（9）对图纸按命名规则进行命名。

（10）将“3. 出图模型”中的视图拖拽至图纸上，进行拼图工作。

（11）在项目浏览器中的“图纸”中按本单位相关规定建立图纸编号。并满足图纸命名规则。填写图纸中的图纸编号和图纸名称。

（12）由于软件限制，制作图纸时，一个视图只允许引用一处，多次引用需复制、重命名多次，容易引起管理混乱。若必须多次引用，需将视图转至图例下。

（13）专业负责人需要复核有没有遗漏的图纸。

（14）在“明细表/数量”上点击右键，选择新建图纸列表，创建图纸目录。

（15）打印。

（16）模型出图阶段完成。

3.4.4　操作要点

3.4.4.1　生成图纸

（1）在项目浏览器栏中右键单击图纸，选择“新建图纸”，如图 3.4-1 所示。

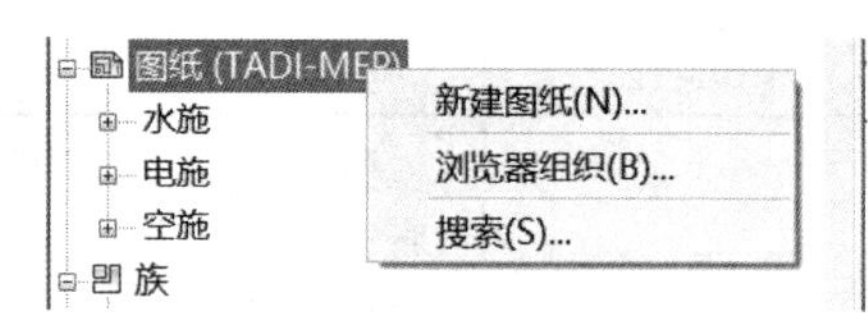

图 3.4-1

（2）在弹出的“新建图纸”界面下选择“标题栏”中的图幅大小。

（3）对生成的图纸，修改其属性中的“图纸编号”和“图纸名称”，如图 3.4-2 所示。图纸将自动归类，如图 3.4-3 所示。

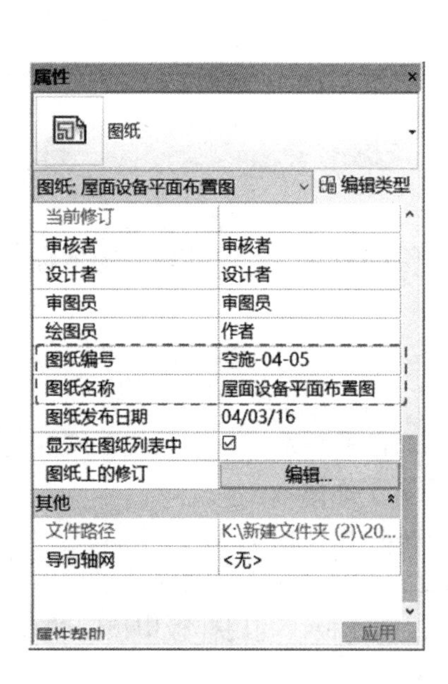

图 3.4-2

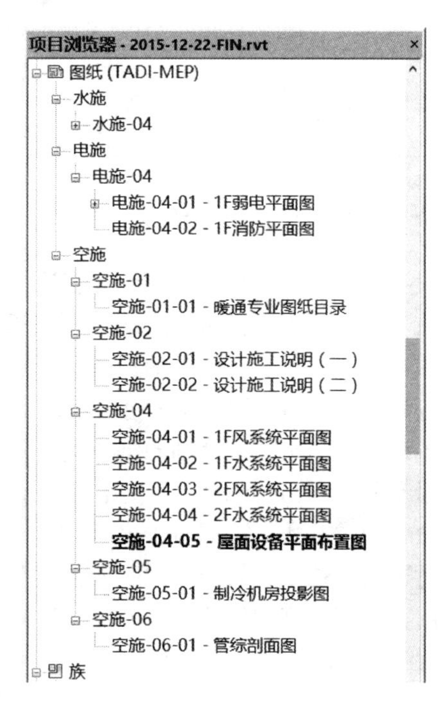

图 3.4-3

（4）在当前图纸下，将项目浏览器中出图模型下的需要生成图纸的视图直接拖拽至图纸上进行摆位。

（5）双击图纸上的图纸内容，即进入到该图纸内容所引用的出图模型视图内，可以进一步修改编辑。

（6）更改出图模型下视图的名称，在其所被引用的图纸上，该视图名称会自动进行更改。

（7）在视图被引用前，应用视图范围对其图面空白处进行剪裁，避免插入图纸后因空白图面过大，导致视图间相互干扰。

（8）一个视图只能被引用一次，若需多次引用，可以制作成图例再引用。

（9）导入补充模型中的CAD图纸，用同样的方法创建Revit图纸。

（10）三维无定位尺寸的大样可不按准确的比例缩放，以清晰、视觉饱满为准。

（11）平面中局部有详图的区域，应用遮罩予以遮挡，并用文字注明索引图名。

（12）如项目特殊，可与机电负责人商议，出例如双线水管图、对风道进行填充的图等，在图面清晰准确的情况下，鼓励探索使图面更加清晰美观的出图方法。

3.4.4.2 图纸列表

（1）通过创建图纸明细表来制作图纸目录。

（2）具体操作：选择视图→明细表，在其下拉菜单中选择图纸列表，弹出图纸列表属性。如图3.4-4所示。

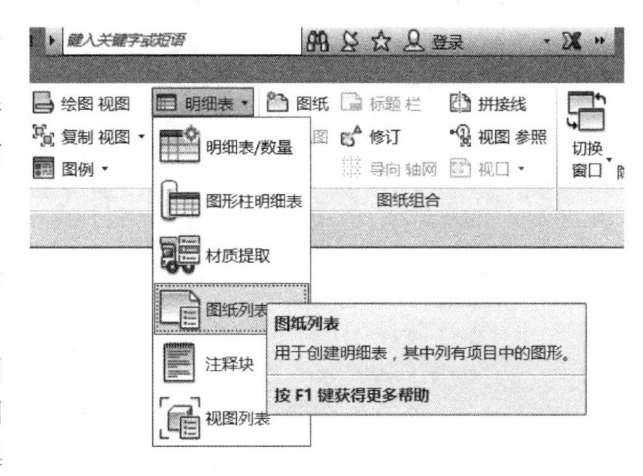

图3.4-4

（3）将需要显示在图纸目录中的信息添加到明细表字段，并对排序、格式、外观等进行设置（图3.4-5），生成的图纸

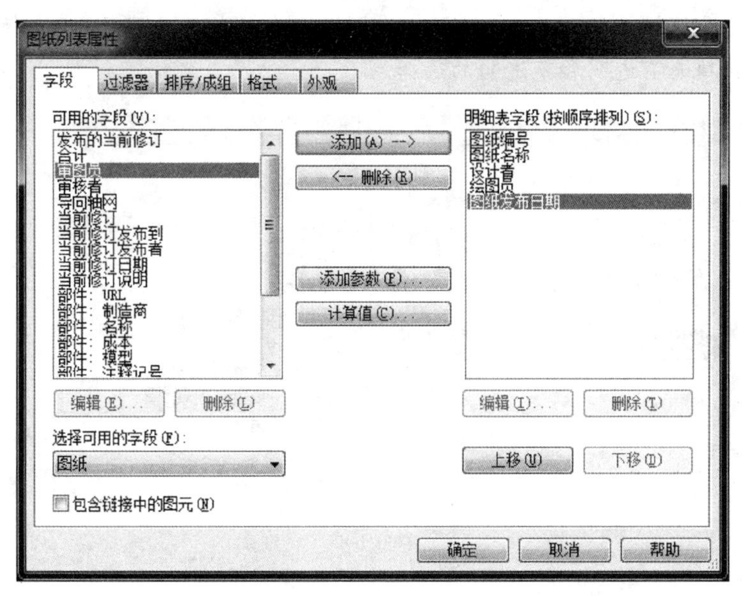

图3.4-5

列表将会储存在“项目浏览器→明细表/数量”下（图3.4-6）。

<图纸列表>				
A	B	C	D	E
图纸编号	图纸名称	设计者	绘图员	图纸发布日期
A0暖施-005	采暖通风首层	张灏	作者	05/15/14
暖变-091	施工图变更	刘云	作者	05/15/14

图3.4-6

3.4.4.3 遮盖

（1）打开“注释”菜单栏中的“区域→填充区域”，选择线样式为“TADI-M-细虚线”，选择模板中提供的相应填充区域样式，通过矩形框等形式绘制。如图3.4-7所示。

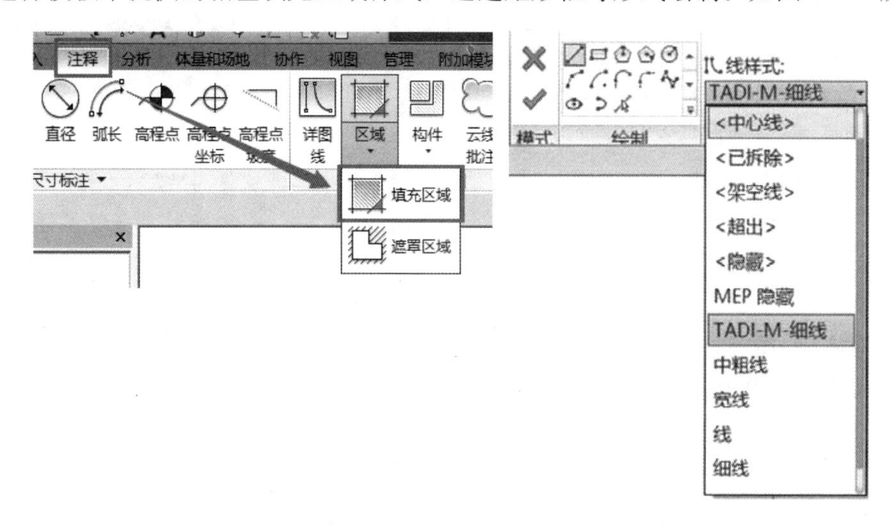

图3.4-7

（2）单击填充区域，如图3.4-8所示，在属性栏中点击虚线框内的下拉菜单，选择填充样式。注意：填充有透明和不透明的选择。

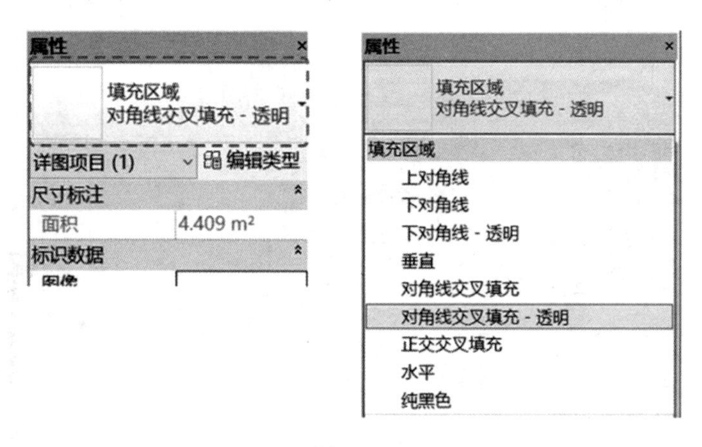

图3.4-8

（3）若填充区域填充样式不符合图面美观要求，点击菜单栏“管理”→“其他设置”

→“填充样式”→选择需要修改的填充样式→“编辑”，调整角度及间距即可。如图 3.4-9 所示。

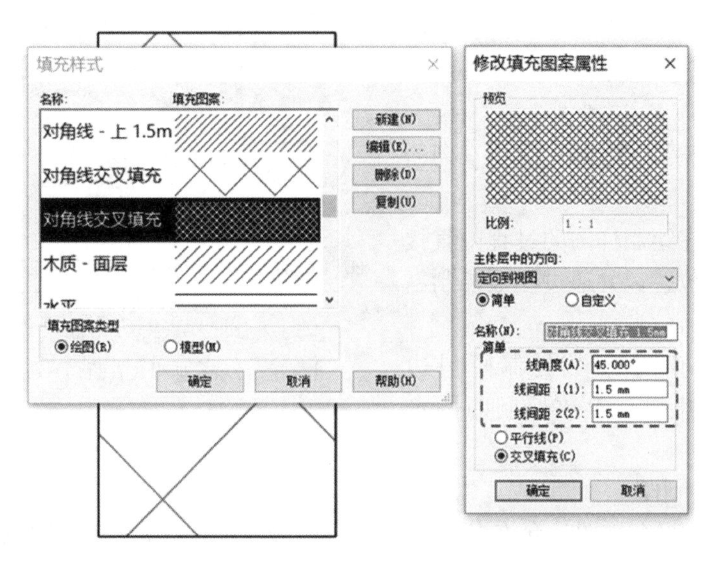

图 3.4-9

3.4.4.4　详图线

视图中需要添加线以补全图面时，可使用详图线。如图 3.4-10 所示。

3.4.4.5　文字注释

（1）在“出图模型”中需要添加文字注释的地方，点击快捷工具栏上的文字，或直接键入“TX”，或点击菜单栏中的注释→文字，在属性栏中选择字体，再在图面拉出文本框后直接输入即可。

（2）选择引出线样式点击需要修改引出线的文字，带“＋”的为添加引线，带“－”的为删除最后添加的一条引线，可以添加多条引线。引线可以自由拖拽。箭头可按左右分别添加，删除时按添加的倒序进行删除。如图 3.4-11 所示。

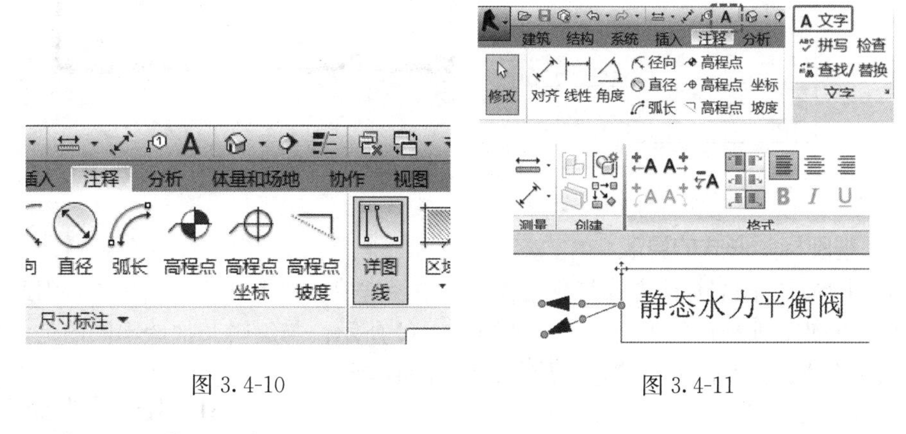

图 3.4-10　　　　图 3.4-11

（3）文字注释的修改，如图 3.4-12 所示。

3.4.4.6　剖断线符号

（1）在详图的绘制过程中，往往需要用到剖断线。

（2）在 Revit 中可用详图线绘制剖断线，也可使用剖断线符号族。本项目样板中载入了 Revit 自带族库中的“符号 _ 剖断线”族，路径为“C：\ ProgramData \ Autodesk \ RVT 2016 \ Libraries \ China \ 注释 \ 符号 \ 建筑 \ 符号 _ 剖断线 . rfa”。

（3）用户可在绘制详图的过程中直接将此族放至相应位置，并通过参数控制剖断线的线长等几何信息。

（4）其中“W1”参数控制短斜边的长度，“虚线长度”参数控制两侧水平线的长度。

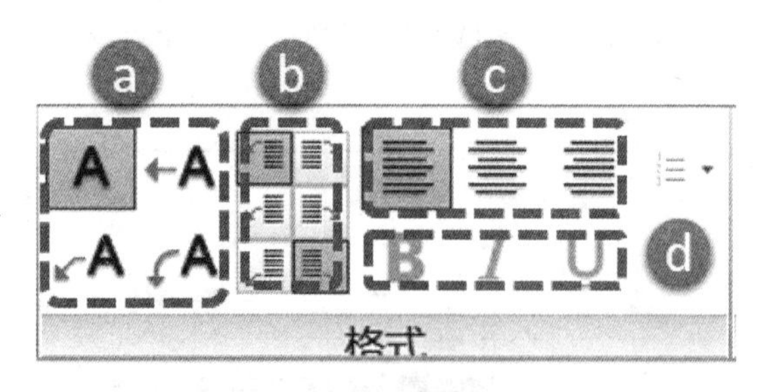

图 3.4-12

注：a—箭头引线显示的样式：无、直线、折线和曲线；
b—引线出线位置：中上、中、中下；
c—文本对齐：左对齐、中对齐、右对齐；
d—文字外观：加粗、右倾、下划线。

3.4.4.7　图例的制作

在 Revit 中，每个视图只允许引用一次，若要多次引用，需要制作图例。机电专业的图例分为两类，一类为平面图纸上所需的各类机械设备图例，一类为模型中管线颜色示意的图例。前者放置在图纸上，后者放置在启动页上。

建立平面图例：单击视图→图例→命名及修改比例→确定。如图 3.4-13 所示。在新建的图例视图中，从项目浏览器中单击左键选中需要作为图例的构件，将其拖拽至新建的视图中，调整视图详细程度为中等、使真实样式的构件显示为二维图例，再加文字注释即可。可以多做几类图例，供不同系统的平面图使用。在图例中使用详图线来绘制表格、给二维图例添加线条。绘制表格的操作，详见本书第 2.4.13 节图框相关部分。

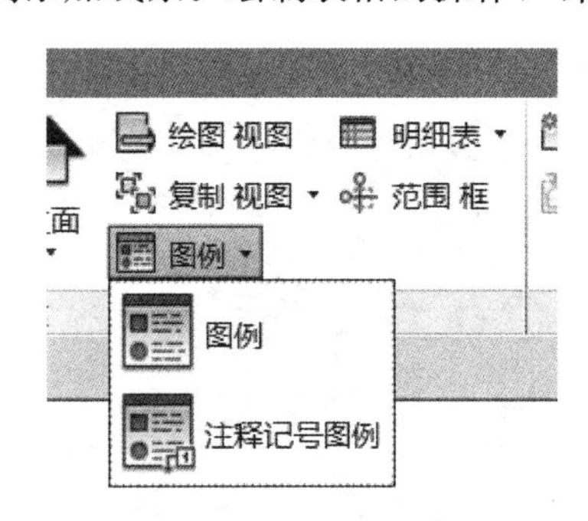

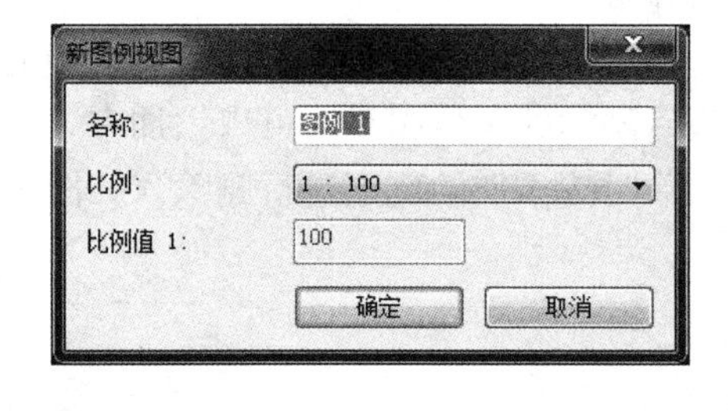

图 3.4-13

3.4.4.8　视图标题形式的更改

Revit 中预设的图名标注方式与我们在设计中经常使用的形式有很大出入，因此需要打开图名标注的族，即视口族进行编辑。如图 3.4-14 所示。与编辑其他族不同的是，视口的族无法通过在视图中双击的方式进入族的编辑界面，而是通过以下方式来打开与编辑：

1　1F 风系统平面图
1 : 100

图 3.4-14

（1）单击→打开→族。如图 3.4-15 所示。

（2）选择需要编辑的视口族后单击“打开”。视口族的路径位于 Revit 预设族文件夹中的注释→符号→建筑。如图 3.4-16 所示。

（3）将族中不需要的部分删除，仅留下“视图名称”这一项，之后我们将对“视图名称”这一标签的内容进行编辑。如图 3.4-17 所示。

（4）单击“视图名称”后，单击菜单栏中的“编辑标签”，进入标签内容的编辑界面。如图 3.4-18 所示。

（5）将“视图比例”添加到右侧的标签参数中。如图 3.4-19 所示。

① 在左侧的类别参数中选中“视图比例”后单击 添加至右侧的标签参数；

② 在“视图比例”一项的前缀处输入“空格”，并可根据需要调整空格的数量；

③ 编辑完毕后单击“确定”。

（6）单击“编辑类型”，进入类型属性界面，按照需求进行文字与图形各项参数的编辑，编辑完毕后单击“确定”。如图 3.4-20 所示。

（7）此时我们得到了想要的视图标题形式，单击菜单栏中的“载入到项目并关闭”，依照图示完成保存与导入。如图 3.4-21 所示。

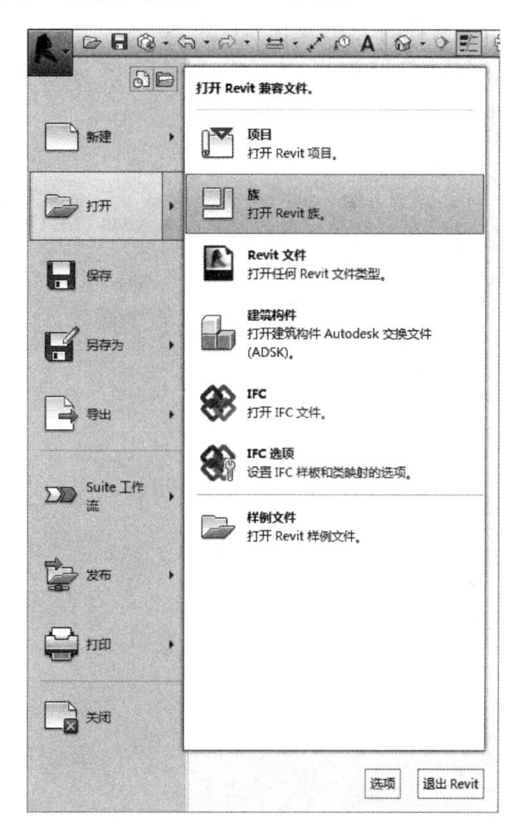

图 3.4-15

（8）之后再选中“视图名称”，单击属性栏中的“编辑类型”进入编辑界面。如图 3.4-22 所示。

图 3.4-16

（9）将标题选择为我们编辑后的新标题样式，单击“确定”完成对视图标题的编辑（图 3.4-23）。

此时我们就得到了需要的视图标题的形式，如图 3.4-24 所示。

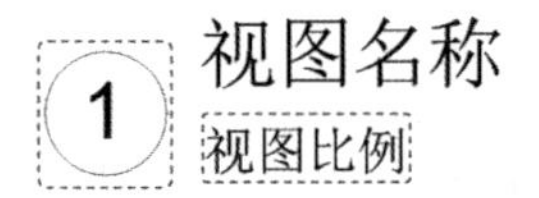

图 3.4-17

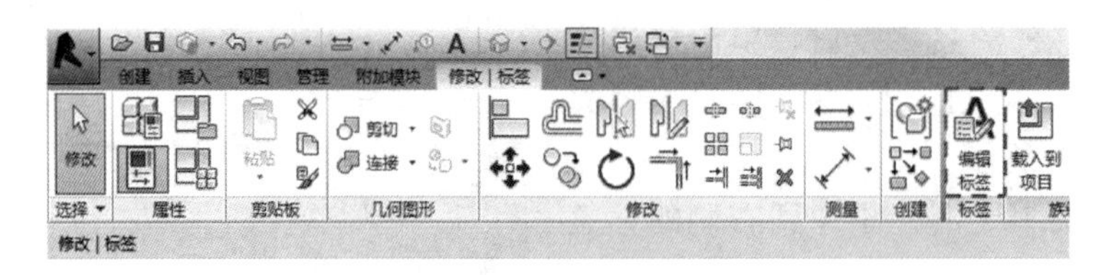

图 3.4-18

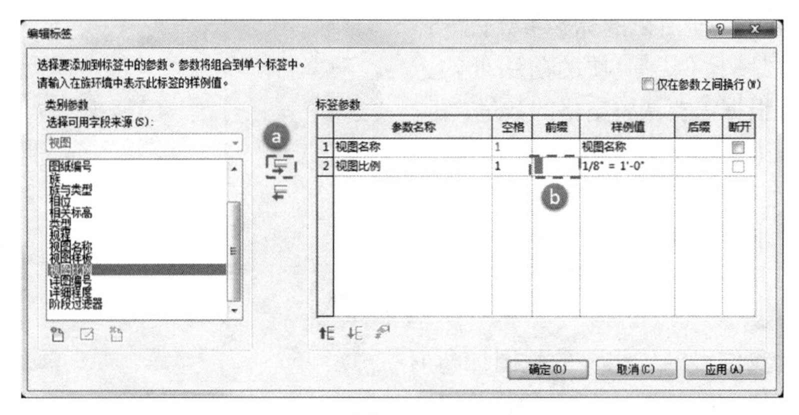

图 3.4-19

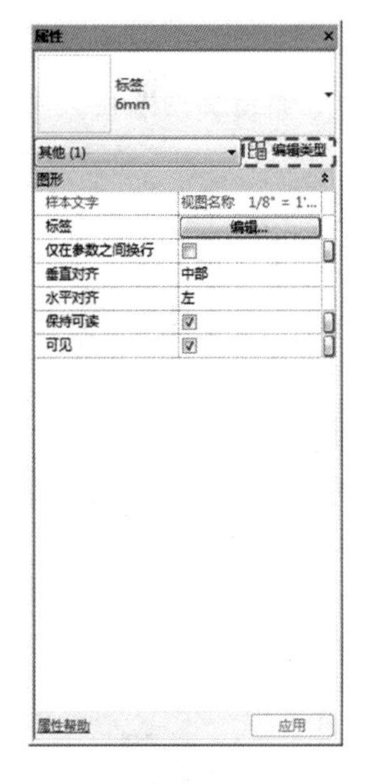

图 3.4-20

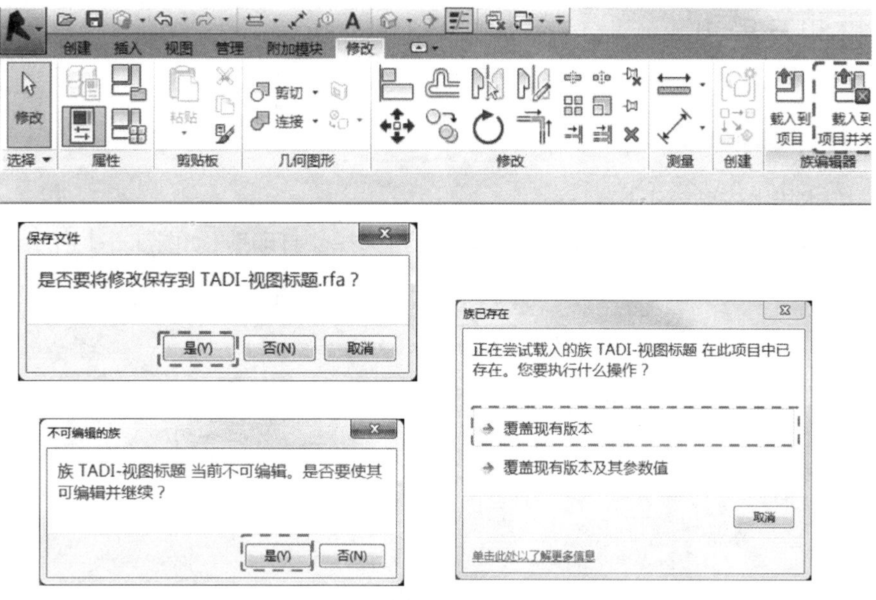

图 3.4-21

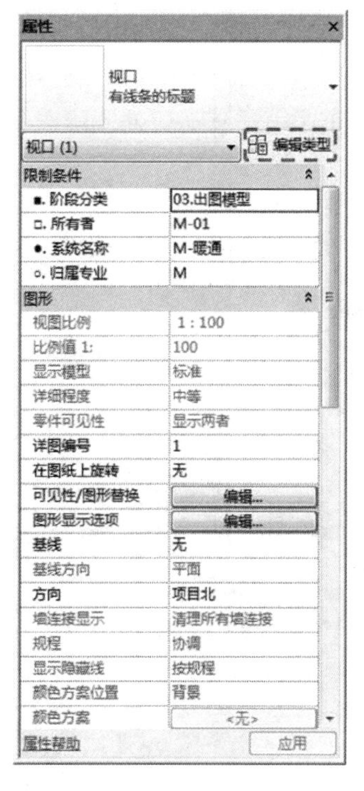

图 3.4-22

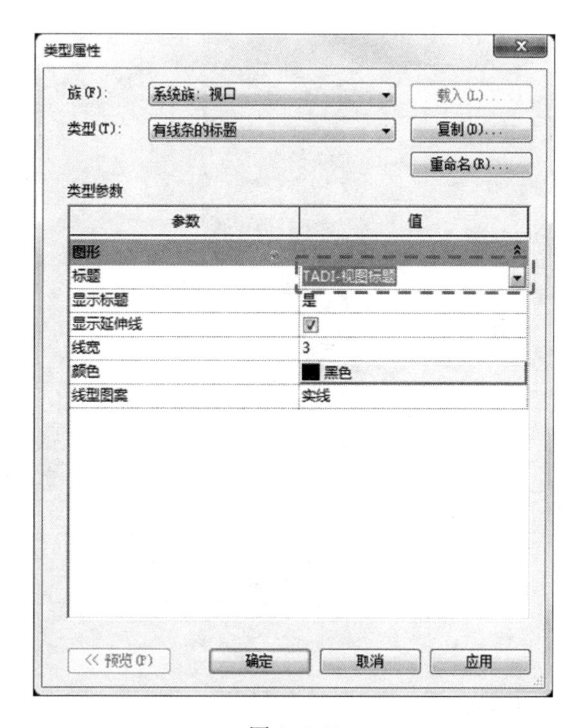

图 3.4-23

1F 风系统平面图 1 : 100

图 3.4-24

3.5　打印及导出

3.5.1　打印PDF

（1）在本机上安装Adobe Acrobat。

（2）单击蓝色“R”图标，选择“打印”，再选择“打印”。如图3.5-1所示。

图3.5-1

（3）打印选择，如图3.5-2所示。

在图3.5-2中：

a——选择打印机，选择Adobe PDF。

b——“将多个所选视图/图纸合并到一个文件”：将所生成的PDF合并在一个文件内；

“创建单独的文件。视图/图纸的名称将被附加到指定的名称后”：按图纸单张生成。

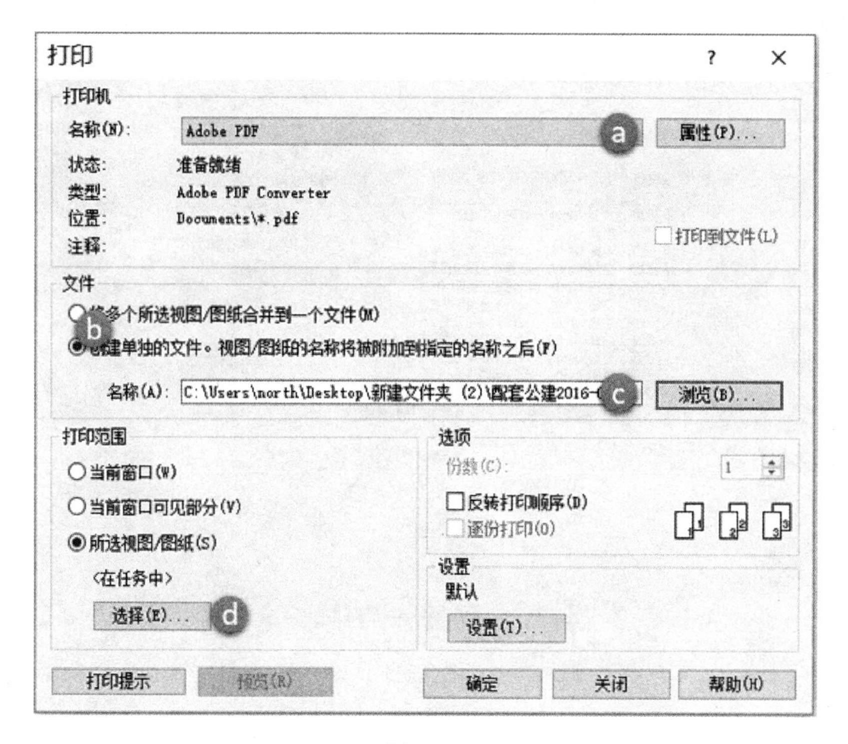

图 3.5-2

c——点击“浏览”，选定输出路径和 PDF 文件前缀。如图 3.5-3 所示。（注意：因程序问题，在输出 PDF 过程中，还需再选定一次输出路径和 PDF 文件前缀。之后生成的 PDF 会逐个自动打开。故除非出单张图纸，不建议采用单张输出。）

d——点击“选择”弹出“视图/视图集”选择页面，在图框下方选择“图纸”，则所有图纸将被列出，选择“视图”则列出所有视图，两个选项同时选中将列出所有视图及图

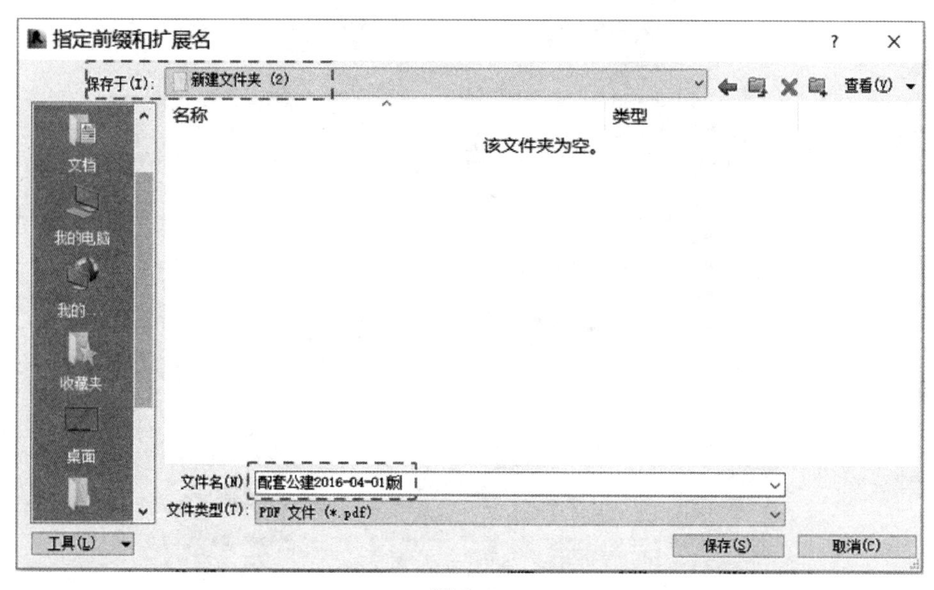

图 3.5-3

纸。勾选将要打印的图纸，再点击“另存为”，可将当前已选择好的打印内容作为索引文件保存，下次可直接调用。如图 3.5-4 所示。

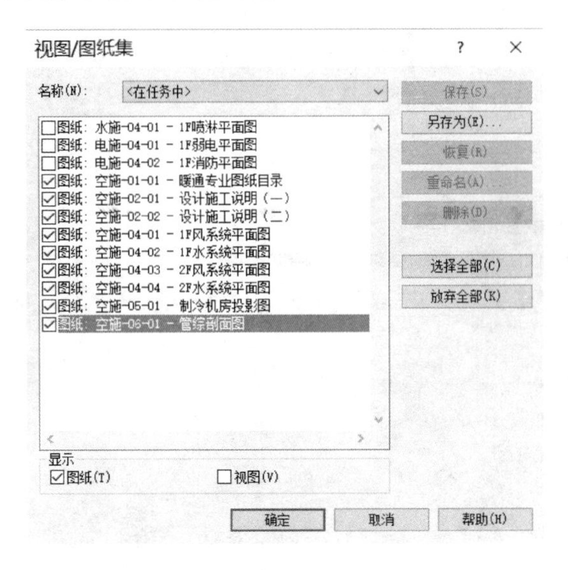

图 3.5-4

（4）纸张设置，如图 3.5-5 所示。

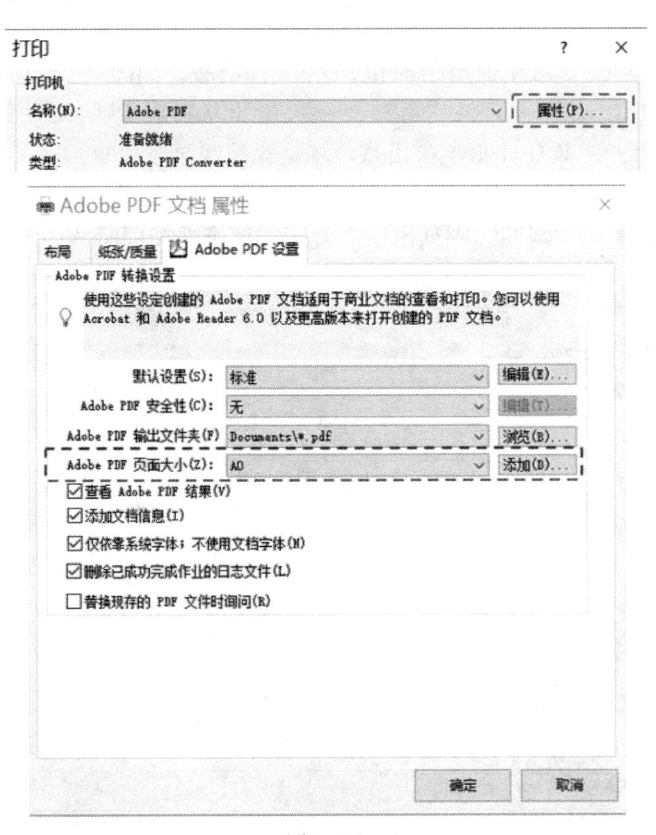

图 3.5-5

3.5.2 绘图仪打印

绘图仪种类较多，本书仅以富士施乐 DocuWide3030 为例简单介绍打印设置及流程。

1. 打印任务内设置

(1) 单击蓝色“R”图标，选择“打印”，再选择“打印”。可以看到绘图仪打印是直接打印绘图，故文件选项显示为灰色不可编辑。点击“设置”，对打印任务进行设置。如图 3.5-6 所示。

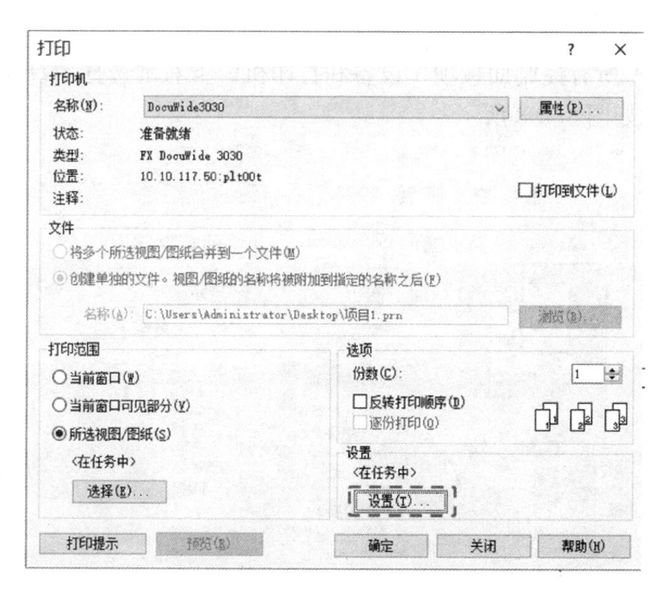

图 3.5-6

(2) 设置界面如图 3.5-7 所示。

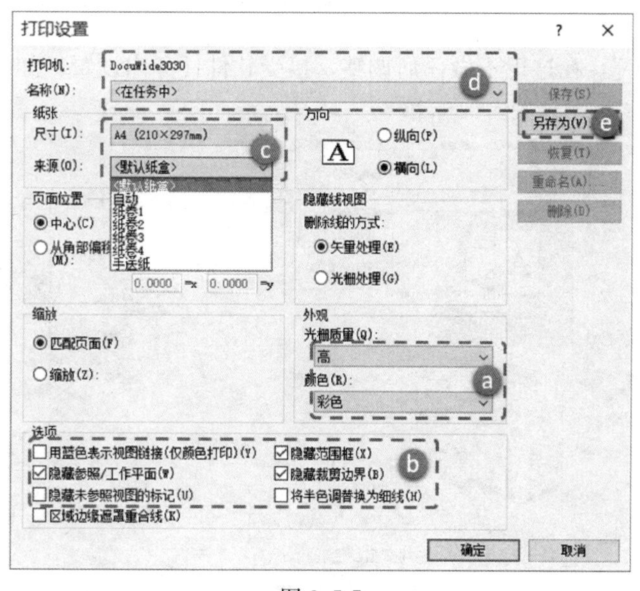

图 3.5-7

注：a—打印彩色或黑白，以及打印的精细程度；

b—勾选这四个注释族，在打印中将不被显示；

c—对于打印机支持多筒打印的，在此处选定使用哪个纸卷打印，选定的纸卷尺寸要大于等于原图尺寸；

d—点击“名称”下拉菜单，选择事先存储的打印样板，避免每次打印都调整此界面；

e—当前设置可以被另存为打印样版，以后可以再调用。

2. 打印机的设置

在“控制面板\所有控制面板项\设备和打印机”下右键选择“打印首选项”。

① 基本设置，如图 3.5-8 所示。

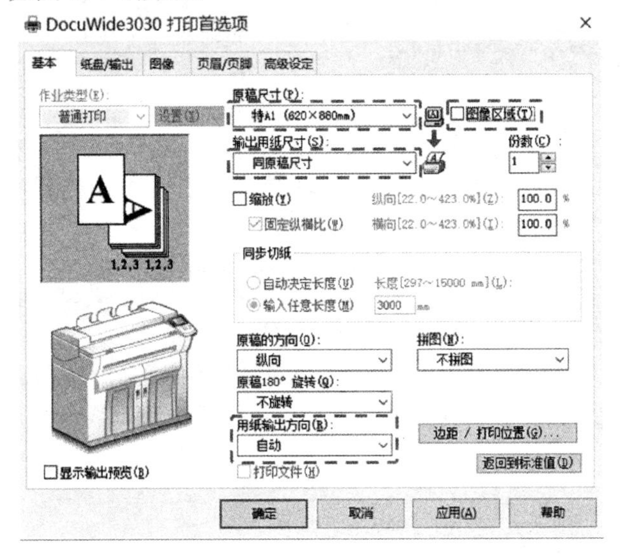

图 3.5-8

②“纸盘/输出”，在这里不做任何调整，接受软件任务内设置。如图 3.5-9 所示。

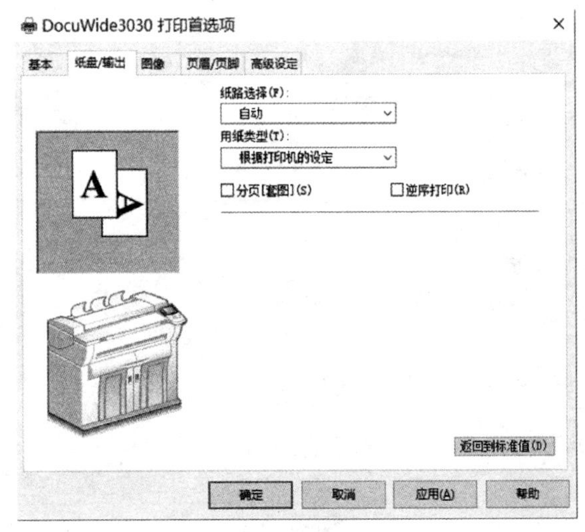

图 3.5-9

③“图像”包括：打印时图像质量；对细线的处理，勾选后避免打印机打不出细线。如图 3.5-10 所示。

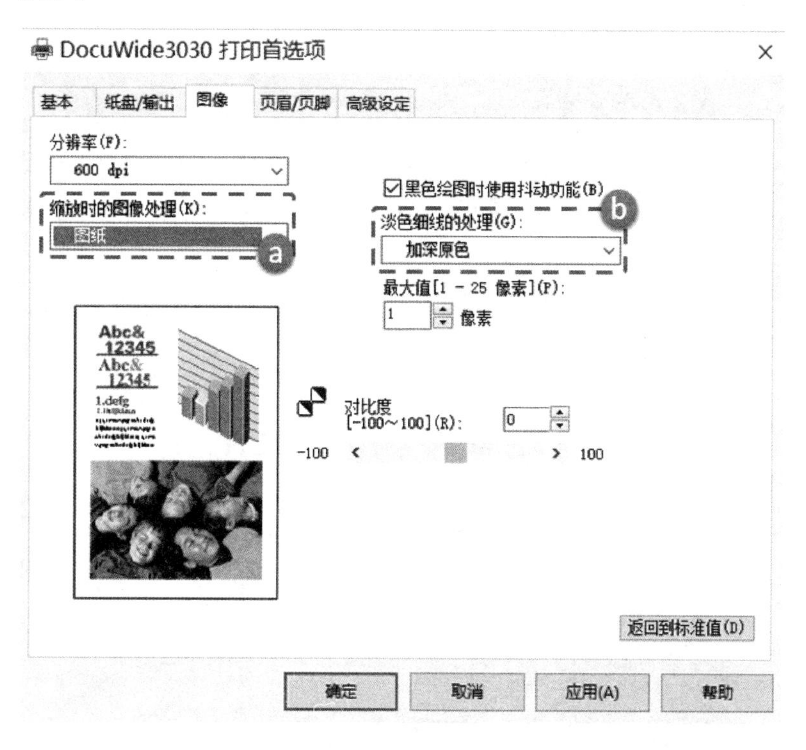

图 3.5-10

④“高级设定”，如图 3.5-11 所示。

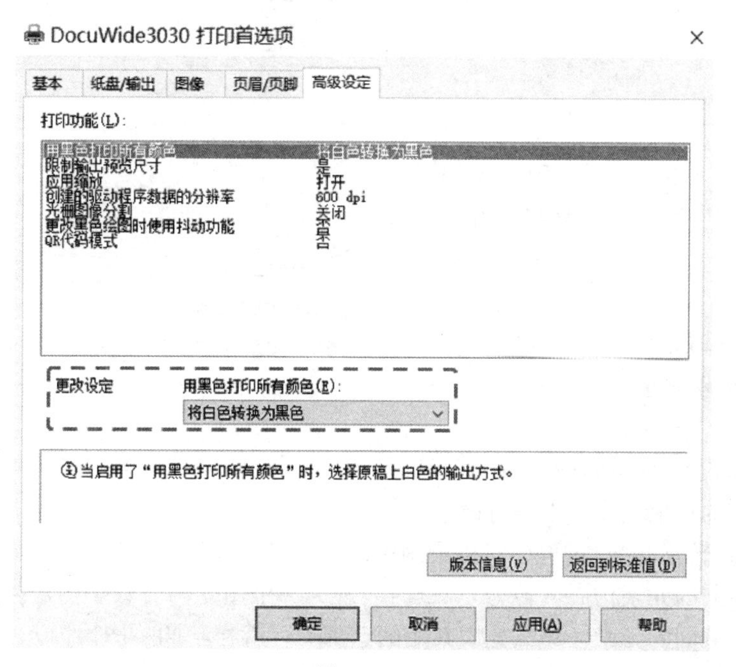

图 3.5-11

3.5.3　CAD 导出

（1）单击蓝色“R”图标，选择导出→CAD 格式→DWG。如图 3.5-12 所示。

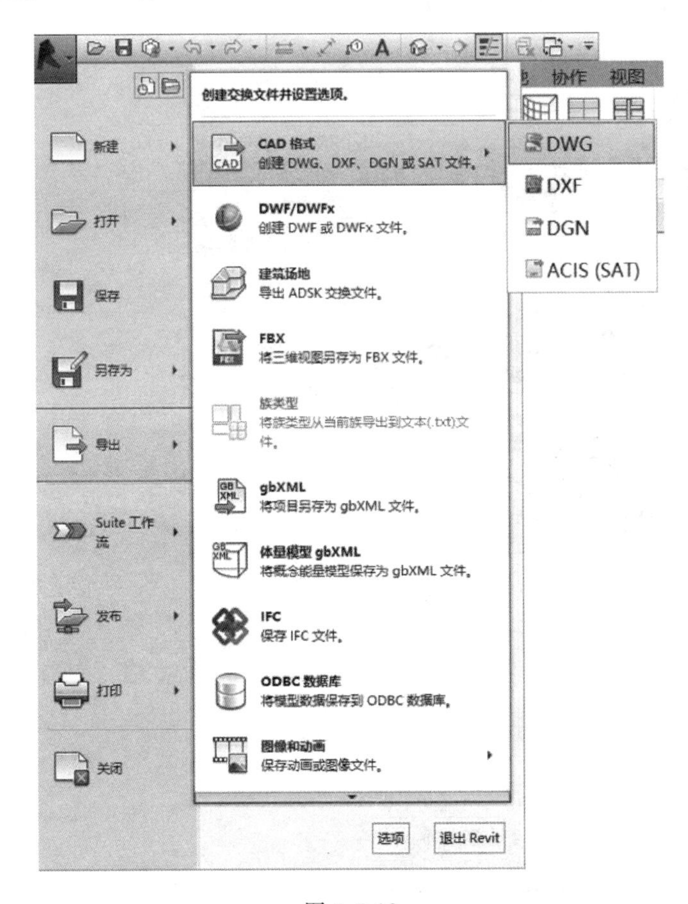

图 3.5-12

（2）点击“下一步”，弹出导出 CAD 格式文件设置，其操作与生成 PDF 一样。

（3）在 DWG 导出时，如果希望对图层、线性、填充图案等进行设置，可点击导出设置旁的选项按钮（图 3.5-13）。

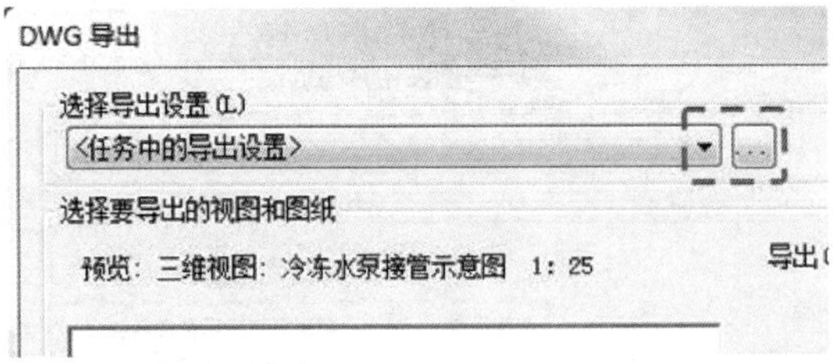

图 3.5-13

（4）详细设置界面如图 3.5-14 所示，可在相应的对象选项卡中进行设置。

（5）Revit 转化 CAD 过程中对接最困难的就是图层。Revit 的基本构成是族，每一个族内部也有不同的元素构成，转为 CAD 时表现为一个图元内有数个图层控制。如果两个不同的族里有共同的元素，那么他们共用的这部分存就在于同一图层内。由于 Revit 的族趋向真实，同时也会带进些对绘图无用的图层。例如暖通专业的风管内衬、等高线；给水

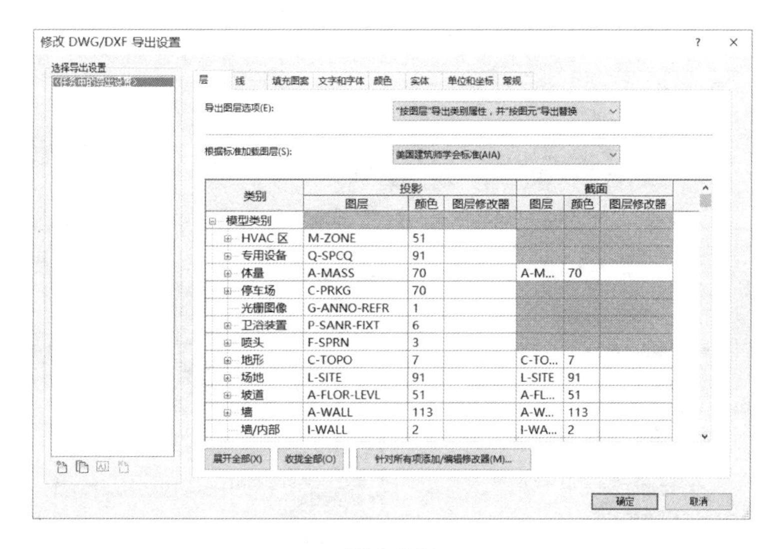

图 3.5-14

排水专业喷头的玻璃泡；电气专业的隐藏线等。这些问题目前无法解决，只能等待软件自身本土化的完善。

3.5.4 图片导出

（1）单击蓝色“R”图标，选择导出→图像和动画→图像。如图 3.5-15 所示。

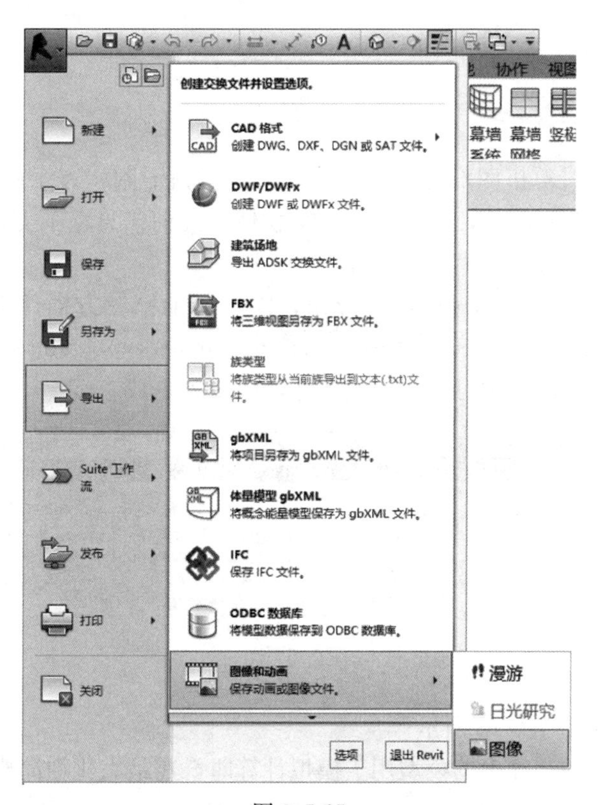

图 3.5-15

（2）对导出图像进行设置，如图 3.5-16 所示。

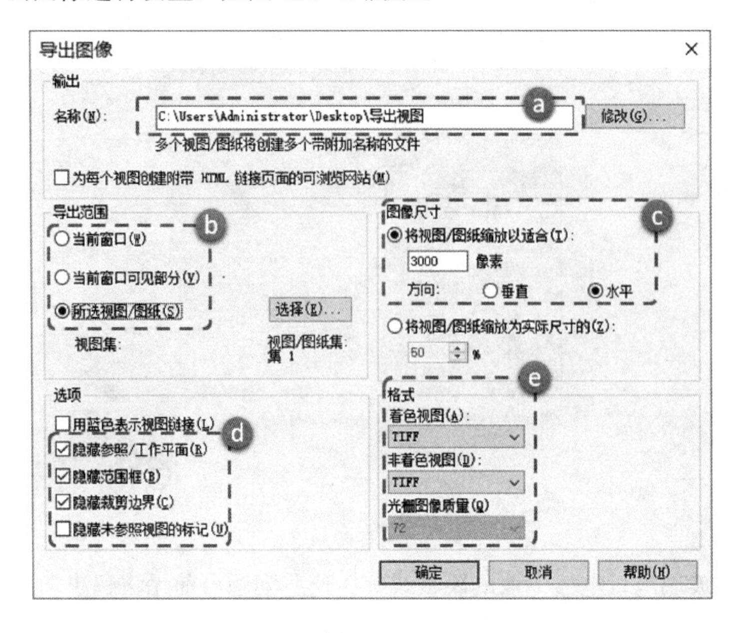

图 3.5-16

注：a—导出地址；
b—导出视图的选择；
c—导出的像素设置，水平控制图像的长边，垂直控制高度，图像的长宽比继承于视图自身。像素越大，图片越大，在文档中压缩越不容易损失细节；
d—隐藏参照注释的种类；
e—输出格式设定。

3.5.5　STL 导出

（1）STL 文件在计算机图形应用系统中，是用三角形网格表示整个实体的一种文件格式。它的文件格式非常简单，只能描述三维物体的几何信息，不支持颜色材质等信息。应用广泛，可用于三维打印、模拟计算等。

（2）STL 文件不能从 Revit 中直接导出，需要借助第三方插件虚现，插件地址为：https：//sourceforge.net/projects/stlexporter/？ source=typ _ redirect。

（3）安装后在附加模块中可以启动该插件，如图 3.5-17 所示。

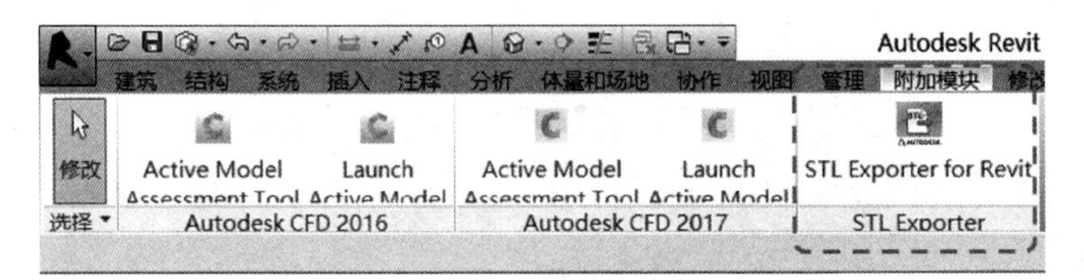

图 3.5-17

（4）通用界面如图 3.5-18 所示。

（5）导出类别选项，导出的模型用于模拟计算时，需最大化精简模型，才能减少计算单元的数量，提升计算精度和稳定性。如图 3.5-19 所示。

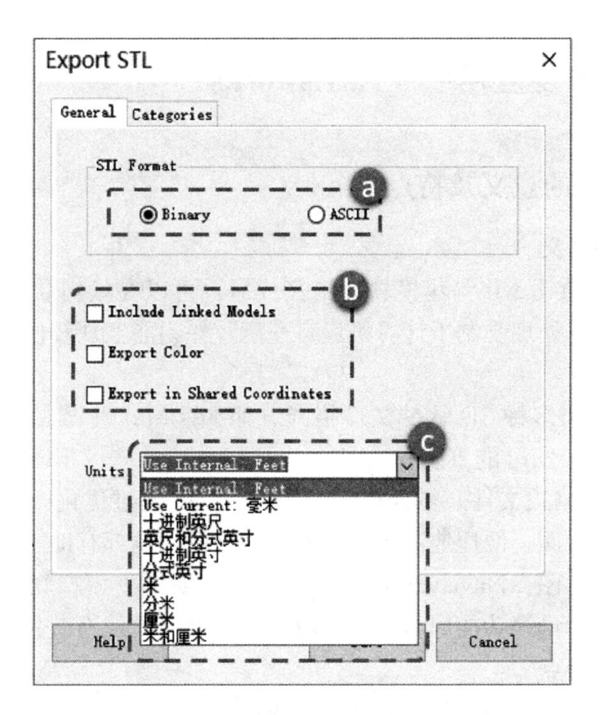

图 3.5-18

注：a—文件采用二进制还是 ASCII 编码写成，取决于下阶段承接软件的要求。

b—导出时选项：

- 导出时附带链接文件；
- 导出颜色；
- 导出时附带共享坐标。

c—单位。

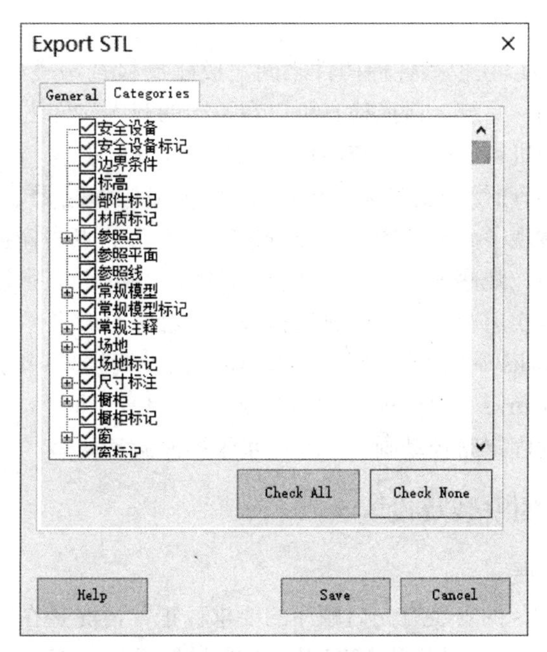

图 3.5-19

3.6 模型的延伸及应用——Navisworks

3.6.1 Navisworks 的意义及特点

1. Navisworks 的意义

全专业 BIM 设计在 Revit 等建模软件中完成后，可以在编辑状态下达到浏览观察目的，但由于庞大的数据处理受制于计算机运行速度，并不能实现轻便化浏览、审阅、展示的效果。

Navisworks 可以将多种 3D 软件文件格式（如 3ds Max 生成的 3ds、fbx 格式文件，甚至其他非 Autodesk 公司的产品，如 Bentley Microstation、Dassault Catia、Trimble SketchUp 生成的数据格式文件）整合在同一文件中，并通过优化图形显示及算法，使得配置一般的电脑也能全面、便捷地浏览审阅模型。这些功能都有助于协调设计问题，修改设计错误，表达设计意图。Navisworks 是一款强大的协同、模拟软件，其中的动画、渲染、进度排期、施工算量等功能因与设计阶段关系不大，此处不做介绍。

2. Navisworks 的特点

（1）Navisworks 继承 Revit 所导出模型的构件的所有信息，并可进行条件筛选，可非常方便地对模型的几何空间信息进行查询、审阅，它提供多种分类选择、隐藏、外观设置等工作，并且具备强大的筛选工作，使得 BIM 模型的浏览变得容易操作。

（2）在 Navisworks 中可以对关键性的部位进行视点保存，通过点击保存过的“视点”列表，可以快速重新定位到该关键部位，节省浏览查找的时间；通过对于一些较难查找或视角特殊、不易观察的部位，保存视点；还可以通过云线工具指出问题位置，并添加视点标签。

（3）Navisworks 可以在模型各种构件之间完成碰撞检查，碰撞检查的基础是模型信息层次清晰，命名准确、系统。碰撞检查可以在不同的载入文件之间进行，也可以在后期组织好的模型集合之间进行。碰撞检查不仅是机电专业间的碰撞，其实在建筑、结构、幕墙及精装修设计中都会有所涉及。Navisworks 会将碰撞检查结果以碰撞报告的形式表达出来，在此报告中，体现了碰撞位置、碰撞程度、状态等。点击碰撞报告中的碰撞视图，可以反向定位到模型中，观察该碰撞点的情况。碰撞报告还可以固化到当前项目中，如对模型进行修改，可以再次运行上一次的碰撞检查，查看修改成果。

（4）通过 Navisworks 不但可以浏览模型，还可以设置场景中的材质、光源，从而对场景进行渲染。Navisworks 渲染相较 3DS MAX 更加逼真。同时，Navisworks 可以制作和导出已经设置视点的固定路径动画，以及同步录屏漫游动画。

3.6.2 Navisworks 的安装及设置

1. Navisworks 的安装

Revit 和 Navisworks 的安装有先后顺序的要求。正常情况是在安装 Revit 之后，再进行 Navisworks 的安装，这样可以直接在 Revit 的附加模块中植入 Navisworks 导出的插件。在 Revit 的附件模块选项卡下，找到“外部”面板，“外部工具”下拉箭头中可以找到 Navisworks 导出按钮。如图 3.6-1 所示。

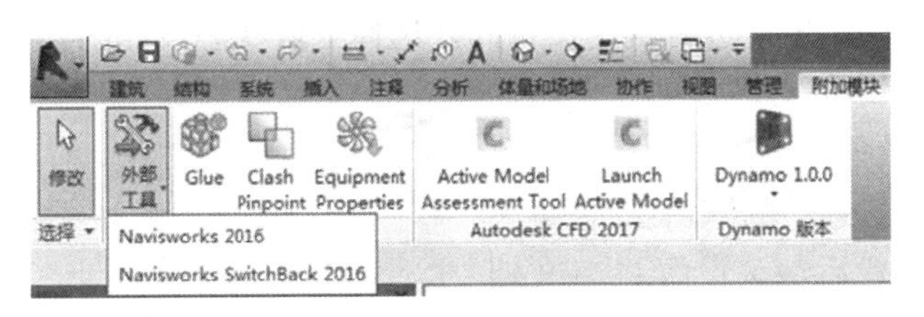

图 3.6-1

如果先安装 Navisworks，再安装 Revit，则不会在附加模块中看到导出按钮，需要到 AUTODESK 相关网页下载插件再安装（图 3.6-2）。

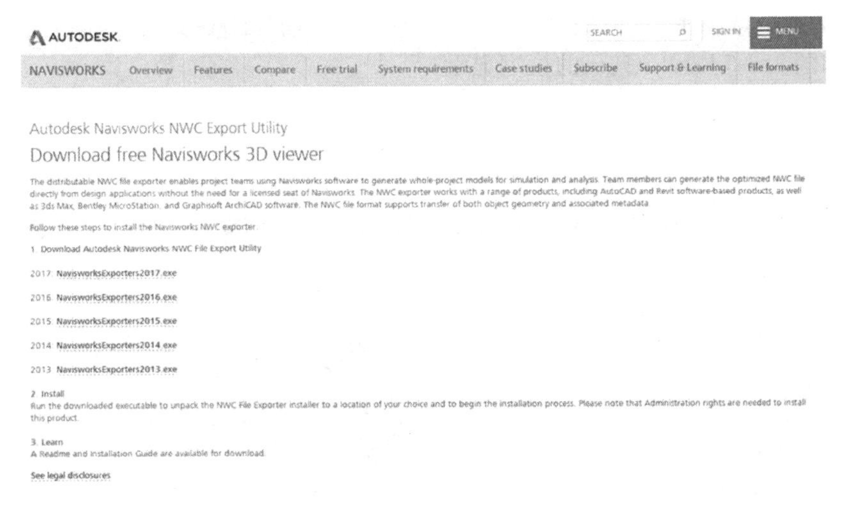

图 3.6-2

2. Navisworks 的设置

（1）背景设置

① 默认场景背景颜色为黑色。在视图中空白位置点击鼠标右键，弹出右键菜单后点击“背景”，弹出“背景设置”对话框。如图 3.6-3 所示。

图 3.6-3

② 点击模式下拉列表，看到“单色”“渐变”“地平线”三种背景选项。选择“地平线”。各种选择都可以由用户进行自定义。此处选择默认状态。如图 3.6-4 所示。

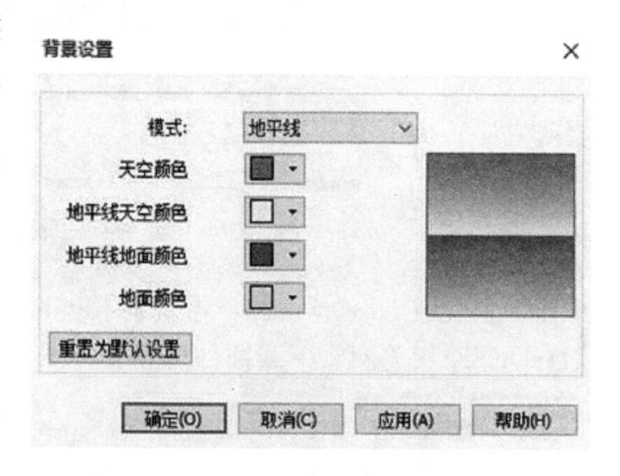

图 3.6-4

③ 在 Navisworks 的对话框中任何时候单击“重置为默认设置”按钮，均可将颜色设置为 Navisworks 各选项的默认值。

④ 场景背景设置后，该设置将与文档一并保存至 nwf 或 nwd 中。

注意：只有当载入项目后，右键菜单中才会显示“背景”选项。

（2）模型显示设置

① 点击视点选项卡，可以看到渲染样式面板，如图 3.6-5 所示。默认的模型显示模式为“完全渲染”模式。一般情况用“着色”模式。

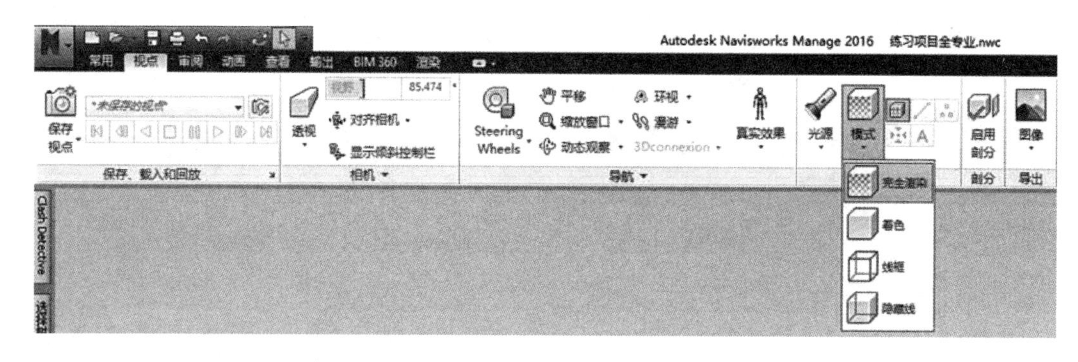

图 3.6-5

② 之所以选择着色模式，是因为在 Revit 中设置的机电系统的着色需要在 Navisworks 中显示出来，另外后面还要在里面设置搜索集及颜色设置，这些都需要在着色的状态下显示。

③ 光源一般情况下选择“头光源”或“场景光源”。

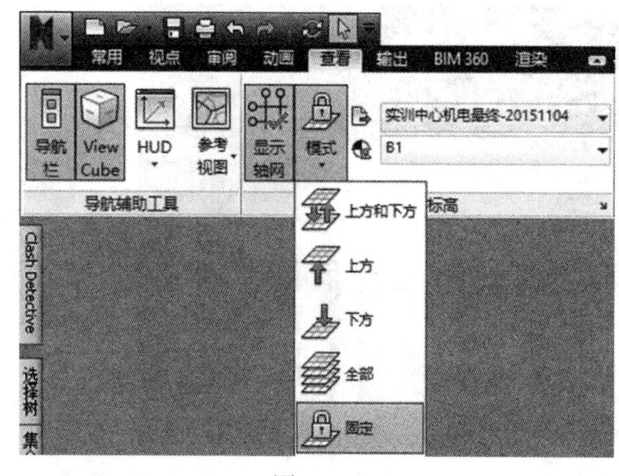

图 3.6-6

④ 在查看选项卡下，可以看到标高和轴网面板。在面板中提供了轴网的显示方式，可以自行开关轴网，并使轴网在需要的部位显示。如图 3.6-6 所示。

⑤ 在默认设置状态下，本层上部标高轴网显示为红色，下部标高轴网显示为绿色，其他层为灰色。选择锁定，在最下方以绿色显示轴网。

⑥ 在 Navisworks 的对话框中任何时候单击“重置为默认设置”按钮，

均可将颜色设置为 Navisworks 各选项的默认值。

⑦ 场景背景设置后，该设置会同文档一并保存至 nwf 或 nwd 中。

3.6.3　Navisworks 文件导出

在 Revit 中打开项目模型，点击附加模块中的外部工具，点击 Navisworks 2016，弹出导出对话框，选择文件的路径和名称，点击窗口下方的 Navisworks 设置，弹出设置对话框。此时显示了导出的默认设置，将“导出”选择为“整个项目”，下面的选项根据导出的需要进行勾选，即导出所有的光源、结构件、链接文件及元素特性，然后点击确定。确认名称无误后，单击保存。如图 3.6-7 所示。

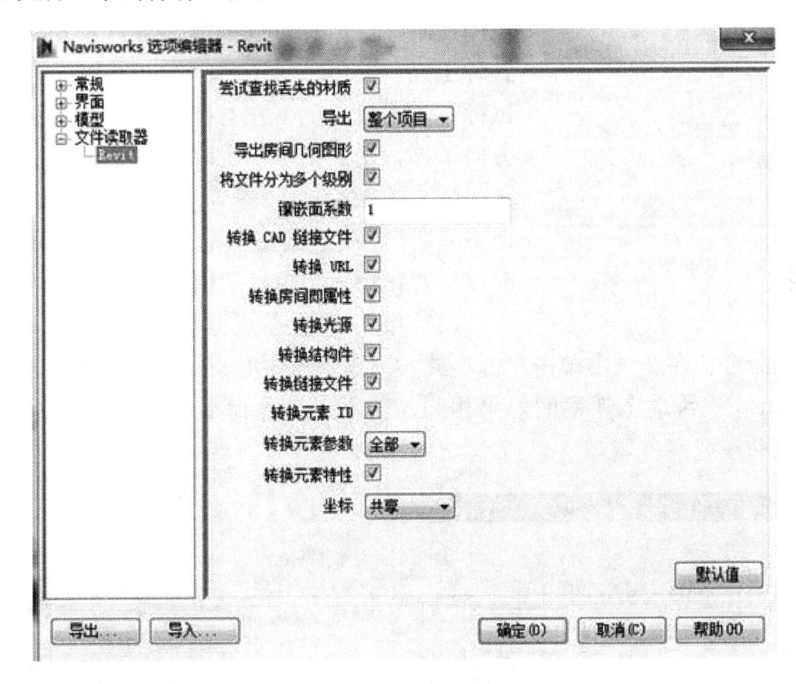

图 3.6-7

图 3.6-8 所示为正在导出“.nwc”格式的缓冲文件。导出完毕后，通过上述步骤导出一个由建筑、结构、机电三个中心文件链接在一起的 nwc 文件。

Navisworks 有三种原生文件格式，介绍如下：

(1) “.nwc” 文件：Navisworks 的缓冲文件，为读取其他格式文件时自动生成的。它比被读取的原始文件小，因此可以加快访问速度。不能直接修改。从 Revit 中直接导出的就是这种格式。用 NV 直接打开其他格式文件可以自动生成这种格式，上述源文件如果被更新，再次打开它时，其自动生成的 .nwc 文件会自动更新。

图 3.6-8

(2) “.nwf” 文件：Navisworks 工作文件，保持与 nwc 文件的链接关系，且可以将工作过程中的一切动作（测量、批注、视点及动画等）一并保存。在未最终完成对模型的审阅前，都使用这种文件格式，可以灵活的对各附加文件进行管理，而且对于原始缓冲文件不同的处理方式可以保存为不同的 nwf。

(3) ".nwd" 文件：Navisworks 将所有的动作结果（测量、批注、视点及动画等）均整合在同一文件中的格式。阶段性对模型的审阅成果并形成可提交的整合后的浏览模型文件。

3.6.4 Navisworks 操作

1. 静态导航控制

(1) Navisworks 提供了场景缩放、平移、动态观察等多了导航工具，用于场景中视点的控制。点击视点选项卡，可以看到导航面板中的各种工具。单击平移工具（图 3.6-9），在场景中单击鼠标左键不放，上下左右拖动，当前场景将沿着鼠标方向平移，松开鼠标，完成平移操作。

图 3.6-9

(2) 缩放命令如图 3.6-10 所示，基本操作如同 Revit 软件。在绘制窗口起点时，按住 Ctrl 键，将以起点位置作为缩放窗口的中心位置，绘制缩放范围框。

(3) 单击"动态观察"下拉列表（图 3.6-11），选择动态观察命令，在场景中单击左键不放，出现观察中心点，转动鼠标可以实现动态观察，与在 Revit 中三维动态观察的效果相同。若不点击此命令，利用 Revit 中操作方法，同样可以实现动态观察。

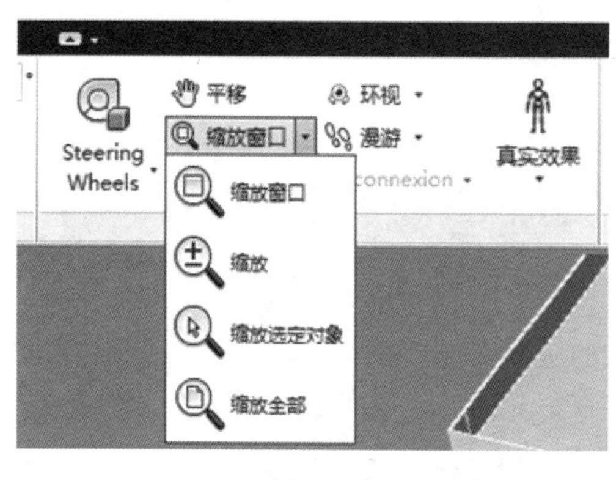

图 3.6-10

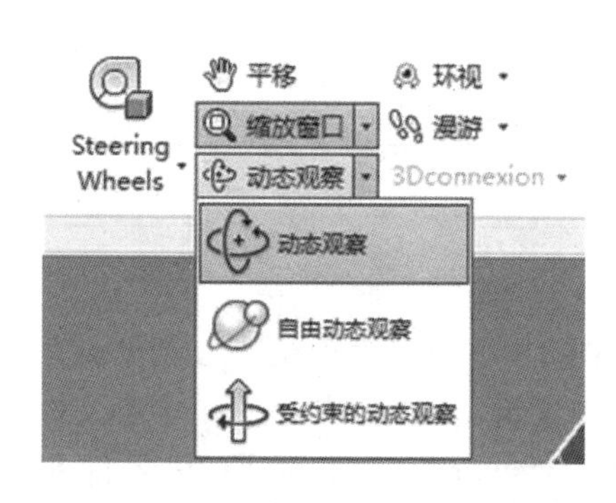

图 3.6-11

(4) 自动动态观察使用较少，它与动态观察的区别在于，后者保持相机倾斜角度始终为 0。另外，"受约束的动态观察"与动态观察的区别在于，前者保持相机在 Z 轴的高度不变，倾斜角度始终为 0，仅在水平方向自由转动。

2. 使用鼠标和导航盘

(1) 用户可以通过配合使用键盘和鼠标实现场景视图、视点的控制。在任意时刻，向上或向下滚动鼠标滚轮，将以鼠标指针所在位置为中心，放大或缩小场景的视图；按下鼠标滚轮不放，左右拖动鼠标，进入平移模式，按下鼠标中键，同时按住 Shift 键，进入动态观察模式，此时将以鼠标指针所在位置为中心进行视图旋转。

（2）Navisworks 还提供了导航盘，用于执行对场景视图视点的修改。导航盘工具列表如图 3.6-12 所示。

（3）不同的导航盘其基本功能是不同的。启动导航盘后，导航盘会跟随鼠标指针移动。以“全导航盘”为例，点击“中心”，此时可以用鼠标调整中心位置后放开，随后点击“动态观察”，鼠标随即变为动态观察模式，以刚刚设置的中心进行视图旋转观察。如图 3.6-13 所示。

（4）要退出导航盘，点击导航盘右上角的关闭按钮即可。

3. 漫游和飞行

Navisworks 提供了漫游和飞行模式，用于在场景中进行动态漫游浏览。使用漫游功能，可以模拟在场景中漫步观察工程中的构件，用于检查设计成果。

飞行模式不存在碰撞、重力等因素，可以自由地穿梭于模型中，但控制上使用普通鼠标并不便捷。一般情况下不适用飞行。只有在大场景空中浏览时适合使用飞行模式。

在漫游中，可以调整漫游的速度。如图 3.6-14 所示，点击导航面板下面的小三角，出现调整对话框，通过调整线速度和角度来控制漫游行走和转弯的速度。

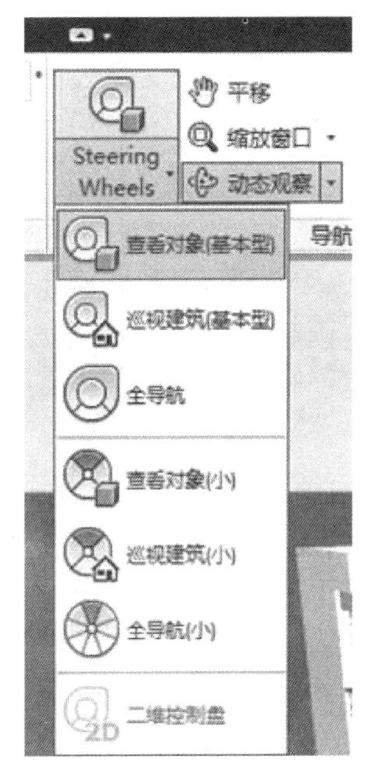

图 3.6-12

图 3.6-13

4. 真实效果

（1）用鼠标滚轮及滚轮按住平移等方法，将观察视点位于项目地面范围内。

（2）点击场景右侧漫游工具浮动面板中的漫游命令（图 3.6-15），或用快捷键“Ctrl＋2”。

（3）单击视点选项卡，导航面板中的“真实效果”下拉列表如图 3.6-16 所示，“碰撞”“重力”“蹲伏”及“第三人”全部勾选。

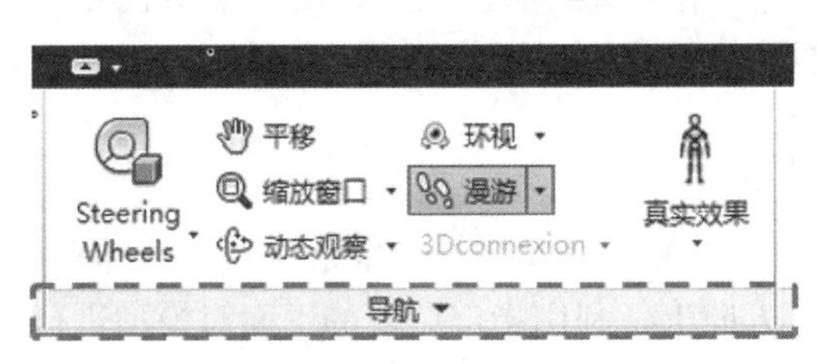

图 3.6-14

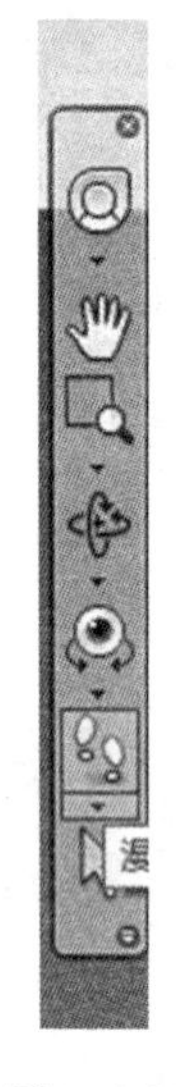

图 3.6-15

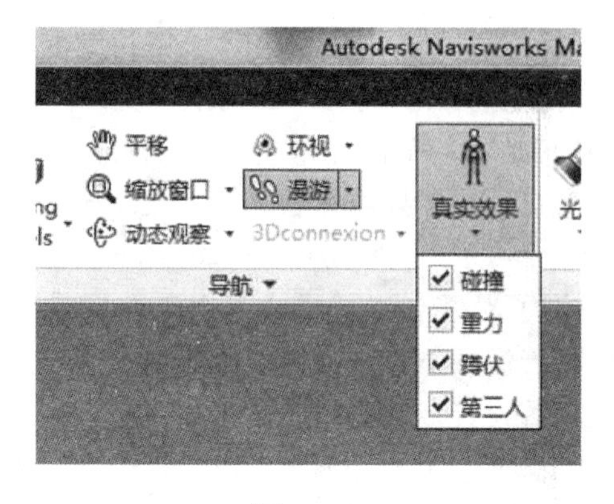

图 3.6-16

（4）点击鼠标左键，并向前方推动鼠标，发现画面中虚拟人物自动受重力作用落地，并向前运动。运动方向上如果有门窗、墙体等，就会被挡住。因为勾选了“蹲伏”，虚拟人会自动尝试蹲伏姿态是否可以从障碍物下方通过。也可在“真实效果”中取消勾选“碰撞”选项，即可穿过障碍物，然后再次勾选“碰撞”，恢复碰撞特性。如此切换“碰撞”“重力”等属性，确实比较麻烦。可以尝试使用如下快捷键，控制各种属性的开关，这样可以及时切换各种属性以便在漫游中顺畅演示：

碰　撞：Ctrl+D；

重　力：Ctrl+G；

第三人：Ctrl+T；

漫　游：Ctrl+2；

鼠　标：Ctrl+1。

（5）有时候会发现漫游中的第三人变为红色，是因为此时第三人身体的局部与地面或天花板有碰撞，可使用平移工具将第三人移出碰撞范围，再利用重力状态下的漫游，使第三人在地面上正常漫游。

（6）“第三人”是否开启，取决于用户的习惯，一般认为在观察空间尺度时用第三人较好，在浏览狭小空间或者为观察设计质量时，最好不用第三人，因为第三人的存在使得观察视点后移，多数情况下，在小空间内使得观察使用控制并不灵活。

（7）右键空白场景，选择“视点”，展开后点击编辑当前视点，弹出“编辑视点”对话框，在碰撞面板点击设置中弹出碰撞对话框，在这里可以调整第三人的外观，以及重力状态观察视点的高度。如图 3.6-17 所示。

5. 剖分

（1）在视图选项卡中点击“启用剖分”命令。在平面、长方体命令列表中选择平面，平面剖分是在前、后、左、右、上、下等几个方向上，利用指定位置的平面对模型进行剖切；长方体则是在模型的六个方向上同时启动剖切。如图 3.6-18 所示。

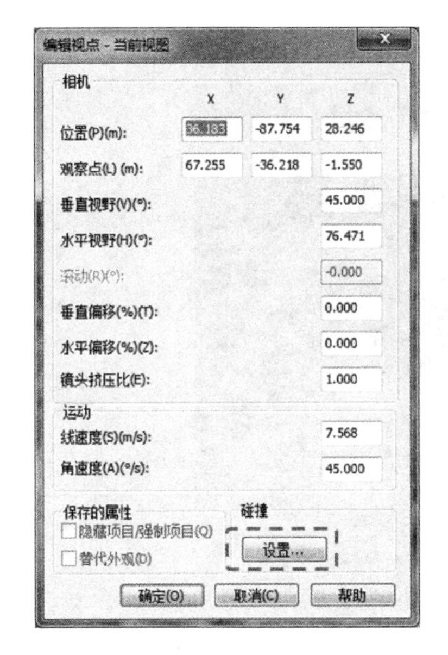

图 3.6-17

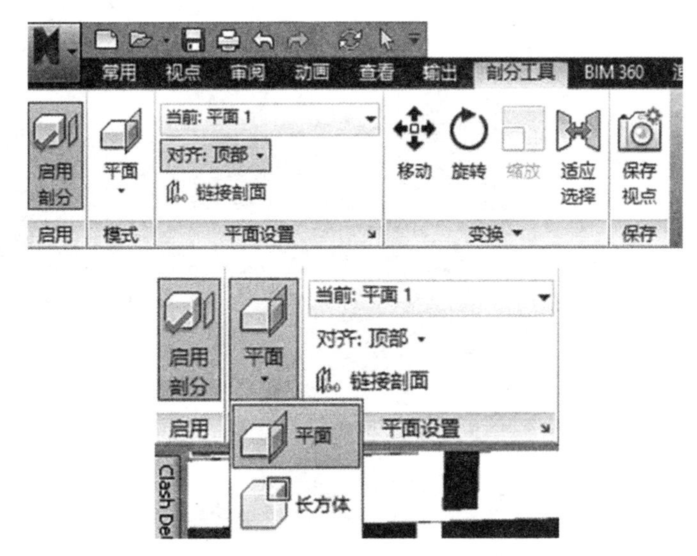

图 3.6-18

（2）在“剖分工具”关联选项卡中，单击“平面设置”中的“当前：平面 1”下拉列表，该列表显示了所有可以激活的剖面，确认平面 1 前灯光处于激活状态；单击“对齐”下拉列表，在列表中选择“顶部”，即剖切平面与场景模型顶部对齐。Navisworks 将沿水平方向剖切模型。如图 3.6-19 所示。

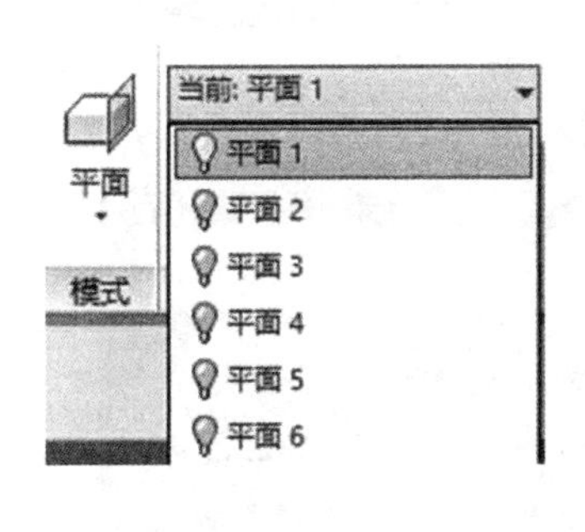

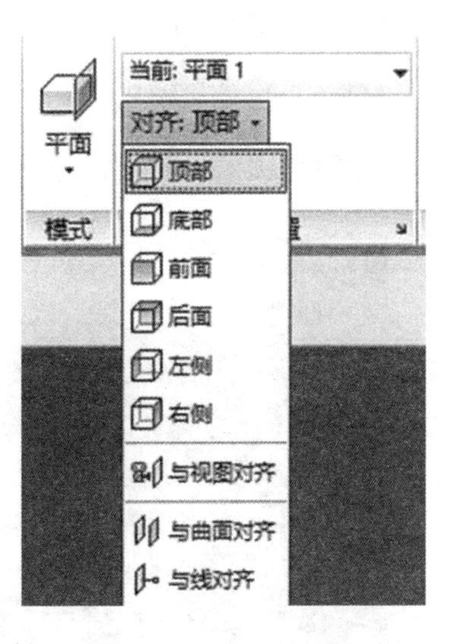

图 3.6-19

（3）单击“变换”面板中的“移动”工具，进入剖切面编辑状态，Navisworks 将在场景中显示当前剖切面，并显示具有 X、Y、Z 方向的编辑控件，移动鼠标至编辑控件蓝色 Z 轴位置，按住鼠标并拖动光标可沿 Z 轴方向移动当前剖切面，Navisworks 按照当前剖切面的位置显示模型。编辑控件中红、绿、蓝分别代表 X、Y、Z 坐标方向。如图 3.6-20 所示。

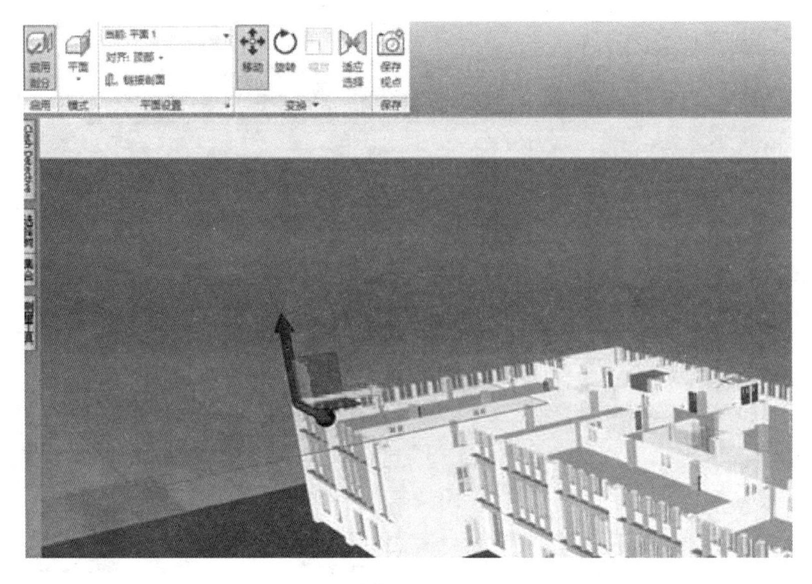

图 3.6-20

（4）单击“变换”面板中的“旋转”工具，进入剖切面旋转模式。Navisworks 将显示旋转编辑控件。单击“变换”面板标题栏黑色小三角，展开该面板。面板中将显示剖切面变换的控制参数。修改旋转栏 Y 值为 45，即将剖切面沿 Y 轴旋转 45°。如图 3.6-21 所示。

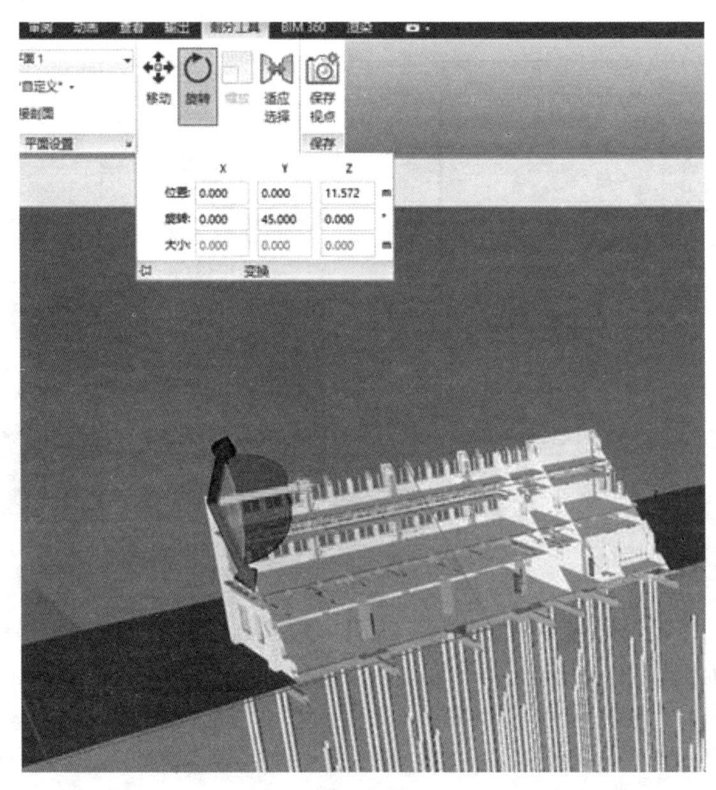

图 3.6-21

（5）将平面设置面板的当前平面勾选为“平面 2”，激活该剖切平面，设置该平面的对齐方式为前面，单击该平面的名称数字，将该剖切平面设置为当前工作平面。Navisworks 将在上一步剖切显示的基础上，在模型中添加新的剖切平面。使用移动工具将此剖切平面移动到需要观察的合适部位。Navisworks 仅会平移当前平面 2 的位置，并不会改变平面 1 的位置，变换工具仅对当前激活的剖切平面起作用。要同时变换所有已激活的剖切平面，可以激活“平面设置”中的“链接剖面”选项。

（6）在“平面设置”列表中，取消勾选“平面 1”，Navisworks 将在场景中关闭该平面的剖切功能，仅保留“平面 2”的剖切成果。

（7）单击选择任意场景中构件，点击“变换”面板中的“适应选择”工具，Navisworks 将自动移动剖切平面至所选图元边缘位置，以精确剖切显示该选中构件（图 3.6-22）。

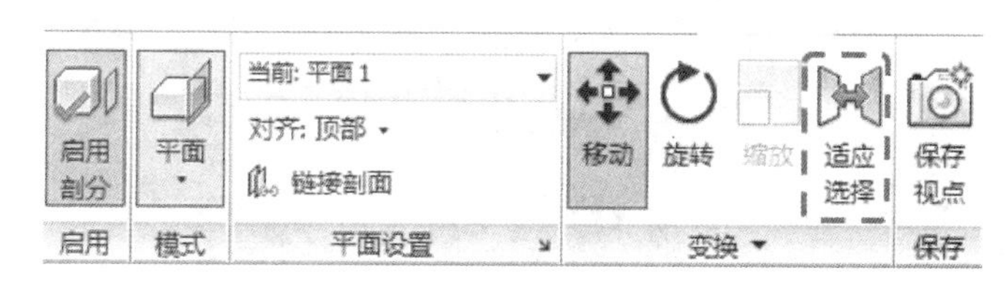

图 3.6-22

（8）单击“模式”面板中的“模式”下拉列表，在列表中设置当前剖分方式为“长方体”，如图 3.6-23 所示。Naviswork 将以长方体的方式剖分模型。

（9）单击“变换”面板中的“缩放”工具，出现缩放编辑控件，可以沿各轴方向对长方体的大小进行缩放；展开“变换”面板，还可以通过输入 X、Y、Z 方向上“大小”值的方式来精确控制长方体剖切框的大小和范围。配合使用移动和旋转变换工具，用户可以实现精确的剖分。图 3.6-24 所示为使用长方体剖分工具得到的局部剖切。

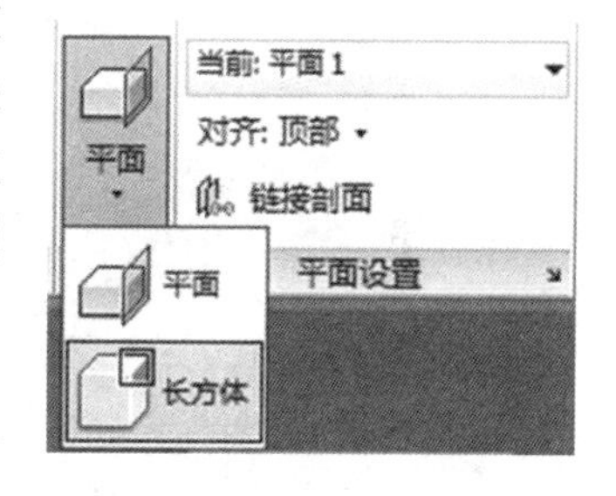

图 3.6-23

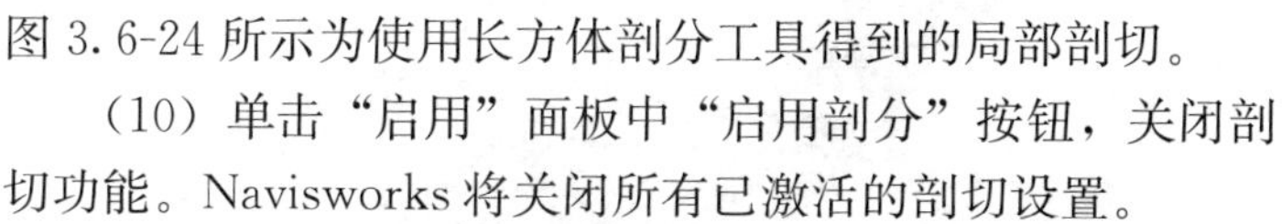

（10）单击“启用”面板中“启用剖分”按钮，关闭剖切功能。Navisworks 将关闭所有已激活的剖切设置。

（11）使用剖分工具可灵活展示建筑内部被隐藏的构件及空间。启动剖分后，激活移动、旋转或缩放命令，Navisworks 才会显示剖面或剖切长方体的位置，再次单击已激活的上述工具，Navisworks 将隐藏剖切平面及变换编辑控件。Navisworks 启动剖分功能后，同样可以保存视点。

6. 测量

Navisworks 提供了点到点、点直线、角度、区域等多种不同测量工具，用于测量图元长度、角度和面积。用户可以通过“审阅”选项卡的“测量”面板来使用这些工具。操作要领如下：

（1）单击“审阅”选项卡中的“测量”面板标题右向下箭头，打开“测量工具”工具窗口。单击“选项”按钮，打开“选项编辑器”对话框，并自动切换至“测量”选项设置窗口。

（2）点击测量工具面板中“点到点”测量工具，在场景中分别单击两风道边缘附近的

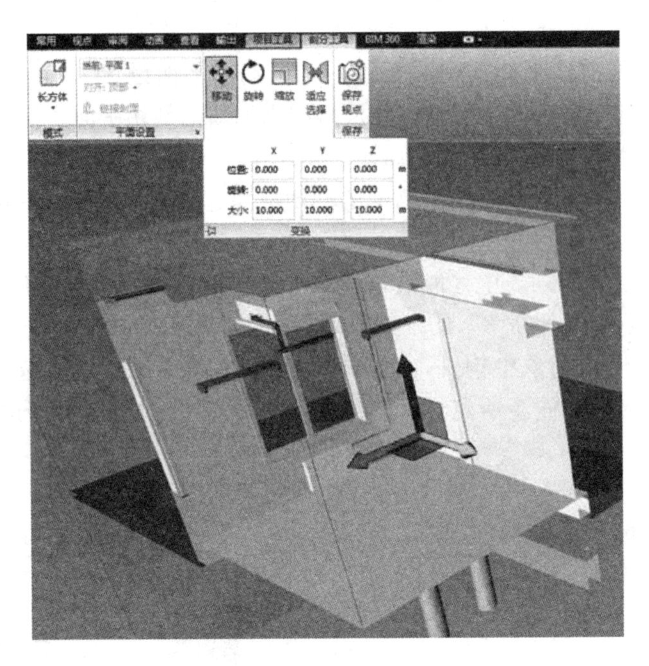

图 3.6-24

任意位置，Navisworks 将标注显示所拾取的两点距离，同时“测量工具”面板中将分别显示所拾取的两点间 X/Y/Z 坐标值、两点间的 x/y/z 坐标差值以及测量的距离值。如图 3.6-25 所示。

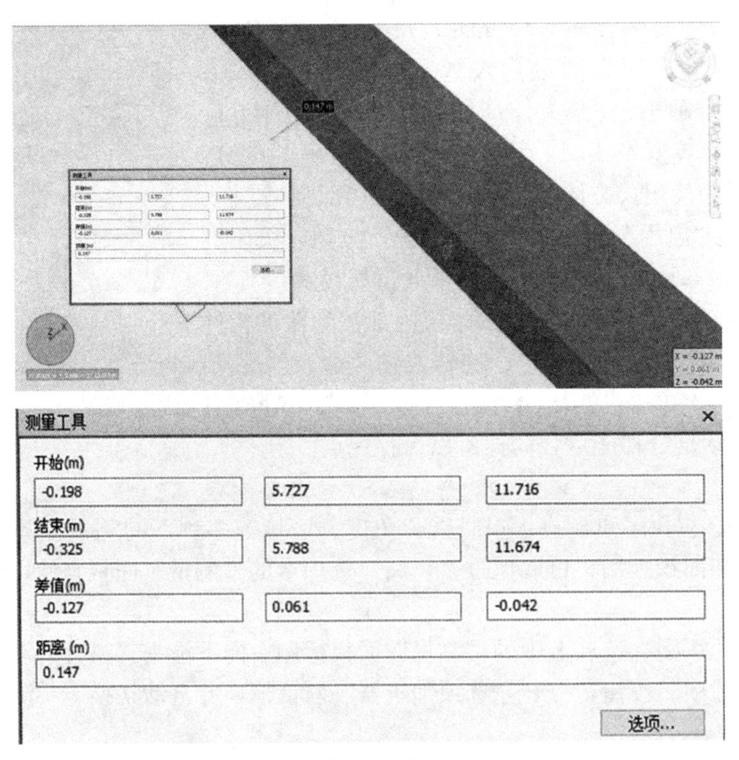

图 3.6-25

（3）在选项编辑器对话框中，切换至捕捉选项，在“拾取”选项组中，确认勾选“捕捉到顶点”“捕捉到边缘”和“捕捉到线顶点”复选框，则 Navisworks 在测量时将精确捕捉到对象的顶点、边缘以及线图元的顶点；设置公差为“5”，该值越小，光标需要越靠近对象顶点或边缘时才会捕捉。完成后单击确定退出。

（4）单击“测量”面板中的“锁定”下拉列表，在列表中选择 X、Y、Z 以及垂直、平行等方向以辅助对齐测量。例如，在模型中漫游到三层走道中，点击“点到点测量”命令，然后点击“锁定”列表中的“Y 轴”，点击天花任一点，再点击地面一点，此时产生一条垂直于地面和天花的直线，并标注出天花到地面的净高。如图 3.6-26 所示。

图 3.6-26

（5）此时，点击测量面板中“转换为红线批注”，可以将刚才的测量结果转为红线批注形式，Navisworks 自动在保存的视点中生成此次红线批注的查看视点，以便日后回顾查看。点击“清除”按钮可清除未被转换为批注的临时测量数据。

（6）在固定的三维视图中，可使用红线批注面板中的各种工具进行云线圈阅、文本输入，同时可以调整线条的线宽和颜色。如图 3.6-27 所示。添加批注的同时，保存的视点窗口中自动添加了此处的查看视点，以便后期回顾。

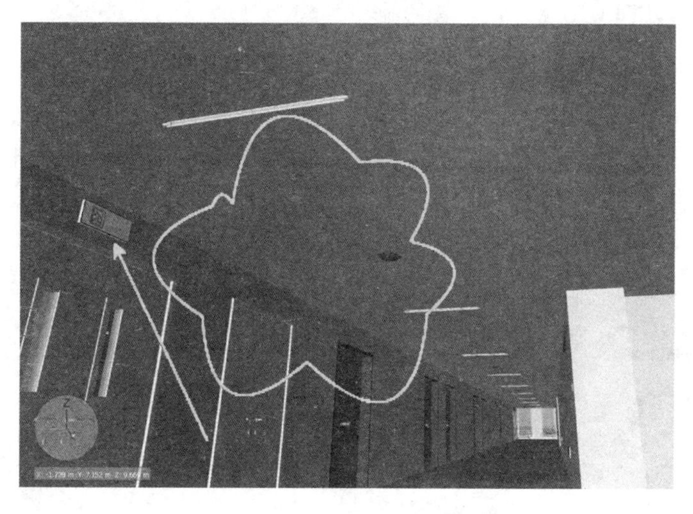

图 3.6-27

（7）在标记面板中，点击“添加标记”，对模型中需要标记的问题进行点击，然后再次点击视图，出现了标记编号和标记添加注释对话框，在此处对标记问题添加说明以便回顾，同时保存的视点窗口中，自动生成了“标记视图”，以便查阅。如图 3.6-28 所示。

图 3.6-28

（8）点击“注释”面板，查看注释命令，在列表中选择注释编号，在底部显示出“注释”对话框，里面显示了注释编号及注释内容；对相关注释点击右键，继续添加注释，可以对以往注释再次进行补充和描述，并形成针对模型中设计的问题修改的对话记录。

（9）测量工具是检查验证设计的必要的工具，灵活地组合使用这些测量工具是非常必要的，利用注释工具可以协调全专业设计中各种问题，并形成有追溯性的记录。

3.6.5　视点与动画

1. 保存视点

（1）在浏览中发现模型问题时，希望可以将问题视点加以保存，以便汇总及后期复查。Navisworks 提供了保存视点的功能，并可以导出视点，以便再次使用。

（2）点击视点选项卡，可以看到“保存、载入和回放”面板，点击其中的“保存视点”按钮。如图 3.6-29 所示。

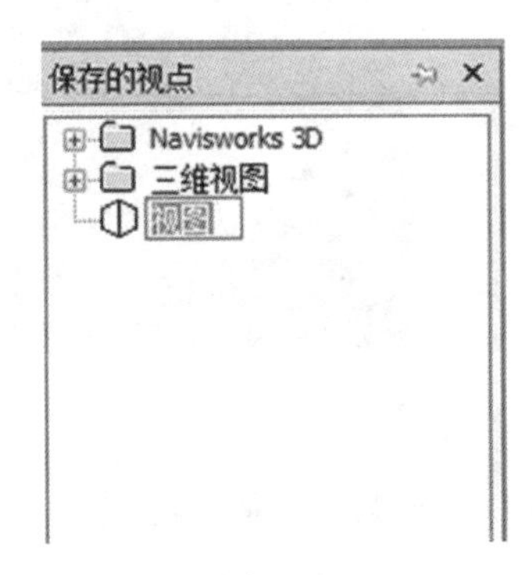

图 3.6-29

(3) 在屏幕右侧出现保存的视点悬浮框，有一个有待命名的视点标记，将它命名为“建筑室外正门”，如图 3.6-30 所示。此过程就是保存视点的一般过程。可以继续漫游到其他部位继续保存有价值的视点，并通过视点悬浮框查看视点列表，迅速回到需要的关键部位。

图 3.6-30

(4) 在保存的视点列表中可看到 Revit 模型三维视图转换而成的视点文件；以及其他插件生成的三维视图的转换文件。

(5) 将保存的视点悬浮框关闭，点击“保存、载入和回放”面板右下角的小箭头，可以再次打开保存视点悬浮框。

(6) 可通过保存视点右侧的列表框来切换保存视点，转到指定的视图。同时在右侧编辑视点命令，对当前保存的视点进行相机参数的一系列修改。如图 3.6-31 所示。

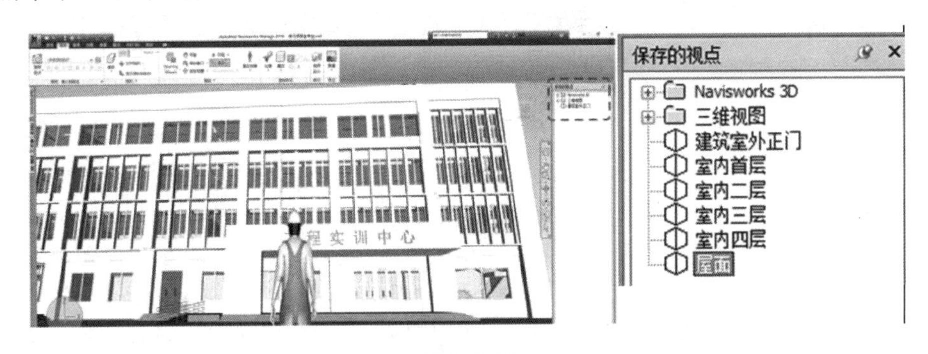

图 3.6-31

(7) 在保存的视点悬浮框中右键单击，弹出菜单分为空白区域和保存的视点两种情况，此处介绍右键空白区域时弹出的菜单如下（图 3.6-32）：

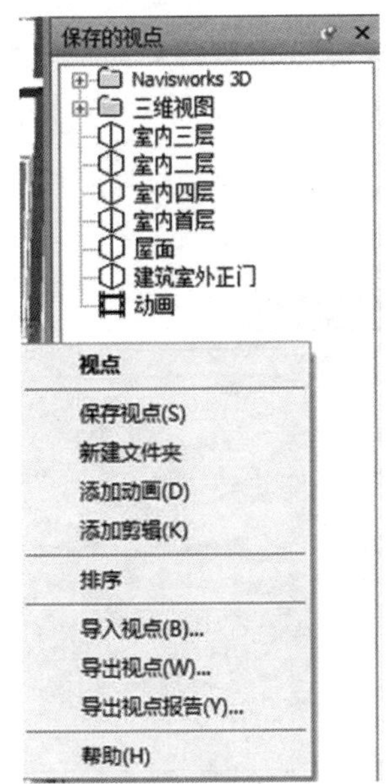

图 3.6-32

① 保存视点：保存当前视点，并将其添加到“保存的视点”窗口。

② 新建文件夹：将文件夹添加到“保存的视点”窗口。将在已有的视点文件汇总分类，并对文件夹重命名。

③ 添加动画：添加一个空视点动画，可以将视点拖到该动画上。

④ 添加剪辑：添加动画剪辑，剪辑用作视点动画中的暂停，默认情况下暂停 1 秒。

⑤ 排序：按字母顺序对“保存的视点”窗口的内容进行排序。

⑥ 导入视点：通过 XML 文件将视点和关联数据导入到 Autodesk Navisworks 中。

⑦ 导出视点：视点和关联数据从 Autodesk Navisworks 导出到 XML 文件。

⑧ 导出视点报告：创建一个 HTML 文件，其中包含所有保存的视点和关联数据（包括相机位置和注释）的 JPEG。

（8）右键“保存的视点”、右键“视点动画”、右键“文件夹”都会弹出不同的菜单，基本功能类似。

2. 创建视点动画

在 Navisworks 中创建视点动画有两种方法。可以简单地录制实时漫游，也可以组合特定视点，以便 Navisworks 稍后插入到视点动画中。

（1）录制实时漫游

如图 3.6-33 所示，点击“动画”选项卡，点击“录制”命令，然后在模型中漫游。此时 Navisworks 将录制漫游全过程，直至停止录制。点击停止后，保存的视点窗口中会出现刚刚录制的动画，动画图表旁边会有一个加号，点开加号，可以看到录制动画的每一帧的图像。Navisworks 按照每秒 5 帧的速度录制动画。

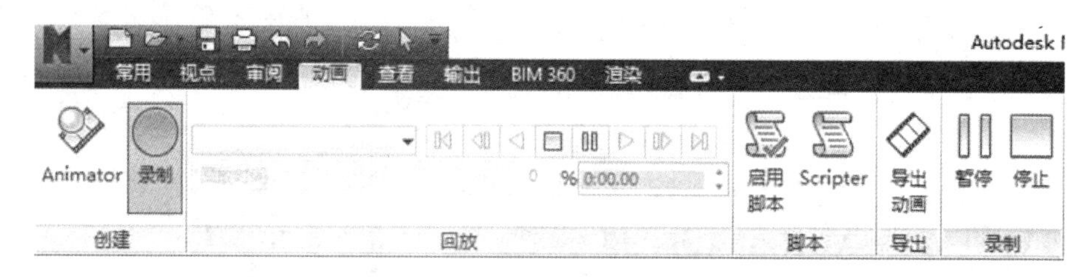

图 3.6-33

（2）制作视点动画

视点动画的制作，首先要保存视点，这些视点就是形成动画漫游路径上的关键节点。所以要求这些作为关键节点的视点要有一定的关联性，比如在转弯处、左右观察的部位都要保存视点。对于关键部位、需要平稳或仔细观察的部位，可以多次保存不同视角、不同外观的视点，用于观察模型。

如图 3.6-34 所示，视点 005 是插入剪辑，剪辑可以使动画在此刻定格一段时间，默认为 1 秒。右键单击视点 005，点击编辑，可以编辑此剪辑的定格时长。

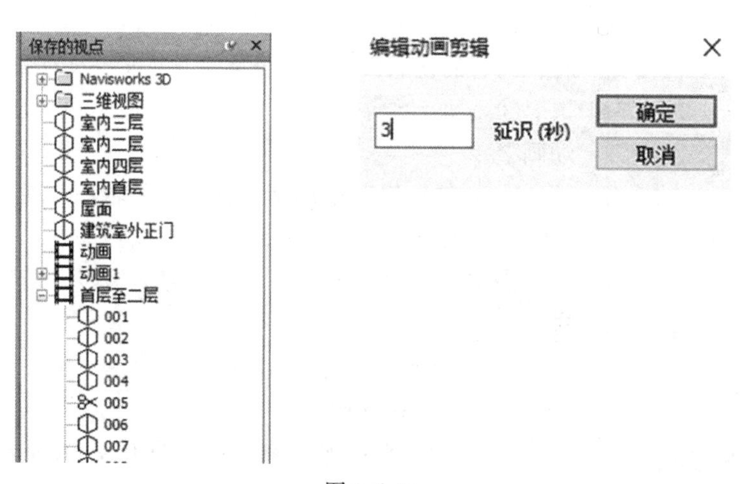

图 3.6-34

3.6.6 图元

1. 图元的组织

对 Navisworks 中任意图元进行操作时，用户都应先选择图元。Navisworks 同样支持用鼠标点击选择图元，但此种选择具有不同的层次，在不同层次中选择的图元并不相同。

(1) Navisworks 提供了“选择树”工具窗口，可以查看不同层次树状排列的模型中所有图元。如图 3.6-35 所示。

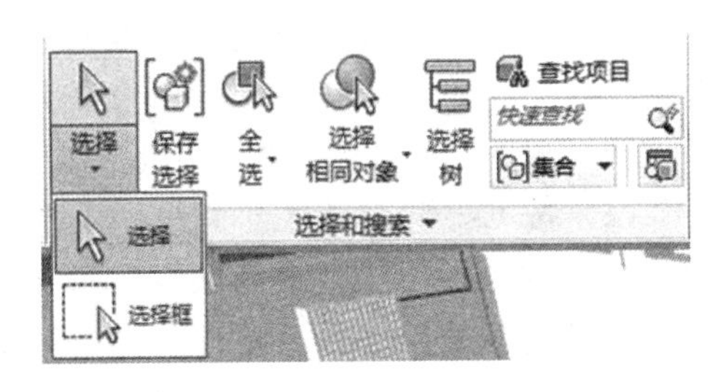

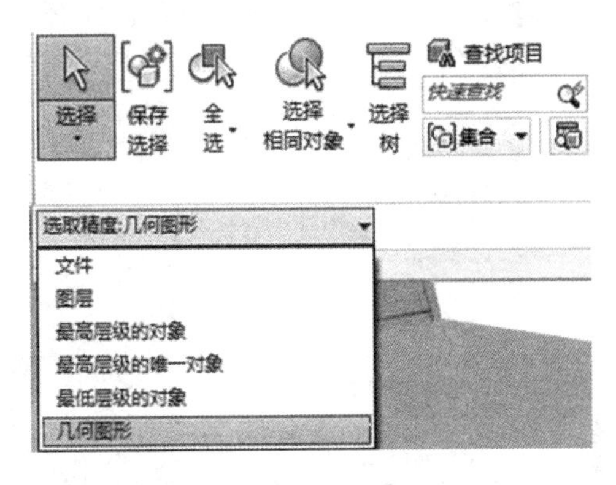

图 3.6-35

1) 在“常用”选项卡的“选择和搜索”面板中单击“选择”下拉列表，在列表中单击“选择”工具；

2) 单击“选择和搜索”面板名称右侧的下拉按钮展开该面板，在“选取精度”列表中选择当前选择的精度为“几何图形”。

(2) 单击“选择和搜索”面板中的“选择树”按钮，激活“选择树”工具窗口。

(3) 例如，要选取幕墙门嵌板中的玻璃图元，单击该图元，同时在视图中默认以蓝色高亮显示该图元。

(4) 展开“选择树”工具窗口，如图 3.6-36 所示，确认“选择树”的显示方式为“标准”，Navisworks 将自动展开各层次，以表达当前选中图元的层次关系。各层次的含义解释如下：

① 第一层次：当前场景文件的名称；

② 第二层次：当前图元所在源文件的名称；

③ 第三层次：当前图元所在的层或标高，这里的标高为 Revit 创建的标高名称；

④ 第四层次：当前图元所在的类别集合，此类别集合由 Navisworks 在导入此模型时自动创建；

⑤ 第五层次：当前图元所在的类型集合；

⑥ 第六层次：当前图元的 Revit 族名称；

⑦ 第七层次：当前图元的 Revit 族类型名称；

⑧ 第八层次：当前选择图元的集合图形。

(5) 由于当前选取精度设置为“几何图形”，因此 Navisworks 将选择最底层的“玻璃”几何图形。由于 Revit 中各模型组的建模方式不同，同一类别的图元可能由不同的几

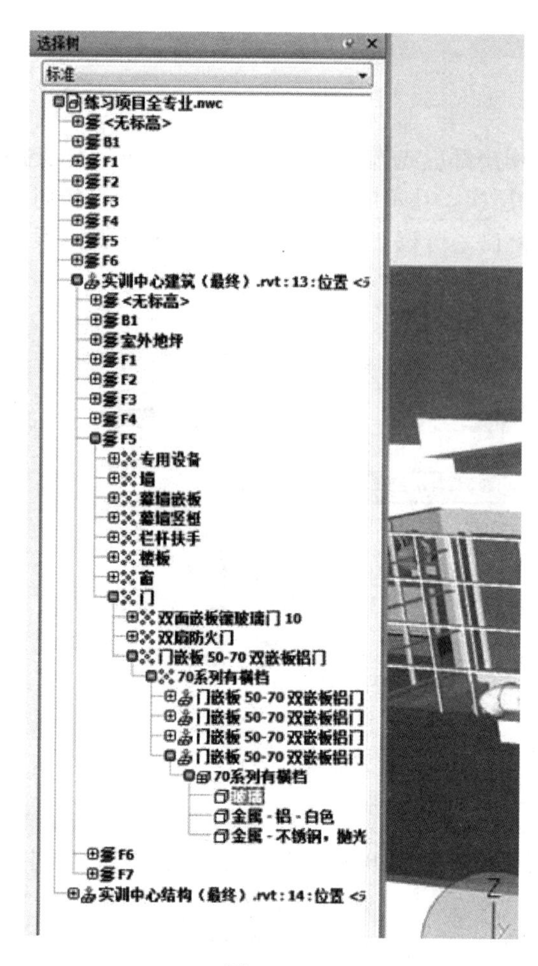

图 3.6-36

种图形组成。

（6）在“选择树”列表中点击“金属-铝-白色”，此时 Navisworks 自动选择该门窗嵌板的门框，并在视图中高亮显示。

（7）按 Esc 键取消当前图元的选择状态。切换“选取精度”为“最低层级的对象”。再次选择该幕墙门嵌板，此时 Navisworks 将高亮显示玻璃及门框。展开“选择树”窗口，此时，Navisworks 将高亮显示该图元的 Revit 族类型名称层级。

（8）按 Esc 键取消对当前图元的选择，切换“选取精度”为“最高层级的对象”，再次选择此幕墙门嵌板，此时 Navisworks 像上一步一样，高亮显示玻璃和门框。展开“选择树”，此时 Navisworks 将高亮显示该图元的族名称。

（9）按 Esc 键取消对当前图元的选择。切换选取精度为图层，再次选择该幕墙门嵌板，此时 Navisworks 将高亮显示当前层所有外墙及幕墙装饰图元。Navisworks 将高亮显示该图元的 Revit 标高名称。

（10）按 Esc 键取消当前图元的选择。切换选取精度为文件，再次单击上述图元，Navisworks 将高亮显示所有建筑专业模型图元。展开“选择树”窗口，Navisworks 将高亮显示该图元的所在场景文件名称。

（11）单击“选择和搜索”面板中的“选择”下拉列表，在列表中单击“选择框”工具，进入选择框模式。

（12）用鼠标框选部分图元，与 CAD 工具不同，使用选择框模式时，Navisworks 只会选择完全被选择包围的图元。

2. 图元可见性控制

在浏览模型时，为显示被其他图元遮挡的对象，用户常需要将模型中的部分图元进行隐藏、显示等控制。选择模型对象后，可以对图元进行隐藏、取消隐藏及颜色替代等操作。

（1）在“常用”选项卡下“可见性”面板中，单击“隐藏”工具，Navisworks 将在模型中隐藏这个层次的所有图元。此时，模型中仅显示结构与机电图元。

（2）“选择树”窗口中被隐藏的图元显示为灰色，如图 3.6-37 所示。

（3）选择层级最低的对象，如任意一块结构楼板，Navisworks 将显示“项目工具”关联选项卡，单击外观面板中的颜色下拉列表，修改当前构件的外观为“红色”，修改透明度为50%，观察构件外观变化。

（4）在项目工具选项卡“观察”面板中单击“关注项目”工具。Navisworks将自动调整视图，使所选图元位于视图中心，以利于观察。单击“缩放”工具，将适当缩放视图，以清晰显示选择集中的所有图元。

（5）单击“外观”面板中的“重置外观”工具，将重置图元的外观替代设置。

（6）单击“可见性”面板中的“隐藏”工具，可将选中图元在视图中隐藏。该工具的功能与“常用”选项卡中的“隐藏”功能相同。

选择树
标准
练习项目全专业.nwc
<无标高>
B1
F1
F2
F3
F4
F5
F6
实训中心建筑（最终）.rvt:13:位置 <未共
实训中心结构（最终）.rvt:14:位置 <未共

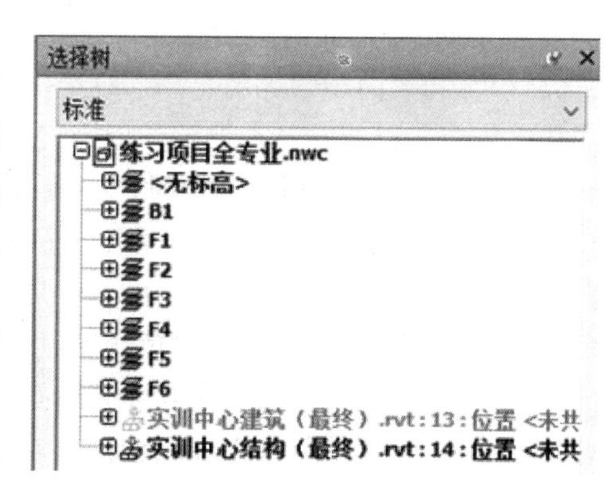

图3.6-37

（7）在“常用”选项卡的“可见性”面板中单击“取消隐藏”下拉列表，单击“显示全部”选项，Navisworks将重新显示所有已被隐藏的图元。

3. 图元的属性

（1）Navisworks提供了“特性”窗口，用于显示模型中的建筑构件的属性及信息。在模型中选中图元，在“常用”选项卡中“显示”面板中点击“特性”工具，弹出特性对话框。“特性”对话框中根据图元的不同特性类别，将图元特性组织为不同的选项卡。例如，在“元素”选项卡中，显示图元“元素”类别的特性（图3.6-38）。“元素”类别特

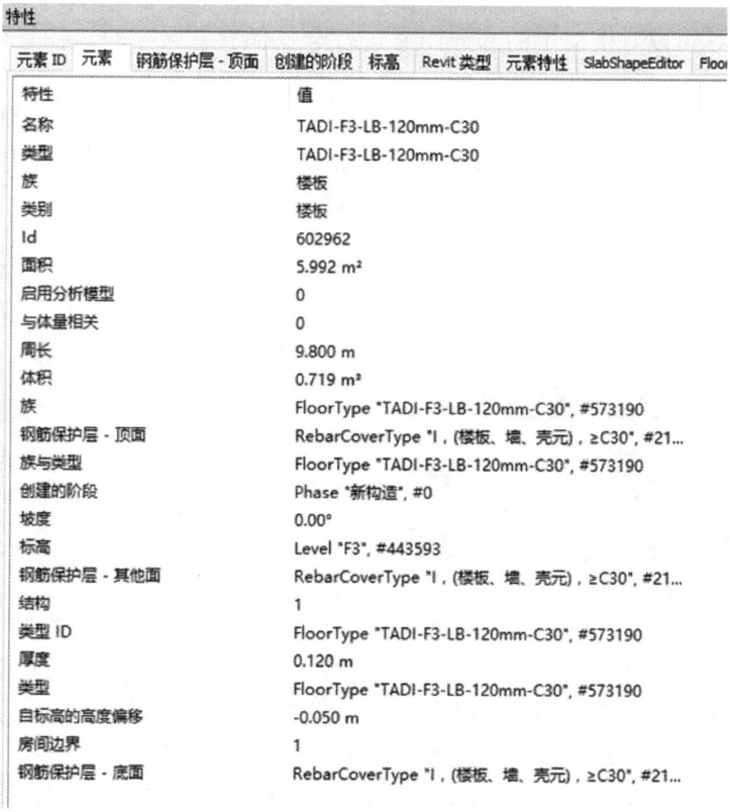

特性
元素 ID
元素
钢筋保护层 - 顶面
创建的阶段
标高
Revit 类型
元素特性
SlabShapeEditor
Floo
特性
值
名称
TADI-F3-LB-120mm-C30
类型
TADI-F3-LB-120mm-C30
族
楼板
类别
楼板
Id
602962
面积
5.992 m²
启用分析模型
0
与体量相关
0
周长
9.800 m
体积
0.719 m³
族
FloorType "TADI-F3-LB-120mm-C30", #573190
钢筋保护层 - 顶面
RebarCoverType "I，(楼板、墙、壳元)，≥C30", #21...
族与类型
FloorType "TADI-F3-LB-120mm-C30", #573190
创建的阶段
Phase "新构造", #0
坡度
0.00°
标高
Level "F3", #443593
钢筋保护层 - 其他面
RebarCoverType "I，(楼板、墙、壳元)，≥C30", #21...
结构
1
类型 ID
FloorType "TADI-F3-LB-120mm-C30", #573190
厚度
0.120 m
类型
FloorType "TADI-F3-LB-120mm-C30", #573190
自标高的高度偏移
-0.050 m
房间边界
1
钢筋保护层 - 底面
RebarCoverType "I，(楼板、墙、壳元)，≥C30", #21...

图3.6-38

性类似于 Revit 中图元的实例属性，如该选项卡记录了图元所在的“标高”“系统分类”“底部高程”和“面积”等信息。后期会大量用到这些图元属性信息，进行项目查找、分类或建立集合，以便在各种调整和碰撞检查使用。

(2) 在使用 Revit 项目文件时，一般设置最高层级对象和几何图形选取精度，在视图窗口中看到的图元选择状态相同，但显示的特性信息完全不同，使用时应注意区分。

(3) 了解 Navisworks 中图元的特性后，用户可以根据该特性对图元进行过滤。例如，模型中类型的管线显示不同的颜色用于区别管道，一般在桥架、线管中使用较多。

(4) 使用快捷特性。除使用对话框查询场景中图元的特性信息外，Navisworks 还提供了“快捷特性”功能，用于快速显示当前图元构件的制定信息。在“常用”选项卡的“显示”面板中单击“快捷特性”即可激活（图 3.6-39）。

图 3.6-39

(5) 当鼠标移动到模型中构件上稍作停留时，Navisworks 就会弹出该模型构件的快捷特性信息。

(6) Navisworks 允许用户自定义“快捷特性”显示的内容。按 F12 键打开“选项编辑器”对话框，依次展开“界面”“快捷特性”“定义”选项，在选项编辑器里面，定义要显示的内容。

3.6.7 集合

1. 选择集

Navisworks 可以对模型中的部分图元进行选择保存。保存的选择集可以随时再次选择。

(1) 将“选择精度”调整到最低层级的对象，按住 Ctrl 键单击连续选择需要的图元。

(2) 在“常用”选项卡的“选择和搜索”面板中单击“集合”下拉列表，单击“管理集”，打开“管理集”工作面板。如图 3.6-40 所示。

(3) 单击“保存选择”按钮（图 3.6-41），Navisworks 将自动建立默认名称为“选择集”的选择集合，修改名称，比如修改为“入口窗户”，按 Enter 键确认。

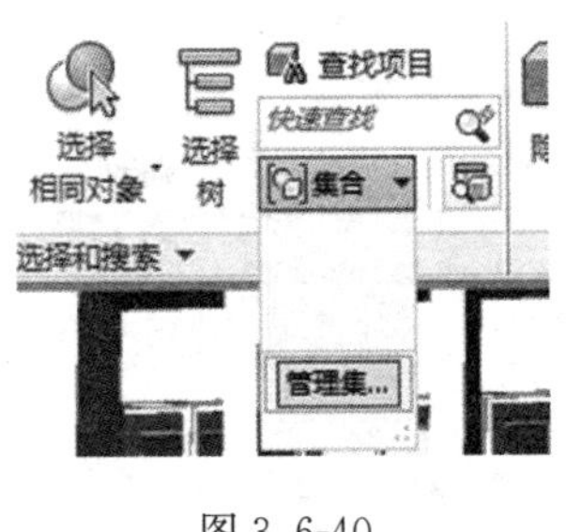

图 3.6-40

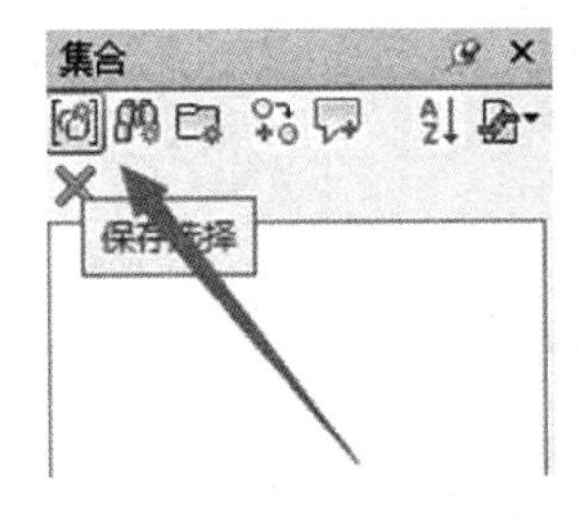

图 3.6-41

(4) 单击场景空白区域，取消当前图元选择。再次单击“集合”工具面板中在上一步保存的“入口窗户”，Navisworks 将重新选择该选择集中的窗构件。

(5) 配合 Ctrl 键再次点击其他窗构件，在“选择集”中添加新构件。在“集合”面板“入口窗户”名称处单击鼠标右键，弹出快捷菜单，选择“更新”，将该选择集更新为当前选择状态。如图 3.6-42 所示。

(6) 选择集合中更新后的“入口窗户”，在集合面板中单击“添加注释”，在弹出的“添加注释”对话框中为当前的选择集输入注释信息，以方便其他人理解该选择集的意义。

(7) 切换至“审阅”选项卡，确认“注释”选项卡中的“查看注释”工具已经激活。该工具将打开注释工具窗口。

(8) 展开“注释”工具窗口，默认情况下该工具窗口将隐藏在 Navisworks 窗口右下角位置。单击“集合”面板中的“入口窗户”集合，在“注释”面板中将显示针对该选择集的注释信息。

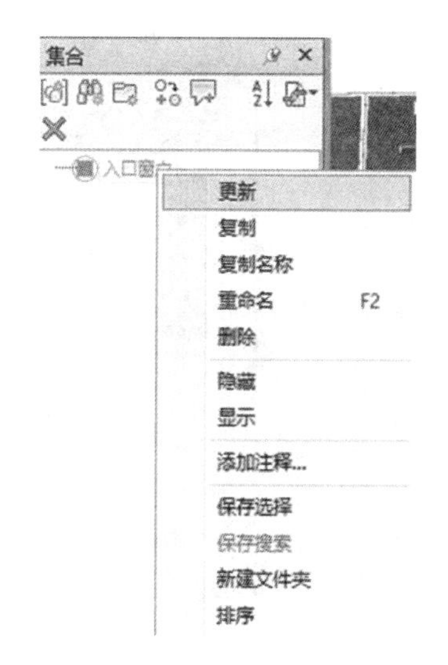

图 3.6-42

(9) Navisworks 在集合面板中还提供新建文件夹等相关命令，对于选择集可以进行更多的分类及管理，配合注释功能，可以实现对项目内容的完整讨论、记录。Navisworks 会自动记录添加注释的“作者”信息和注释的状态，用于跟踪讨论的结果。Navisworks 会自动读取 Windows 当前用户名作为“作者”信息。

(10) 在场景保存选择集后，“选择树”工具面板中会出现“集合”选项，切换到该模式下，可以查看当前项目中所有可用的选择集。

2. 搜索集

若要在 Navisworks 中使用搜索集，必须设置指定搜索条件。搜索条件可以是单独的参数，也可以是几个参数的组合。

(1) 在“常用”选项卡的“选择和搜索”面板中单击“查找项目”工具，打开“查找项目”工具窗口。

(2) 在“查找项目”面板左侧，“搜索范围”中，以选择树的方式列举了当前场景中所有可用的资源，比如，要搜索新风系统，单击“练习项目全专业”，即在该文件范围内进行搜索；在右侧搜索条件中，分别需要确定“类别”为“项目”，“特性”为“类型”，“条件”为“包含”，值为“XF”。点击面板中“查找全部”，此时特点面板中显示选中了 300 个项目。如图 3.6-43 所示。

(3) 确认模型中的 XF 管道，即新风管道已经被选中高亮显示。打开集合面板，点击“保存搜索”命令。保存上述条件搜索，命名为“新风系统”。如图 3.6-44 所示。

(4) 单击场景中的空白区域，然后再次点击集合面板上的“新风系统”。Navisworks 将自动选择满足该搜索条件的所有构件。

(5) 用户可以利用“查找项目”功能对各机电管线系统分别建立搜索集；对各种墙体、梁、板系统等建立搜索集；利用不同的条件组合出不同标高的构件集合等。

(6) 也可用同样方法查找结构模型中全部的梁，并保存“结构梁”。如图 3.6-45 所示。

(7) 单击“集合”面板的“导入/导出”，弹出导出列表，单击“导出搜索集”，Navisworks 弹出导出对话框。在该对话框中，输入导出的文件名称并指定文件保存的位置，

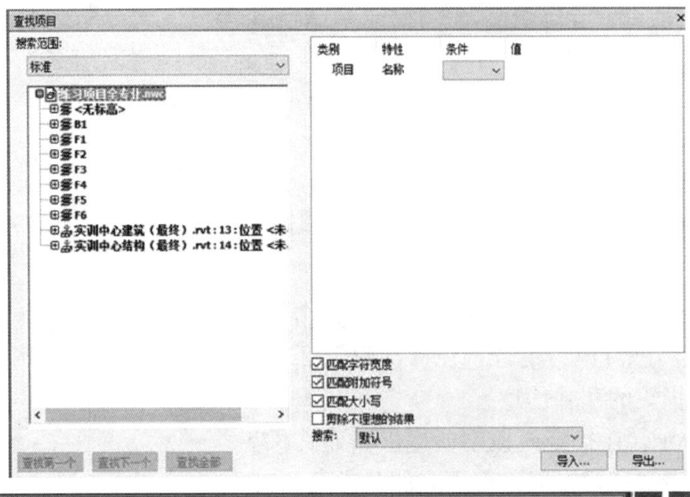

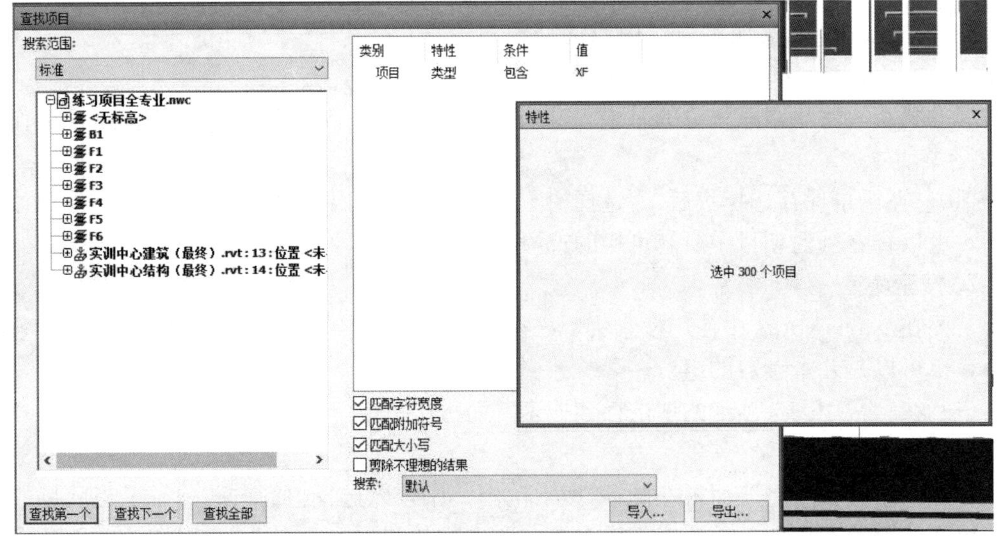

图 3.6-43

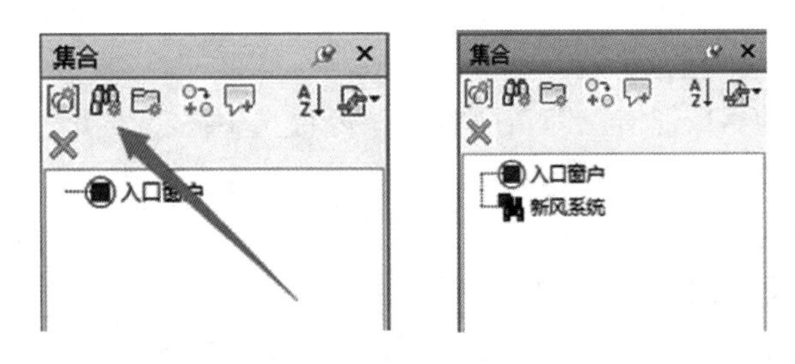

图 3.6-44

单击“保存”按钮，将模型中搜索集保存为 xml 格式。如果 Revit 模型有所调整，并有新的 nwc 文件，可以导入此搜索集，完成对新添加构件的属性搜索选择。

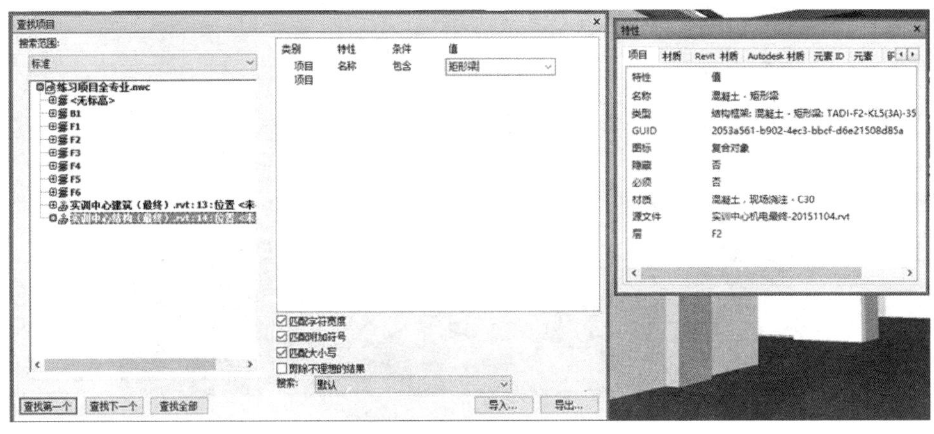

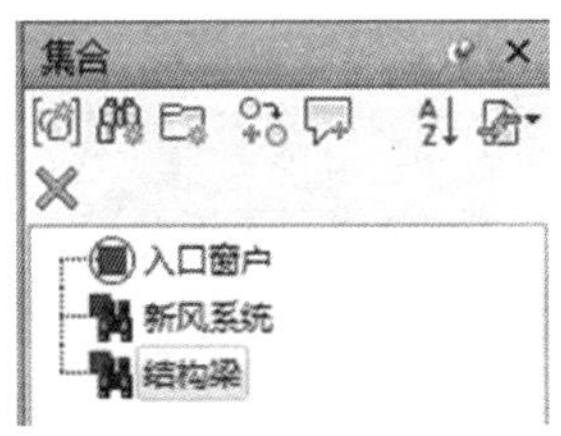

图 3.6-45

3.6.8　碰撞检测

Navisworks 的 Clash Detective 工具可以检查模型中的图元是否发生碰撞，此工具将自动根据用户指定的两个集合的构件之间，按照指定的条件进行碰撞检测。当满足碰撞设定条件时，Navisworks 将记录碰撞结果，以便用户对碰撞结果进行管理。

Navisworks 的碰撞检查有四种检测方式，分别是“硬碰撞”“硬碰撞（保守）”“间隙”和“重复项”。其中“硬碰撞”和“间隙”是最常用的两种。“硬碰撞”用于检查两组构件是否存在直接接触的碰撞关系；“间隙”用于检查两组构件间并未接触，但间距不满足设定值要求的情况，如果存在小于设定值的情况将被视为碰撞。“重复项”则用于查找模型场景中是否存在完全重叠的模型构件。

3.6.9　实例操作

（1）打开 Navisworks，点击“常用”选项卡中“添加”按钮，分别添加目录下的“示例项目扩初机电”“示例项目扩初结构”和“示例项目扩初建筑”。在“视点”选项卡的渲染样式中“模式”改为着色。右键场景空白处，弹出菜单后单击背景，调整背景为地平线。如图 3.6-46 所示。

（2）在“视点”选项卡中，点击“剖分命令”，在“剖分工具”选项卡中使用平面工具“对齐顶部”，点击“移动”工具，用鼠标将剖分平面移动到三层顶板附近，露出机电管线。如图 3.6-47 所示。

（3）用鼠标和键盘配合在空间中观察三层的机电管线，现阶段属于扩初设计阶段的初步综合成果，需要通过碰撞检查来校验管线是否存在严重碰撞，间距是否满足预期要求。

（4）利用这个示例项目，一步步实现电气专业的桥架上色，并对全部机电管线进行筛选集合化。

图 3.6-46

图 3.6-47

（5）由于桥架在 Revit 中是没有系统材质颜色的，所以无法在 Navisworks 中直接按 Revit 过滤器显示颜色。点击模型中的一个桥架，点击“特性”按钮，查看桥架特性。如图 3.6-48 所示。

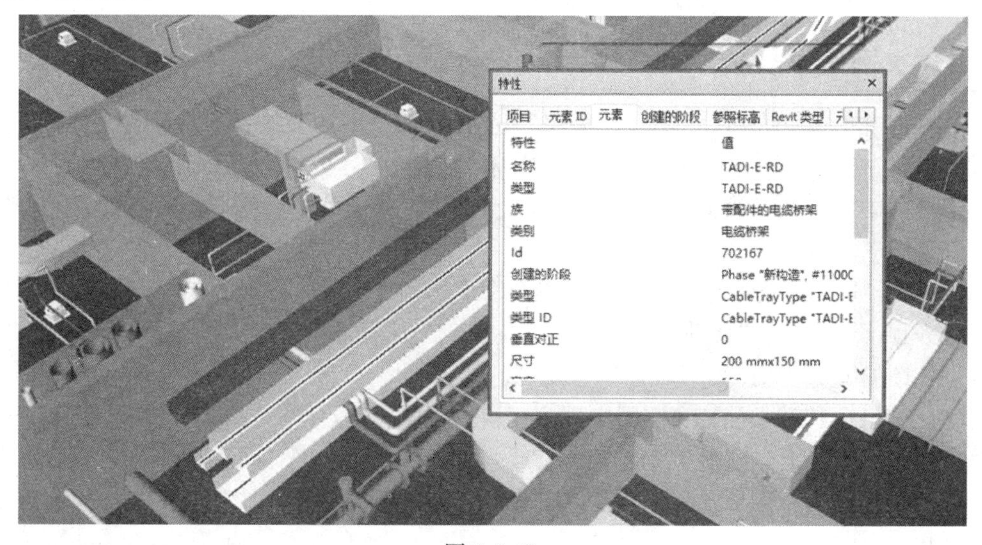

图 3.6-48

(6) 按照如图 3.6-49 所示的“查找项目”筛选方式对选中桥架进行查找。然后在集合面板中保存搜索集。注意：“查找项目”面板左侧，点击示例项目扩初机电，右侧“类别”选择元素，“特性”可以直接输入名称，如果项目较为复杂，要在“特性”列表中找到你想要的名称是非常困难的。“条件”选择“等于”，值可以输入“TADI-E-RD”，点击“查找全部”。在集合面板保存搜索集命名为“TADI-E-RD”。按照这种方法，可将全部桥架及其他机电管线进行筛选并定义集合，如图 3.6-50 所示。

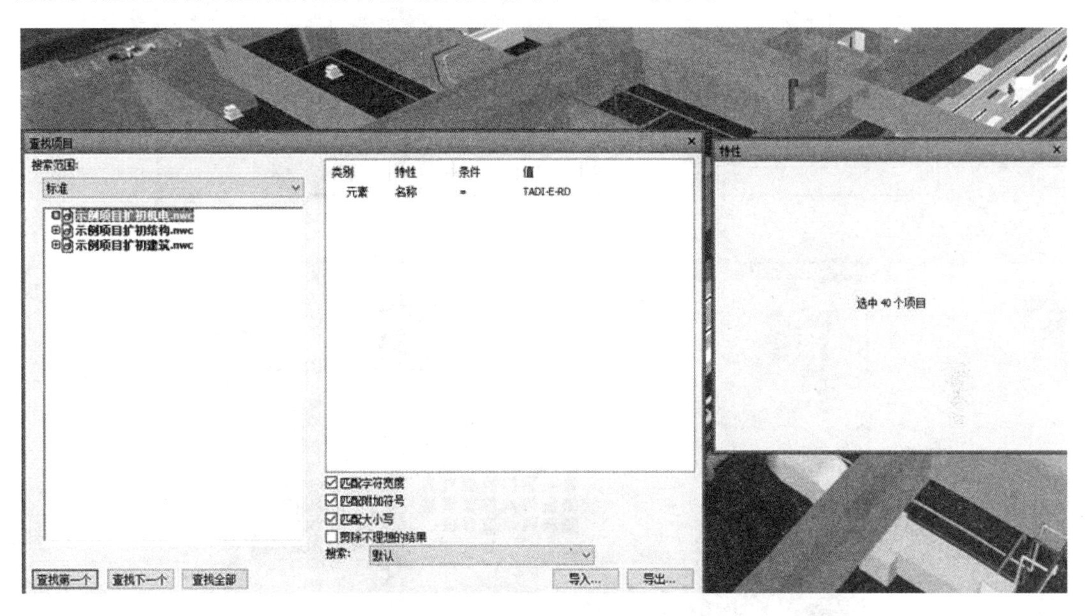

图 3.6-49

(7) 接下来对桥架进行着色。打开项目机电颜色表，点击“常用”选项卡，在“工具”面板打开“外观配置器面板”，左侧点击“按集合”，此时刚才在集合面板中设置好的集合都将显示。点击“TADI-E-RD”，然后点击“外观”中“颜色”，弹出颜色调整面板，再点击规定自定义颜色，展开成为自定义颜色的大面板，此时就可对机电颜色列表中的颜色进行定义了，例如，选择 RD 桥架 RGB 值为 153、255、51，点击确定，完成对颜色的选择。再次点击外观配置器中的“添加”，此时右侧选择器将出现 TADI-E-RD 的颜色配置，再次点击确定，完成对弱电桥架的外观颜色配置。使用同样方法完成其他电气桥架的外观配置。最终如图 3.6-51 所示。点击运行命令，模型中的五种桥架即可着色显示。

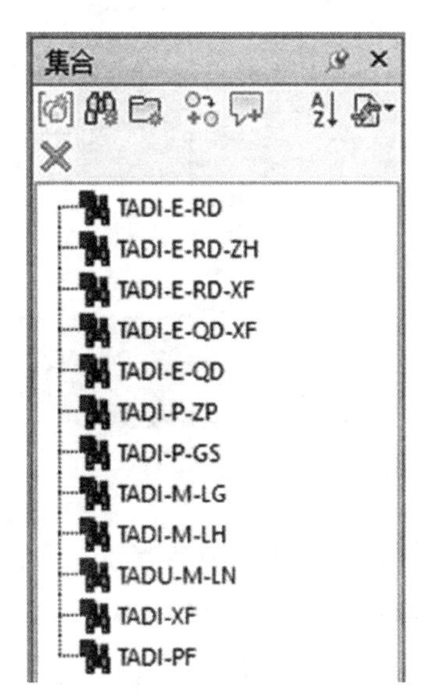

图 3.6-50

(8) 点击保存按钮，可保存当前对项目中相关集合构件颜色的设置，并可在相同命名集合的项目中再次使用，保存命名为“示例项目外观颜色”。关闭外观配置器。

(9) 首先，测试新风与结构之间的碰撞情况。点击

专业		子项代码	项目	颜色	颜色代码
电气	强电	QD	强电		255 204 120
		DL	动力		255 153 255
		MX	母线		16 160 102
		QD-XF	消防强电		255 0 102
		JD	接地系统		253 140 166
		FL	防雷系统		9 4 230
	弱电	RD	弱电		153 255 51
		RD-ZH	综合布线弱电		102 53 0
		RD-XF	消防弱电		247 45 45
		RD-SBGL	设备管理弱电		0 153 255
		RD-YYS	运营商弱电		128 0 128

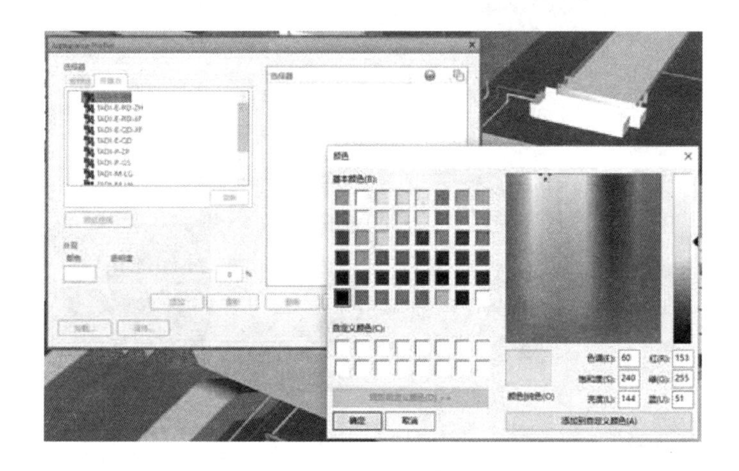

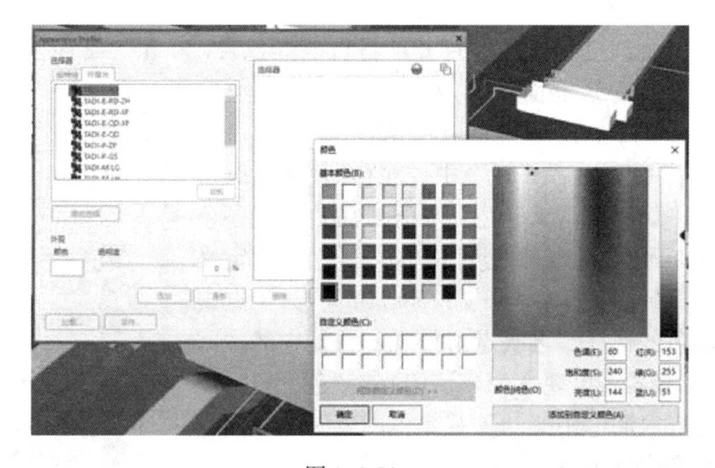

图3.6-51

“常用”选项卡中的“Clash Detective”命令，打开碰撞检查面板，点击“添加检测”右键对其进行重命名，比如“新风vs结构”，回车确认。如图3.6-52所示。

（10）在中部的窗口中可看到“选择A”和“选择B”，需要在这里分别选择碰撞检测的两个集合。在“选择A”下面的集合分类中，选择“集合”，这是显示了全部可以用到

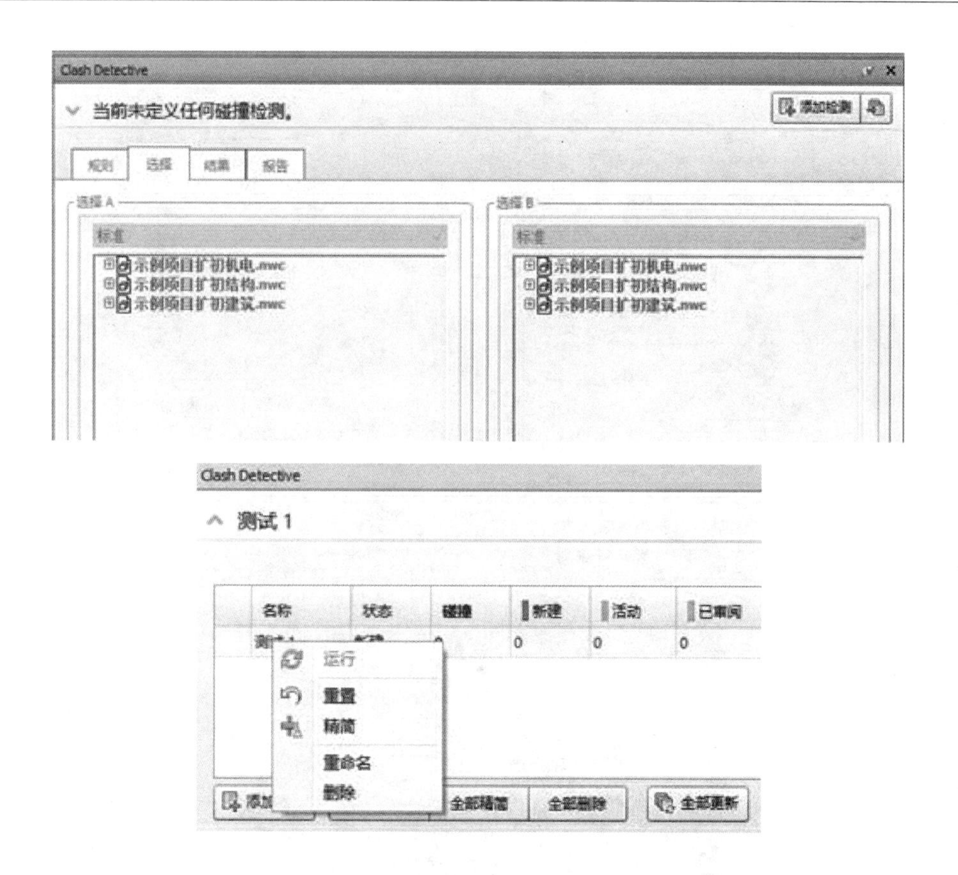

图 3.6-52

的构件集合，点击 TADI-XF，在右侧维持选择集合分类为“标准”，点击示例项目扩初结构；确认底部“曲面”按钮处于激活状态。

（11）单击底部设置选项组中的“类型”下拉列表，选择“硬碰撞”，该类型的碰撞检测将空间上完全相交的两组图元作为碰撞条件；设置“公差”为 0.05mm，即当两个图元碰撞的距离小于该值时，Navisworks 将忽略碰撞。勾选底部“复合对象碰撞”复选框，即检测选择集中复合对象层级的模型图元。单击运行测试按钮，Navisworks 开始运行碰撞检测。

（12）运算完成后，Navisworks 将自动切换到检测结果选项卡，本次碰撞检测的全部结果将以列表的形式显示在“结果”选项卡。单击任意碰撞结果，Navisworks 将自动切换至该碰撞点的视图。

（13）新风系统和结构的碰撞检测完成后，还可以添加其他测试，例如进行自喷和桥架之间的碰撞，点击“添加测试”，重命名为“自喷 vs 桥架”，如图 3.6-53 所示。桥架可以在右侧选择全部五种桥架。将公差调整为 0.01m，运行检测。测试后查看结果，然后在“规则”中进行调整，将公差调整为 0.001m，运行测试，查看测试成果。在未运行前，自喷与桥架的上次测试结果前出现了提示“过期”的叹号，表明当前碰撞公差设置已经变化。再次运行检测后，叹号消失，可以查看新的碰撞结果。发现两次碰撞的公差设置虽然不同，但碰撞结果相同。再次调整此碰撞为间隙碰撞。

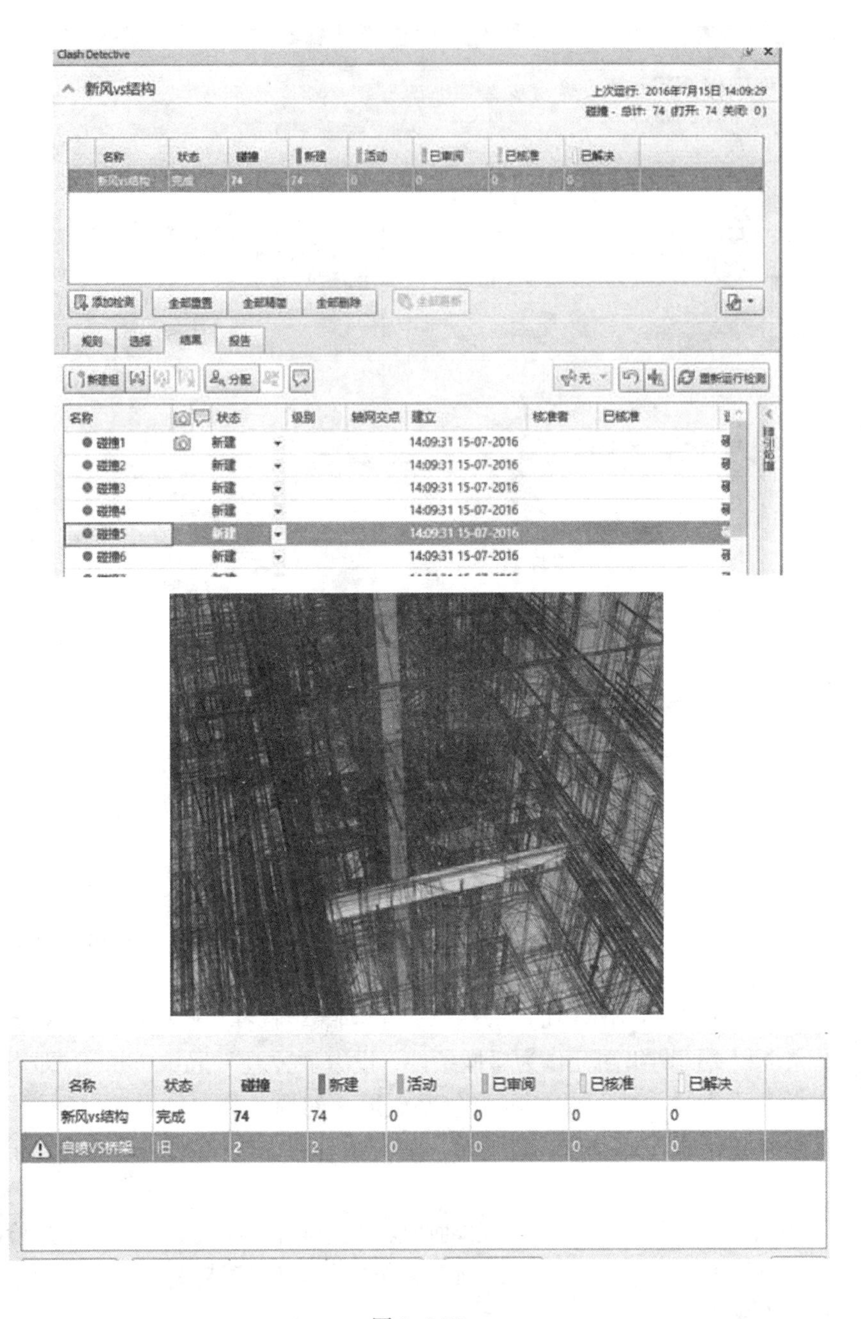

图 3.6-53

(14) 点击“自喷 vs 桥架”碰撞结果，点击“选择”，在下面的设置中“类型”一项选择“间隙”，公差选择 0.1m，运行测试。再次查看运行结果，可以知道管线空间相对紧张的部位。如图 3.6-54 所示。

(15) 按住 Ctrl 键选择碰撞视口里面的两个图元，点击审阅选项卡，测量面板中“最短距离”按钮，在视图中可以直接看到结果。如图 3.6-55 所示，最短距离为 0.029m，小于设定值 0.1m 所以被认为碰撞。

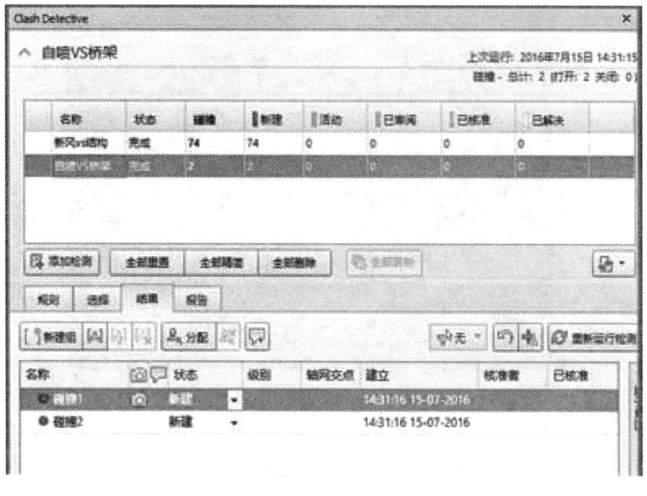
Clash Detective
自喷VS桥架
上次运行: 2016年7月15日 14:31:15
碰撞 - 总计: 2 (打开: 2 关闭: 0)
名称 状态 碰撞 新建 活动 已审阅 已核准 已解决
新风vs结构 完成 74 74 0 0 0 0
自喷VS桥架 完成 2 2 0 0 0 0
添加检测 全部重置 全部精简 全部删除 全部更新
规则 选择 结果 报告
新建组 分配 无 重新运行检测
名称 状态 级别 轴网交点 建立 核准者 已核准
碰撞1 新建 14:31:16 15-07-2016
碰撞2 新建 14:31:16 15-07-2016

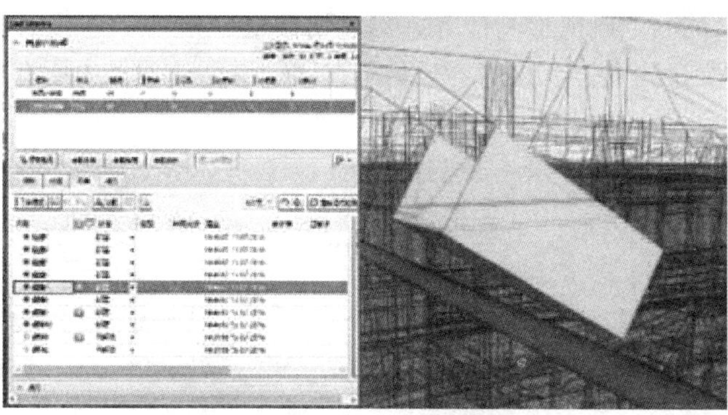

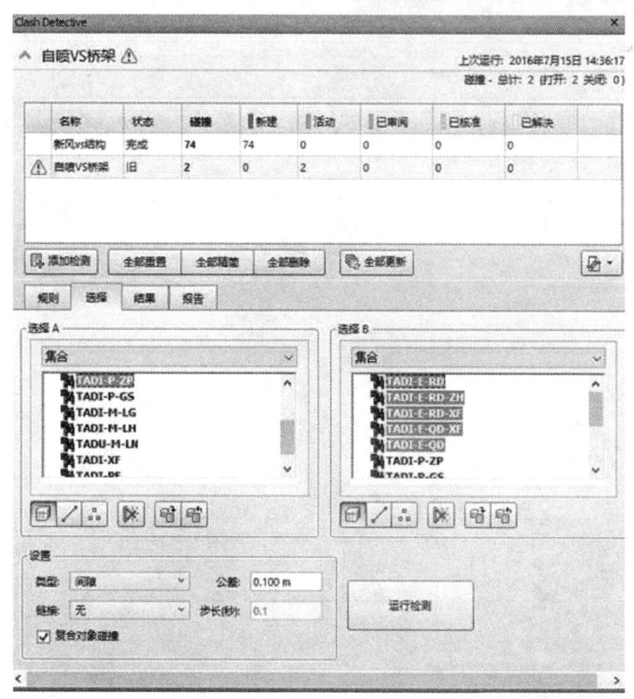
Clash Detective
自喷VS桥架
上次运行: 2016年7月15日 14:36:17
碰撞 - 总计: 2 (打开: 2 关闭: 0)
名称 状态 碰撞 新建 活动 已审阅 已核准 已解决
新风vs结构 完成 74 74 0 0 0 0
自喷VS桥架 旧 2 0 2 0 0 0
添加检测 全部重置 全部精简 全部删除 全部更新
规则 选择 结果 报告
选择 A
集合
TADI-P-ZP
TADI-P-GS
TADI-M-LG
TADI-M-LH
TADU-M-LN
TADI-XF
选择 B
集合
TADI-E-RD
TADI-E-RD-ZH
TADI-E-RD-XF
TADI-E-QD-XF
TADI-E-QD
TADI-P-ZP
设置
类型: 间隙
公差: 0.100 m
链接: 无
步长(秒): 0.1
复合对象碰撞
运行检测

图 3.6-54

图 3.6-55

（16）导出“碰撞报告”。Navisworks 可以将碰撞结果导出，以方便讨论和存档。点击“自喷 vs 桥架”的间隙碰撞检测任务，然后切换至“报告”选项卡，在内容中勾选要显示在报告中的冲突检测内容，该内容显示了在“结果”选项卡中所有可以用的标题。如图 3.6-56 所示，此处保持为默认状态。

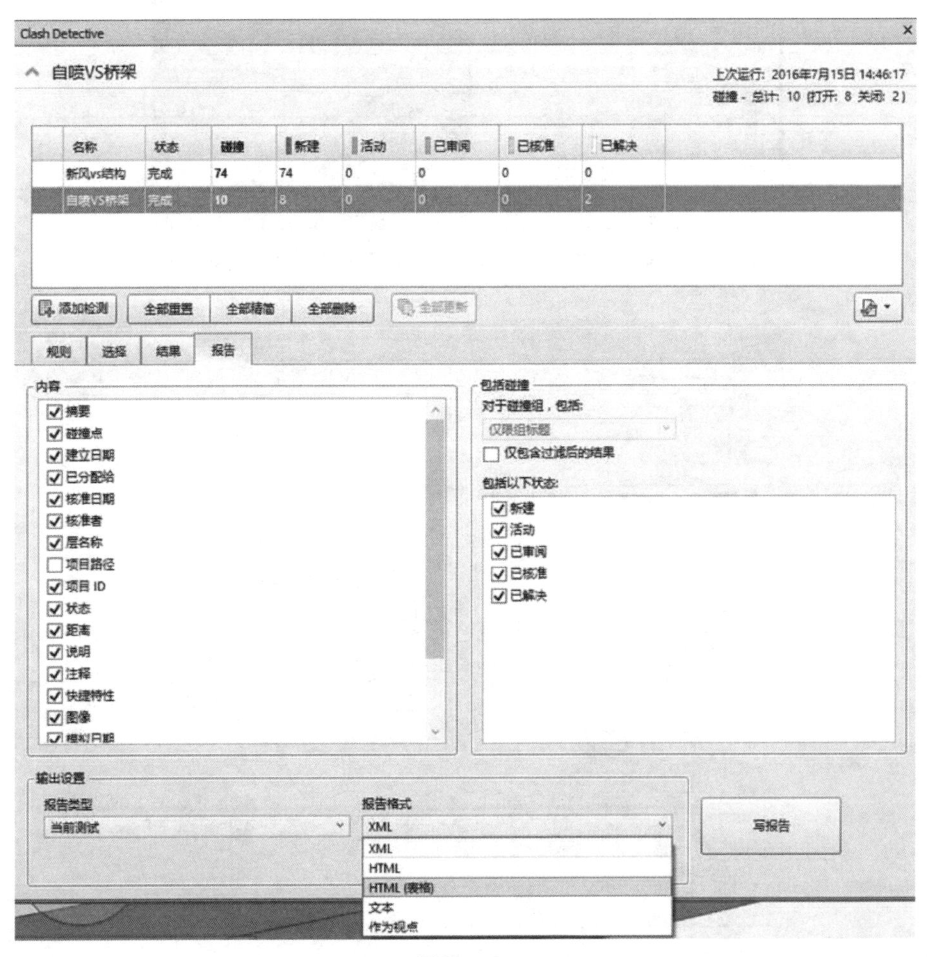

图 3.6-56

（17）将底部的报告格式改为 html（表格），点击“写报告”，此时 Navisworks 开始导出针对选中碰撞的检测报告。可以选择路径并命名此报告。点击此报告，可看到碰撞报告列表，单击列表中的小图可以显示碰撞节点大图。如图 3.6-57 所示。

Autodesk Navisworks 碰撞报告

自喷VS桥架	公差	碰撞	新建	活动的	已审阅	已核准	已解决	类型	状态
	0.100m	10	8	0	0	0	2	间隙	确定

								项目 1				项目 2			
图像	碰撞名称	状态	距离	网格位置	说明	找到日期	碰撞点	项目 ID	图层	项目 名称	项目 类型	项目 ID	图层	项目 名称	项目 类型
	碰撞3	新建	-0.071		间隙	2016/7/15 06:46.17	x:-2.356、y:8.155、z:-1.180	元素 ID: 449091	-F1	TADI-P-ZP-内外热镀锌钢管	线	元素 ID: 702121	-F1	TADI-E-QD	实体
	碰撞4	新建	-0.049		间隙	2016/7/15 06:46.17	x:38.030、y:8.063、z:-1.200	元素 ID: 449099	-F1	TADI-P-ZP-内外热镀锌钢管	线	元素 ID: 702122	-F1	带配件的电缆桥架	线
	碰撞5	新建	0.011		间隙	2016/7/15 06:46.17	x:38.087、y:8.112、z:-1.267	元素 ID: 449107	-F1	TADI-P-ZP-内外热镀锌钢管	实体	元素 ID: 702122	-F1	带配件的电缆桥架	线

图 3.6-57

第4章　结语及案例展示

4.1　天津市建筑设计院新建科研综合楼

天津市建筑设计院（以下简称天津院）新建的科研综合楼是集研发、接待、会议、办公和设备用房于一体的综合楼。主要目的是提升天津院的科研办公条件，为研发人员提供一个舒适、便捷的办公环境，使其成为一个舒适、低碳的绿色建筑。

图 4.1-1　天津市建筑设计研究院科研综合楼效果图

此项目是天津院自主设计、自主施工、自持运营的建筑总承包项目，建筑设计要求精密、工期紧张、建设项目总成本要求精细化控制。设计中遵循最大限度的节约资源和保护环境的原则，因地制宜将绿色建筑的设计理念贯穿在设计的全过程，项目定位为高标准的绿色建筑：国家三星绿色建筑、美国 LEED 金奖认证、新加坡 Green Mark International（for China）白金奖认证。综合楼效果图如图 4.1-1 所示。

鉴于以上要求，天津院决定将此项目通过 BIM 技术完成，从而优化设计质量、提高施工效率、缩短施工时间、节约成本，并为未来利用 BIM 技术对建筑进行运营维护留下接口及信息。工程共分两幢建筑，场地的南侧布置“L”形科研楼，北侧现有的 B 座办公楼拆除后兴建停车楼，保留现有中心绿地，总建筑面积：31600m^2。科研楼主要功能地上为研发部、设计部、办公用房、接待室、会议室等，地下为附属用房及设备用房。主体为地上十层，地下一层；结构形式为框剪结构体系，主体建筑高度为 45m。综合楼地上主要功能为机动车、非机动车的存放，地下平时作为机动车停车，战时为五级人防；地上四层，地下一层；其结构形式为钢结构体系，建筑高度为 13m。

建筑的造型设计力求体现朴素、大方、简约、现代的建筑风格，与周边已有建筑取得良好的协同与呼应，将建筑节能与绿色建筑的理念融入设计中，努力实现建筑与环境和谐共生的可持续发展，实现建筑美感与功能需求的和谐统一。

4.1.1　概念设计阶段

本案例项目中，由于建设环境空间紧张，在前期规划阶段因过于紧张的外部条件和高标准的绿色建筑要求，唯有使用可以量化的依据确定建筑的位置及形体。项目利用 BIM

技术对建筑场地进行了以下多项分析比较，最终根据分析结论在满足规划要求的基础，确定了建筑位置及形体。

（1）将复杂的场地环境制作成数据模型，导入流体力学软件进行风环境分析模拟。分析结果显示，场地风环境满足绿建要求，但场地风速过低，不利于建筑过渡季的自然通风。如图 4.1-2 所示。

（2）利用场地模型，进行太阳辐射分析模拟。分析结果显示，场地受周围建筑遮挡严重，太阳辐射量呈南北梯度分布，冬季尤其明显。如图 4.1-3 所示。

（3）利用分析模型，对于北侧居住建筑进行了日照遮挡分析，用于指导建筑物的规划布局设计。如图 4.1-4 所示。

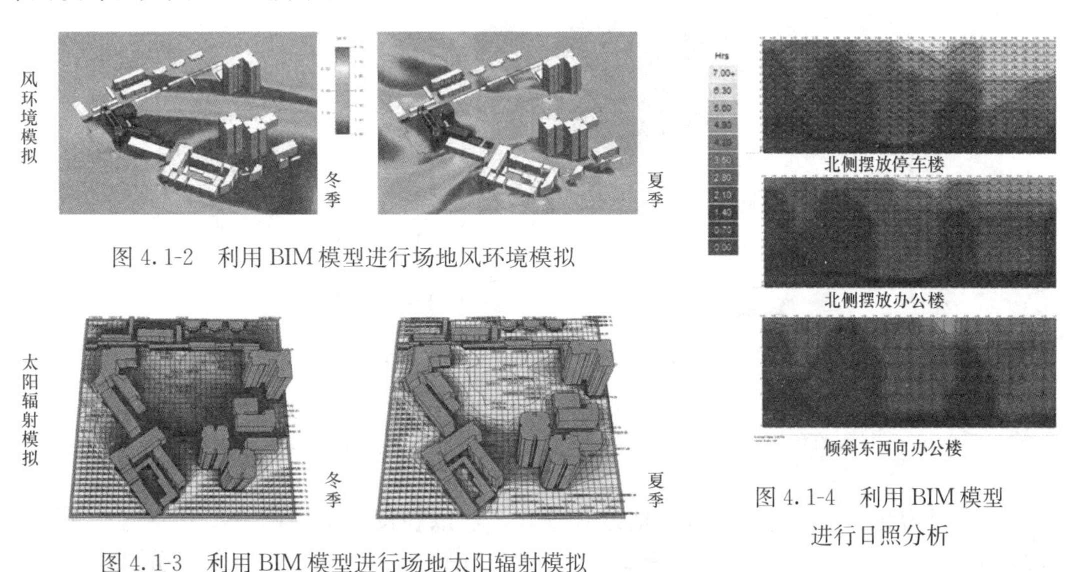

图 4.1-2　利用 BIM 模型进行场地风环境模拟

图 4.1-3　利用 BIM 模型进行场地太阳辐射模拟

图 4.1-4　利用 BIM 模型进行日照分析

最后，根据以上分析结论，设计师对场地环境的优势和劣势进行总结，并结合规划部门要求、分期建设等多方面因素，得出较为合理的建筑形体，如图 4.1-5 所示。同时对所选择的建筑形体自身优缺点进行了分析，从而为方案设计后续工作提出了优化要求。

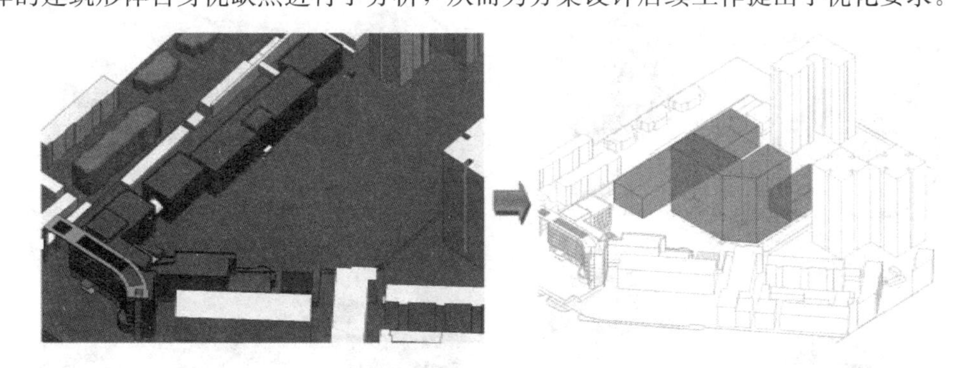

图 4.1-5　综合考虑确定建筑形体

4.1.2　方案设计阶段

本案例项目中，在方案阶段借助 BIM 技术进行了一系列组织空间、确定和优化建筑风格等设计工作。

（1）此项目是天津院为自身员工量身定做的科研办公楼，所以要求空间分配与院部门构成紧密结合。在方案设计过程中，充分利用信息模型对体块进行推敲，快速得出平面空间分配数据，并在确定空间分配的设计过程中通过 BIM 技术实现了数据与模型的实时交互调整，极大地提高了设计工作效率和设计质量（图 4.1-6）。

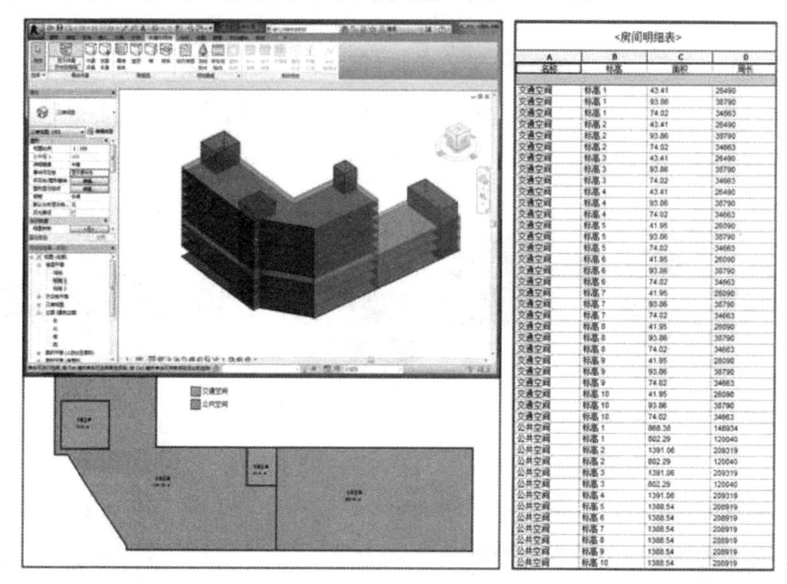

<房间明细表>

A	B	C	D
名称	标高	面积	周长
交通空间	标高 1	43.41	26490
交通空间	标高 1	93.86	38790
交通空间	标高 1	74.02	34663
交通空间	标高 2	43.41	26490
交通空间	标高 2	93.86	38790
交通空间	标高 2	74.02	34663
交通空间	标高 3	43.41	26490
交通空间	标高 3	93.86	38790
交通空间	标高 3	74.02	34663
交通空间	标高 4	43.41	26490
交通空间	标高 4	93.86	38790
交通空间	标高 4	74.02	34663
交通空间	标高 5	41.95	26090
交通空间	标高 5	93.86	38790
交通空间	标高 5	74.02	34663
交通空间	标高 6	41.95	26090
交通空间	标高 6	93.86	38790
交通空间	标高 6	74.02	34663
交通空间	标高 7	41.95	26090
交通空间	标高 7	93.86	38790
交通空间	标高 7	74.02	34663
交通空间	标高 8	41.95	26090
交通空间	标高 8	93.86	38790
交通空间	标高 8	74.02	34663
交通空间	标高 9	41.95	26090
交通空间	标高 9	93.86	38790
交通空间	标高 9	74.02	34663
交通空间	标高 10	41.95	26090
交通空间	标高 10	93.86	38790
交通空间	标高 10	74.02	34663
公共空间	标高 1	868.36	148934
公共空间	标高 1	802.29	120040
公共空间	标高 2	1391.06	209319
公共空间	标高 2	802.29	120040
公共空间	标高 3	1391.06	209319
公共空间	标高 3	802.29	120040
公共空间	标高 4	1391.06	209319
公共空间	标高 5	1388.54	208919
公共空间	标高 6	1388.54	208919
公共空间	标高 7	1388.54	208919
公共空间	标高 8	1388.54	208919
公共空间	标高 9	1388.54	208919
公共空间	标高 10	1388.54	208919

图 4.1-6　利用 BIM 模型调取空间分配数据

（2）因为此项目定位为高标准的绿色建筑，所以在设计工作进一步开展前，先利用 BIM 模型导入 Ecotect 或 IES 等分析软件，对已经确定的体块方案进行能耗分析，进一步深入分析体块先天的优缺点，并提出满足可持续设计的指导意见，将其作为需要满足的边界条件进行深化设计，以帮助设计师制定出更具针对性的设计方案及策略。例如：对体块模型各个立面日照进行分析，得到各立面的窗墙比建议值（图 4.1-7）；对地块内风环境

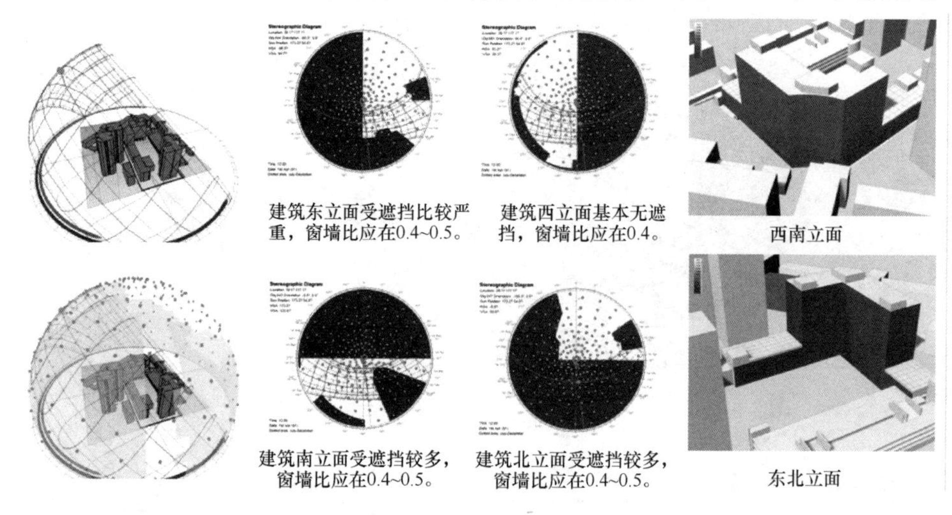

图 4.1-7　利用采光分析数据指导立面窗墙比

进行进一步模拟，分别分析不同高度风速及风压等方法指导方案设计（图 4.1-8）。

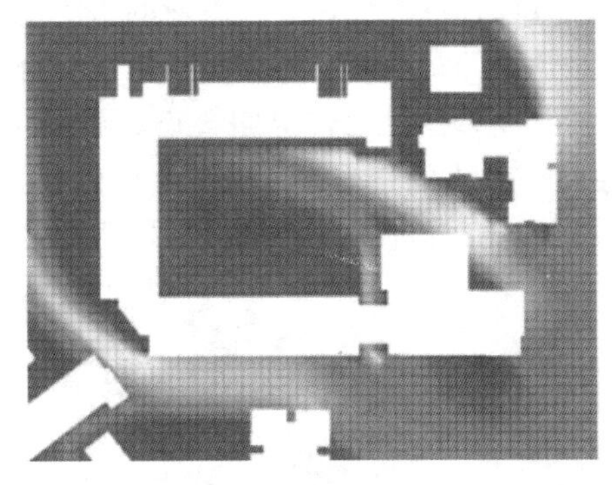

图 4.1-8 通过地块内风环境分析指导设计

在此基础上得出的不同建筑风格的多个方案，均满足本项目的前期定位要求，可以有效避免方案设计的重大变化。

（3）在多方案的比选过程中，利用 BIM 模型对于不同方案应用的绿色建筑措施进行分析比较，最终通过对不同方案多方面的权衡分析，选用最佳方案，并结合其他方案的亮点进行方案优化（图 4.1-9）。

· 节能措施分析

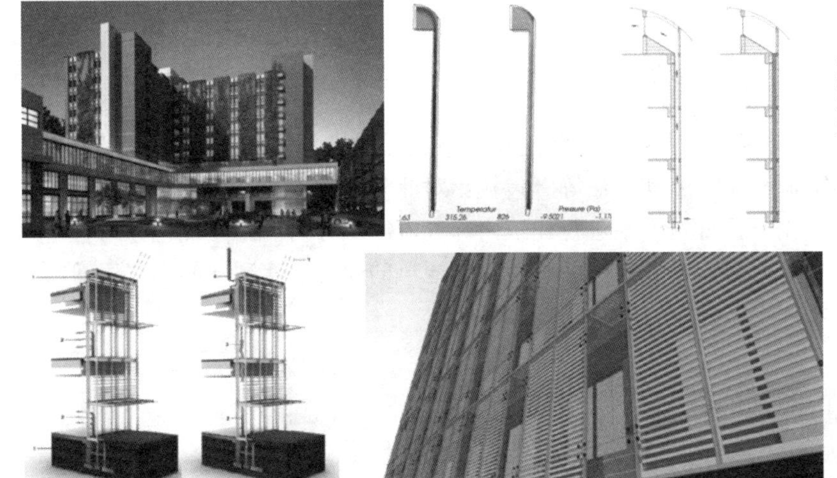

此方案在设计中充分考虑通过空腔墙体整合室内气流组织、利用太阳能、拆改建筑材料回收利用等绿色建筑理念。

此方案从建筑设计风格上充分考虑采用呼吸式幕墙设计，通过被动措施优化室内气流组织从而达到节能效果。

图 4.1-9 针对不同方案的绿色建筑措施分析

4.1.3 初步设计阶段

本案例项目中，打破传统模式，借助 BIM 技术直接在三维环境下进行方案设计，在工作流程和数据流转方面有明显改变，带来了设计效率和设计质量的显著提升。

（1）基于 BIM 技术的三维设计对于空间充分利用的优势十分明显，可针对一些在二维设计中容易忽视的细节部分进行精细化设计，从而提高设计质量。例如，楼梯间下部空间往往被忽视，并很难通过传统二维设计明确空间尺度，天津院通过对建筑进行反复剖切，对这类空间进行精细化设计，从而很大程度地提高了空间利用率（图4.1-10）。

（2）三维设计过程优化了各专业的协同配合过程。在设计初期，将施工图设计阶段工作前移，对走廊等管线密集位置进行管线综合，预估及分配吊顶空间。相较于传统二维工作模式中各专业单独设计，定期会审难以发现全部碰撞点，导致遗留大量问题到施工阶段。采用BIM技术的三维设计方式，可以有效实现各专业协同设计，改变了传统设计流程，将管线综合工作前移，达到设计过程中及时发现并避免交叉碰撞，以及减少后期工作量的效果（图4.1-11）。

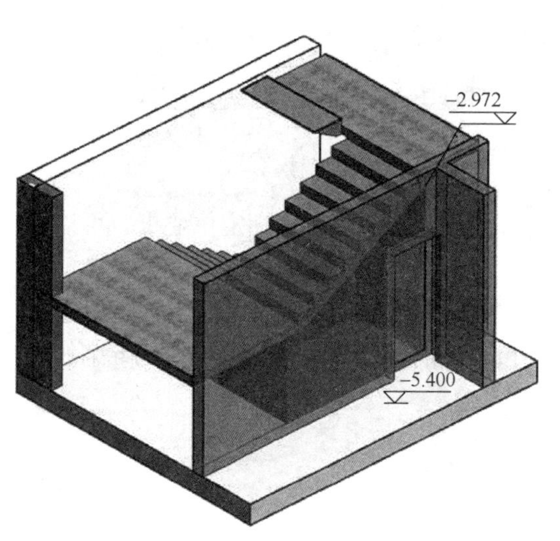

图4.1-10　三维设计对于空间充分利用

图4.1-11　优化各专业的协同工作

（3）基于BIM模型进行建筑方案进一步的可持续性设计分析，提出和确定绿色建筑节能措施以及可再生能源利用策略和方法等。包括：对此阶段的BIM模型进行整体分析，得出地块内自然通风数据，再针对方案进行建筑内部气流组织分析，指导优化；结合室内墙上增加的墙上通风口，使东、西朝向房间具有自然通风的通道，实现不同朝向房间的通透。如图4.1-12所示。

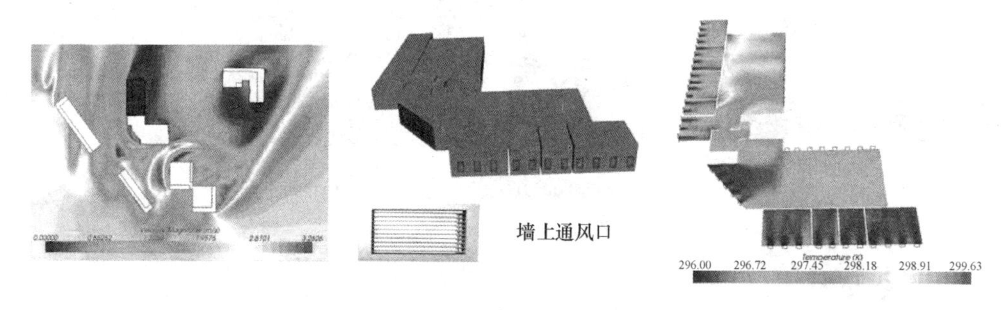

图4.1-12　气流组织分析

利用BIM模型，通过分析软件对建筑物屋顶太阳辐射量进行分析计算，结合分析数据，确定采用太阳能集热器方案。同时在BIM模型中建立太阳能集热器的族，利用完备的参数模型，指导其在平面的排布位置，得出的排布数据反馈回分析软件，再进行整体太阳能平衡计算。如图4.1-13所示。

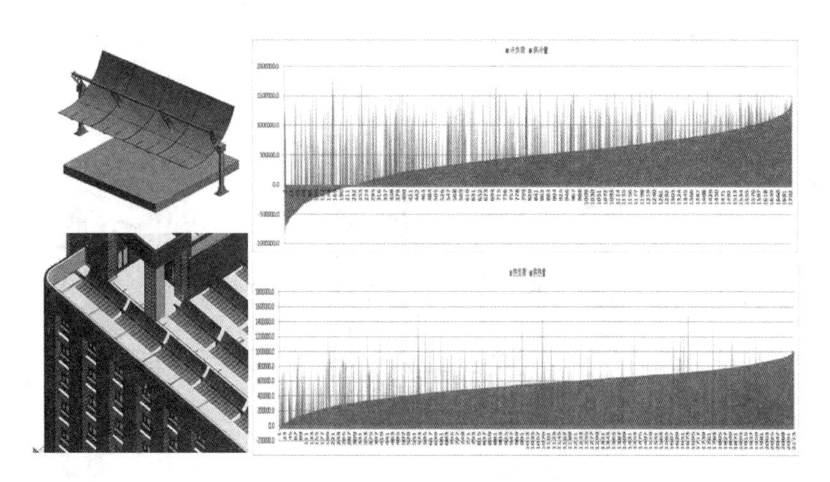

图 4.1-13 利用模型进行太阳能平衡计算

4.1.4 施工图设计阶段

本案例项目采用 Autodesk Revit 系列软件，结合现行图纸规范对于软件默认样板文件中的标高样式、尺寸标注样式、文字样式、线型/线宽/线样式、对象样式等进行标准定义，制定了适合自身的 BIM 企业标准。项目在充分利用 BIM 信息模型的基础上取得了以下几点突破：

(1) 本项目做到了建筑专业 100%利用 BIM 软件出图，实现了从三维数字模型直接打印二维图纸（图 4.1-14），同时其他专业在传统二维软件的辅助下，也能满足最终的出图要求，最终圆满完成了设计任务。由于项目采用三维模型进行深化设计，因此复杂的空间关系得以更好地展现，BIM 技术突破了传统二维绘图模式的局限，使图纸表达更加清

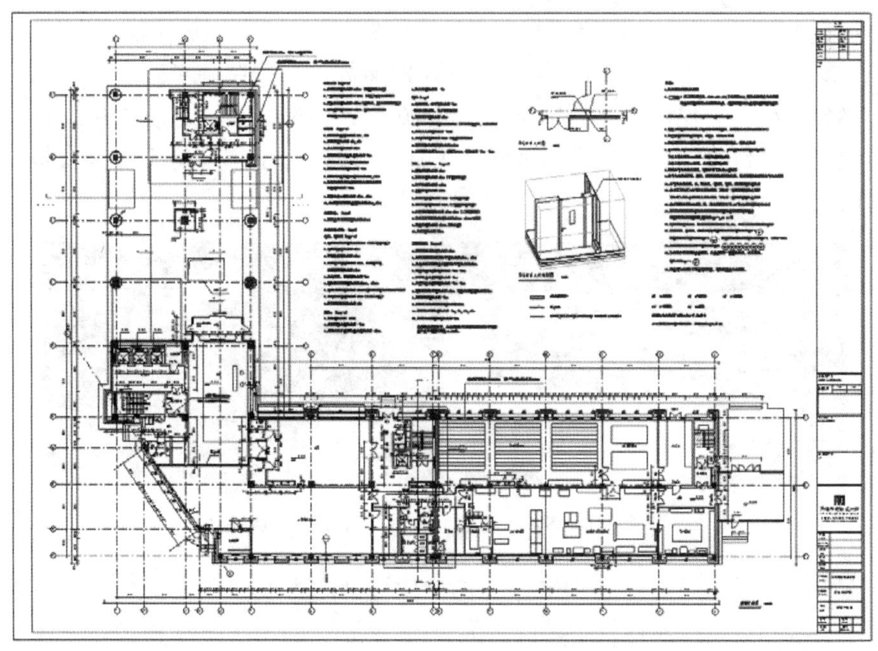

图 4.1-14 利用 BIM 模型直接生成的二维图纸

晰和生动（图 4.1-15）。

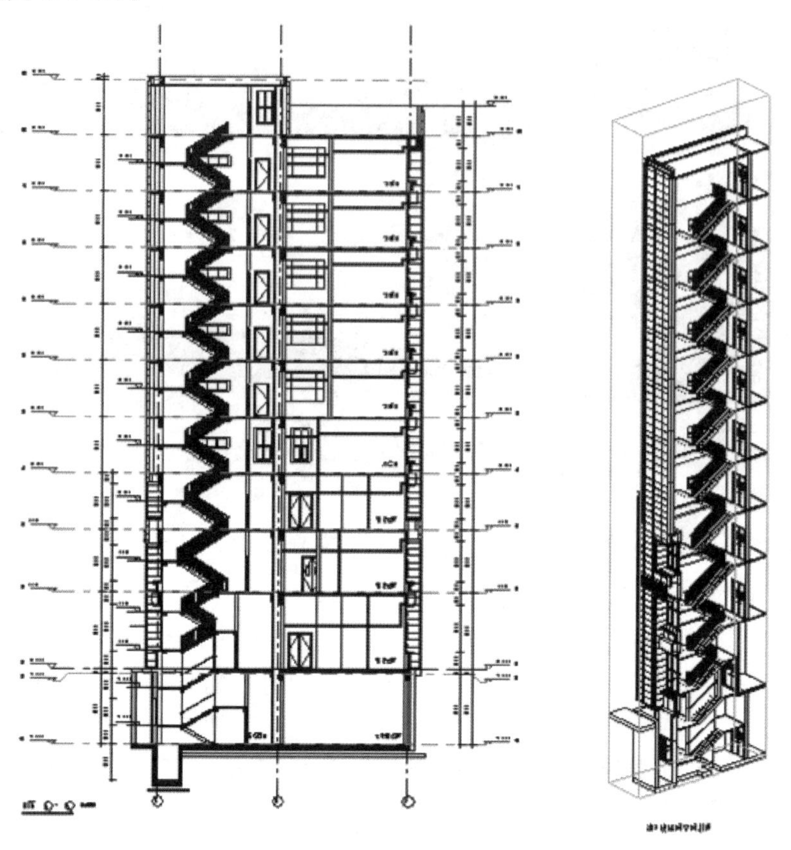

图 4.1-15　更加清晰和生动的图纸表达

（2）通过 BIM 技术在施工图设计中对施工阶段的预先规划，为了满足利用 BIM 技术优化施工方案排布的要求，利用设计阶段 BIM 模型数据，按照施工建设的需求对模型进行整理、拆分、深化，梳理施工所需的模型资源。结合施工工法，预留管线安装的空间后，对管线复杂部位进行进一步优化（图 4.1-16），并进行了细部施工方案模拟，大大提高了项目的可实施性。

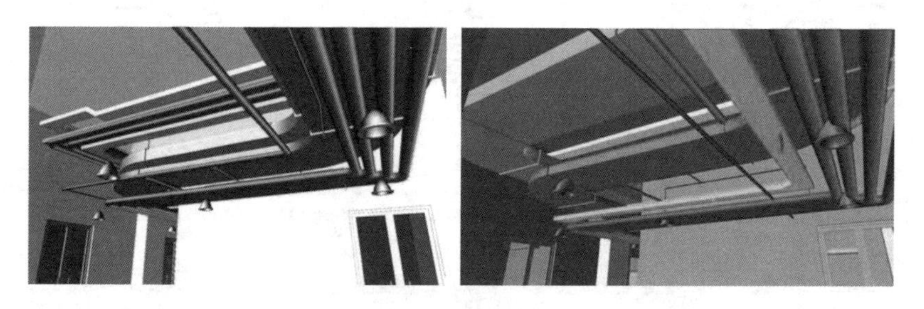

图 4.1-16　结合施工工法进行管线排布优化

（3）在设计阶段，通过规范 BIM 模型的构建标准，为模型在建筑全生命周期中的各个阶段实现有效的数据传输提供了基础。充分利用设计阶段的 BIM 模型，在满足建设过程的精确模拟需求的前提下，在 BIM 模型中补充施工建设所需的附属构件，并针对设计模型进行编码体系的设置，进一步拆分模型，使其满足算量、排期等需求（图 4.1-17）。

（4）通过规范设计阶段 BIM 模型的建模要求，为后期的运营维护阶段有效利用 BIM 模型提供了前提。例如，设计阶段的机电专业在模型搭建中，在设计之初建立设备族库的时候，充分考虑了后期运营中需要添加的参数数据，为满足后期信息更新录入提供了基础（图 4.1-18）。并且，针对不同的设备系统建立了不同的工作集，方便后期运维阶段的不同需求（图 4.1-19）。

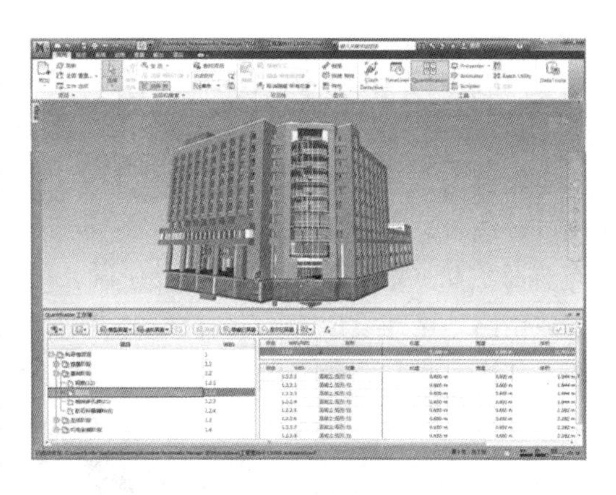

图 4.1-17　针对设计模型进行编码体系设置

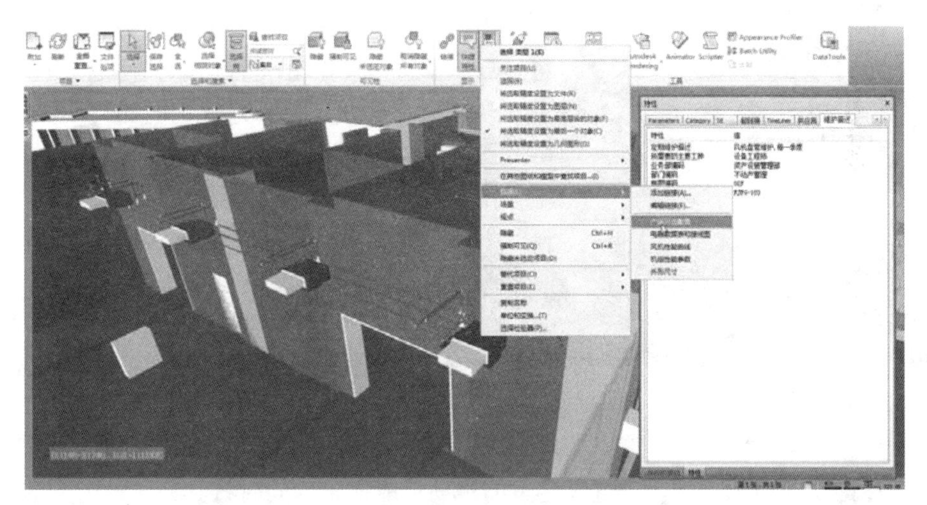

图 4.1-18　对于设备族进行信息调取和更新

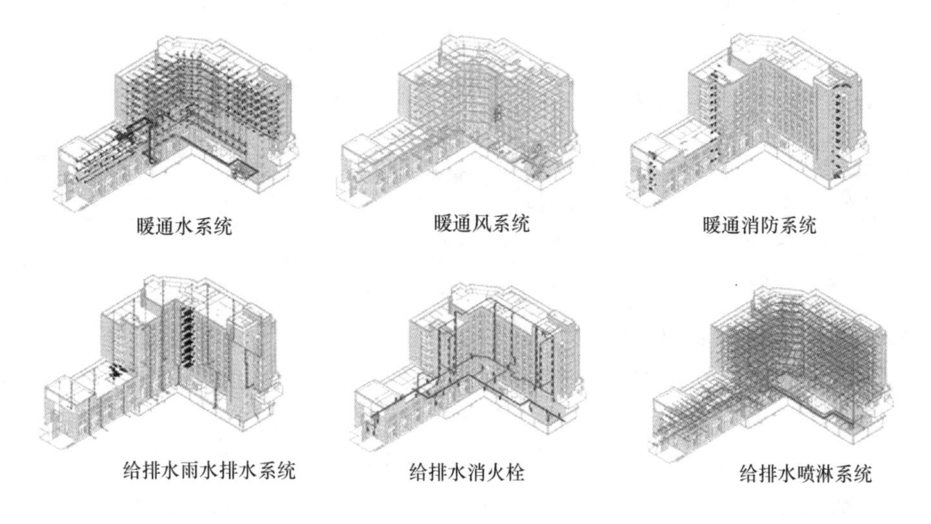

图 4.1-19　针对不同设备系统建立不用的工作集

4.2 解放南路文体中心项目

本案例为天津市解放南路文体中心项目（图4.2-1），位于解放南路地区，北接海河，南临外环线，总占地面积17km²，总建筑面积11660m²，其中地上建筑面积10700 m²，地下建筑面积960 m²，分为三个阶段建设。根据天津市政府“十二五”规划，要将天津市的解放南路地区建设成为生态宜居的居住社区，成为国内首个中心城区人口密集区的绿色生态居住区。规划明确要求，区域内所有的新建建筑需全部达到国家绿色建筑标准。

图4.2-1 解放南路文体中心效果图

文体中心项目是这一区域内第一个非经营性质的公共建筑，其服务范围包括全部起步区以及一些邻近的建成区，起到为周围居民提供健身活动、休闲交流、文化娱乐等服务场所的功能，使居住区的配套功能更加完善，同时降低实际运营成本，为社会展示绿色建筑理念等目的。因而设计目标为：低碳零能耗、国家绿色建筑评价三星、美国LEED铂金认证。

这一项目建成之后将成为北方第一座零能耗建筑，为实现这一目标，在设计时采用了综合节能措施，寻求最佳方案。首先根据天津所在的北方寒冷地区的气候条件，来选择适宜的被动节能措施，同时将其与建筑造型结合起来进行研究；然后通过被动节能措施的选择以及其他条件来对主动节能措施进行优化。这样的设计要对许多的模拟数据进行整合，并综合分析，再以分析结果作为设计依据，因此基于BIM技术的数据分析方法被充分应用到项目的建筑设计中。

4.2.1 BIM技术在可持续设计中应用的工作模式

BIM技术在绿色建筑的设计过程中发挥着多方面的作用，针对不同设计阶段，分析整合相应的数据模型，每个阶段都进行着提取数据、交互分析、循环验证的过程，形成一个闭合的应用工作模式，为可持续设计提供强有力的量化数据支持，强化了设计的说服力。

下面利用本项目实践，结合建筑设计的不同阶段，详细介绍BIM技术在可持续设计中的应用方式，关注BIM技术在绿色建筑方案前期规划、方案比选和设计优化的过程中的应有特点，同时梳理根据不同阶段对BIM技术模型的不同需求而对应的模型分级方法。

1. 概念设计—前期场地规划—场地模型、体量模型

在前期概念阶段，建筑师可以利用BIM技术逐步对于建筑物的用地情况进行分析，根据分析结论进行建筑设计。

（1）通过对于地形基础数据的解读，将场地模型利用 BIM 技术建立起来（图 4.2-2），以便对建设用地周边的城市环境进行快速便捷的了解，利用 BIM 技术可视化功能，也使设计师更为直观地了解场地环境和规划意图，并利用建成的场地模型对场地环境进行分析（图 4.2-3）。此过程在提取地形数据方面有两种方式：①在没有测绘的地形图时，可以利用 AutoCAD Civil 3D 软件与 Google map 中包含的地形数据进行简单分析；②甲方提供测绘地形图时，可以利用等高线的概念，从地形图上读取相应的高程点信息，生成场地模型。

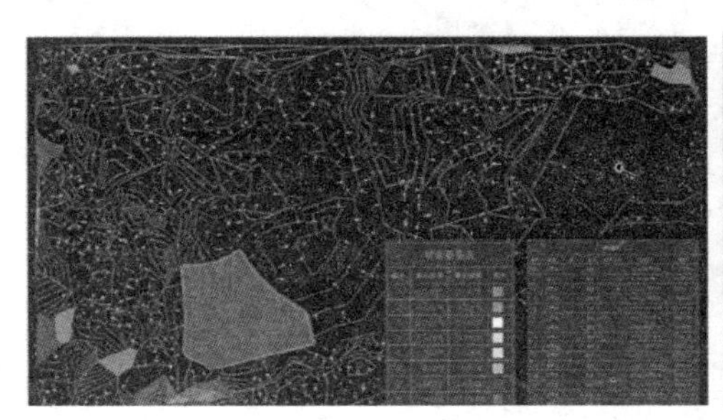

图 4.2-2　利用 BIM 技术建立场地模型

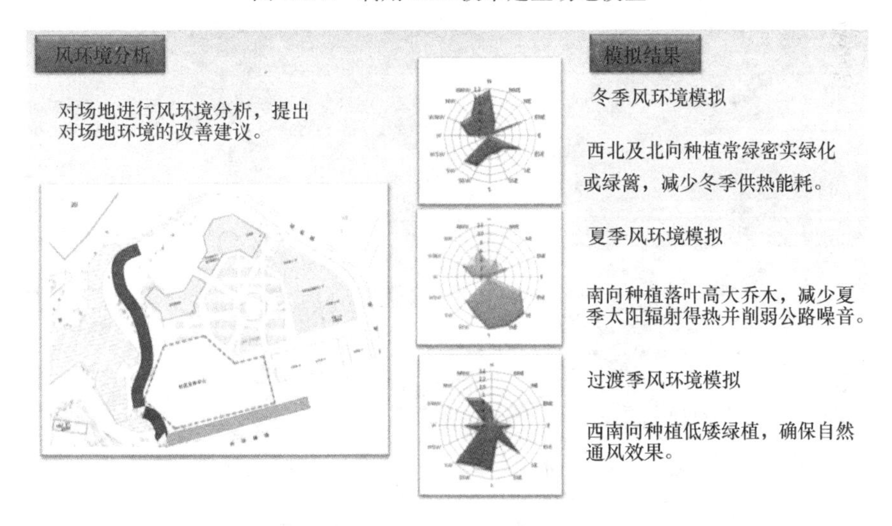

图 4.2-3　利用 BIM 技术分析场地环境

（2）通过调取当地环境数据，在 Ecotect 等软件中进行模拟分析，对场地的日照环境、风环境等得出结论，用于指导建筑形体创作。

（3）在此基础上建筑师可以自由设计多种建筑形体，这些建筑形体都是在适应所在场地的环境要求及规划条件的前提下自然生成的，是开展下一步建筑方案设计的基础，针对这些建筑形体所建立的 BIM 技术模型称为“体量模型”。

2. 方案设计—多方案比选—分析模型

依照概念设计阶段得出的建筑形体，最终选定四个建筑形体进行方案深化，如图 4.2-4 所示。到了这一阶段，就能利用 BIM 技术很快地建立出四个方案的 BIM 技术模型加以分析，利用 BIM 技术软件与其他专业分析软件的数据交换功能，对不同的方案进行模拟分析，最终通过比较来得出最能满足设计要求的方案。

（1）利用 CFD 软件，进行室外风环境分析，评估各方案室外风速是否满足绿色标准要求。

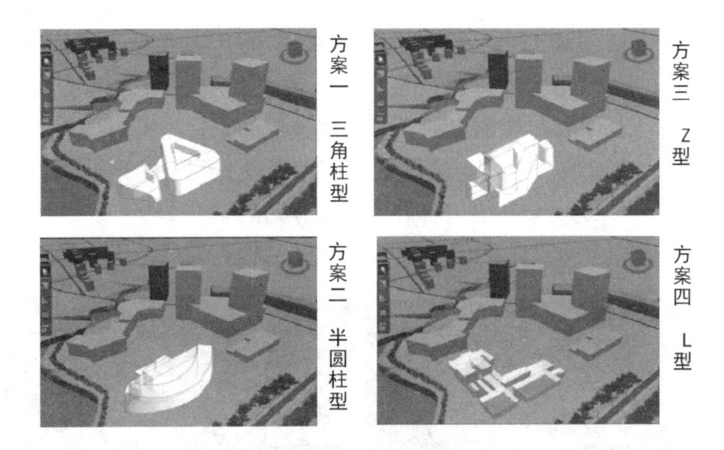

图 4.2-4　通过分析数据推敲建筑形体

（2）利用 CFD 软件，对不同方案的立面风压差进行模拟计算，并根据分析结果对各个方案的自然通风的效果进行评估。如图 4.2-5 所示。

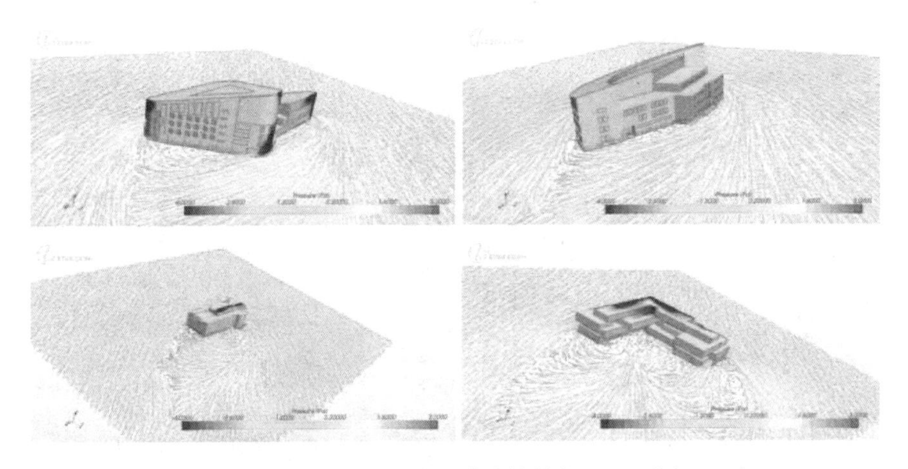

图 4.2-5　室外风环境及建筑物外表面风压分析

（3）利用 Ecotect 分析软件，进行围护结构得热量分析（图 4.2-6），评估各方案建筑能耗。

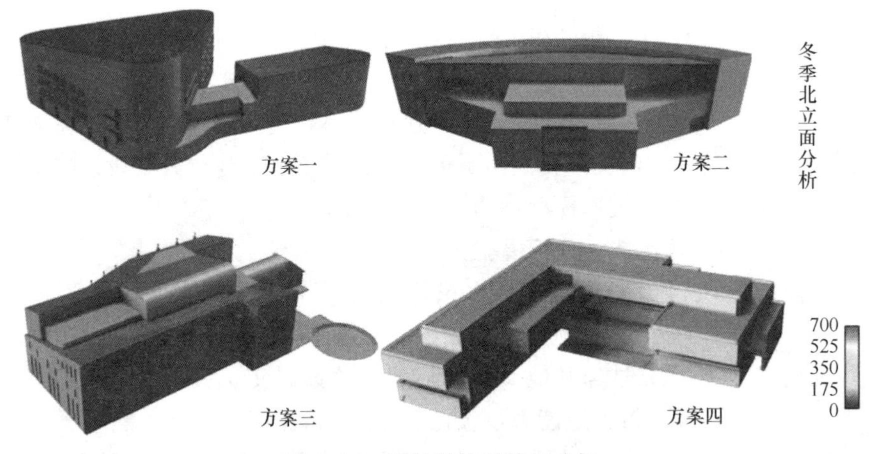

图 4.2-6　围护结构得热量分析

（4）通过上述一系列分析模拟，对于四个方案的分析结论进行权衡，最终得出最佳形体，也是最符合低碳节能要求的形体，为下一步的零能耗建筑设计打下了先天基础。这时建筑师通过使用功能的需要，对比选得出的最佳形体进行进一步的优化，最终确定了本项目建筑方案。如图 4.2-7 所示。

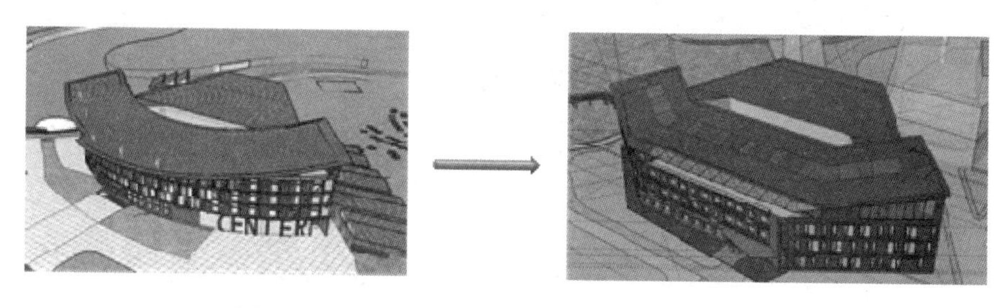

图 4.2-7 对于最佳形体进行调整得出最终方案

3. 初步设计—优化方案—详细模型

BIM 技术应用于可持续设计的价值体现之一就是节能措施的选择和优化，这也是达到低碳零能耗的目标的重要条件。利用 Ecotect、IES、STARCCM+等节能分析软件，对不同专业的设计师选择适宜的节能措施带来很大的帮助，每项措施均由数据模型加载到 BIM 技术模型中，逐一模拟以验证节能与舒适度的最终效果。分析结论可用作天然采光、遮阳、自然通风、外围护结构设计等被动节能措施方面的判定依据，同时对空调等暖通设备、照明设备等主动节能措施加以整合并深入优化，并利用分析结论对可再生能源的利用提供量化数据。在方案优化的过程中不断完善 BIM 技术模型信息，最终获得包含项目全部措施信息的详细模型。

（1）利用 IES 分析软件计算暖通能耗和照明能耗，通过改变窗墙比查看变化情况，最终得到能耗曲线叠加后的最小区间，确定窗墙比的合理范围，如图 4.2-8 所示。

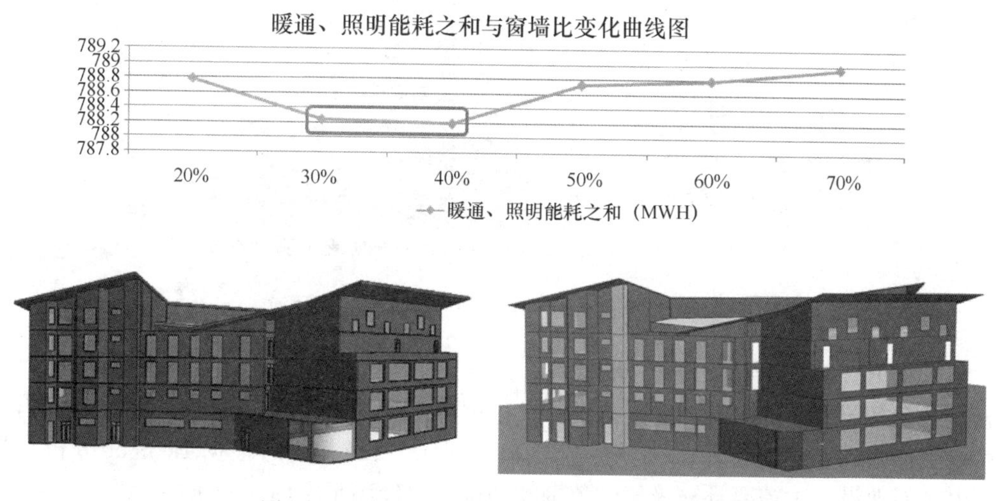

图 4.2-8 结合分析数据确定窗墙比的合理范围

（2）利用 IES 分析软件，通过能耗模拟优化建筑外围护结构 K 值（图 4.2-9），进行权衡判断，再结合现实材料及造价等要求，最终确定外墙保温材质、传热系数，以及窗户材质和传热系数，使建筑能耗与建筑造价得到合理平衡。

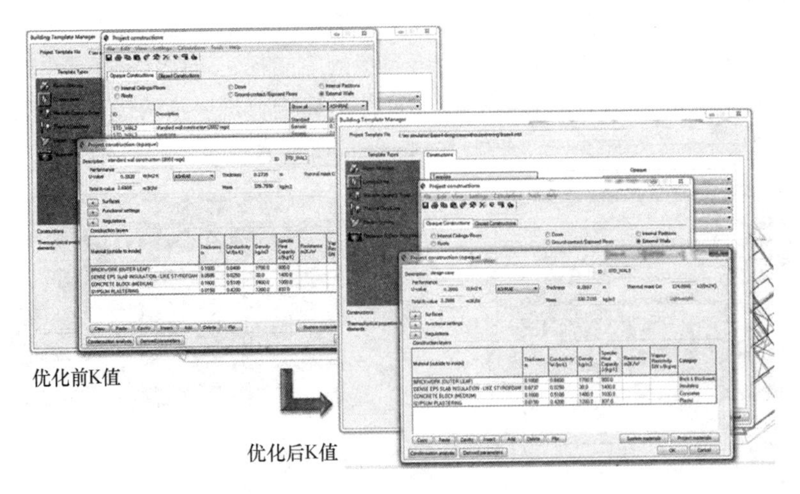

图 4.2-9 通过能耗模拟优化建筑外围护结构 K 值

(3) 坑道风系统作为空调系统的补充，充分利用室外自然风环境对建筑内部风环境进行优化并达到节能目的。利用 CFD 软件，通过分析模拟，指导室内中庭设计及室内自然导风井的设置，有效地改善了室内风环境。如图 4.2-10 所示。

整个空间平均风速<0.3m/s，室内行人感觉不到明显的吹风感。

室内空气温度分布在18～27℃之间，符合室内设计参数，满足人体舒适性要求。

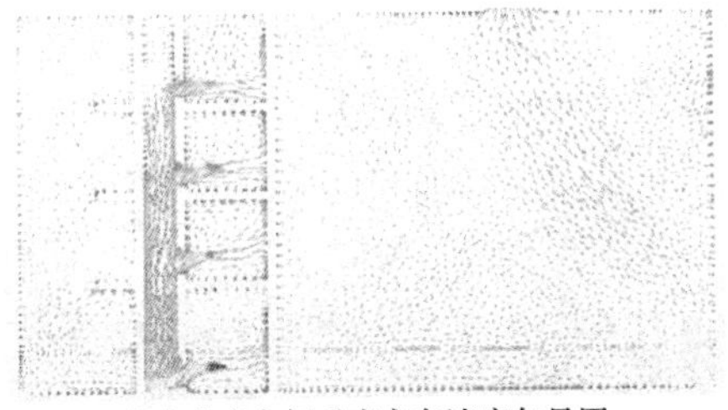

室内共享空间垂直方向速度矢量图

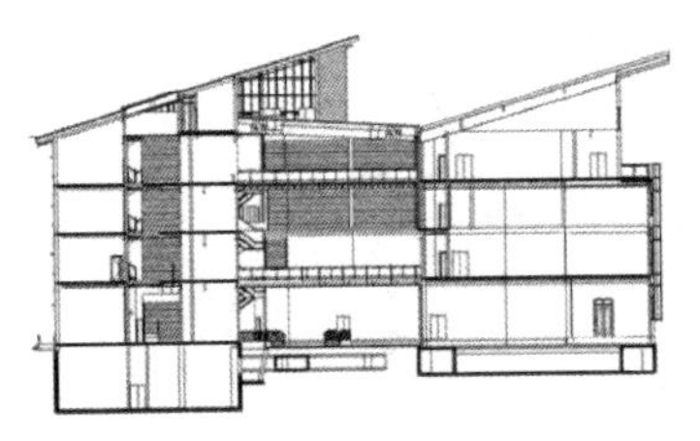

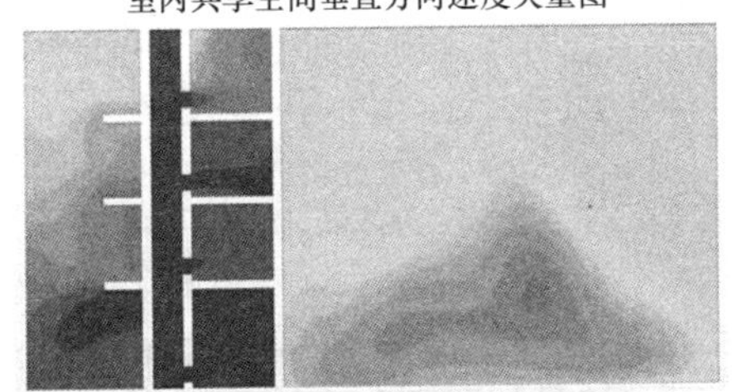

室内共享空间垂直方向温度分布云图

图 4.2-10 结合分析数据指导验证室内风环境

(4) 将 Revit 模型导入 IES 分析软件，并设置基础气候数据，对建筑物整体进行采光分析，结合各层平面的房间功能模拟计算，根据各房间采光数据，优化房间开窗位置，增设中庭天窗，满足建筑物房间内的采光要求（图 4.2-11）。同时根据 Ecotect 分析结果，指导电气专业设计中需要补充光照的范围和强度，以便满足室内光照条件（图 4.2-12）。

(5) 利用 Ecotect 分析软件，对于建筑物的遮阳板设置进行模拟分析，比较多种遮阳设施的优劣，最终确定最适合建筑物的遮阳方案。如图 4.2-13 所示。

(6) 针对不同角度坡屋顶建立详细 BIM 技术分析模型，利用光伏模拟软件 PVsyst，导入当地气候条件，计算光伏组件初始的发电量与相关损耗折减后对比全年最终发电量

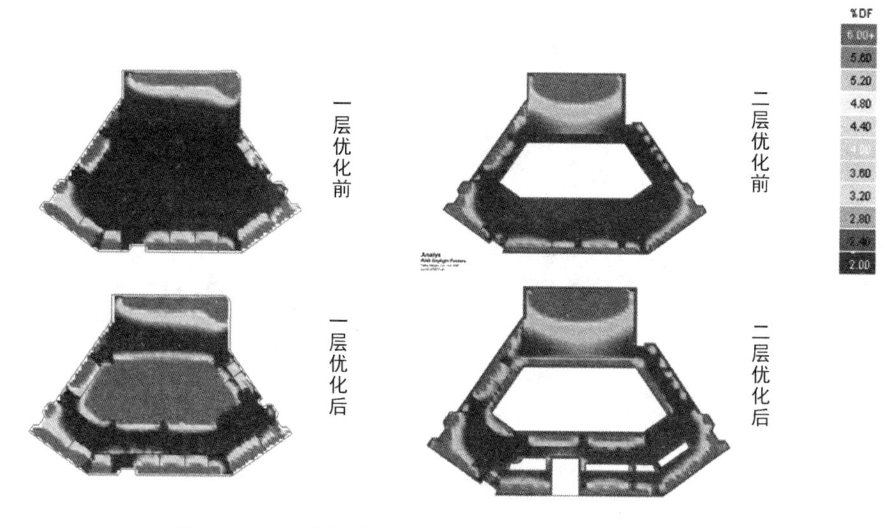

图 4.2-11 利用各层平面房间的采光数据指导开窗位置

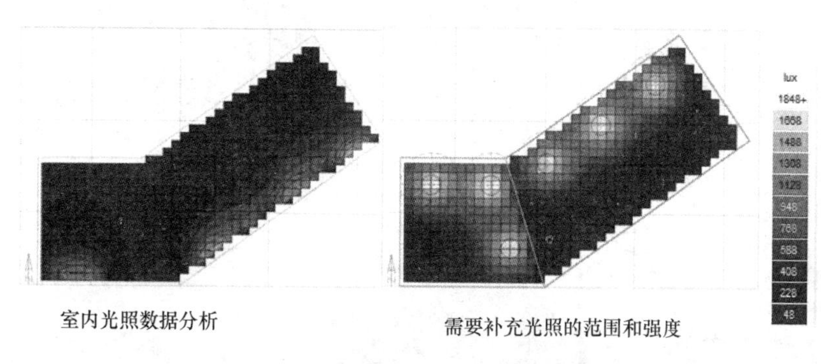

图 4.2-12 结合分析数据指导室内照明补光范围和强度

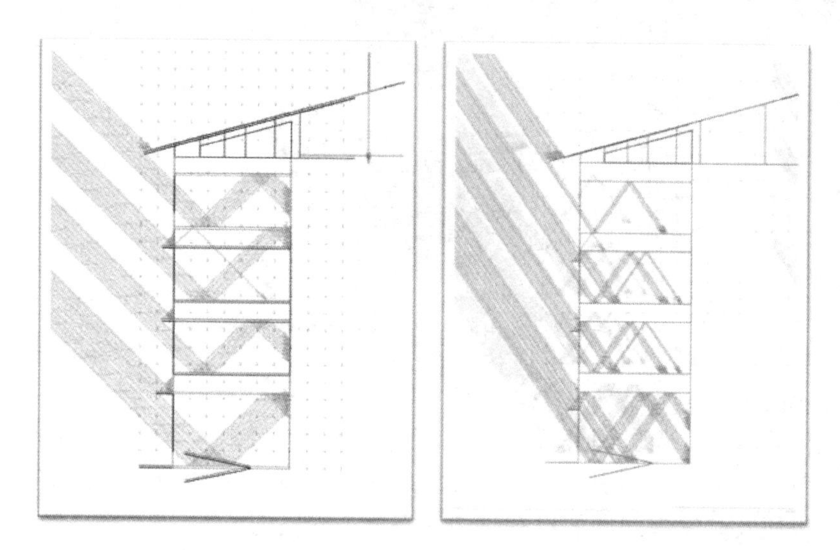

图 4.2-13 不同位置的遮阳板产生的遮阳效果比较

(图 4.2-14)，并通过对太阳能光伏板单位进行模块化建模，指导 BIM 技术模型的太阳能光伏板的排布，形成最终的排布方案（图 4.2-15）。

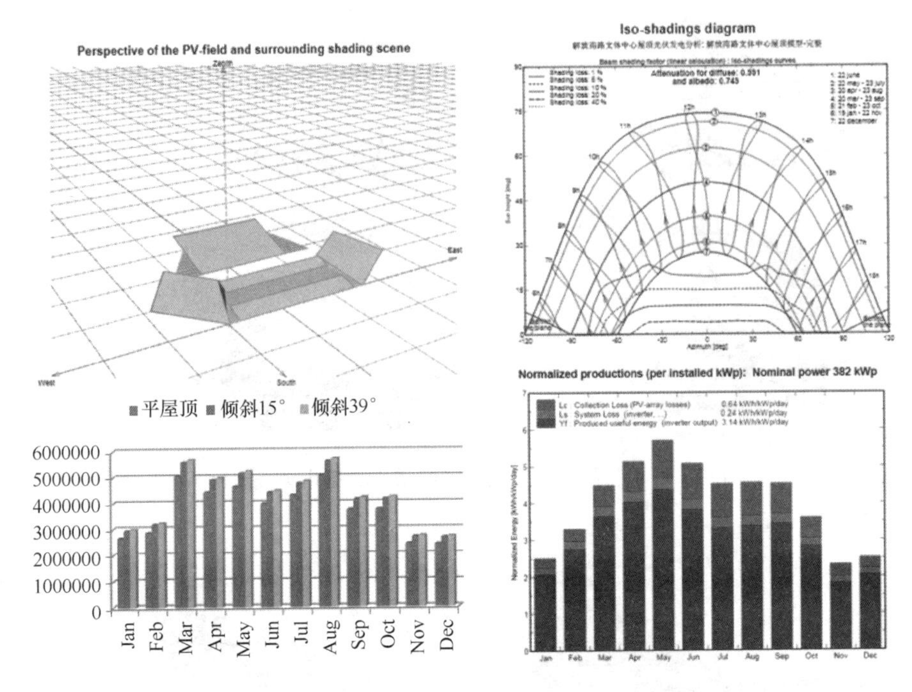

图 4.2-14　针对不同角度屋顶计算对比光伏组件发电量

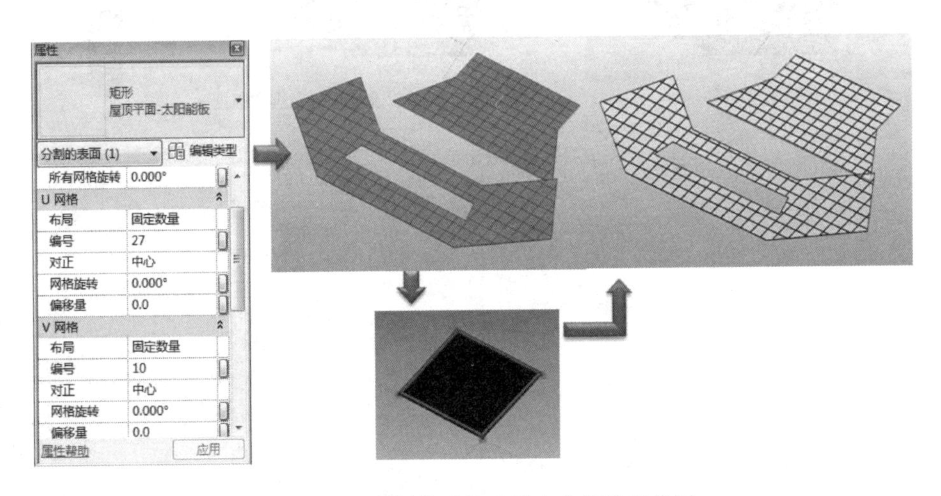

图 4.2-15　利用模型快速排布太阳能光伏板

4. 施工图设计—方案验证—成果模型

因施工图阶段主要是绿色措施的落实阶段，在此不作过多讨论。本项目运用 Revit 系列软件在建筑设计阶段采用协同工作模式，为不同专业设计师在设计过程中的交流沟通提供了平台，以便及时发现问题加以解决，并完成了完整的 BIM 技术成果模型（图 4.2-16）。

为实现设计方案的节能效果，设计师通过 BIM 技术成果模型模拟了项目总体综合能

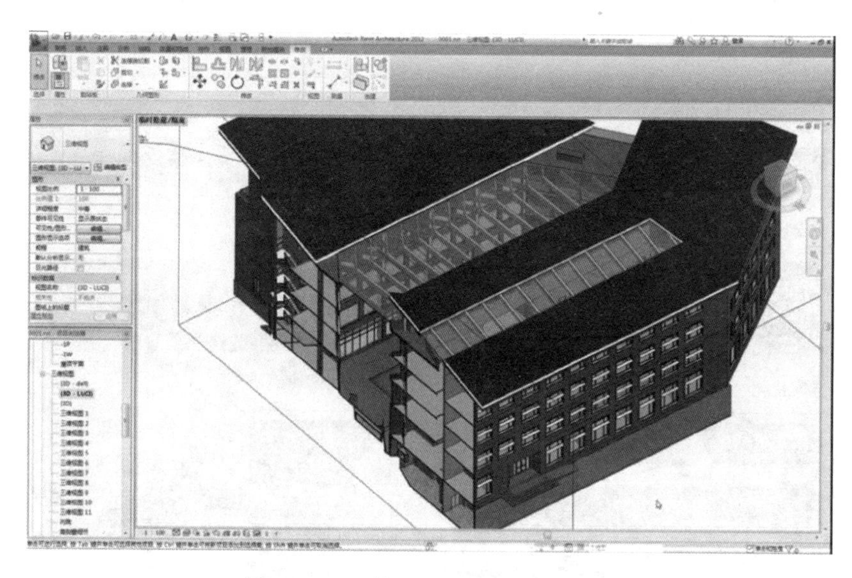

图 4.2-16 利用 Revit 进行建筑设计

耗和热舒适度情况，并得出结论，完成了一个闭合的可持续设计过程。如图 4.2-17 所示。

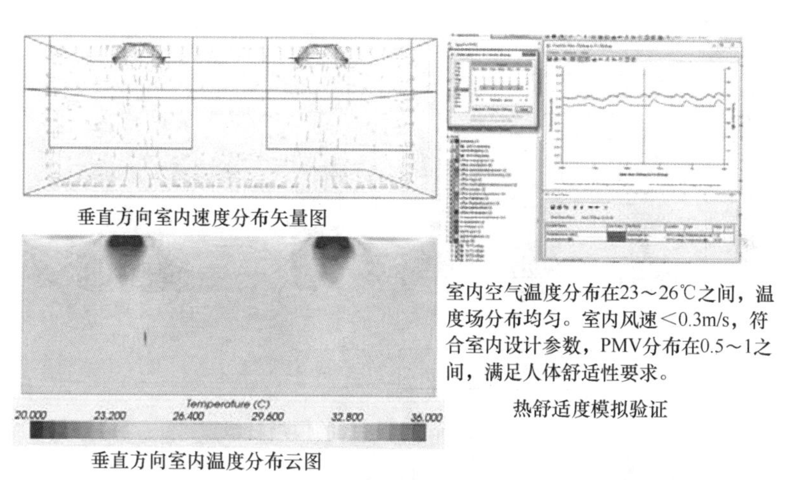

图 4.2-17 利用 BIM 模型进行室内热舒适度模型验证

4.2.2 BIM 技术在可持续设计中应用的模式总结

通过对天津市解放南路地区文体中心项目采用 BIM 技术实现建筑可持续性设计的实践，了解了可持续设计应用 BIM 技术的设计流程以及各参与方的协同工作模式（图 4.2-18）；对 BIM 技术的成果输出方式以及与各分析软件间的数据交换方式进行了研究；最后对 BIM 技术在可持续设计的应用标准和规范进行了探究。

在本案例项目实践中，利用 BIM 技术建立起来的动态信息模型具有很好的统一性、完整性和关联性，同时实践了根据建筑设计不同阶段对于 BIM 技术模型不同需求进行的模型分级（图 4.2-19）。并将 BIM 技术模型作为载体，在能耗模拟、各专业碰撞检测、循

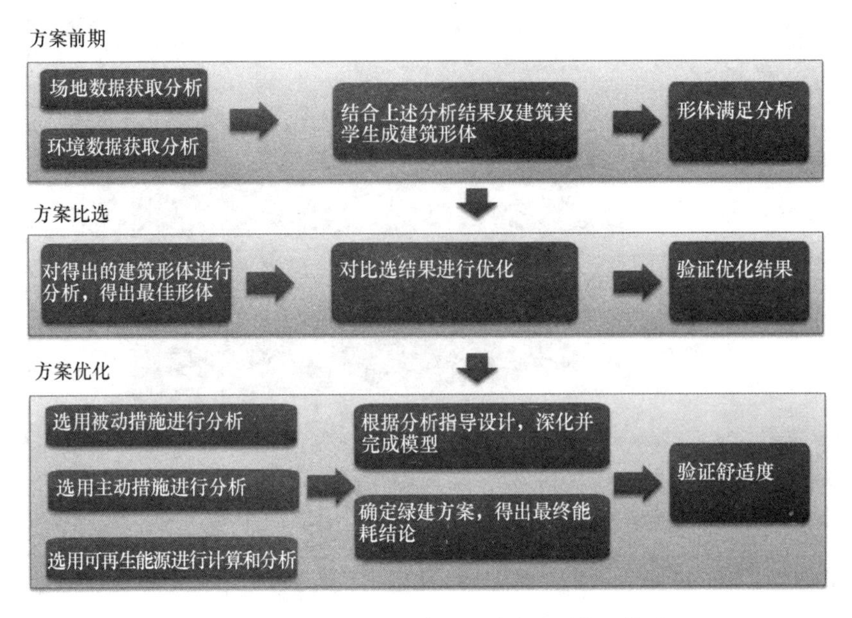

图 4.2-18　BIM 技术在可持续设计中应用的工作流程

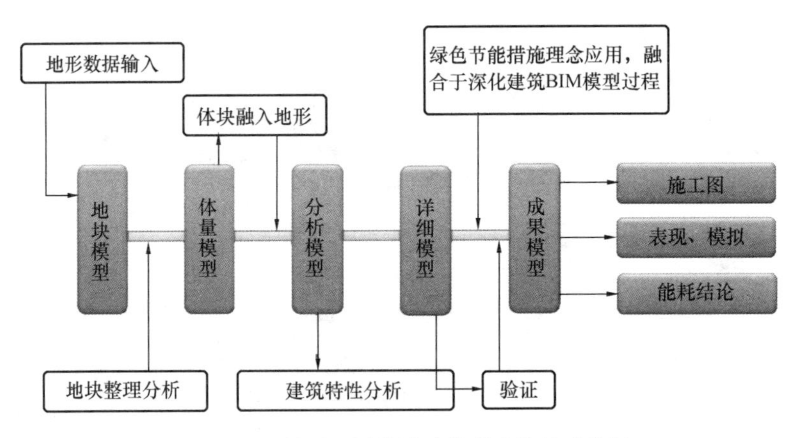

图 4.2-19　针对不同设计阶段形成的模型分级

环验证等可持续设计方面进行了尝试，积累了大量对于 BIM 技术主流工具和分析软件的应用经验，为今后可持续设计的 BIM 技术应用提供参考。

4.3　国家海洋博物馆精细化设计

4.3.1　项目简介

国家海洋博物馆是我国首座国家级、综合性、公益性的海洋博物馆，建成后将展示海洋自然历史和人文历史，成为集收藏保护、展示教育、科学研究、交流传播、旅游观光等功能于一体的国家级爱国主义教育基地、海洋科技交流平台和标志性文化设施，以及国家最高水平、国际一流的海洋自然和文化遗产收藏、展示和研究中心。

该项目总建筑面积80000m²，其中：公众服务区11396m²，教育交流区5157m²，陈列展览区39275m²，文保技术与业务研究区3586m²，藏品库房区13199m²，业务办公区3921m²，附属配套区3466m²。同步实施室外陆地展场和海上展场，以及海洋文化广场、道路、停车场及园林景观绿化等室外工程（图4.3-1）。

图4.3-1 海洋博物馆鸟瞰图

4.3.2 工程特点和难点

国家海洋博物馆项目的设计灵感来源于“张开的手掌、海星、鱼类、海葵、港口中的船只、白色珊瑚壳”等与江河湖海有着密切联系的事物。本工程的特点及难点就在于建筑拟态的特殊外形以及外表皮的有理化设计。

在本项目中应用建筑参数化解决了以下问题：

（1）非线性建筑形体内、外空间的结合；

（2）非线性建筑形体与结构体系的交互设计；

（3）非线性建筑表皮有理化；

（4）非线性建筑内部空间与设备管线的集成。

首先通过已有地形图获取场地的基础信息，以此为基础建立三维地形模型，并将建筑功能要求、规划条件、经济技术指标以及自然气候信息以数据信息的方式汇总到模型中，结合建筑创意进行方案设计。通过BIM对建筑和场地进行整合，高效提取相应的数据，结合设计灵感形成概念方案（图4.3-2）。

再对模型形体进行分析，得出放样截面转角处的半径变化，通过有理化形体截面，统一截面控制线的转角半径。并以优化后的截面控制线为基础，生成新的建筑形体模型，运用参数化手段，结合初步的结构体系概念将形体截面控制线扇形排布，实现形体曲率的连续并加强非线性元素（图4.3-3）。

依据对建筑内部功能的需求，对这些截面提出了尺寸的要求，如场馆的展陈位置与高度的结合，场馆的功能需要与截面定位及宽度的联动（图4.3-4）。

为了保证建筑能够顺利建设，组成这些截面的虚线均是通过参数严格控制的（图4.3-5)。通过这一系列的调整，最终确定了一个符合建筑功能要求的形体。

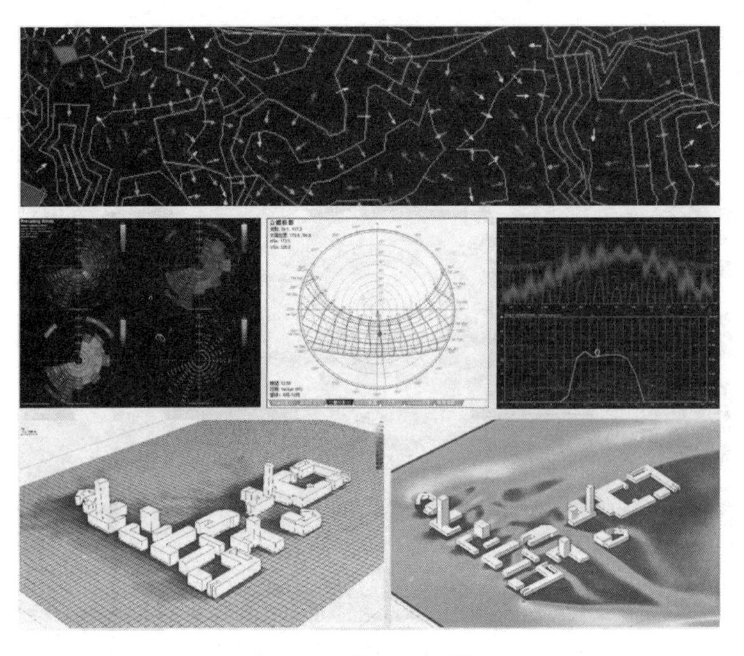

图 4.3-2　场地环境分析

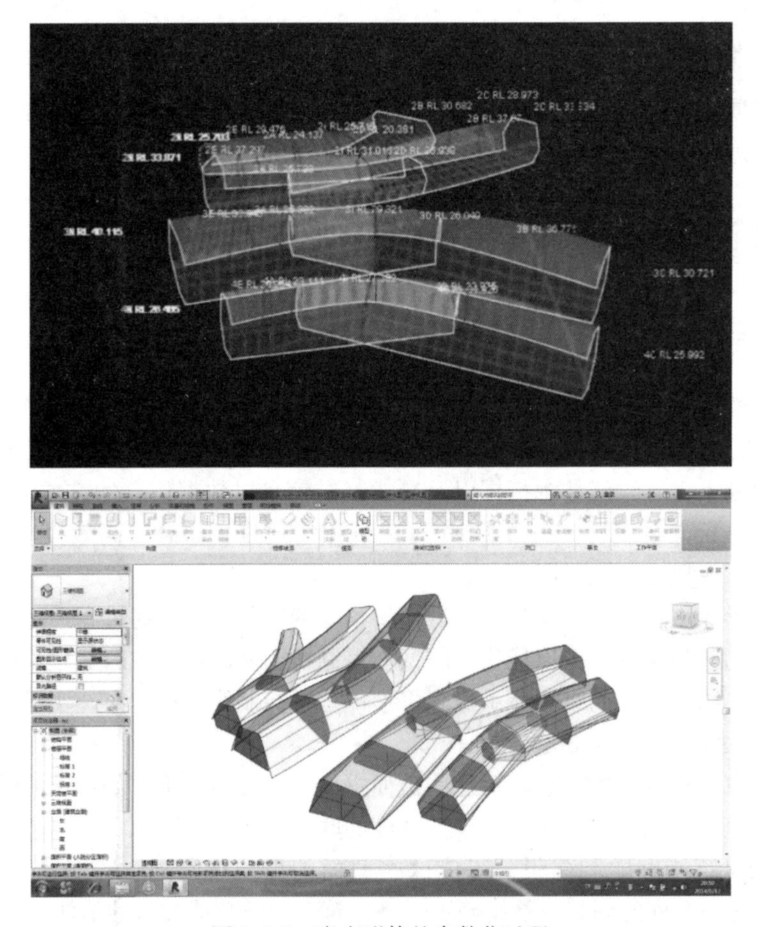

图 4.3-3　自由形体的参数化过程

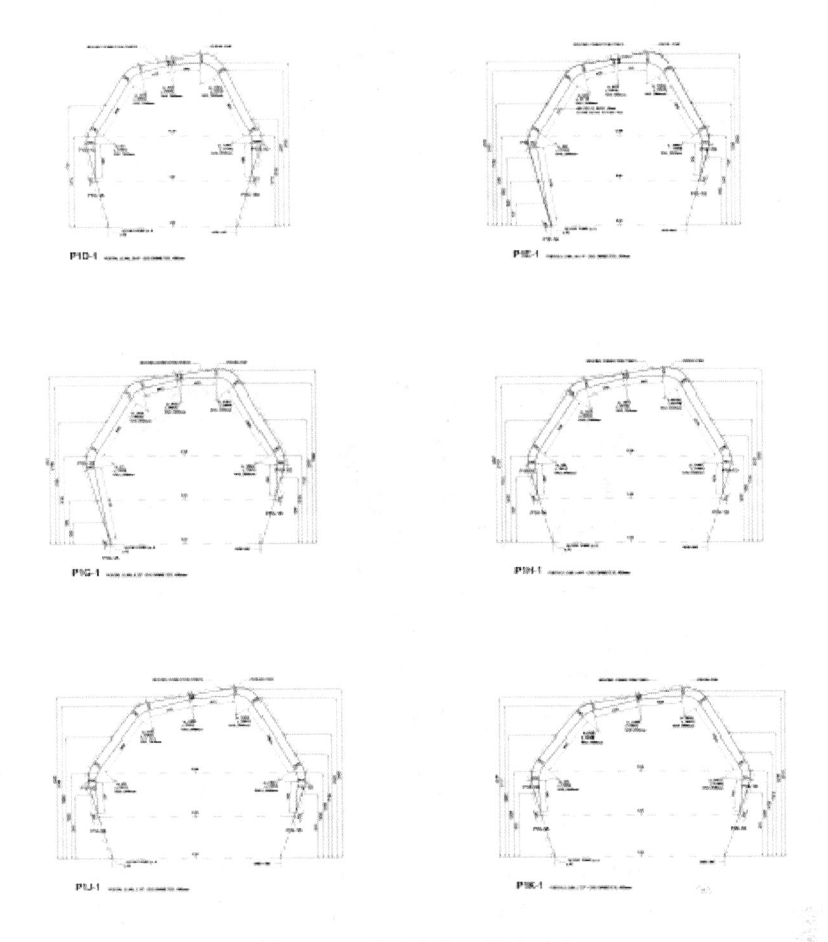

图 4.3-4 截面定位及尺寸要求

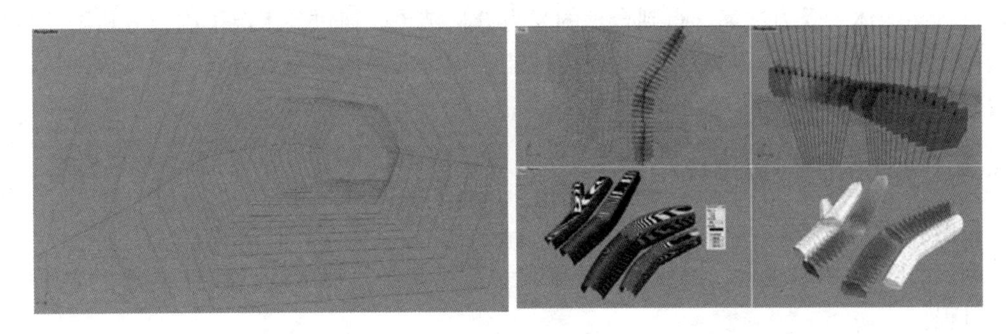

图 4.3-5 截面控制线的参数化过程

提取模型的形体以及初步结构体系概念作为模型分析的基础。根据鱼鳞纹理的创意概念集合结构斜撑概念的走向，在形体中铺设了菱形和二分之一错缝三角形的表皮划分形式，对模型快速提取嵌板规格，计算内角差方并分组。事实证明菱形嵌板的规格远少于二分之一错缝三角形，则确定表皮肌理采用菱形嵌板进行继续深化。运用参数化表皮设计最经典也是最常用的“干涉”“渐变”方法来诠释表皮的设计。在纵向构成上，可以观察到建筑整体立面是从等边的六边形逐渐变形为菱形的过程。运用参数化手段对表皮进行拆分、规格化表皮等处理，最终将建筑表皮嵌板规格数量控制在可接受的范围之内（图 4.3-6）。

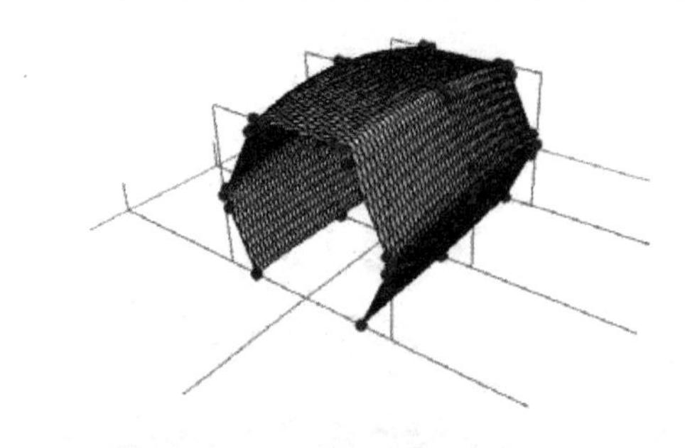

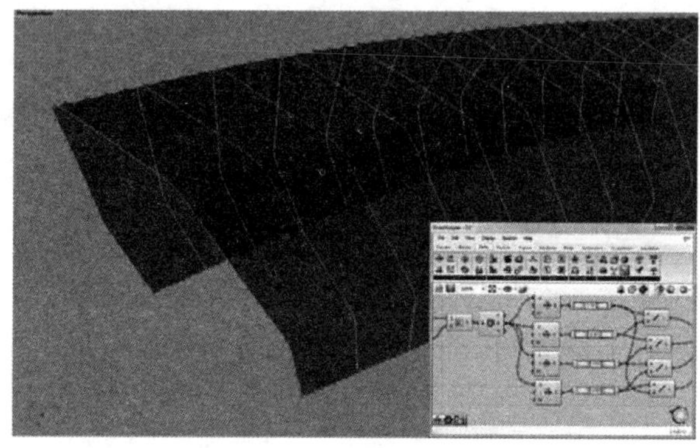

图 4.3-6　建筑表皮参数化

同时，结合有理化的表皮反过来微调结构斜撑的布置，使结构构成逻辑与表皮龙骨布局保持一致，最大化节省龙骨用量。

结合建筑的复杂形体和使用需求，采用了钢—混凝土混合结构形式，为精确合理地进行结构计算分析，通过 BIM 提取三维定位线，利用插件导入结构分析软件，并对相关图元赋予构件及截面属性，据此搭建结构受力模型。随后施加荷载，设定参数，利用有限元软件进行结构体系受力试算，得到合理的受力分析结果。通过各工况下内力分析图、位移形变图、周期阵型图等，判断结构的受力性能，优化支撑体系布置方式，比较含钢量，最终得到最优结构布置方案。

4.3.3　BIM 组织与应用环境

1. BIM 应用目标

利用 BIM 技术可视化、参数化、精细化、信息完整等技术特点参与建筑工程项目设计全过程。

2. 实施方案

在可行性研究阶段，利用 BIM 技术建立的概要模型，清晰高效的分析项目方案，提高决策质量，大大减少时间以及经费；设计阶段，运用 BIM 技术设计的建筑模型，在充分表达设计意图，解决设计冲突的同时，每个构件本身就是参数化的体现，其自身包含了尺寸、型号、材料等约束参数，模型中每个构件都与现实中的实物一一对应，这些信息通过整合完整的传递到后期的建筑、运维阶段；建设实施阶段，模型清晰准确表达设计意图的同时，在建设过程中的关键节点运用 BIM 技术进行施工模拟，既方便建造又能避免建设过程中出现事故，而通过数字化的表现形式，设计方、建设方能够选择判断出合理、安全、经济的建设方式，投资方、设计方、建设方均能够从中受益；运营维护阶段，通过前几个阶段的工作，形成了不断完善的 BIM 参数模型，其拥有建设项目中各专业、各阶段的全部信息，可以随时供业主查询使用，此 BIM 参数模型可实时提供建筑性能以及使用情况、建筑容量、建筑投入使用时间甚至是建筑财务方面等多种信息。

3. 团队组织

天津市建筑设计院 BIM 设计中心由建筑、结构和机电全专业技术骨干组成，组成人员不仅有丰富的 BIM 实践经验，还有丰富的设计经验及项目管理、总承包管理经验，真正做到设计师用 BIM 做设计，并将 BIM 贯穿于建筑全生命期中。

4. 应用措施

通过熟练运用 BIM 技术进行设计，在同等时间下，可以极大地提高设计质量，同时对造价、施工、运维等后续程序留出接口，使建设全过程（规划、设计、建造、营运）的信息保持一致，更好地发挥 BIM 技术的优势，获得综合效益。

5. 软硬件环境等

软件方面，本项目在 Autodesk 公司系列软件 Revit 的基础平台上，大量运用目前建筑参数化设计的主流软件：Rhino-Grasshopper 及 CATIA。

随着硬件技术和设备的不断发展，对 BIM 应用也产生了更好的技术支持。本项目结合 3D 打印技术，将 BIM 模型的海量数据根据需要实体化快速呈现，也可以看作虚拟和现实的衔接（图 4.3-7）。

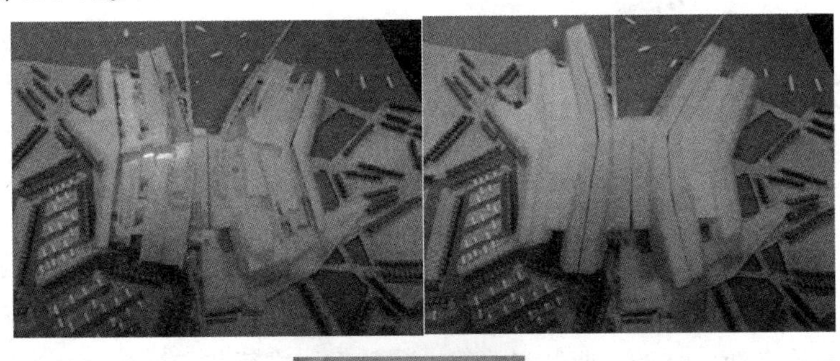

图 4.3-7 BIM 与 3D 技术结合打印模型

4.3.4 BIM 应用

1. BIM 建模——应用天津市建筑设计院 BIM 模型深度分级

利用 BIM 技术建立起来的动态信息模型具有很好的统一性、完整性和关联性，它作为载体集聚了不同设计阶段的信息，贯穿于整个设计全生命期。随着设计阶段的不断深入，BIM 的核心数据源也在不断完善和传递。在设计过程中，设计师在不同阶段所关注的内容不同，BIM 的核心数据源也必须随着设计师在不同阶段的关注点而进行广度与深度的调整，从而使模型的精度和信息含量符合设计不同阶段的需要，因此本项目应用了天津市建筑设计院 BIM 模型深度等级划分的规定。各专业深度等级划分时，按需要选择不同专业和信息维度的深度等级进行组合，并注意使每个后续等级都包含前一等级的所有特征，以保证各等级之间模型和信息的内在逻辑关系。在 BIM 应用中，每个专业 BIM 模型都应具有一个模型深度等级编号，以表达该模型所具有的信息详细程度。同时模型深度尽可能符合我国现行的《建筑工程设计文件编制深度规定》中的设计深度要求，本项目满足建筑设计的三级模型深度。

2. BIM 应用情况

天津市建筑设计院 BIM 设计中心结合多年 BIM 应用经验总结出一套 BIM 项目应用方法，即 I. A. O 体系。它是通过收集梳理信息对设计提出问题和要求，然后分析找到解决问题的方案，最终用分析结论指导设计。在非线性建筑设计中，以模型的发展为主线，并将 I. A. O 体系作为模型更新发展的方法，使 BIM 模型在设计过程中螺旋上升并最终完善。通过 BIM 在非线性建筑设计中满足建筑功能需求，并利用可持续设计理念满足室内空间舒适度（图 4. 3-8）。

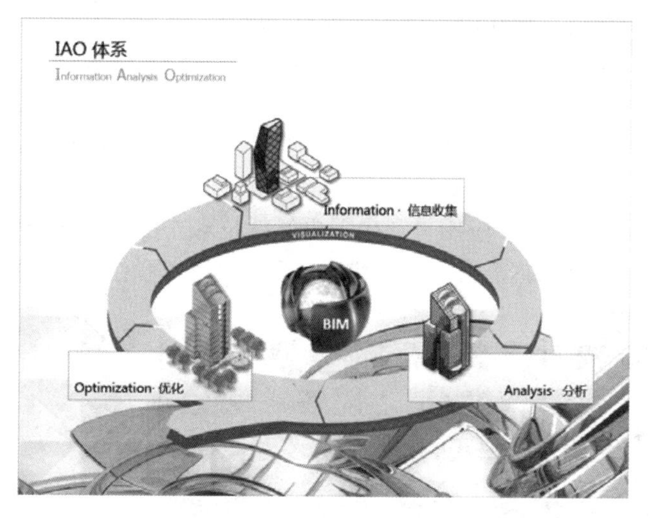

图 4. 3-8　BIM 应用的 I. A. O 体系

本项目 BIM 应用方法如下：以建筑专业为基础，从 BIM 主模型中提取相关空间的信息进行日照分析，制定遮阳及光伏设备排布策略，同时将建筑形体数据提交给结构专业；结构专业针对非线性建筑形体进行节点分析，并根据分析结果进行结构优化；在机电设计方面，以建筑专业提交的形体信息和日照分析结论为基础，进行室外风环境、噪声控制、室内外舒适度等分析，指导机电方案的优化。

4. 3. 5　应用效果

运用 BIM 参与项目设计不仅提高了工作效率，直观立体的对建筑内、外部进行表达，使设计者的理念、意图等各方面信息完整的传递给建造者、使用者和管理者，同时还对造价、施工、运维等后续程序留出接口，极大地提高了设计质量和深度。

设计师利用 BIM 技术参与优化了项目的建筑能耗分析、日照分析、声学分析、流体分析等各项模拟分析，同时结合业主方通过 BIM 可以确定恰当的成本、能源及环境目标，得到更可靠的设计产品；在项目组织方面是通过 BIM 的可视化效果，业主更多地参与设计过程，提高对方案设计的理解和把控能力；在过程方面通过 BIM 可在施工前对建筑的外观和功能做出合理评价，有助于对设计变更的管理，加快工程建设的进度。

4.3.6　总结

1. 创新点

在项目的设计中，在 BIM 技术的支持下，将各专业有机、完美融合，从外观选择到结构布置，都得到全面分析、多方比较，声、光、水、暖、电等各项设计，实现了理性布置、综合考量（图 4.3-9）。

在满足人们审美与功能的需求外，做到了将技术创新融入其中，建筑外观做到了与周边环境、自身功能的完美结合，而建筑表皮的细节设计也成功诠释建筑物整体与细部的和谐统一。

在设计之初秉承绿色建筑理念，无论在项目外部体量，还是内部采光、能耗等各项设计在满足舒适度的同时，将低碳、环保、节能作为设计标准和依据，打造出真正的绿色建筑。

图 4.3-9　海洋博物馆 BIM 模型

2. 经验教训

目前国内尤其是在建筑设计领域，BIM 技术已被从业者广泛接受，并逐步形成一定的基础应用，在设计过程中，大部分应用都处于碰撞检测、设计优化、性能分析和图纸检查等方面。而在全过程三维设计、方案推敲、施工图深化和协同设计上的应用比例较少。基于 BIM 的全过程设计不仅要求各专业之间配合好，还要求精确、协调、同步。因为相比于传统的工作方式，设计者们有更多的工作内容要表达，有更多的技术问题要解决，有更多管理问题要面对。所以需要重新定义和规范新的设计流程和协作模式，保证基于 BIM 的设计过程运转顺畅，从而提高设计工作效率，保证设计水平和产品质量，降低设计成本。

通过此次项目的 BIM 应用实践，希望能够为 BIM 技术应用于建筑设计全过程的普及和推广提供参考和借鉴，共同提高设计行业的 BIM 技术水平。

扫码可加入本书读者群（QQ 群号码：522824854），以方便交流，共同提高。

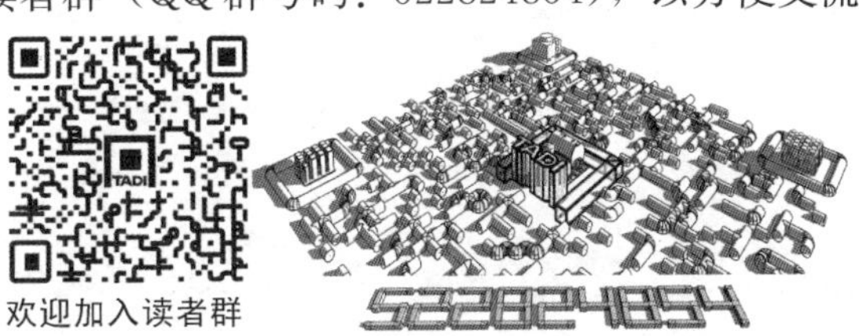